Informatik & Praxis

Jürgen Dankert
Praxis der C-Programmierung

Informatik & Praxis

Herausgegeben von
Prof. Dr. Helmut Eirund, Fachhochschule Harz
Prof. Dr. Herbert Kopp, Fachhochschule Regensburg
Prof. Dr. Axel Viereck, Hochschule Bremen

Anwendungsorientiertes Informatik-Wissen ist heute in vielen Arbeitszusammenhängen nötig, um in konkreten Problemstellungen Lösungsansätze erarbeiten und umsetzen zu können. In den Ausbildungsgängen an Universitäten und vor allem an Fachhochschulen wurde dieser Entwicklung durch eine Integration von Informatik-Inhalten in sozial-, wirtschafts- und ingenieurwissenschaftliche Studiengänge und durch Bildung neuer Studiengänge – z. B. Wirtschaftsinformatik, Ingenieurinformatik oder Medieninformatik – Rechnung getragen.

Die Bände der Reihe wenden sich insbesondere an die Studierenden in diesen Studiengängen, aber auch an Studierende der Informatik, und stellen Informatik-Themen didaktisch durchdacht, anschaulich und ohne zu großen „Theorie-Ballast" vor.

Die Bände der Reihe richten sich aber gleichermaßen an den Praktiker im Betrieb und sollen ihn in die Lage versetzen, sich selbständig in ein in seinem Arbeitszusammenhang relevantes Informatik-Thema einzuarbeiten, grundlegende Konzepte zu verstehen, geeignete Methoden anzuwenden und Werkzeuge einzusetzen, um eine seiner Problemstellung angemessene Lösung zu erreichen.

Praxis der C-Programmierung

für UNIX, DOS und MS-Windows 3.1/95/NT

Von Prof. Dr.- Ing. habil. Jürgen Dankert
Fachhochschule Hamburg

 B. G. Teubner Stuttgart 1997

Prof. Dr.-Ing. habil. Jürgen Dankert

Geboren 1941, von 1961 bis 1966 Studium des Maschinenbaus an der Technischen Hochschule Magdeburg, 1971 Promotion zum Dr.-Ing., 1979 Habilitation. Von 1984 bis 1987 Mitarbeiter in der Firma Hewlett-Packard in Böblingen, von 1987 bis 1990 Professor für Technische Mechanik an der Fachhochschule Frankfurt/Main, seit 1990 Professor für Mathematik und Informatik an der Fachhochschule Hamburg.

Die Deutsche Bibliothek – CIP-Einheitsaufnahme

Dankert, Jürgen:
Praxis der C-Programmierung für UNIX, DOS und MS-Windows 3.1, 95, NT / von Jürgen Dankert. – Stuttgart : Teubner, 1997
  (Informatik & Praxis)
  ISBN 978-3-519-02994-6   ISBN 978-3-322-94773-4 (eBook)
  DOI 10.1007/978-3-322-94773-4

Vorwort

Nur wenige höhere Programmiersprachen haben es geschafft, über mehrere Jahrzehnte erfolgreich zu sein. Die Sprache C gehört zweifelsfrei dazu und ist im Gegensatz zu anderen Sprachen, die eine vergleichbar lange Zeit überleben konnten, gerade in den letzten Jahren immer beliebter geworden. Und weil sie in der dominierenden objektorientierten Sprache C^{++} komplett enthalten ist, kann man ihr wohl ein noch langes Leben prophezeien (allerdings gelten in der Informatik Voraussagen schon dann als "Langzeit-Prognose", wenn sie einen Zeitraum von fünf Jahren umfassen).

C-Programmierung gilt als schwierig. Ich kann aus eigener Erfahrung in der Lehre bestätigen, daß der Anfänger tatsächlich mehr Schwierigkeiten als mit anderen Programmiersprachen hat. Aber nach einer gewissen "Durststrecke" zahlen sich die Mühen aus. Wenn die Anfangs-Schwierigkeiten überwunden sind, können nach vergleichsweise kurzer Zeit schon anspruchs-vollere Probleme gelöst werden. Das setzt allerdings voraus, daß auch die Konzepte dafür gelehrt werden, denn es nützt wenig, sich durch die Problematik der "Pointer" und der "rekursiven Strukturen" hindurchzuquälen, wenn man nicht auch mit den verketteten Listen und den binären Bäumen die Datenstrukturen und dazu die rekursive Programmiertechnik behandelt, die diese Konzepte intensiv benutzen.

Schließlich ist der Erfolg beim Erlernen einer Programmiersprache weitgehend auch vom Spaß abhängig, den man bei aller Mühe unbedingt haben sollte. Das schönste Ergebnis, ein funktionierendes Programm aus eigener Fertigung, sollte sich allerdings möglichst auch "so schön" präsentieren, wie es die professionell erzeugte Software tut. Dazu sind Kenntnisse der Windows-Programmierung heute unerläßlich.

Das vorliegende Buch ist aus Skripten entstanden, die ich meinen Studenten als Begleitmaterial für Vorlesung und Praktika zur Verfügung stelle. Das darin verfolgte Prinzip, nicht streng themengebunden vorzugehen, sondern an Programm-Beispielen nach und nach alle wichtigen Probleme abzuhandeln, hat sich auch für das Selbststudium bewährt. Um dem Leser eine Hilfe bei der Kontrolle seiner Lern-Fortschritte zu geben, werden jeweils am Ende der Kapitel 3 bzw. 8 "Zwischenbilanzen" gezogen, die gegebenenfalls zum "Zurückblättern" auffordern sollen. Für die gezielte Suche nach speziellen Themen ist das Sachverzeichnis manchmal hilfreicher als das Inhaltsverzeichnis, es ist deshalb besonders umfangreich.

Viele Informationen werden über die Kommentare der Beispiel-Programme vermittelt, die im Buch abgedruckt sind und unbedingt vom Lernenden "mit dem Computer nachempfunden" werden sollten. Sie brauchen nicht abgetippt zu werden, sie sind über die im Abschnitt 1.3 angegebene Internet-Adresse verfügbar (oder über den auf Seite 268 beschriebenen Weg zu beziehen). Dort findet man auch die Lösungen zu den Aufgaben, allerdings nur als ausführbare Programme, mit denen man sich das Ziel der eigenen Bemühungen ansehen kann.

Das Programmieren kann man nur erlernen, indem man programmiert. Das vorliegende Buch, die Beispiel-Programme und die ausführbaren Programme für die Aufgaben werden von mir als "Tutorial" bezeichnet, was andeuten soll, daß es nur Hilfen für eigene Bemühungen sein können. Um möglichst keine Einstiegshürden aufzubauen, habe ich bewußt auf spezielle

Hilfsmittel zur Sprachbeschreibung verzichtet. Es werden weder eine "Metasprache" noch Syntax-Diagramme benutzt, die Erfahrungen in der Lehre haben mich sogar ermutigt, manche Programm-Konstruktionen zunächst nur eingeschränkt zu erläutern (zugunsten der Verständlichkeit), um erst später dem fortgeschrittenen Leser die gesamte Information darüber zuzumuten.

Ganz konsequent verwende ich das Gemisch aus deutschen und englischen Worten, mit dem sich die Gemeinde der Computer-Benutzer verständigt. Ob es für den nicht-programmierenden "User" (da weiß man wenigstens, wer gemeint ist) hilfreich war, als die "Ctrl-Taste" zur "Strg-Taste" wurde, weiß ich nicht (merkwürdigerweise ist die "Escape-Taste" verschont geblieben, "Flucht", "Seitensprung", schöne deutsche Worte gäbe es schon). Für den Programmierer ist die "Eindeutschung" selten eine Hilfe gewesen. Schließlich kann ich nicht wissen, ob Sie unter MS-Windows 3.1 eine "Datei mit dem Datei-Manager in ein Verzeichnis bringen" oder mit MS-Windows 95 eine "Datei mit dem Explorer in einen Ordner verschieben". In beiden Fällen finden Sie beim Arbeiten mit MS-Visual-C^{++} die Datei als "File in einem Directory" wieder, in der Version 1.5 in der "Visual workbench", ab Version 4.0 im "Developer studio". Dieses Beispiel bezog sich auf die Produkte einer einzigen Firma, andere Hersteller sind durchaus auch phantasievoll. Der Schreiber dieser Zeilen hat unter verschiedenen Betriebssystemen Dateien "gelöscht" und "entfernt", hat den gleichen Effekt mit "erase", "del" (delete) und "rm" (remove) erzielt, neuerdings "kann man mit der Entf-Taste Dateien in den Papierkorb verschieben" (Tip an die Hersteller der nächsten Version: "Entsorgen" gab es noch nicht). Es bleibt eigentlich nur die Flucht nach vorn, es wird konsequent "denglisch" gesprochen.

Die Programme der Kapitel 1 bis 7 basieren auf der ANSI-Norm der Sprache C (müßten von allen Compilern, die der Norm entsprechen, übersetzt werden können), in Kapitel 8 werden Besonderheiten unterschiedlicher Betriebssysteme und Compiler behandelt. Die ab Kapitel 9 vorgestellte Windows-Programmierung zielt auf das Arbeiten mit Windows 3.1, Windows 95 und Windows NT. Alle Programme wurden mit verschiedenen Compilern getestet. Für Hinweise auf Probleme bei Verwendung spezieller Compiler und Entwicklungsumgebungen bin ich dankbar. Bitte schicken Sie eine "e-mail" (gibt es dafür eigentlich ein brauchbares deutsches Wort?). Sollte ein Problem von allgemeinem Interesse sein, werde ich einen Hinweis über die Internet-Adresse, die im Abschnitt 1.3 angegeben ist, veröffentlichen.

Bedanken möchte ich mich bei Herrn Prof. Kopp von der FH Regensburg für fachliche Hinweise und Herrn Dr. Spuhler, der das Erscheinen des Buchs im Teubner-Verlag ermöglichte, und natürlich bei meiner Frau Helga, die das höchst undankbare Geschäft des Korrekturlesens übernommen hat. Natürlich hat sie auch für mein leibliches Wohl gesorgt und mir allerhand störende Dinge vom Hals gehalten (diejenigen, die es trotzdem geschafft haben, mich zu stören, lesen dieses Buch ohnehin nicht, deshalb bleiben sie ungenannt).

Jesteburg, März 1997   Jürgen Dankert

e-mail: dankert@rzbt.fh-hamburg.de
oder   CompuServe 100430,3712
(aus dem Internet:
100430.3712@compuserve.com

Inhalt

Begriffe mit identischer Bedeutung

Die Sprachvermischung ist ohnehin nicht zu verhindern (siehe nebenstehende Abbildung mit MS-Visual-C++ 1.5 unter MS-Windows 3.11), es sei denn, man installiert nur englischsprachliche Programmversionen und liest nur entsprechende Bücher. Nachfolgend werden deshalb (alphabetisch geordnet) besonders wichtige Begriffe zusammengestellt, die mit gleicher Bedeutung verwendet werden (nicht alle Varianten werden in diesem Buch benutzt, tauchen aber in Menüs der Entwicklungsumgebungen, Warnungen und Fehlermeldungen der Compiler usw. ständig auf). Ungeklärt bleibt: Schreibt man in einem deutschen Satz "der oder das Makro", "die oder das Directory" (Plural: "Directories", und der Genitiv?), "der oder das File" (diese Liste, deren Varianten aus aktuellen Fachbüchern stammen, ließe sich beliebig fortsetzen)?

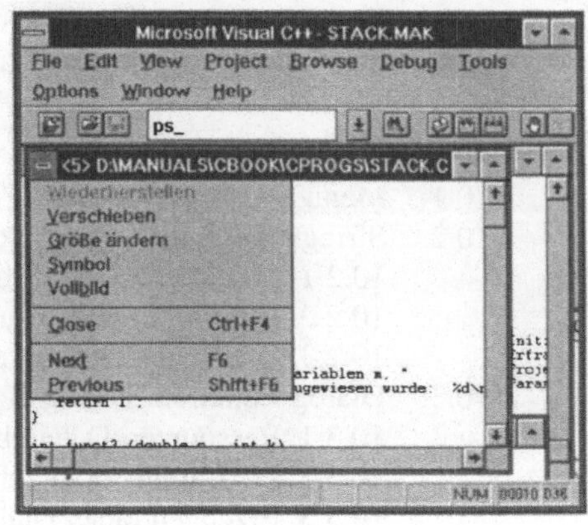

"Denglisch" ("Verschieben", "Close", ...) in einem "Popup-Menü" (und das ist gar eine eingedeutschte englisch-französische Wortkombination)

abbrechen	=	cancel		
allokieren (allozieren)	=	(Speicherplatz) zuweisen		
Anchor pointer	=	Anker	=	Root pointer
Botschaft	=	Message	=	Nachricht
Button	=	Schaltfläche		
Character	=	Zeichen		
Character font	=	Zeichensatz		
close	=	schließen		
Compiler	=	Übersetzer		
Ctrl-Taste	=	Strg-Taste		
Datei	=	File		
Directory	=	Ordner	=	Verzeichnis
Directory tree	=	Verzeichnisbaum		
Etikett (einer Struktur)	=	Structure tag		
Fenster	=	Window		
Floating-Point-Number	=	Gleitkommazahl		
Macro	=	Makro		
Linker	=	(Programm-)Verbinder		
open	=	öffnen		
Pen	=	Zeichenstift		
Pointer	=	Zeiger		
Shift-Taste	=	Umschalt-Taste		
String	=	Zeichenkette		

1 Betriebssysteme, Programmiersprachen

Wer sich mit einer neuen Programmiersprache (oder mit seiner ersten überhaupt) beschäftigt, muß sich irgendwann die Frage anhören: "Warum machst Du eigentlich nicht ...?" Ähnliche Fragen gibt es bei der Beschäftigung mit einem Betriebssystem und beim Kauf eines Computers. Schüler und Studenten wissen die einfachste Antwort: "Wir wurden nicht gefragt, man setzt uns das einfach vor."

Man sollte sich mindestens noch eine andere Antwort überlegen ("Warum denn C und nicht C++ oder die 'Internet-Sprache' Java?"), denn die hektische Entwicklung in der Informationstechnologie wird ähnliche Fragen immer wieder aufkommen lassen, es sei denn, man stellt seinen eigenen Wissensdrang auf Null und kümmert sich gar nicht mehr um Neuerungen. Im folgenden werden einige Informationen über Betriebssysteme und höhere Programmiersprachen gegeben, die im Dezember 1996 geschrieben werden (das muß wegen der Schnellebigkeit auf diesem Gebiet vermerkt werden, und daß ich "Schnellebigkeit" nur mit Doppel-l schreibe, hat auch etwas mit dem Datum zu tun, glücklicherweise gelten die neuen Rechtschreibregeln noch nicht).

Kluge Autokäufer warten mit dem Kauf des neuesten Modells, bis die "Kinderkrankheiten" behoben und Rückrufaktionen erledigt sind. Softwarekäufer sind wohl noch nicht so klug, werden aber mit der Häufung negativer Erfahrungen immer klüger. "Kaufe nie eine 1.0-Version einer Software", ist sicher ein guter Ratschlag (es soll Software-Hersteller geben, die ihrer ersten Version die Versionsnummer 2.1 geben). Es gibt keine Rückrufaktionen für Software, es gibt nur verbesserte Versionen, je feingliedriger die Versionsnummer, desto fehlerfreier (natürlich nie auch nur annähernd fehlerfrei, aber Bezeichnungen wie "MS-DOS 6.22" oder "MS-Windows 3.11" lassen vermuten, daß viele Fehler der Vorgängerversionen verschwunden sind).

Wer Windows 95 oder Windows NT als Betriebssystem für seinen PC gewählt hat, sollte natürlich nicht zu Windows 3.11 "zurückgehen", er braucht dann allerdings die im Kapitel 2 beschriebenen Hilfsmittel passend für sein System. Schließlich muß man sich mit jedem neuen System durch die anfänglichen Schwierigkeiten kämpfen, und als Trost bleibt: Irgendwann paßt alles, es funktioniert alles (oder auch nur vieles). Spätestens dann muß man sich aber möglicherweise den Vorwurf gefallen lassen, mit einem "veralteten System" zu arbeiten.

Diese Aussagen sollen wirklich keinen Pessimismus verbreiten, nur dem Anfänger, Einsteiger oder Umsteiger signalisieren, daß das Erlernen einer Programmiersprache nicht die neueste Hard- und Software voraussetzt, daß es also auch nicht erforderlich ist, auf diesem Gebiet immer (und ohnehin vergeblich) den neuesten Trends hinterherzuhecheln.

1.1 Betriebssysteme

Das Betriebssystem eines Computers ist ein (im allgemeinen sehr umfangreiches) Softwarepaket, das die Arbeit der Anwenderprogramme steuert und überwacht ("Schwere Schutzrechtsverletzung ...") und die Betriebsmittel (Prozessoren, Speicher, Ein- und Ausgabegeräte, Daten, Programme) verwaltet. Es ist besonders hardwarenah, und deshalb hatte früher jeder Computer-Hersteller sein eigenes ("proprietäres") Betriebssystem. Das ist vorbei, der Trend zu "offenen Systemen" ist eindeutig. Welche sich (ohnehin nie endgültig) in naher und ferner Zukunft ("ferne Zukunft", das sind im Computer-Bereich nicht mehr als fünf Jahre) durchsetzen werden, ist schwierig zu prognostizieren. Die Erfahrung zeigt, daß nicht nur Qualität entscheidend ist.

Im PC-Bereich ist MS-DOS Ende der achtziger Jahre zum Industriestandard avanciert. Die Zeit für dieses Betriebssystem ist abgelaufen, die Unmenge an sehr leistungsfähiger Anwendersoftware wird die DOS-Welt noch auf lange Zeit auch in den Nachfolgesystemen weiterleben lassen, DOS-Programme werden lauffähig bleiben (irgendwie ist da eine Verwandtschaft mit dem VW-Käfer, "und läuft und läuft und läuft ..."). Es ist schon erstaunlich, daß ein Betriebssystem, das die Möglichkeiten der modernen Hardware schon seit mehreren Prozessor-Generationen nicht annähernd ausschöpfen kann, ein so zähes Leben hat.

UNIX (entstanden in den Jahren um 1970) war von vornherein als Multi-User-Multi-Tasking-System konzipiert (mehrere Benutzer und mehrere Prozesse gleichzeitig), lief zunächst auch nur auf Computern der gehobenen Leistungsklasse und konnte auf der Basis dieses Konzepts allen Hardware-Entwicklungen folgen. Nachdem es in den letzten Jahren erfolgreich in den PC-Bereich eingedrungen ist, präsentiert es sich heute als modernes System für eigentlich alle Hardware-Plattformen.

Die "Windows-Philosophie", mit der der Benutzer in mehreren Fenstern unterschiedliche Programme gleichzeitig laufen lassen kann, paßte natürlich zum UNIX-Konzept genau, für DOS war sie stets eine "moderne Karosse für ein altes Auto". Windows 95 schließlich benötigt DOS nicht mehr, es ist ein eigenständiges Betriebssystem.

Ein Betriebssystem allein ist für den Computer-Benutzer ziemlich uninteressant. Er benötigt leistungsfähige Anwenderprogramme. Diese können von den Software-Herstellern erst geschrieben werden, wenn für die höheren Programmiersprachen Compiler verfügbar sind. Deshalb ist eine nicht unerhebliche Verzögerung unvermeidlich, bis alles "paßt". Wer das Programmieren lernen will, ist deshalb sehr gut beraten, wenn er sich auf eine Plattform begibt, auf der alle benötigten Komponenten ausreichend getestet, preiswert und komplett verfügbar sind. Er braucht dabei überhaupt keine Sorgen zu haben, etwas "veraltetes" zu lernen, im moderneren System werden die Regeln der höheren Programmiersprache sich nicht ändern, vielfach müssen die Programme nur neu übersetzt werden. Nur in dem Bereich, wo das Programm mit dem Betriebssystem kommuniziert, kann es Änderungen geben, aber das ist für den Anfänger ohnehin noch nicht der wichtigste Bereich.

Allerdings dringt dieses Tutorial durchaus auch in diese Bereiche vor, speziell die Windows-Programmierung, die im Kapitel 9 startet, lebt geradezu von der ständigen Kommunikation mit dem Betriebssystem. In diesem Teil wird auf die Compiler der Firma Microsoft gesetzt, für die (unter Beachtung bestimmter Regeln) das Versprechen existiert, daß der "Aufstieg" von Windows 3.1 (bzw. Windows 3.11) zu Windows 95 bzw. Windows NT relativ problemlos ist. Auf die (geringfügigen) Unterschiede, die beachtet werden müssen, wird bei jedem

Beispiel aufmerksam gemacht. Die Aussage, daß ausschließlich eine Neu-Übersetzung der Programme ohne Änderungen im Quelltext beim Umstieg von Windows 3.1 auf Windows 95 bzw. Windows NT erforderlich ist, gilt nur für die C^{++}-Programmierung bei konsequenter Benutzung der "Microsoft Foundation Classes".

UNIX, DOS und MS-Windows (3.1/95/NT) verfügen (Dezember 1996) über alle Hilfsmittel in stabiler Qualität, die der Programmier-Einsteiger oder der Umsteiger (von einer anderen Sprache) nutzen sollte, um nicht mit vielen lästigen Nebeneffekten kämpfen zu müssen. Außerdem sind Compiler, Editoren, Entwicklungsumgebungen und vieles andere preiswert (oder gar kostenlos) verfügbar. Wenn der Lernende sich dann noch mit den Unterschieden vertraut macht, die er bei diesen Systemen beachten muß, ist er sicher gut trainiert für zukünftige Veränderungen.

1.2 Programmiersprachen

Bei der Wahl der Programmiersprache, die man lernen möchte, muß man aufpassen, nicht in einen der für die Informatik typischen "Glaubenskriege" verwickelt zu werden. Mit dem Schreiber dieser Zeilen, der über Assembler, Algol, Basic, Pascal, Fortran zu C und C^{++} gekommen ist, läßt sich ein Glaubenskrieg ohnehin nicht führen. Jede höhere Programmiersprache hat ihre Stärken und Schwächen, die Schwächen werden im Laufe der Entwicklung weitgehend beseitigt, so daß man schließlich in (fast) allen Sprachen (fast) alles programmieren kann. Neben rein rationalen Gesichtspunkten spielen durchaus auch persönliche Eigenschaften des Programmierers eine Rolle. Vielen sind die weitgehenden Freiheiten, die z. B. der Fortran-Programmierer hat, eher suspekt, weil es natürlich auch die Freiheit zum Fehlermachen ist. Andere fühlen sich von den Restriktionen, denen man beim Programmieren mit Pascal unterliegt, eingeengt, müssen aber zugeben, daß gerade für den Einsteiger diese Programmiersprache besonders günstig ist.

Früher war es einfacher: Man fing mit **Basic** an, Ingenieure und Naturwissenschaftler lernten **Fortran**, Wirtschaftswissenschaftler **Cobol**, in der Lehre wurde **Pascal** favorisiert, wer betriebssystem-spezifische Probleme bearbeitete, bevorzugte **C**. Für eine kleinere Gruppe von Programmierern waren Spezialsprachen wie **Lisp** und **Prolog** besonders geeignet, in den achtziger Jahren begann mit **Smalltalk** das objektorientierte Programmieren.

Für alle Anforderungen gab es die geeignete höhere Programmiersprache. In der Weiterentwicklung der einzelnen Sprachen wurde stets versucht, die Stärken der anderen Sprachen zu übernehmen. Es gab immer Trends und zum Teil sogar schwierig nachzuvollziehende Modeerscheinungen in der Programmiersprachen-Welt, auch mancher "frühe Tod" ist kaum verständlich (wo ist die sehr schöne Sprache **Algol** geblieben, wo die von einem besonders großen Computer-Hersteller besonders protegierte Sprache **PL/1**?).

Für die Karriere, die die Programmiersprache C in den letzten Jahren gemacht hat, kann man heute sicher viele Gründe finden, zu prognostizieren war sie kaum. C wurde zu Beginn der siebziger Jahre von den UNIX-Entwicklern erfunden, um das Betriebssystem selbst in dieser Programmiersprache zu schreiben, eine gute Idee, die sicher wesentlich zum UNIX-Erfolg beigetragen hat. Die Idee fand Nachahmer, auch MS-Windows ist größtenteils in C geschrieben. Auch Anwender-Software in dieser Sprache zu schreiben, erwies sich immer dann als sinnvoll, wenn die Programme sehr eng mit dem Betriebssystem korrespondierten. Dies ist für Windows-Systeme in besonderem Maße erforderlich, sicher ein wesentlicher Grund für die Bevorzugung von C (und der mathematisch-naturwissenschaftliche Programmierer nimmt dann sogar einige Nachteile in Kauf, auch wenn er sich manchmal nach dem "mathematischen Fortran-Komfort" zurücksehnt).

Und dann war (und ist) da noch die "Free Software Foundation" mit ihrem "GNU-Projekt" (gegründet 1985), die sich zum Ziel setzte, "Software ohne finanzielle oder juristische Einschränkungen zur Verfügung zu stellen" und den ganz hervorragenden C-Compiler **gcc** für jeden Interessenten kostenlos verfügbar machte. Auch alles andere, was der Programmierer braucht, gab es plötzlich zum Nulltarif (z. B. den ausgezeichneten Editor **emacs**). Hinzu kamen ganz raffinierte Tools wie **f2c** ("Fortran to C") und **p2c** ("Pascal to C"), mit denen man die in anderen Sprachen geschriebenen Quellprogramme automatisch in C-Programme (und nicht umgekehrt) umsetzen kann.

Daß C^{++} sich so stark verbreitet hat, mag vor allen Dingen zwei Gründe haben: Die **objektorientierte Programmierung** ist sicher eine ausgezeichnete Alternative zu den traditionellen Programmiertechniken, möglicherweise für große Software-Pakete gegenwärtig die einzige Möglichkeit, die Programme sowohl effektiv schreiben als auch warten zu können (und objektorientierte Vorgehensweisen sind auch in vielen anderen Wissenschaftsbereichen erfolgreich). Zum anderen enthält C^{++} den kompletten Sprachumfang von C, so daß C-Programme ohne jede Änderung von C^{++}-Compilern übersetzt werden können und für die Programmierer ein "gleitender Übergang" möglich ist (übrigens kommt aus dem GNU-Projekt auch ein frei verfügbarer C^{++}-Compiler).

Auf keinen Fall darf man C^{++} als ein "erweitertes C" ansehen (obwohl es das unbestreitbar auch ist), damit würde man der objektorientierten Sprache nicht gerecht werden. Über die Frage, ob der Programmier-Einsteiger erst C lernen und dann (eventuell) zu C^{++} übergehen oder gleich mit C^{++} beginnen soll, kann man sicherlich unterschiedlicher Meinung sein. Die wesentliche Eigenschaft, das objektorientierte Programmieren zu unterstützen, wird erst bei der Bearbeitung größerer Projekte zu einem Vorteil (und die Bearbeiter solcher Projekte haben schon objektorientiert gearbeitet, bevor dies von den Sprachen unterstützt wurde), dem Anfänger ist diese Problematik ohnehin nur schwer vermittelbar. Auf alle Fälle lernt er mit der Programmiersprache C nichts, was beim Umstieg auf C^{++} nicht weiter verwendbar wäre.

Mit diesem Tutorial können die Wege "Über C zu C^{++}", "Über C zur Windows-Programmierung" und "Über C und C^{++} zur Windows-Programmierung mit Klassen-Bibliotheken" beschritten werden. Dem Autor ist durchaus bewußt, daß er dabei mit der Auffassung der Vertreter "der reinen Lehre von der objektorientierten Programmierung" kollidiert, die meinen: Wer erst einmal durch eine andere Programmiersprache "verdorben" ist, wird nie "sauber" objektorientiert programmieren. Aber ein Streit darüber könnte schon wieder der Auslöser für eine ebenso endlose wie fruchtlose Diskussion sein.

Der aufmerksame Leser wird gemerkt haben, daß dies kein Glaubensbekenntnis zu C oder C^{++} war. Beide Sprachen offerieren tolle Möglichkeiten (wie andere Programmiersprachen auch), ihre immer stärkere Verwendung ist deutlich mehr als ein Trend, gegenwärtig erfährt außer **Java** keine andere Programmiersprache eine solche Förderung durch Software-Hersteller, Hersteller von Programmierhilfen und Tools und nicht zuletzt Autoren von Lehrbüchern. Wer allerdings bis zu C^{++} vorgedrungen ist und damit tatsächlich objektorientiert programmiert hat, braucht beim Übergang zu Java viel weniger zu lernen als er vergessen kann.

1.3   Empfehlungen für "Einsteiger", "Umsteiger", "Fortgeschrittene"

Das Tutorial "C und C^{++} für UNIX, DOS und MS-Windows 3.1/95/NT" ist konzipiert für das Selbststudium und als begleitendes Material zu Vorlesungen und Praktika. Dieser erste Band behandelt die C-Programmierung. Man kann mit unterschiedlichen Voraussetzungen in die Arbeit mit dem Tutorial einsteigen. In jedem Fall ist es vorteilhaft, wenn ein Computer mit der erforderlichen Software (Compiler, Linker, Editor, vgl. nachfolgendes Kapitel) verfügbar ist, so daß die Beispiel-Programme nachgearbeitet werden können.

- **Der Programmier-Anfänger** sollte sich Kapitel für Kapitel durcharbeiten. Es werden keine Vorkenntnisse vorausgesetzt. Wenn kein Wert auf das Erlernen der Windows-Programmierung gelegt wird, können die Kapitel 9 und 10 weggelassen (und vielleicht später nachgearbeitet) werden.

- **"Umsteiger", die Kenntnisse einer anderen Programmiersprache haben**, sind natürlich im Vorteil, weil zahlreiche Vergleiche (speziell mit den Sprachen Fortran, Pascal und Basic) das Verständnis erleichtern.

- **Wer bereits Kenntnisse der Programmiersprache C besitzt** und diese erweitern will, kann die ersten Kapitel recht schnell durcharbeiten. Sicher findet er ab Kapitel 6 mit den File-Operationen, der dynamischen Verwaltung des Speicherplatzes, dem Arbeiten mit verketteten Listen und binären Bäumen, der rekursiven Programmierung und einigen betriebssystem-spezifischen Operationen die Themen, die für ein effektives Arbeiten mit der Sprache C besonders interessant sind.

- **Wer C-Programmierung gelernt hat und Windows-Programmierung lernen will**, kann ab Kapitel 9 einsteigen, wird aber häufig auf die ersten Kapitel verwiesen, zu denen er bei Bedarf zurückblättern sollte.

- **Wer schließlich die C-Programmierung und die Grundlagen der Windows-Programmierung beherrscht**, findet für verschiedene Themen (Graphik-Programmierung, C^{++}, Arbeiten mit "Microsoft Foundation Classes", ...), man konsultiere die unten angegebene WWW-Adresse) Weiterbildungsmöglichkeiten, die konsequent auf den Darstellungen in diesem ersten Band aufbauen.

Man beachte, daß ein sehr großer Teil der Informationen in den Kommentaren der abgedruckten Programmtexte steht. Die Programme sind im Quelltext auch gesondert zu beziehen. Sie sollten die Internet-Adresse

http://www.fh-hamburg.de/rzbt/dankert/ctut.html

besuchen, um sich die Programme zu kopieren, die mit den abgedruckten Programmen weitgehend identisch sind (vgl. auch Hinweis "Diskette zum Buch" auf Seite 268).

Es wird dringend empfohlen, die in den Text eingestreuten Aufgaben und natürlich die Aufgaben, die am Ende der Kapitel formuliert sind, zu lösen, um den eigenen Lernerfolg zu testen. Wer sich informieren möchte, wie das Ergebnis der Aufgaben aussehen könnte, kann sich von der angegebenen WWW-Adresse die ausführbaren Programme kopieren, die der Autor erzeugt hat, als er selbst die Aufgaben löste. Da ausführbare Programme zum benutzten Betriebssystem "kompatibel" sein müssen, sollten Sie unbedingt darauf achten, die Datei mit den Programmen zu kopieren, die auf dem von Ihnen benutzten Betriebssystem lauffähig sind.

2 Hilfsmittel für die C-Programmierung

Wer Programme mit Hilfe der Programmiersprache C erzeugen will, benötigt unbedingt

- einen **Compiler**, der aus dem "Quellcode" den sogenannten "Objectcode" erzeugen kann, **Libraries**, in denen sich der bereits compilierte Code (Objectcode) von Standardfunktionen befindet, und einen **Linker**, der die "Objectmoduln" zu einem ausführbaren Programm "bindet",

- einen **Editor**, mit dem der Quellcode geschrieben wird (zur Not tut es auch ein Textverarbeitungssystem, diese Variante ist allerdings nicht empfehlenswert).

Zweckmäßig ist der Zugriff auf ein **Handbuch** ("Manual"), das die exakten Definitionen der Programmiersprache enthält (auf UNIX-Systemen ist das "On-Line-Manual", das mit dem Kommando **man** gestartet wird, vielfach ausreichend, da C integraler Bestandteil der meisten UNIX-Systeme ist).

2.1   Compiler, Linker, Standard-Libraries

Compiler und Linker sind ausführbare Programme, die Standard-Libraries sind Bibliotheken mit Objectmoduln (vorübersetzte Funktionen, die in die eigenen Programme eingebunden werden). Auf Standard-UNIX-Systemen sind diese Komponenten (und die zu den Standard-Libraries passenden "Include-Files") verfügbar (und im Regelfall mit dem Kommando **cc** aufrufbar), wer C unter DOS betreiben will, muß sie kaufen oder sich (regulär) kostenlos besorgen.

Wer sich privat die Möglichkeit der C-Programmierung erschließen will, kann z. B. aus folgenden Varianten wählen:

- Man arbeitet mit dem Betriebssystem **Linux**, dem "kostenlosen UNIX" für den PC. Obwohl das gesamte Betriebssystem über das Internet zu beziehen ist, ist es empfehlenswert, sich eines der vielen verfügbaren (und außerordentlich preiswerten) Bücher mit beiliegender CD-ROM zu besorgen, weil man dann die sicher hilfreichen Installations-Anweisungen zur Hand hat. Der GNU-C-Compiler, der GNU-C^{++}-Compiler, der Linker, die Standard-Libraries und verschiedene Editoren sind ebenfalls kostenlos auf diesen Wegen zu haben.

- Für die GNU-Compiler (sowohl C als auch C^{++}) existieren auch DOS-Versionen, die frei kopiert werden dürfen. Da man dabei mit wenigen Disketten auskommt und eine Installations-Anweisung als Datei mitgeliefert wird, ist der Bezug über das Internet durchaus zu empfehlen, zumal sicher nicht die Original-Quelle angezapft werden muß, weil sich Bezugsquellen in der nächsten Umgebung befinden. Konsultieren Sie also einen der WWW-Suchdienste, gegebenenfalls auch das **SimTel Software Repository** (dort finden sich noch viele andere interessante Dinge), das ganz bestimmt auch irgendwo in der Nähe gespiegelt vorliegt, z. B.:

   http://www.uni-paderborn.de/service/FTP/SimTel/SimTel.html

- Beliebige andere verfügbare C- bzw. C^{++}-Compiler (auch ältere Versionen) sind natürlich für den Anfänger zunächst die ausreichenden Hilfsmittel.

- Die Windows-Programmierung verlangt zusätzliche Hilfsmittel. In diesem Tutorial wird für die Windows-Programmierung das Entwicklungssystem MS-Visual-C^{++} verwendet, das alle Anforderungen erfüllt. Es unterstützt die Standard-C- bzw. C^{++}-Programmierung, die Windows-Programmierung mit der Sprache C, und für das objektorientierte Arbeiten mit C^{++} werden die "Microsoft Foundation Classes" bereitstellt. Wenn dieses (leider nicht kostenlos zu beziehende) System verfügbar ist (Version 1.5 für Windows 3.1 bzw. 3.11 oder Version 4.0 für Windows 95 bzw. Windows NT), können alle Kapitel des Tutorials damit durchgearbeitet werden. Studenten, die sich dieses System kaufen wollen, sollten z. B. über die WWW-Adresse

   http://www.uni-online.de

   nach einer möglichst preiswerten Bezugsquelle forschen.

Wenn hier zum Teil nur von Compilern gesprochen wurde, war jeweils das ganze System (Compiler, Linker, Libraries, Include-Files, vielfach noch wesentlich mehr) gemeint.

2.2 Editoren

Die Mindestanforderungen, die ein für das Schreiben der Quellprogramme verwendeter Editor erfüllen muß, sind:

- Textteile müssen ausgeschnitten und an anderen Stellen (auch mehrfach) wieder eingefügt werden können ("Cut and Paste").

- Man muß mit mehreren Dateien gleichzeitig arbeiten und zwischen diesen Dateien Textteile transportieren können.

- Eine Suchfunktion muß das Suchen nach vorzugebenden Zeichenmustern sowie das Ersetzen durch andere Zeichenmuster gestatten (mit und ohne Bestätigung, auch alle Instanzen eines Zeichenmusters als eine Aktion).

- Fehler, die der verwendete Compiler meldet, müssen mit dem Editor lokalisierbar sein (im einfachsten Fall über die Zeilennummer).

Alle nachfolgend genannten Editoren erfüllen diese Bedingungen. Wünschenswert sind darüber hinaus folgende Eigenschaften:

♦ Man sollte möglichst ohne eine große Einarbeitungsphase sofort die einfachen Funktionen bedienen können, um sich dann bei Bedarf um die erweiterten Möglichkeiten kümmern zu können (W1).

♦ Man sollte auch beim Steigern der eigenen Ansprüche an die Leistungsfähigkeit den Editor nicht wechseln müssen. Wenn man einmal eingearbeitet ist, wechselt man ausgesprochen ungern (W2).

♦ Es ist vorteilhaft, wenn der Editor möglichst "language sensitive" ist, also auf die verwendete Programmiersprache zugeschnitten oder an die Sprache anpaßbar ist (W3).

Die Standard-Editoren, die zu den Betriebssystemen gehören, heißen **vi** (UNIX) bzw. **EDIT** (MS-DOS). Als Standard-Editoren erfüllen sie W3 nicht, dem **vi** kann man auch W1 nicht bescheinigen. **EDIT** dagegen erfüllt W1 durchaus, W2 allerdings nicht, mit diesem Editor ist alles einfach oder gar nicht möglich. Der **vi** erfüllt W2, es ist ein ausgesprochen mächtiges (wenn auch etwas gewöhnungsbedürftiges) Werkzeug.

Unter UNIX ist der aus dem GNU-Projekt stammende (und damit frei kopierbare) Editor **emacs** gegenwärtig besonders beliebt. Ihm sind ohne Einschränkungen die Eigenschaften W1, W2 und W3 zu bescheinigen, da er "language sensitive" ist, kann man auf seine intelligente Unterstützung selbst beim Wechsel der Programmiersprache setzen.

Die C-Compiler der Firmen Microsoft und Borland für MS-DOS werden mit integrierten Entwicklungsumgebungen geliefert, zu denen neben anderen nützlichen Werkzeugen jeweils auch ein Editor gehört. Diese erfüllen W1, W2 und W3 mit kleinen Einschränkungen.

Wer sich einmal mit einem Editor vertraut gemacht hat, wechselt ungern, deshalb noch folgender Hinweis: Der UNIX-Editor **emacs** existiert auch in einer (frei kopierbaren) DOS-Version, und für das UNIX-Derivat Linux gibt es eine Entwicklungsumgebung, in der sich der DOS-"Turbo-Programmierer" (C oder Pascal) sofort wie "zu Hause" fühlt.

2.3   Manuals, Lehrbücher

Wer sich ein kommerzielles Produkt kauft, ist häufig erschrocken über die Unmenge an Papier, die als "Einführung", "Referenzhandbuch", "Programmierhandbuch", "Arbeitsbuch", "Library Reference", "Programming Tools", "Source Profiler", "Debugger", "Programmers Workbench" und unter vielen anderen Namen mitgeliefert wird. Mehr als ein Dutzend dicker Bücher als Beigabe zu den Installations-Disketten sind eher die Regel als die Ausnahme. Lesen kann man das natürlich nicht, als Nachschlagewerke sind sie ganz nützlich, wenn man es denn nach geraumer Zeit geschafft hat, wenigstens ein Gespür für den richtigen Heuhaufen zu entwickeln, in dem die Nadel versteckt ist.

Wer sich ein frei kopierbares Produkt besorgt, bekommt meist eine recht beachtliche "On-Line-Hilfe" mitgeliefert, ganz ohne (gedrucktes) Manual (enthält die Informationen systematisch geordnet) oder ein gutes Lehrbuch (ist dagegen nach didaktischen Gesichtspunkten geschrieben) zu arbeiten, ist jedoch nicht zu empfehlen.

Studenten bevorzugen preiswerte Alternative (Bibliothek!). Natürlich können Sie durchaus erst einmal versuchen, mit diesem Tutorial auszukommen (die meisten Informationen, die Sie einem Manual entnehmen können, finden Sie auch im Text), zum "Nachschlagen" nach einem speziellen Thema muß gegebenenfalls das Sachverzeichnis konsultiert werden. Als Ergänzung ist z. B. das vom Regionalen Rechenzentrum des Landes Niedersachsen in Hannover zum (außerordentlich günstigen) Selbstkostenpreis vertriebene Heft "Programmiersprache C" zu empfehlen. Es hat "Manual-Charakter", wird nur an Sammelbesteller abgegeben, ist aber in den meisten Rechenzentren der deutschen Hochschulen zu haben.

2.4   Benötigt man einen "Debugger"?

Wenn Ihnen die in diesem Kapitel bisher beschriebenen Hilfsmittel zur Verfügung stehen, dann ist mit sehr großer Wahrscheinlichkeit auch ein "Debugger" dabei. Diese Programme haben ihren Namen vom englischen Wort "bug" (Wanze), mit dem Fehler in Programmen gemeint sind, glücklicherweise ist es nicht üblich, das Wort zu übersetzen (etwa: "Entwanzer"). Sie dienen der Fehlersuche in einem "syntaktisch richtigen" Programm, das also bereits vom Compiler und Linker als korrekt erkannt wurde, gestartet werden kann, aber nicht das tut, was der Programmierer erwartet oder gar "abstürzt".

Mit einem "symbolischen Debugger" (nur ein solches Programm ist für eine höhere Programmiersprache wie C nützlich) kann man z. B. den Programmablauf an vorbestimmten Punkten ("Breakpoints") stoppen, sich die aktuellen Werte der im Programm verwendeten Variablen anzeigen lassen, das Programm gegebenenfalls "in Einzelschritten" weiterlaufen lassen und sogar in den Programmablauf eingreifen. Ein so mächtiges Werkzeug war unverzichtbar, als das Übersetzen und Linken eines Programms noch ein sehr aufwendiger Prozeß war. Heute geht das alles so schnell, daß viele erfahrene Programmierer den Debugger nur noch selten einsetzen und lieber ein geändertes (eventuell mit Test-Druck versehenes) Programm erneut starten.

Für den Programmier-Anfänger ist das Arbeiten mit dem Debugger besonders verlockend, obwohl natürlich auch dafür eine gewisse Einarbeitungszeit erforderlich ist. Die Erfahrungen des Autors hierzu sind (mindestens) zwiespältig. Er hat zu viele Studenten schon sehr lange Zeit nach einfachen Fehlern "debuggen" gesehen, um dem Anfänger das Arbeiten mit diesem Werkzeug zu empfehlen. Direkt abraten mag er auch nicht (in den ersten acht Kapiteln wird aber auf das Arbeiten mit dem Debugger nicht eingegangen). Wichtig ist, daß der Anfänger möglichst schnell eine "Strategie der Fehlersuche" entwickelt: Kontrollieren des geplanten Zustands der Variablen an wichtigen Stellen, "Einkreisen" des Fehlers, Ausschließen von Bereichen, in denen der Fehler sich garantiert nicht befindet, Kontrollieren, ob bestimmte Programmbereiche überhaupt bzw. so oft wie geplant durchlaufen werden usw. Welche Hilfsmittel für die Realisierung dieser Strategie verwendet werden (eventuell auch ein Debugger), ist weniger wichtig.

Diese Aussagen gelten nur sehr eingeschränkt für die Windows-Programmierung. Weil dafür ein Debugger manchmal geradezu unerläßlich ist (leider aber schwieriger in der Benutzung), wird im Kapitel 9 die Verwendung des Debuggers kurz beschrieben.

3 Grundlagen der Programmiersprache C

3.1 Wie lernt man eine Programmiersprache?

Der klassische Ansatz der Pädagogik, stets nur auf der Basis des vorab bereits gebotenen Lehrstoffes ein neues Thema zu behandeln, führt beim Erlernen einer Programmiersprache zu Frustration, weil es ausgesprochen langweilig ist, alle erforderlichen Grundlagen und alle benötigten Definitionen, die für das Verständnis der zu behandelnden Themen erforderlich sind, an den Anfang zu stellen. Die Erfahrung zeigt, daß sich der Lernerfolg viel schneller einstellt, wenn man bereit ist, viele Dinge "einfach erst einmal hinzunehmen", mit Programmkonstruktionen zu arbeiten, bei denen man merkt, daß sie funktionieren, ohne daß man im Detail weiß, warum.

Zwei Schwierigkeiten stellen sich dabei fast zwangsläufig ein: Man muß das ungute Gefühl überwinden, das man hat, wenn man bestimmte Programmkonstruktionen nur übernimmt, und man muß andererseits darauf achten, sich nicht daran zu gewöhnen. Ganz wichtig ist, daß sich mit der Zeit ein immer tieferes Verständnis für das Erlernte einstellt, und man sollte deshalb von Zeit zu Zeit zu bereits "abgehakten" Themen zurückkehren und sich das "Aha-Erlebnis" gönnen, endlich zu wissen, warum eine Programmkonstruktion funktioniert.

Praktisch bedeutet das, daß man einfach anfangen sollte, nicht theoretisch, sondern direkt am Computer. Sie sollten die nachfolgend angegebenen Beispiel-Programme compilieren, ablaufen lassen, den Quelltext mit der Bildschirmausgabe des ablaufenden Programms vergleichen, aufmerksam den Programmkommentar lesen. Das gibt am schnellsten ein "Gefühl für die Sprache", und Sie können sich dem eigentlichen Problem widmen, eine Aufgabe zu analysieren und in ein Programm umzusetzen.

3.2 Vom Problem zum Programm

Auch wenn es dem Anfänger zunächst nicht so vorkommen wird, die Regeln der Programmiersprache sind wirklich nicht die höchste Hürde beim Programmieren. Am Anfang steht meist die wesentlich schwierigere Problemanalyse:

◆ Ein Problem (eine Aufgabenstellung) muß zunächst darauf untersucht werden, ob die komplette Information für das Erreichen des gewünschten Ziels gegeben ist bzw. aus anderen Informationen abgeleitet oder aus anderen Quellen beschafft werden kann.

◆ Wenn die genannte Voraussetzung erfüllt ist, kann man versuchen, einen Algorithmus für die Lösung des Problems zu entwerfen. Dies ist meist der schwierigste Teil, im allgemeinen gibt es mehrere Wege, vielfach erweist sich auch ein gewählter Weg im nächsten Schritt als ungünstig, man muß ändern, manchmal auch einfach probieren, bei komplizierteren Problemen Teilaufgaben definieren.

♦ Schließlich kann das Programm geschrieben werden. In aller Regel wird es zunächst nicht das tun, was es soll, es muß getestet werden, Fehler müssen lokalisiert und behoben werden.

Die weitaus meiste Zeit verbringen selbst geübte Programmierer mit der Fehlersuche. Man sollte deshalb schon bei der Problemanalyse die Stellen des zukünftigen Programms festlegen, an denen man einen wohldefinierten Zustand der verwendeten Variablen überprüfen kann. Die Schnelligkeit der modernen Computer gestattet es, ein Programm immer wieder zu compilieren, so daß man in der Anfangsphase zusätzliche Kontrollen einbauen kann, die dann später herausgenommen werden.

Zunächst aber sollen die wesentlichen Grundlagen der Programmiersprache C behandelt werden, damit man möglichst schnell zu den tatsächlichen Problemen vordringen kann.

3.3 Das kleinste C-Programm "minimain.c"

Die einfachen Programme in den ersten Abschnitten enthalten die für den Anfänger wichtigsten Informationen in ihren Kommentaren (Kommentare sind Texte, die keinen Beitrag zur Funktionalität des Programms leisten und gegebenenfalls ersatzlos gestrichen werden können). Sie sollten die Kommentare aufmerksam lesen.

Programm minimain.c

/* Dieses Programm **minimain.c** wäre das kleinste denkbare C-Programm, wenn nicht dieser Kommentar am Anfang und ein weiterer Kommentar am Ende stehen würden (Kommentar wird in C durch "Schrägstrich und Stern" eingeleitet und durch "Stern und Schrägstrich" beendet). Kommentar darf nicht "geschachtelt" werden.

Ein C-Programm besteht aus "FUNCTIONS" (die in anderen Programmiersprachen üblichen Unterscheidungen zwischen "Hauptprogramm", "Subroutine" oder "Procedure" und "Function" kennt C nicht). Genau eine Function in einem C-Programm muß **main** heißen (und hat damit eine ähnliche Funktionalität wie ein Hauptprogramm in anderen Programmiersprachen).

Eine Funktion (ab sofort wird die deutsche Schreibweise "Funktion" bevorzugt)

* hat einen Namen,

* kann Parameter (in runden Klammern) übernehmen,

* kann einen Algorithmus "abspulen" (die entsprechenden Anweisungen folgen nach den runden Klammern in geschweiften Klammern),

* kann einen Rückgabe-Wert ("Return value") abliefern.

Die folgende Funktion mit dem Namen **main** übernimmt keine Parameter, führt keine Anweisungen aus und gibt keinen "Return-Wert" zurück, hat aber die komplette Struktur einer Funktion, läßt sich compilieren, das ausführbare Programm läßt sich starten, es tut aber nichts: */

```
main () {}
```

```
/*  Man "compiliert und linkt" dieses Programm z. B. folgendermaßen:
```

* Vom "UNIX-Prompt" aus werden mit

```
cc  minimain.c
```

der Compiler und der Linker aktiviert (sollte das nicht funktionieren, fragen Sie Ihren System-Administrator nach dem Befehl für den Aufruf des C-Compilers). Es wird das ausführbare Programm **a.out** erzeugt. Dieser Standardname für das ausführbare Programm kann z. B. auf **minimain** mit dem UNIX-**move**-Kommando

```
mv  a.out  minimain
```

geändert werden, besser ist es, gleich beim Compileraufruf mit dem Schalter **-o** den Namen des ausführbaren Programms festzulegen:

```
cc  -o  minimain  minimain.c
```

erzeugt das ausführbare Programm **minimain**.

* Vom "DOS-Prompt" aus unter Verwendung von MS-Visual-C werden mit

```
cl  minimain.c
```

der Compiler, von dem ein Object-File   **minimain.obj** erzeugt wird, und danach der Linker aktiviert, der das ausführbare Programm **minimain.exe** herstellt. Man beachte, daß für die Arbeit mit diesem Compiler einige Umgebungsvariablen gesetzt sein müssen.

* Wer mit Turbo-C arbeitet, kann z. B. vom DOS-Prompt aus mit

```
tcc  minimain.c
```

den Compiler, von dem ein Object-File **minimain.obj** erzeugt wird, und den Linker aktivieren, der das ausführbare Programm **minimain.exe** herstellt.

* Wer mit einer integrierten Entwicklungsumgebung arbeitet, braucht nur die entsprechenden Menüangebote auszuwählen. Wenn man z. B. mit MS-Visual-C^{++} 1.5 unter Windows 3.1 arbeitet, sollte man bei der Definition des Projektes als **Project_Type** "QuickWin application" wählen, mit der 4.0-Version unter Windows 95 bzw. Windows NT wählt man als **Type** im "New Project Workspace"-Fenster "Console Application".

Einige Compiler erzeugen beim Compilieren eine Warnung, weil kein Return-Wert gesetzt wurde. Die Warnung kann ignoriert werden, "ganz sauber" wäre das Programm in der Form:

```
void main () {}                                                              */
```

Ende des Programms minimain.c

3.4   C-Historie: Das "Hello, World"-Programm "hllworld.c"

"The only way to learn a new programming language is by writing programs in it", schrieben Brian W. Kernighan und Dennis M. Ritchie in ihrem 1978 erschienenen Buch "The C Programming Language" und formulierten (ohne weitere Erklärungen vorab) auf der ersten Seite die Aufgabe, ein Programm zu schreiben, das die Worte "Hello, World" auf den Bildschirm schreibt. D. M. Ritchie gilt als der "Vater der Programmiersprache C", und das genannte Buch setzte einen ersten "Quasi-Standard" der Sprache (in der Literatur üblicherweise als "K&R-C" bezeichnet).

Seither haben zahllose Autoren von Lehrbüchern und Manuals dieses "Hello-World-Programm" aufgegriffen. Wenn man beim Lernen einer neuen Programmiersprache den Editor (eventuell die Entwicklungsumgebung), den Compiler, den Linker, eine Standard-Library, die erforderlichen Include-Files mit diesem kleinen Programm zum Zusammenspiel mit der Hardware gebracht hat, so daß die beiden Worte auf dem Bildschirm erscheinen, darf man sich ein erstes Mal zufrieden zurücklehnen und sagen: "'Hello, World' kann ich schon."

Nach dem Erscheinen der ANSI-Norm der Programmiersprache C haben K&R ihr Buch gründlich überarbeitet, das ausgezeichnete Werk ist als "Programmieren in C" [KeRi90] inzwischen auch in deutscher Übersetzung erhältlich.

Programm hllworld.c

/* Das Programm **hllworld.c** zeigt in der Funktion **main** schon fast alles, was im Zusammenspiel von Funktionen in C möglich ist:

* Im "Function body" (von den beiden geschweiften Klammern begrenzt) stehen zwei Anweisungen: Es sind der Aufruf einer anderen Funktion (diese hat den Namen **printf**) und das "Return statement".

* Der Funktion **printf** wird ein Argument übergeben (es ist der in runden Klammern stehende Text), die Funktion verarbeitet diesen Parameter. Ein "Return value" wird von dieser Funktion nicht erwartet (sie erzeugt jedoch tatsächlich einen Rückgabewert, der bei diesem Funktionsaufruf allerdings nicht ausgewertet wird): Die Funktion **printf** macht sich durch Nebeneffekte bemerkbar (sie schreibt den ihr übergebenen Text auf den Bildschirm, Text wird übrigens durch zwei " eingeschlossen, die selbst nicht zum Text gehören).

* Die Funktion **main** gibt einen "Return value" zurück. "Return values" werden prinzipiell an das aufrufende Programm abgeliefert. Weil **main** von der Betriebssystem-Ebene aufgerufen wird, liefert es seinen "Return value" (hier: **0**) an das Betriebssystem ab.   */

```
#include <stdio.h>            /* Siehe nachfolgende Erläuterungen */
main ()
  {
    printf ("HELLO, WORLD\n") ;            /* Anweisungen werden
                                             mit ; abgeschlossen   */
    return 0 ;
  }
```

/* Die Funktion **printf** ist übrigens nicht integraler Bestandteil der Programmiersprache C (wie z. B. **WRITE** in Fortran oder **writeln** in Pascal), sondern befindet sich in einer "Standard library". Die Verfügbarkeit von Libraries bestimmt weitgehend den Komfort, mit dem der C-Programmierer arbeitet. Über eine Library für "Standard input-output functions" verfügt natürlich jedes C-System, und in dieser befindet sich dann immer auch die Funktion **printf**.

Beim Aufruf von Funktionen muß man sich natürlich ganz genau an die Definitionen halten, die der Programmierer der entsprechenden Funktion festgelegt hat, insbesondere gilt dies für Art und Anzahl der zu übergebenden Parameter. Um dem Compiler die Möglichkeit zu geben, die Einhaltung dieser Konventionen zu prüfen, sollte unbedingt die zur entsprechenden Library gehörende "Header-Datei" in das Programm eingebunden werden, für die Library mit den "Standard input-output functions" steht **stdio.h** zur Verfügung, die über das **#include**-Statement (vor dem eigentlichen Programmtext) eingebunden wird.

Die mit **#** beginnenden Anweisungen sind keine Anweisungen der Programmiersprache C, sondern Anweisungen an den Präprozessor, der automatisch vor jedem Compilerlauf zur Arbeit veranlaßt wird und in diesem Beispiel dann dafür sorgt, daß **stdio.h** in den Text eingebunden wird (der Präprozessor macht noch sehr viel mehr, u. a. "befreit" er das Programm von diesen Erläuterungen, Kommentar dringt gar nicht bis zum C-Compiler durch).

Wenn das ausführbare Programm gestartet wird, fällt auf, daß

```
HELLO, WORLD
```

ausgegeben wird, die beiden letzten Zeichen innerhalb "..." aber nicht erscheinen. Mit dem Zeichen \ ("Backslash") wird in C symbolisiert, daß das darauffolgende Zeichen eine andere als die ihm üblicherweise zukommende Bedeutung hat (das **n** ist nicht mehr das **n**, sondern das Symbol für den Zeilenwechsel), ein Zeichen wie " allerdings, dem üblicherweise die Sonderbedeutung "Text-Begrenzer" zukommt, wird durch Voranstellen von \ wieder zum ganz normalen Zeichen (und der "Backslash" selbst verliert durch Voranstellen eines \ ebenfalls seinen Sonderstatus). Einige wichtige mit \ zu erzeugende "Bedeutungswechsel":

\n	Übergang an den Anfang einer neuen Zeile
\r	Zurück zum Zeilenanfang
\b	Ein einzelnes Zeichen zurück
\"	"
\'	'
****	\
\ddd	Zeichen mit der ASCII-Nummer **ddd** (Oktal) */

Ende des Programms hllworld.c

Sie sollten zunächst einfach hinnehmen, daß es sehr wichtig ist, zu jeder verwendeten Funktion die zugehörige "Header-Datei" über eine Include-Anweisung einzubinden. Welche Header-Datei das ist, kann man dem C-Manual entnehmen (in allen nachfolgenden Beispiel-Programmen wird jeweils bei der ersten Verwendung einer Funktion auf die zugehörige Header-Datei hingewiesen).

Der UNIX-Benutzer kann sich über die "man-Pages" informieren und sollte einfach einmal

```
man  printf
```

probieren.

Was der Präprozessor schließlich an den Compiler abliefert, kann man sich bei vielen Systemen anzeigen lassen: Wenn Sie mit dem GNU-C-Compiler arbeiten (z. B. unter Linux), veranlaßt die Option **-E** die Ausgabe des Präprozessor-Outputs auf die Standardausgabe. Wenn Ihnen mit dem Kommando

```
cc  -E  hllworld.c
```

die Ausgabe zu schnell über den Bildschirm flimmern sollte, leiten Sie diese am besten in eine Datei um, die Sie sich dann mit dem Editor ansehen:

```
cc  -E  hllworld.c  >  hllworld.pre
emacs  hllworld.pre
```

Auch mit MS-Visual-C unter DOS kann man sich das Ergebnis des Präprozessors ansehen:

```
cl  /E  hllworld.c  >  hllworld.pre
edit  hllworld.pre
```

Sie werden feststellen, daß das vom Präprozessor erzeugte Programm durch die Include-Anweisungen länger werden kann, die zahlreichen Leerzeilen deuten auf verschwundene Kommentarzeilen hin (auch in den Include-Files gibt es Kommentar).

| Aufgabe 3.1: | Man variiere die **printf**-Anweisung des Programms **hllworld.c** unter Verwendung der angegebenen "Backslash"-Kombinationen und dadurch,

daß man die **printf**-Anweisung durch zwei Anweisungen ersetzt, z. B.:

```
printf ("HELLO, ") ;
printf ("WORLD\n") ;
```

3.5 Arithmetik und "for-Schleife": Programm "hptokw01.c"

Das nachfolgende Beispiel-Programm hat nur ganz wenige Zeilen (wenn man die Kommentarzeilen nicht berücksichtigt), es enthält aber so viel Neues, daß Sie es sehr sorgfältig durcharbeiten sollten. Sie sollten in jedem Fall das Programm zunächst compilieren und ablaufen lassen und dann daraufhin untersuchen, welche Programmkonstruktion für welche Reaktion des ablaufenden Programms verantwortlich ist.

Wenn Sie eine oder mehrere andere Programmiersprachen kennen, sollten Sie auf die Besonderheiten achten, die für die Programmiersprache C typisch sind.

Wenn Sie dieses Tutorial als reiner Programmieranfänger durcharbeiten, dann erschließt sich Ihnen mit dem folgenden Programm schon sehr viel von dem, was das Programmieren in einer höheren Programmiersprache ausmacht. Sollte Ihnen vieles befremdlich oder schwierig erscheinen, dann ist das normal. Mit dem Verständnis dieses Programms kommen Sie auf dem mühevollen Weg zum Programmierer ein erhebliches Stück voran.

Programm hptokw01.c

/* **Umrechnung der Leistungseinheit PS in die Leistungseinheit kW**

Das Programm gibt eine Tabelle aus, die von 50 PS bis 150 PS (bei einer Schrittweite von 5 PS) die Umrechnung auf die Leistungseinheit kW zeigt.   */

```
#include <stdio.h>
#define  FAKTOR  0.7355f            /* Umrechnungsfaktor wird als
                                       Konstante definiert     */
main ()
{
   float   ps ;
   for (ps = 50.0f ; ps <= 150.1f ; ps = ps + 5.0f)
     printf ("%6.1f PS =  %6.1f kW\n" , ps , ps * FAKTOR) ;
   return 0 ;
}
```

/* Die Anweisung

                            #define FAKTOR 0.7355f

weist den Präprozessor an, überall im Programm, wo die Zeichenfolge **FAKTOR** auftaucht, diese durch die Zeichenfolge **0.7355f** zu ersetzen (der Compiler bekommt weder diese Zeile noch irgendwo im Programm die Zeichenfolge **FAKTOR** zu sehen).

Es ist guter Programmierstil, solche festen Werte (Konstanten) als Präprozessor-Anweisungen anzugeben, weil dies eventuelle spätere Änderungen (man könnte z. B. einen genaueren Umrechnungsfaktor verwenden wollen) erleichtert.

Übrigens: C ist "Case sensitive" (im Gegensatz z. B. zu Fortran), Groß- und Kleinschreibung werden unterschieden. Wenn im Programm die Zeichenfolgen **faktor** oder **Faktor** stehen würden, hätte die angegebene Präprozessor-Anweisung diese nicht ersetzt.   */

/* Die Anweisung

                            float ps ;

vereinbart eine Variable mit dem Namen **ps** (auch hier: **PS** wäre ein anderer Name) und dem Datentyp **float**. Einige wichtige Datentypen in C sind:

int	-	Ganzzahlige Variable, die i. a. intern 2 Byte (z. B. MS-Visual-C^{++} 1.5 oder Turbo C^{++}) oder 4 Byte (z. B. GNU-C oder MS-Visual-C^{++} 4.0) belegt und damit entweder einen Wertebereich **- 32768 ... + 32767** oder den Wertebereich **- 2 147 483 648 ... + 2 147 483 647** hat,
long	-	Ganzzahlige Variable, die i. a. (nicht auf allen Anlagen!) intern 4 Byte belegt und damit den Wertebereich **- 2 147 483 648 ... + 2 147 483 647** hat, **int** und **long** können auch "vorzeichenlos" (als **unsigned int** bzw. **unsigned long**) vereinbart werden, dann gibt es keine negativen Werte, die maximal darstellbare positive Zahl ist dafür doppelt so groß,
float	-	Gleitkomma-Variable, die i. a. (nicht auf allen Anlagen!) intern 4 Byte belegt, und damit etwa einen Wertebereich **- 3.4E38 ... + 3.4E38** hat bei einer Genauigkeit von knapp 7 Dezimalstellen,
double	-	Gleitkomma-Variable, die i. a. (nicht auf allen Anlagen!) intern 8 Byte belegt und damit etwa einen Wertebereich **- 1.7E308 ... + 1.7E308** hat bei einer Genauigkeit von knapp 16 Dezimalstellen,
char	-	Zeichen-Variable, die intern 1 Byte belegt und (abhängig von der Anlage) den 128-ASCII-Zeichensatz (typisch für UNIX-Maschinen) oder den 256-ASCII-Zeichensatz als Wertebereich hat.

Die für eine bestimmte Installation geltenden Grenzen sind in den Header-Dateien **limits.h** und **float.h** beschrieben. Diese Dateien, die sich auf UNIX-Systemen in der Regel im Directory **/usr/include** und auf DOS-Systemen ebenfalls in einem Verzeichnis mit dem Namen **IN-CLUDE** (z. B. in MS-Visual-C^{++}-Installationen wahrscheinlich in **/MSVC/INCLUDE** oder **/MSDEV/INCLUDE**) befinden, sind ASCII-Dateien und können mit einem Editor inspiziert werden (vgl. Programm **limits.c** im Abschnitt 3.6).   */

/* Das **f** am Ende der Konstanten (z. B.: **0.7355f** oder **50.0f**) weist diese als **float**-Konstanten aus, ohne das **f** würde der Compiler **double** vermuten (und evtl. eine Warnung ausschreiben). */

/* Die "Schleifenanweisung"

```
    for (Initialisierung ; Bedingung ; Reinitialisierung)     <--- Kopf
        Anweisung ;                                           <--- Rumpf
```

dient zur wiederholten Ausführung der Anweisung(en) im "Rumpf" nach folgenden Regeln:

- Genau einmal (vor allen anderen Anweisungen in "Kopf" und "Rumpf") wird die Initialisierung ausgeführt, in diesem Programm: Variable **ps** bekommt ihren Anfangswert.

- VOR jedem Schleifendurchlauf wird die Bedingung im "Kopf" geprüft, der "Rumpf" der Schleife wird nur durchlaufen, wenn die Bedingung erfüllt ist.

- NACH jedem Schleifendurchlauf erfolgt die Reinitialisierung, so daß die anschließende Prüfung der Bedingung (VOR dem nächsten Schleifendurchlauf) in der Regel mit anderen Werten arbeitet.

- Der "Rumpf" kann aus mehreren Anweisungen bestehen (mit {...} geklammerter Anweisungsblock).

- Der "Rumpf" darf leer sein, muß allerdings durch ; abgeschlossen werden (kann sinnvoll sein für "Warteschleifen" oder dann, wenn durch Bedingung und Reinitialisierung alles, was die Schleife abarbeiten soll, bereits erledigt wird).   */

/* Die wichtigsten Operatoren für Bedingungen sind:

<	"Kleiner als"
>	"Größer als"
<=	"Kleiner oder gleich"
>=	"Größer oder gleich"
==	"Gleich"
!=	"Ungleich"
&&	"AND"
||	"OR"
!	"NOT"

Bedingungen können miteinander verknüpft werden, empfehlenswert ist geeignete Klammerung, Beispiel:

```
((x > y * 4) || (z != 3))
```

ist erfüllt, wenn entweder "x größer als y*4" oder "z ungleich 3" ist.   */

/* Rechnen mit **float**-Variablen führt immer zu Rundungsfehlern. Deshalb wurde die Obergrenze in der Bedingung leicht vergrößert, um auch bei Rundungsfehlern den letzten Schleifendurchlauf (mit **ps = 150.0f**) zu garantieren.

Guter Programmierstil ist die Zuweisung von Konstanten mit einem Dezimalpunkt an **float**-Variablen, weil dann intern mit Sicherheit nicht erst eine Typ-Konvertierung durchgeführt werden muß.   */

/* Anweisungen der Art

```
ps = ps + 5.0f ;
```

verdeutlichen den "dynamischen Charakter" des Zeichens = (immer wird der Variablen auf der linken Seite der Wert zugewiesen, der aus dem Ausdruck auf der rechten Seite berechnet wird), es ist also anders zu verstehen als das Gleichheitszeichen in der Mathematik.

Für die spezielle Form des Veränderns einer Variablen ist eine Kurzschreibweise möglich:

```
ps += 5.0f ;
```

ist gleichwertig mit der oben angegebenen Form (**ps -= 3.0f ;** wäre gleichwertig mit **ps = ps - 3.0f ;**).

Für **int**-Variablen ist der Spezialfall der Erhöhung bzw. Verkleinerung um **1** besonders häufig, die Kurzanweisungen

```
                                  i++ ;
                                  j-- ;
```

sind gleichwertig mit

```
                                  i = i + 1 ;
                                  j = j - 1 ;
```

(daß die Kurzanweisungen sogar innerhalb einer anderer Anweisung verwendet werden
können, wird später genauer erläutert).   */

/* Der Funktion **printf** werden drei Argumente übergeben (es ist eine Funktion, der eine unterschiedliche Anzahl von Argumenten angeboten werden kann, diese Möglichkeit ist nur in
wenigen höheren Programmiersprachen vorhanden):

Der String (Zeichenkette) **"%6.1f PS = %6.1f kW\n"**, die **float**-Variable **ps** und der
arithmetische Ausdruck **ps*FAKTOR**, dessen Wert vor der Übergabe an die Funktion
berechnet wird, werden in **printf** folgendermaßen verarbeitet:

Der String wird so auf den Bildschirm ausgegeben, wie er von "..." umschlossen wird, wobei
die durch **%** eingeleiteten "Format-Anweisungen" vorher durch die nach dem String stehenden
Parameter (in gleicher Reihenfolge) ersetzt werden. Die Format-Angaben steuern die Art der
Ausgabe der Werte, z. B. bedeutet **%6.1f**: "Gib den Wert auf **6** Bildschirm-Positionen als
float-Variable mit einer Stelle nach dem Dezimalpunkt aus".

Neben dem **f**-Format ist vor allem das **d**-Format (Ausgabe von Dezimalzahlen) für die
Ausgabe von **int**-Werten wichtig, **%4d** bedeutet z. B. die Verwendung von vier Positionen zur
(rechtsbündigen) Ausgabe der Zahl.   */

Ende des Programms hptokw01.c

Es ist unvermeidlich, an dieser Stelle vieles noch etwas "unscharf" zu formulieren, jede
Definition hier schon "absolut wasserdicht" aufzuschreiben, würde auf sehr viel Verständnis-
probleme führen, weil ständig Begriffe zu verwenden wären, die selbst wieder erklärt werden
müssen. Geben Sie sich bitte zufrieden, wenn Sie die im Kommentar des Programms gemachten Aussagen verstanden haben, zwangsläufig bleiben zunächst einige Fragen offen.
Folgende Fakten sollten Sie aber unbedingt registriert haben:

♦ Arithmetische Ausdrücke, die einen Wert berechnen, arbeiten mit den Symbolen **+**, **-**, *****
  und **/** für die vier Grundrechenarten und berücksichtigen die aus der Mathematik bekannten Vorrangregeln ("Punktrechnung geht vor Strichrechnung", wobei zu beachten ist, daß
  die Division durch das Symbol **/** repräsentiert wird, aber natürlich als "Punktrechnung"
  gilt). Durch Klammerung mit (und) kann wie in der Mathematik die Reihenfolge der
  Operationen beeinflußt werden.

♦ Das Zeichen **=** hat im Gegensatz zur Mathematik "dynamischen Charakter", es ist der
  "Zuweisungs-Operator", der **immer von rechts nach links** arbeitet. Auf der rechten Seite
  darf ein arithmetischer Ausdruck stehen, der berechnet wird und **danach** der Variablen
  auf der linken Seite zugewiesen wird. **Auf der linken Seite darf niemals ein arithmetischer Ausdruck stehen, auch keine Konstante.**

♦ Als Operanden in den arithmetischen Ausdrücken tauchten bisher feste Werte (Konstanten
  wie z. B. **50.0f**; auch das Exponential-Format ist möglich, z. B.: **-3.1e12**; unbedingt
  Dezimalpunkt verwenden, niemals das Komma) oder Variablen (wie z. B. **ps**) auf.
  Variablen werden durch einen Namen (dazu später genauere Informationen) identifiziert.
  Variablen müssen vereinbart werden. Eine Variablen-Vereinbarung enthält den Typ

und den Namen der Variablen. Innerhalb einer Funktion müssen Vereinbarungen nach einer öffnenden geschweiften Klammer { stehen, die Gültigkeit der Variablen endet bei der zugehörigen schließenden Klammer }. Sie sollten zunächst alle Vereinbarungen unmittelbar nach der ersten Klammer { einer Funktion (und unbedingt vor der ersten ausführbaren Anweisung) ansiedeln.

♦ Die Ausgabeanweisung

```
printf ("Format-String" , wert1 , wert2 , ... ) ;
```

gibt genau das aus, was ihr als "Format-String" übergeben wird (ohne die "Double Quotes", in die der String eingeschlossen ist) mit folgenden Besonderheiten:

- Die mit dem "Backslash" \ eingeleiteten Zeichen werden speziell interpretiert (siehe Kommentar zum Programm **hllworld.c** im Abschnitt 3.4).

- Mit dem Prozentzeichen % werden "Format-Angaben" eingeleitet, die als Platzhalter für die nach dem Format-String angegebenen Argumente **wert1**, **wert2**, ... dienen (die Anzahl der Format-Angaben im Format-String sollte exakt mit der Anzahl der zusätzlich zum Format-String angegebenen Werte übereinstimmen): Für die erste Format-Angabe wird **wert1** eingesetzt, für die zweite **wert2** usw. (für **wert1** usw. dürfen auch arithmetische Ausdrücke stehen, die vor dem Einsetzen in den Format-String berechnet werden). Die Format-Angaben beeinflussen die Ausgabe, von den zahlreichen Möglichkeiten werden einige besonders wichtige nachfolgend zusammengestellt:

Einige ausgewählte Format-Angaben:

%d	...	gibt **int** dezimal mit Vorzeichen aus,
%6d	...	schreibt vor, daß dafür mindestens 6 Positionen verwendet werden (Zahl wird rechtsbündig geschrieben),
%o	...	gibt **int** oktal ohne Vorzeichen aus,
%x	...	gibt **int** hexadezimal ohne Vorzeichen aus,
%ld	...	gibt **long** dezimal mit Vorzeichen aus,
%f	...	gibt **float** oder **double** ohne Benutzung einer Zehnerpotenz aus (geeignet für Werte in "vernünftigen" Größenordnungen),
%12.3f	...	schreibt vor, daß dafür mindestens 12 Positionen (einschließlich Vorzeichen und Dezimalpunkt) verwendet werden, davon drei für Nachkommastellen (geeignet, wenn man die Größenordnung der Ergebnisse kennt),
%e	...	gibt **float** oder **double** im "Exponentialformat" aus (sinnvoll, wenn man die Größenordnung der Ergebnisse nicht kennt),
%14.6e	...	schreibt vor, daß dafür mindestens 14 Positionen (einschließlich Vorzeichen, Dezimalpunkt und Vorzeichen des Exponenten) verwendet werden, davon sechs für Nachkommastellen,
%g	...	gibt **float** oder **double** in Abhängigkeit von der Größenordnung im f- oder e-Format aus (geeignet, wenn man zu faul zum Nachdenken ist, z. B. für Test-Ausgaben),
%c	...	gibt ein einzelnes Zeichen aus,
%s	...	gibt eine Zeichenkette (String) aus.

| **Aufgabe 3.2:** | Es ist ein Programm **einmal1** zu schreiben, das die nachfolgende Ausgabe auf dem Bildschirm erzeugt: |

```
1*2= 2   1*3= 3   1*4= 4   1*5= 5   1*6= 6   1*7= 7   1*8= 8   1*9= 9   1*10= 10
2*2= 4   2*3= 6   2*4= 8   2*5=10   2*6=12   2*7=14   2*8=16   2*9=18   2*10= 20
3*2= 6   3*3= 9   3*4=12   3*5=15   3*6=18   3*7=21   3*8=24   3*9=27   3*10= 30
4*2= 8   4*3=12   4*4=16   4*5=20   4*6=24   4*7=28   4*8=32   4*9=36   4*10= 40
5*2=10   5*3=15   5*4=20   5*5=25   5*6=30   5*7=35   5*8=40   5*9=45   5*10= 50
6*2=12   6*3=18   6*4=24   6*5=30   6*6=36   6*7=42   6*8=48   6*9=54   6*10= 60
7*2=14   7*3=21   7*4=28   7*5=35   7*6=42   7*7=49   7*8=56   7*9=63   7*10= 70
8*2=16   8*3=24   8*4=32   8*5=40   8*6=48   8*7=56   8*8=64   8*9=72   8*10= 80
9*2=18   9*3=27   9*4=36   9*5=45   9*6=54   9*7=63   9*8=72   9*9=81   9*10= 90
10*2=20 10*3=30 10*4=40 10*5=50 10*6=60 10*7=70 10*8=80 10*9=90 10*10=100
```

Hinweis: Es ist eine doppelte Schleifenanweisung zu verwenden:

```c
for  (i = 1 ; i <= 10 ; i++)
    {
        for  (j = 2 ; j < 10 ; j++)
        {
            printf ( ... ) ;
        }
        printf ( ... ) ;
    }
```

Die zur äußeren Schleife gehörende zweite **printf**-Anweisung gibt nur den Ausdruck der letzten Spalte aus und muß dementsprechend das "Newline"-Zeichen enthalten (das Einklammern der **printf**-Anweisung der inneren Schleife mit { und } dient der besseren Lesbarkeit, diese Klammern könnten auch weggelassen werden).

3.6   Einige Grenzwerte der Implementation: Programm "limits.c"

Die Grenzwerte für die Variablen sind implementationsabhängig, für die **int**-Variablen z. B. wird nur garantiert, daß **int** keinen kleineren Wertebereich als **short** und keinen größeren Wertebereich als **long** hat. Während bei GNU-C unter Linux die Wertebereiche von **int** und **long** identisch sind, sieht MS-Visual-C++ 1.5 gleiche Wertebereiche für **int** und **short** vor (MS-Visual-C++ 4.0 dagegen arbeitet mit **int**-Werten wie der GNU-C-Compiler).

Das nachfolgende Programm zeigt die im Header-File **limits.h** (mit **#define**-Anweisungen, wie im Programm **hptokw01.c** im vorigen Abschnitt beschrieben) verzeichneten Grenzwerte, man kann sich das auch mit dem Editor ansehen.

Programm limits.c

```c
/*  Ausgabe der in der Header-Datei limits.h definierten Konstanten, die einige Grenzen der
    Implementation definieren                                                           */

#include <stdio.h>
#include <limits.h>
main ()
{
  printf ("\nDefinitionen in limits.h")      ;
  printf ("\n=========================\n\n") ;

  printf ("CHAR_BIT  =%12d  (Bits in einem char)\n"   , CHAR_BIT) ;
  printf ("CHAR_MAX  =%12d  (Maximalwert fuer char)\n" , CHAR_MAX) ;
  printf ("CHAR_MIN  =%12d  (Minimalwert fuer char)\n" , CHAR_MIN) ;
```

```
printf ("INT_MAX    =%12d  (Maximalwert fuer int)\n"   , INT_MAX)   ;
printf ("INT_MIN    =%12d  (Minimalwert fuer int)\n"   , INT_MIN)   ;
printf ("LONG_MAX   =%12ld (Maximalwert fuer long)\n"  , LONG_MAX)  ;
printf ("LONG_MIN   =%12ld (Minimalwert fuer long)\n"  , LONG_MIN)  ;
printf ("SCHAR_MAX  =%12d  (Maximalwert fuer signed char)\n" , SCHAR_MAX) ;
printf ("SCHAR_MIN  =%12d  (Minimalwert fuer signed char)\n" , SCHAR_MIN) ;
printf ("SHRT_MAX   =%12d  (Maximalwert fuer short)\n" , SHRT_MAX)  ;
printf ("SHRT_MIN   =%12d  (Minimalwert fuer short)\n" , SHRT_MIN)  ;
printf ("UCHAR_MAX  =%12u  (Maximalwert fuer unsigned char)\n" , UCHAR_MAX) ;
printf ("UINT_MAX   =%12u  (Maximalwert fuer unsigned int)\n"  , UINT_MAX) ;
printf ("ULONG_MAX  =%12lu (Maximalwert fuer unsigned long)\n" , ULONG_MAX) ;
printf ("USHRT_MAX  =%12lu (Maximalwert fuer unsigned short)\n", USHRT_MAX) ;

return 0 ;
}
```

/* Die Format-Anweisung **%12u** sieht 12 Positionen für die Ausgabe einer vorzeichenlosen ganzen Zahl vor, **ld** bzw. **lu** stehen für "long decimal" bzw. "long unsigned".   */

Ende des Programms limits.c

| **Aufgabe 3.3:** | Man suche in der Implementation, mit der man arbeitet, die Header-Datei

float.h und inspiziere sie mit dem Editor (Hinweis: Auf UNIX-Systemen findet man diese Datei in der Regel im Directory **/usr/include**, in DOS-Installationen in Directories mit dem Namen **INCLUDE** unterhalb des Installations-Directories, für Turbo-C möglicherweise in **\TC\INCLUDE**, bei MS-Visual-C-Installationen gibt die Umgebungs-variable **INCLUDE** Auskunft, die Umgebungsvariablen kann man sich unter DOS mit dem Kommando **SET** anzeigen lassen).

Im Stil des oben abgedruckten Programms **limits.c** ist ein Programm **float.c** zu schreiben, das mindestens folgende Konstanten ausgibt (mit entsprechender kurzer Erläuterung ihrer Bedeutung, in **float.h** sind alle definierten Werte kommentiert, Werte der Typen **double** oder **float** sollten Sie einfach mit dem Format **%g** ausgeben):

```
FLT_MAX, FLT_DIG, FLT_EPSILON, FLT_MIN_10_EXP, FLT_MAX_10_EXP,
DBL_MAX, DBL_DIG, DBL_EPSILON, DBL_MIN_10_EXP, DBL_MAX_10_EXP
```

3.7 Bedingte Anweisung und "Casting": Programm "reihe01.c"

Das Programm **reihe01.c** untersucht die Reihe

$$S = 2 + \frac{3}{2^2} + \frac{4}{3^2} + \frac{5}{4^2} + \frac{6}{5^2} + \frac{7}{6^2} + ... = \sum_{k=1}^{\infty} \frac{k+1}{k^2} \ .$$

Die Reihe ist divergent: Bei genügend großer Anzahl von Summanden kann für S jeder beliebige Wert erreicht werden, theoretisch (wer das Grundstudium der Mathematik erfolg-reich bewältigt hat, kann nachweisen, daß diese Reihe eine Majorante der divergenten harmonischen Reihe ist, aber Sie dürfen das auch ganz einfach glauben), praktisch scheitern daran die leistungsfähigsten Computer selbst dann, wenn für das zu erreichende S eher bescheidene Wünsche angemeldet werden. Das kleine Programm **reihe01.c** kann durchaus für den Test der Leistungsfähigkeit eines Computers dienen.

Das Programm **reihe01.c** ermittelt, nach wieviel Reihengliedern die Summe S die Werte 1; 2; 3; 4; 5; ... erreicht bzw. übertrifft. So beginnt die Ergebnisausgabe des Programms:

```
Summe        2.00 erreicht mit           1 Summanden
Summe        2.75 erreicht mit           2 Summanden
Summe        3.19 erreicht mit           3 Summanden
Summe        4.10 erreicht mit           7 Summanden
Summe        5.03 erreicht mit          17 Summanden
Summe        6.02 erreicht mit          45 Summanden
Summe        7.01 erreicht mit         120 Summanden
Summe        8.00 erreicht mit         324 Summanden
Summe        9.00 erreicht mit         879 Summanden
Summe       10.00 erreicht mit        2388 Summanden
```

Die Zielvorgabe wird (vorsichtshalber) auf eine Reihensumme $S = 18$ festgelegt.

Programm reihe01.c

```
/*  Untersuchung einer speziellen Reihe                              */
#include <stdio.h>
#define   grenze      18.              /* Obergrenze für Reihensumme */
main ()
{
    long    zaehler = 2  , nenner     = 1  ;
    double  summe   = 0. , zielsumme = 1. , dnenner ;

    while (zielsumme <= grenze)
      {
        dnenner = (double) nenner ;
        summe  += (double) zaehler / (dnenner * dnenner) ;
        if (summe >= zielsumme)
          {
            printf ("Summe %8.2lf erreicht mit %10ld Summanden\n" ,
                    summe , nenner)    ;
            zielsumme += 1. ;
          }
        zaehler++ ;
        nenner++  ;
      }
    return 0 ;
}
```

/* Im Vereinbarungsteil wird die Möglichkeit demonstriert, mit der Vereinbarung von Variablen diesen gleich Anfangswerte zuzuweisen.

```
                  long  zaehler = 2 ;
```

... ist gleichwertig mit

```
                  long  zaehler ;
                  zaehler = 2   ;                                    */
```

/* Zähler und Nenner werden als Integer-Variablen vereinbart (**long**, weil z. B. Turbo-C oder MS-Visual-C++ 1.5 bei **int** die nicht ausreichende Obergrenze 32767 setzen). Bei Addition, Subtraktion und Multiplikation von Integer-Variablen gibt es keine Rundungsfehler, bei der Division zweier Integer-Zahlen ist das Ergebnis jedoch immer nur der ganzzahlige Anteil des "mathematischen Ergebnisses":

```
    !!!!!!!        2 / 3  liefert immer 0 als Ergebnis     !!!!!!!
```

Auch wenn das Ergebnis der Berechnung einer **double**-Variablen zugewiesen wird, ändert sich daran nichts:

```
                  double   x1 , x2 ;
                  x1 = 1  / 3 ;
                  x2 = 1. / 3 ;
```

... ergibt für **x1** den Wert **0**. (Berechnung des Ausdrucks auf der rechten Seite und Zuweisung des berechneten Wertes an die Variable auf der linken Seite sind gesonderte Aktionen), für **x2** jedoch den korrekten Wert **0.333333333333333** (bewirkt durch den Punkt hinter der **1**), weil bei der Operation mit einem **float**- oder **double**-Wert einerseits und einem Integer-Wert andererseits das Ergebnis vom "allgemeineren Typ" bestimmt wird.

An Variablen kann man natürlich keinen Punkt anhängen, die Lösung dafür heißt "cast". Dies ist eine in runden Klammern stehende Typ-Bezeichnung, die eine gezielte Typumwandlung der unmittelbar folgenden Variablen (oder eines geklammerten Ausdrucks) erzwingt. Der **"cast"** **(double)** in

```
summe  += (double) zaehler / (dnenner * dnenner) ;
```

bewirkt, daß die Variable **zaehler** umgewandelt wird, was im Prinzip ausreichend wäre, denn

```
(double) zaehler / (nenner * nenner) ;
```

würde zunächst das Produkt der Integer-Variablen **nenner*nenner** berechnen (Zwischenergebnis ist ganzzahlig vom Typ **long**), und der Quotient der nach **double** "gecasteten" Variablen **zaehler** mit diesem **long**-Wert würde **double** sein. Da aber wegen der sehr groß werdenden Zahlen das Produkt **nenner*nenner** auch sehr schnell selbst den Zahlenbereich von **long** überschreiten würde, wird vorab noch **nenner** zur **double**-Variablen **dnenner** "gecastet", mit der dann weitergerechnet wird.

MAN MACHE SICH DIESE PROBLEMATIK SEHR GENAU KLAR. SIE IST
EINE SEHR HÄUFIGE FEHLERURSACHE!   */

```
/*  Die Konstruktionen         if  (Bedingung)
                                   { ... Anweisungen ...
                                   }
    bzw.
                               if  (Bedingung)
                                   Anweisung ;
```

bewirken, daß die Anweisungen nur ausgeführt werden, wenn die Bedingung erfüllt ist, ansonsten werden die Anweisungen übergangen (logische Operatoren, die in den Bedingungen benutzt werden können, wurden bereits im Programm **hptokw01.c** behandelt).

Die **if**-Konstruktion kann durch eine **else**-Anweisung erweitert werden, die nach **else** stehenden Anweisungen werden dann ausgeführt, wenn die Bedingung nicht erfüllt ist:

```
                               if  (Bedingung)
                                   { ... Anweisungen ...
                                   }
                               else
                                   { ... Anweisungen ...
                                   }
```

Auch für diese Konstruktion gilt: Wenn nur eine Anweisung (vor oder nach **else**) steht, können die geschweiften Klammern weggelassen werden, die Anweisung (auch vor dem **else**) ist immer durch Semikolon abzuschließen.   */

Ende des Programms reihe01.c

Der Programmieranfänger hat vielfach Schwierigkeiten, die Gründe für die Verwendung von Ganzzahl-Variablen (**int, long**) und "Gleitkommazahlen" (**float, double**) nachzuvollziehen, und glaubt, mit der ausschließlichen Verwendung von **double**-Variablen auszukommen, weil diese natürlich auch ganzzahlige Werte annehmen können. Aber Operationen mit "Gleitkommazahlen" sind immer mit Rundungsfehlern behaftet, nicht nur die arithmetischen Operationen: Allein bei der Eingabe oder Ausgabe einer Zahl entstehen Rundungsfehler, weil von der Dezimal-Darstellung in die Dual-Darstellung (oder umgekehrt) konvertiert wird (die Dezimalzahl **0.8** z. B. ist im Dualsystem ein periodischer Dezimalbruch und damit nicht exakt zu speichern!). Das in diesem Abschnitt vorgestellte Programm würde bei reiner **double**-Rechnung wahrscheinlich sinnvoll arbeiten, aber das ist reiner Zufall, wie das folgende kleine Beispiel-Programm zeigt.[1]

Das nachfolgend gelistete Programm **trap1.c** summiert **600000**mal den Wert **0.8**, einmal mit **double**-Rechnung und einmal mit **float**-Rechnung:

```
#include <stdio.h>
main ()
{
        long     i ;
        double   a = 0.  ;
        float    b = 0.f ;
        for (i = 1 ; i <= 600000 ; i++)
          {
            a += 0.8  ;
            b += 0.8f ;
          }
        printf ("600 000 * 0.8 (double) = %f\n" , a) ;
        printf ("600 000 * 0.8 (float)  = %f\n" , b) ;

        return 0 ;
}
```

**Vorsicht,
Falle!**

Der Ergebnis-Ausdruck zeigt die unvermeidlichen Rundungsfehler:

```
600 000 * 0.8 (double) = 479999.999995
600 000 * 0.8 (float)  = 482666.781250
```

Bei der mit annähernd 16 Dezimalstellen arbeitenden **double**-Variablen ist der Rundungsfehler immerhin schon in der 12. Stelle erkennbar, bei der mit etwas mehr als 6 Dezimalstellen arbeitenden **float**-Variablen ist der Wert schon unbrauchbar (natürlich kann man auch nicht erwarten, daß bei einer mit sechs Ziffern dargestellten Zahl die Addition eines Wertes, der im wesentlichen die siebente Stelle beeinflußt, ein brauchbares Ergebnis entstehen kann).

Noch häufiger tappt der Anfänger nach den Erfahrungen des Autors dieses Tutorials jedoch in die "Integer-Fallen", die auch bereits im Kommentar des Programms **reihe01.c** angedeutet wurden (wenn Ihnen schon so früh solche vermeintlichen "Spitzfindigkeiten" der Programmierung zugemutet werden, dann auch deshalb, weil gerade der Anfänger an solchen Problemen verzweifeln kann). Sie sollten sich das nachfolgende kleine Beispiel-Programm auf-

---

[1]Der Grund, warum das Programm **reihe01.c** bei ausschließlicher Arbeit mit **double**-Werten keine Rundungsfehler-Probleme zeigt, hängt mit der Darstellung der Gleitkommazahlen im Computer zusammen (die **1.**, die immer wieder addiert werden muß, ist auch als duale Gleitkommazahl im Rechner exakt darstellbar). Vielleicht ist es hier schon ganz sinnvoll, wenn Sie dazu den Anhang A lesen (wenn Sie noch nicht alles verstehen, ist das auch nicht tragisch).

merksam ansehen, leider wird es wahrscheinlich nichts nützen. Es gibt Fehler, die man wohl mindestens einmal selbst gemacht (und aufwendig gesucht) haben muß. Trotzdem, vielleicht bleibt wenigstens einer der beiden typischen "**int**-Fehler" gerade Ihnen erspart.

Das Programm **trap2.c** zeigt die beiden häufigsten Probleme bei der Arithmetik mit **int**-Werten:

```c
#include <stdio.h>
main ()
{
    double pi = 3.14 ;

    printf ("2/3*pi   = %f\n"   , 2/3*pi)   ;
    printf ("pi*2/3   = %f\n"   , pi*2/3)   ;
    printf ("2./3*pi = %f\n\n" , 2./3*pi)   ;

    printf ("200*200/100  = %d\n"  , 200*200/100)  ;
    printf ("200/100*200  = %d\n"  , 200/100*200)  ;
    printf ("200L*200/100 = %ld\n" , 200L*200/100) ;

    return 0 ;
}
```

**Vorsicht,
Falle!**

Der Ergebnis-Ausdruck (hier mit MS-Visual C^{++} 1.5) zeigt jeweils bei der ersten Ausgabe der beiden Dreier-Gruppen die katastrophale Auswirkung, die eine Nicht-Beachtung der Besonderheiten der **int**-Arithmetik haben kann:

```
2/3*pi   = 0.000000
pi*2/3   = 2.093333
2./3*pi = 2.093333

200*200/100  = -255
200/100*200  = 400
200L*200/100 = 400
```

♦ Gleichrangige Operationen (hier: Division und Multiplikation) werden in arithmetischen Ausdrücken "von links nach rechts" abgearbeitet, also beginnt **2/3*pi** mit der "reinen **int**-Operation" **2/3**, die als (Zwischen-)Ergebnis einen ganzzahligen Wert (also: **0**) hat, und das Gesamtergebnis wird ebenfalls **0**.

Bei den beiden nachfolgenden Ausdrücken ist an der ersten Operation jeweils ein **double**-Wert beteiligt, so daß das Zwischenergebnis vom Typ **double** ist, und das Gesamtergebnis wird richtig.

♦ Das zweite Problem tritt nur bei Compilern auf, die **int**-Werte in 2 Byte ablegen, so daß der Maximalwert **+32767** beträgt (z. B.: MS-Visual-C^{++} 1.5 oder Turbo-C). Hier ist das Zwischenergebnis der Berechnung von **200*200** zu groß (kann nicht als **int**-Wert gespeichert werden, hier "läuft es über" in das Vorzeichen-Bit, so daß eine negative Zahl entsteht), und das Gesamtergebnis wird falsch.

Richtige Ergebnisse erhält man durch Umstellung der Reihenfolge der Operationen (Zwischenergebnis bleibt klein) oder durch Rechnen mit **long**-Werten (**200L** ist eine **long**-Konstante, und die gesamte weitere Rechnung wird mit **long**-Werten realisiert).

Die an den Beispiel-Programmen **trap1.c** und **trap2.c** demonstrierten Probleme sind dadurch besonders tückisch, daß weder bei der Compilierung noch bei der Rechnung ein Fehler signalisiert wird. Dringend angeraten ist deshalb die Einhaltung folgender

---

Empfehlungen für das Programmieren arithmetischer Ausdrücke:

♦ Um Rundungsfehler zu vermeiden, sollten immer dann **int**-Variablen verwendet werden, wenn eine Anzahl (z. B. von Durchläufen einer **for**-Schleife) überprüft werden muß. Man beachte, daß einige C-Compiler sehr enge Grenzen für **int**-Werte vorschreiben, so daß im Zweifelsfall **long**-Variablen zu verwenden sind.

♦ Wenn Gleitkommazahlen verwendet werden müssen, sollte stets der Typ **double** verwendet werden, wenn nicht sehr gute Gründe (z. B. Speicherplatzbedarf bei großen Datenmengen) für **float**-Variablen sprechen. Das unvermeidliche Rundungs- fehlerproblem ist bei **double**-Rechnung deutlich kleiner.

♦ Bei Mischung von Datentypen in arithmetischen Ausdrücken sollten Variablen kon- sequent vom Programmierer auf den allgemeineren Typ "gecastet" werden, auch dann, wenn der Compiler das übernehmen würde (denken Sie daran, daß sonst schon die Änderung der Reihenfolge gleichrangiger Operationen das Ergebnis beeinflußt).

Konstanten sollten mit dem passenden Typ angegeben werden: Der Dezimalpunkt, der an einen ganzzahligen Wert angehängt wird, macht ihn zur **double**-Konstanten, mit der ganz sicher keine Ganzzahl-Operation (mit ganzzahligem Zwischenergeb- nis) ausgeführt wird.

Da dieses Thema sehr wichtig ist, wird es an einigen Beispielen in den nachfolgenden Abschnitten noch einmal aufgegriffen werden.

3.8   Zeitmessung mit clock (): Programm "reihe02.c"

Die erheblichen Rechenzeiten, die erforderlich sind, wenn man die Zielvorgabe für die Reihensumme gegenüber dem Programm **reihe01.c** nur unwesentlich erhöht, sind Anlaß, eine der Zeitmeß-Routinen, die in C vorgesehen sind, einzubauen (damit kann man die Aus- wirkungen von bestimmten Programmkonstruktionen auf die erforderliche Rechenzeit testen):

Programm reihe02.c

```
/* Untersuchung einer speziellen Reihe
```

   Dieses Programm ist eine Erweiterung von **reihe01.c**: Es wird zusätzlich in jede Ausgabezeile die seit dem Programmstart vergangene Zeit ausgegeben.   */

```
#include <stdio.h>
#include <time.h>                /* ... für clock und CLOCKS_PER_SEC */
#define  grenze     18.          /* Obergrenze für Reihensumme       */
```

```
main ()
{
  long     zaehler = 2  , nenner     = 1  ;
  double   summe   = 0. , zielsumme = 1. , dnenner ;
  while (zielsumme <= grenze)
    {
       dnenner = (double) nenner ;
       summe  += (double) zaehler / (dnenner * dnenner) ;
       if (summe >= zielsumme)
         {
            printf ("Summe %8.2lf erreicht mit %10ld Summanden" ,
                    summe , nenner)   ;
            printf ("    Zeit:%8.3lf Sekunden\n" ,
                    (double) clock () / CLOCKS_PER_SEC) ;
            zielsumme += 1. ;
         }
       zaehler++ ;
       nenner++  ;
    }
  return 0 ;
}
```

/* In der Header-Datei **time.h** befinden sich die Prototypen der Standardfunktionen für Datum und Uhrzeit. Der in diesem Programm benutzten Funktion

```
clock_t   clock   ()   ;
```

wird kein Argument übergeben (Klammern sind leer), sie liefert das Ergebnis mit dem Datentyp **clock_t** ab. Dieser Trick, nicht mit einem in C definierten Datentyp zu arbeiten, wird gern benutzt, um den Programmierer von eventuell implementationsabhängigen Datentypen unabhängig zu machen. Natürlich muß der Typ **clock_t** irgendwo definiert sein. Dafür gibt es in C die Anweisung **typedef**. In **time.h** steht zum Beispiel:

```
typedef long clock_t ;
```

... und der Datentyp **clock_t** ist identisch mit **long**.

Der Programmierer kann sich in **time.h** gegebenenfalls über den "Originaltyp" informieren, das Programm **reihe02.c** zeigt, daß es ohne diese Information geht. In **time.h** ist in jedem Fall auch eine Konstante **CLOCKS_PER_SEC** definiert, mit der man immer nach der Formel **clock () / CLOCKS_PER_SEC** die seit dem Programmstart vergangene Zeit in Sekunden berechnen kann. Wenn man das Ergebnis von **clock ()** entsprechend

```
(double) clock () / CLOCKS_PER_SEC ;
```

in den Datentyp **double** "castet", kann man (ohne Kenntnis, welcher Typ sich hinter **clock_t** verbirgt) sicher sein, auch Bruchteile des Ergebnisses nicht zu verlieren.

Der Datentyp **long** für **clock_t** ist typisch für die meisten C-Implementierungen, für die Umrechnungskonstante findet man verschiedene Werte, z. B.:

```
#define    CLOCKS_PER_SEC    18.2      (Turbo-C 2.0)
#define    CLOCKS_PER_SEC    1000      (MS-Visual-C 1.5)
#define    CLOCKS_PER_SEC    100       (GNU-C unter Linux)
```

(bedeutet z. B., daß die Maßeinheit des Ergebnisses von **clock** () bei MS-Visual-C 1/1000 Sekunde ist, womit eine Genauigkeit vorgetäuscht wird, die die Ergebnisausgabe des Programms nicht bestätigt, Turbo-C ist wesentlich "ehrlicher", mehr kann der PC ohnehin nicht bieten).   */

Ende des Programms reihe02.c

| **Aufgabe 3.4:** | Es ist ein Programm **reihe03.c** zu schreiben, das für die sogenannte harmonische Reihe |

$$S = 1 + \frac{1}{2} + \frac{1}{3} + \frac{1}{4} + \frac{1}{5} + \frac{1}{6} + \dots = \sum_{k=1}^{\infty} \frac{1}{k}$$

a) die gleichen Untersuchungen anstellt, wie sie mit dem Programm **reihe02.c** für die im Abschnitt 3.7 gegebene Reihe durchgeführt wurden (nach wieviel Reihengliedern überschreitet die Reihensumme die Werte 1; 2; 3; 4; 5; ... und wieviel Rechenzeit wurde jeweils bis dahin verbraucht?).

b) Wenn man mit N_i die **Anzahl der Reihenglieder** bezeichnet, nach der die Reihensumme S den ganzzahligen Wert i erreicht (dies sind die von **reihe03.c** ausgegebenen Werte), erkennt man, daß die N_i offensichtlich ziemlich regelmäßig größer werden. Das Programm **reihe03.c** ist zu einem Programm **reihe04.c** zu modifizieren: In jede Ausgabezeile ist zusätzlich der Quotient N_i/N_{i-1} auszugeben (aus Platzgründen darf dafür die Ausgabe der benötigten Rechenzeiten entfallen, die erste Ausgabezeile, die nur das "Erreichen der Reihensumme 1" signalisiert, kann auch entfallen, weil es für den Quotienten N_i/N_{i-1} noch keinen "Vorgängerwert" N_{i-1} gibt). Über die Deutung des bemerkenswerten Ergebnisses dürfen Vermutungen angestellt werden.

3.9   Standardfunktionen und "while-Schleife": Programm "valtab01.c"

In mehreren nachfolgenden Programmen wird die mathematische Funktion

$$y = \left(\sqrt{x^2 + 1} - \frac{b}{a} \right) \frac{x}{\sqrt{x^2 + 1}} - \frac{m\,g}{c\,a}$$

untersucht. Auch wenn es für das Erlernen der C-Programmierung unbedeutend ist zu wissen, was diese Funktion beschreibt, soll doch kurz erläutert werden, welches Problem sich dahinter verbirgt. Die Gleichgewichtslage der reibungsfrei geführten Masse (belastet durch Eigengewicht und die Kraft F, gefesselt an einer Feder mit der Federzahl c, die unbelastet die Länge b hat) wird durch die Gleichgewichtsbedingung

$$F = c\,a \left[\left(\sqrt{\left(\frac{\bar{x}}{a}\right)^2 + 1} - \frac{b}{a} \right) \frac{\left(\dfrac{\bar{x}}{a}\right)}{\sqrt{\left(\dfrac{\bar{x}}{a}\right)^2 + 1}} - \frac{m\,g}{c\,a} \right]$$

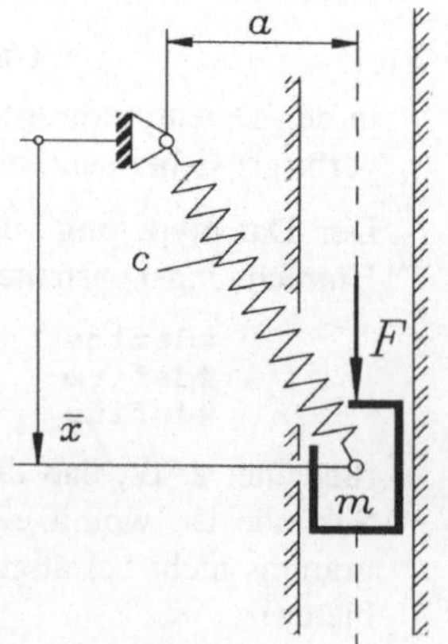

definiert. Mit den dimensionslosen Größen

$$x = \frac{\bar{x}}{a} \qquad und \qquad y = \frac{F}{c\,a}$$

wird daraus die oben angegebene Funktion, die in den Programmen für die speziellen Problemparameter

$$\frac{b}{a} = 4 \qquad und \qquad \frac{m\,g}{c\,a} = 1$$

ausgewertet werden wird und also zu deuten ist, als "Kraft, die erforderlich ist, um die Masse an einem bestimmten Punkt im Gleichgewicht zu halten".

Programm valtab01.c

```
/*  Wertetabelle für eine spezielle Funktion                                    */

    #include <stdio.h>
    #include <math.h>                /*  Header-Datei der math-Library   */

    #define   xanf      -4.0         /*  Untere Grenze für Wertetabelle  */
    #define   xend       5.0         /*  Obere  Grenze für Wertetabelle  */
    #define   delta_x    0.5         /*  Schrittweite  für Wertetabelle  */
    #define   bda        4.0         /*  Spezielle Konstante für f(x)    */
    #define   mgdca      1.0         /*  Spezielle Konstante für f(x)    */

    main ()
    {
       double   x , y ;
       printf ("Wertetabelle\n\n            x                 y\n\n") ;
       x = xanf ;
       while  (x <= xend + delta_x / 100.)
         {
            y = (sqrt (x*x+1.0) - bda) * x / sqrt (x*x+1.0) - mgdca ;
            printf ("%16.6f%16.6f\n" , x , y) ;
            x += delta_x ;
         }
       return 0 ;
    }
```

/* Das Programm gibt für eine fest einprogrammierte ("hard coded") Funktion **y = f(x)** eine Wertetabelle mit fest vorgegebenen Grenzen und fest vorgegebener Schrittweite aus. Die **#define**-Anweisungen am Anfang des Programms dienen der Übersichtlichkeit und erleichtern Programmänderungen.   */

/* Die Vereinbarung der Variablen **x** und **y** als **double** ist sicher nicht erforderlich, "einfache Genauigkeit" (**float**) wäre ausreichend. Bei Ingenieur-Problemen lauern aber an so vielen Stellen die Gefahren von Genauigkeitsverlusten, daß man gut beraten ist, stets **double**-Variablen zu verwenden und nur dann mit **float**-Variablen zu arbeiten, wenn man gute Gründe dafür weiß.   */

/* Die "Schleifenanweisung"

```
        while (Bedingung)              <--- Kopf
        {
            Anweisungen ;              <--- Rumpf
        }
```

dient zur wiederholten Ausführung der im "Rumpf" stehenden Anweisungen. Sie wird solange immer wieder durchlaufen, bis die Bedingung im Kopf nicht mehr erfüllt ist.

Die Modifikation der oberen Grenze **(xend + delta_x /100.0)** soll garantieren, daß trotz eventueller Rundungsfehler bei der Operation mit den **double**-Variablen die obere Grenze auch noch erfaßt wird.   */

/* Die Funktion **sqrt** () ist eine mathematische Standardfunktion (zur Berechnung der Quadratwurzel einer Zahl) aus der **math**-Library, mit dem Einbinden der Header-Datei **math.h** wird dem Compiler die Möglichkeit gegeben, die syntaktisch richtige Verwendung der Funktionen zu überprüfen.

Einige wichtige Funktionen aus der **math**-Library:

```
sin (x)  ,  cos (x)  ,  tan (x)        -    Winkelfunktionen,
asin (x) , acos (x)  , atan (x)        -    Arkusfunktionen,
atan2 (y,x)                            -    spezielle Arkustangensfunktion,
sinh (x) , cosh (x)  , tanh (x)        -    Hyperbelfunktionen,
exp (x)                                -    e-Funktion,
log (x)                                -    NATÜRLICHER Logarithmus,
log10 (x)                              -    Dekadischer Logarithmus,
sqrt (x)                               -    Quadratwurzel,
fabs (x)                               -    Absolutwert |x|,
pow (basis,exponent)                   -    Potenzieren.
```

Mit Ausnahme der Funktionen **pow** und **atan2** erwarten die angegebenen Funktionen nur ein Argument. Alle Argumente werden mit dem Typ **double** erwartet, die Funktionen liefern auch ihren Return-Wert als **double** ab (ein Grund mehr, mit **double**-Variablen zu arbeiten).

Die Winkelfunktionen erwarten ihr Argument prinzipiell in Radian, die Arkusfunktionen liefern das Ergebnis in Radian ab. Für den Arkustangens gibt es zwei Funktionen. Der sehr nützlichen Funktion **atan2** werden zwei Argumente übergeben, die z. B. die **y**- und **x**-Koordinaten eines Punktes beschreiben können (berechnet wird der Arkustangens von **y/x**). Damit ist die Funktion in der Lage, durch Auswertung der Vorzeichen von **x** und **y** das Ergebnis für den richtigen Quadranten abzuliefern und den Fall **x = 0** (Ergebnis ist $\pi/2$ oder $-\pi/2$, abhängig vom Vorzeichen von **y**) zu beherrschen. Nur bei **x = 0** und **y = 0** kann natürlich auch **atan2** nichts ausrechnen und erzeugt zur Laufzeit des Programms einen Fehler (wie die anderen mathematischen Standardfunktionen auch, wenn unzulässige Argumente übergeben werden, z. B.: "Wurzel oder Logarithmus bei negativem Argument" führen auf einen "Domain error").

Das Potenzieren muß in C mit einer Funktion erledigt werden, ein Operationssymbol (wie z. B. in Fortran) für das Potenzieren kennt C nicht.   */

/* Das Konzept von C, möglichst viel Funktionalität in spezielle Libraries zu verlagern, erfordert bei der Benutzung von Funktionen immer die Erfüllung von zwei Bedingungen:

*   Dem Compiler sollte die Möglichkeit gegeben werden, die korrekte Verwendung der Funktion zu überprüfen. Dazu sollte ihm die zur Library gehörende Header-Datei durch eine entsprechende **#include**-Anweisung verfügbar gemacht werden.

*   Der Linker muß die benötigte Library finden, um die benutzte Funktion in das ausführbare Programm einbinden zu können. Da es implementationsabhängig ist, welche Libraries automatisch vom Linker durchsucht werden, kann es schon bei der Verwendung einer Funktion aus der **math**-Library (bei **stdio** wohl kaum) passieren, daß eine Meldung wie **"Undefined symbol _sqrt"** ausgegeben wird (weil es inzwischen als exotisch gilt, mit dem Computer etwas ausrechnen zu wollen).

In diesem Fall muß das Einbinden der Library dem Linker explizit mitgeteilt werden, auf UNIX-Systemen z. B. mit dem Schalter **-l** und dem Library-Namen:

```
cc valtab01.c -lm
```

... veranlaßt das Übersetzen des Programms und das Linken unter Einbeziehung der **math**-Library (Schalter **-lm**, **l** für library, **m** für **math**).   */

Ende des Programms valtab01.c

> Die Mängel des Programms **valtab01.c** sind offenkundig:
>
> ♦ Alle Zahlenwerte, die man möglicherweise von Programmlauf zu Programmlauf ändern möchte (Problemparameter, Grenzen und Schrittweite der Wertetabelle) sind fest einprogrammiert. Änderungen erfordern eine Neu-Compilierung. Durch ihre Konzentration am Programmanfang (in **#define**-Anweisungen) sind sie immerhin leicht zu finden, so daß Änderungen unkritisch sind.
>
> ♦ Die zu untersuchende Funktion ist fest einprogrammiert und steht mitten im Programmtext. Zunächst wird der letztgenannte Mangel beseitigt (**valtab02.c**).

Das im Abschnitt 3.7 bereits ausführlich diskutierte Rundungsfehlerproblem wurde durch die "künstlich etwas vergrößerte" obere Grenze der **while**-Bedingung bereits berücksichtigt (siehe Kommentar des Programms). Man könnte es noch wesentlich entschärfen, indem man das Kumulieren der Fehler vermeidet. An Stelle von

```
x = xanf ;
while ( ... )
    {
        ...
        x += delta_x ;
    }
```

(bei jedem Schleifendurchlauf wird dem bereits fehlerbehafteten Wert möglicherweise ein weiterer Fehler hinzugefügt) könnte man z. B. mit der **int**-Variablen **i** programmieren:

```
int i = 1 ;
...
x = xanf ;
while ( ... )
    {
        ...
        x = xanf + delta_x * i++ ;
    }
```

(und **x** wäre jeweils nur durch den Rundungsfehler dieser einen Operation belastet). Der Ausdruck zeigt auch die Möglichkeit, eine **int**-Variable in einem arithmetischen Ausdruck zu verwenden und sofort zu inkrementieren. Die angegebene Programmzeile ist gleichwertig mit:

```
x = xanf + delta_x * i ;
i++ ;
```

Die nachgestellten **+**-Zeichen in **i++** besagen, daß der alte **i**-Wert für die Berechnung des Ausdrucks verwendet und **danach** inkrementiert werden soll, **++i** würde bedeuten, daß erst inkrementiert und mit dem veränderten Wert gerechnet werden soll). Gleichwertig mit der oben angegebenen Änderung der Schleifenkonstruktion wäre also:

```
int i = 0 ;
...
x = xanf ;
while ( ... )
    {
        ...
        x = xanf + delta_x * ++i ;
    }
```

Probieren Sie es aus, indem Sie valtab01.c entsprechend modifizieren!

3.10 Definition und Aufruf einer Funktion: Programm "valtab02.c"

In dem nachfolgenden Programm wird erstmals eine weitere Funktion (neben der immer erforderlichen Funktion **main**) vom Programmierer selbst geschrieben und aufgerufen ("fremdgefertigte" Funktionen wie **sqrt** oder **printf** wurden bereits mehrfach verwendet). Registrieren Sie zunächst nur die Organisation des Zusammenspiels der Funktionen und die dazu im Programm-Kommentar gegebenen Erläuterungen. Dieses wichtige Thema wird in den nachfolgenden Beispielen noch wesentlich vertieft.

Programm valtab02.c

/* **Wertetabelle für eine spezielle Funktion**

Das Programm hat die gleiche Funktionalität wie **valtab01.c**. Es demonstriert die Verwendung einer (in diesem Fall im gleichen File stehenden) vom Programmierer selbst geschriebenen Funktion **f_von_x** und das Zusammenspiel mit der aufrufenden Funktion **main**.   */

```
#include <stdio.h>
#include <math.h>                    /*  Header-Datei der math-Library   */

#define   xanf     -4.0             /*  Untere Grenze für Wertetabelle  */
#define   xend      5.0             /*  Obere  Grenze für Wertetabelle  */
#define   delta_x   0.5             /*  Schrittweite  für Wertetabelle  */
#define   bda       4.0             /*  Spezielle Konstante für f(x)    */
#define   mgdca     1.0             /*  Spezielle Konstante für f(x)    */
double f_von_x (double) ;           /*  "Prototyp" der Funktion f_von_x */
main ()
{
  double  x    ;
  int     i = 1 ;
  printf ("Wertetabelle\n\n            x                 y\n\n") ;
  x = xanf ;
  while  (x <= xend + delta_x / 100.)
    {
      printf ("%16.6f%16.6f\n" , x , f_von_x (x)) ;
      x = xanf + delta_x * i++ ;
    }
  return 0 ;
}
double f_von_x (double x)                        /* Funktions-Kopf   */
{
  double   wurzel ;
  wurzel = sqrt (x*x + 1.0) ;                    /* Funktions-Rumpf */
  return  (wurzel - bda) * x / wurzel - mgdca ;
}
```

/* Die Funktion **f_von_x** übernimmt einen Parameter vom Typ **double** (durch **double x** in der Klammer im Funktions-Kopf wird dies festgelegt). Sie deklariert eine (nur in dieser Funktion geltende) Hilfsvariable **wurzel** und erzeugt schließlich ihren Return-Wert.

Der Return-Wert ist vom Typ **double** (durch **double f_von_x** festgelegt). Wenn der Typ der Funktion nicht auf diese Weise eindeutig festgelegt wird, nimmt der Compiler automatisch den Typ **int** an (wie z. B. in diesem Programm für die Funktion **main**).

Der Return-Wert erscheint in der aufrufenden Funktion **main** an der Stelle, wo die Funktion **f_von_x** aufgerufen wird (hier als Argument der Funktion **printf**). Der Return-Wert kann (wie in diesem Fall oder wie beim Aufruf der Funktion **sqrt**) weiterverwendet oder (wie im Fall des Aufrufs von **printf**) ignoriert werden.

Die aufrufende Funktion (hier: **main**) übergibt ein "Argument", das in der aufgerufenen Funktion (hier: **f_von_x**) als "Parameter" aufgenommen wird. Daß das Argument **x**, das der Funktion übergeben wird, den gleichen Namen wie der Parameter hat, ist nicht erforderlich (Argument darf auch ein Ausdruck sein).

Die Argumente werden der Funktion "by value" übergeben (sie bekommt nur eine "Kopie des Wertes"). Wenn z. B. **x** innerhalb der Funktion **f_von_x** geändert werden würde, hätte das auf den Wert von **x** in der aufrufenden Funktion **main** keinen Einfluß (dies unterscheidet C von Pascal, wo beide Varianten - ändern oder nicht ändern - möglich sind, und ganz drastisch von Fortran). Im Normalfall kann die Funktion also nur einen Wert (den Return-Wert) zurückliefern (Ausnahmen: Arrays als Parameter und der "Trick mit den Pointern", doch dazu später).

Der Compiler benötigt Informationen über aufgerufene Funktionen (mindestens den Typ des Return-Wertes). Gegebenenfalls kann man durch eine geeignete Reihenfolge beim Aufschreiben der Funktionen (**main** braucht durchaus nicht die erste im File zu sein) dafür sorgen, daß beim Aufruf die Funktion bereits bekannt ist. Eine sauberere Lösung (Funktionen können auch in separaten Files untergebracht sein, dann versagt der "Reihenfolge-Trick" ohnehin) ist die Deklaration eines Prototyps (nur der Funktionskopf). Die Zeile

```
double f_von_x (double) ;
```

am Anfang des Programms versorgt den Compiler mit den Informationen, die er z. B. für **printf** aus **stdio.h** und für **sqrt** aus **math.h** bezieht. Dabei brauchen die Namen der übergebenen Parameter nicht angegeben zu werden, der Typ genügt.   */

Ende des Programms valtab02.c

Vorsicht, Falle!

Weil unter UNIX üblicherweise mit dem einen Kommando **cc** und unter DOS mit **cl** (Microsoft-Visual-C) oder **tcc** (Turbo-C) Compiler **und** Linker aktiviert werden (ebenso durch Anklicken eines "Build"-Kommandos in einer integrierten Entwicklungsumgebung), wird dem Anfänger gar nicht recht bewußt, daß hier zwei völlig eigenständige Programme **nacheinander** ihre Arbeit verrichten. **Man achte speziell bei Fehlerausschriften darauf, ob sie vom Compiler oder vom Linker kommen, insbesondere im Zusammenhang mit den Funktionen:**

♦ Der Compiler muß nur wissen, **daß** eine Funktion existiert, welchen **Typ** ihr **Return-Wert** hat und welche Typen die von ihr erwarteten Parameter haben. Dies wird ihm über die **Prototypen** mitgeteilt, die für die Standardfunktionen in den Header-Files stehen. **Ob die Funktion tatsächlich existiert, wird vom Compiler nicht überprüft.**

♦ Der Linker muß dagegen die (bereits übersetzten) Funktionen in das ausführbare Programm einbinden. Er muß also wissen, **wo** er sie findet. Wenn die Funktionen (wie in **valtab02.c** die Funktionen **main** und **f_von_x**) in einer Programm-Datei stehen, findet er sie natürlich. Die Funktion **sqrt** dagegen befindet sich in einer Standard-Library. Das muß dem Linker gegebenenfalls mitgeteilt werden (z. B. mit dem Schalter **-lm** unter UNIX), nicht alle Linker durchsuchen die Mathematik-Library automatisch. **Die Header-Datei math.h, die im Programmkopf inkludiert wird, enthält Informationen für den Compiler, NICHT FÜR DEN LINKER!**

Die Regeln für das Bilden von Namen für Funktionen sind identisch mit den Regeln für die Namensbildung für Variablen:

Namen von Variablen und Funktionen

♦ ... dürfen aus Buchstaben (der Unterstrich _ gilt als "Buchstabe") und Ziffern bestehen, das erste Zeichen muß ein Buchstabe sein.

♦ Groß- und Kleinbuchstaben werden unterschieden (**z** bzw. **Z** sind also unterschiedliche Namen).

♦ Mindestens 31 Zeichen eines Namens sind signifikant (längere Namen sind erlaubt), so daß man "sprechende Bezeichnungen" erfinden kann.

♦ ANSI-C definiert 32 reservierte Worte, die nicht als Namen verwendet werden dürfen:

```
auto       break    case     char     const     continue
default    do       double   else     enum      extern
float      for      goto     if       int       long
register   return   short    signed   sizeof    static
struct     switch   typedef  union    unsigned  void
volatile   while
```

Kombinationen mit oder aus diesen reservierten Worten (wie **else_und_otto** oder **autounion**) sind erlaubt.

Empfehlungen:

Konstanten-Definitionen in den Header-Dateien verwenden Namen, die aus Großbuchstaben bestehen (vgl. Programm **limits.c** im Abschnitt 3.6). Man vermeidet Kollisionen, wenn man selbst solche Namen nicht kreiert.

Interne C-Funktionen sind bevorzugt mit Namen versehen, die mit dem Unterstrich _ beginnen, auch diese Variante sollte man bei der Namensbildung vermeiden.

Aufgabe 3.5:   Die Funktion

$$y = \frac{(x - 2)(x^2 - 8x + 3)}{\sqrt{1 + x^2}} + 8$$

ist im Bereich $x_{anf} \leq x \leq x_{end}$ zu untersuchen. Der Bereich ist in n Abschnitte gleicher Breite zu unterteilen, in der Mitte eines jeden Abschnitts ist der Funktionswert y zu berechnen. Es ist ein Programm **funct01.c** zu schreiben, das für x_{anf}, x_{end} und n feste Zahlenwerte in **#define**-Anweisungen festlegt.

a) Für $x_{anf} = 2$, $x_{end} = 8$ und $n = 1000$ ist das arithmetische Mittel aller berechneten Funktionswerte auszugeben.

b) Durch Multiplikation des arithmetischen Mittels der Funktionswerte mit der Breite des Bereichs $(x_{end} - x_{anf})$ findet man einen Näherungswert für die "Fläche unter der Kurve", die durch die Funktion in einem kartesischen Koordinatensystem definiert wird. Auch dieser Wert ist zu berechnen und auszugeben.

3.11 Erster Kontakt mit Pointern: Programm "valtab03.c"

Das Programm **valtab03.c** untersucht wieder die im Abschnitt 3.9 eingeführte mathematische Funktion. Die Wertetabelle wird um die Ausgabe der ersten beiden Ableitungen der Funktion erweitert. Obwohl es auch hier wieder für das Erlernen der C-Programmierung unwichtig ist, die dafür verwendeten Differenzenformeln zu verstehen, soll eine kurze Erläuterung dazu gegeben werden.

Die erste Ableitung einer Funktion $y(x)$ an der Stelle x kann anschaulich als Anstieg des Funktionsgraphen an dieser Stelle (Tangens des Tangentenanstiegswinkels) gedeutet werden. Näherungsweise kann man diesen Wert durch den Anstieg der Sekante ersetzen: Man geht (nebenstehende Skizze) ein (kleines) Stück h nach rechts, berechnet den Funktionswert y_r bei $x+h$, ebenso links von x den Funktionswert y_l bei $x-h$. Der Tangens des Sekantenanstiegswinkels kann dann nach

$$\tan\alpha \;=\; \frac{y_r - y_l}{2\,h} \;\approx\; y'(x)$$

berechnet werden und ist ein umso besserer Näherungswert für die Ableitung der Funktion an der Stelle x, je kleiner man die "Schrittweite h" wählt.

Mit ähnlichen Überlegungen (vgl. z. B. [DaDa95], Seiten 258-259) kommt man zu Näherungsformeln für die höheren Ableitungen, im nachfolgenden Programm wird noch die 2. Ableitung verwendet, für die

$$y''(x) \;\approx\; \frac{y_r - 2\,y_m + y_l}{h^2}$$

gilt (y_m ist der Funktionswert an der Stelle x).

Das Programm **valtab03.c** vermittelt einen ersten Kontakt mit einem sehr wichtigen Datentyp in der Programmiersprache C, dem **Pointer**, der dem Anfänger erfahrungsgemäß einige Schwierigkeiten bereitet.

Auch wenn Sie den Eindruck haben, die im Kommentar des Programms gegebenen Erläuterungen zu verstehen, werden Sie doch später immer wieder einige Probleme damit haben. Keine Sorge, nicht verzweifeln, in weiteren Beispiel-Programmen und in einer Zusammenfassung zu diesem Thema kommt dieses Tutorial immer wieder darauf zurück, und mit der Zeit und der ständigen Wiederholung kommt das notwendige genaue Verständnis der Pointer-Problematik.

Übrigens: Aus der Sicht des C-Freaks sind die Pointer das segensreiche Hilfsmittel schlechthin, der C-Gegner sieht in ihnen die Wurzel allen Übels, weil damit geradezu unauffindbare Fehler programmiert werden können. Beide haben recht.

Programm valtab03.c

/* **Wertetabelle und Ableitungen für eine spezielle Funktion**

Das Programm gibt für eine fest einprogrammierte ("hard coded") Funktion **y = f(x)** eine
Wertetabelle mit fest vorgegebenen Grenzen und fest vorgegebener Schrittweite und die
näherungsweise nach den Differenzenformeln

```
ys  = (yr - yl) / (2*h)
y2s = (yr - 2*y + yl) / (h*h)
```

berechneten ersten beiden Ableitungen aus (**yr** ist der Funktionswert an der Stelle **x+h**, **yl** der
Funktionswert an der Stelle **x-h**, **h** wird sehr klein gewählt).

y, ys und y2s (Funktionswert, 1. und 2. Ableitung) werden in einer Funktion y_ys_y2s
berechnet, die damit 3 Werte an das aufrufende Programm abliefern muß (üblicherweise hat
eine Funktion nur einen Return-Wert).

Die zu verwendenden Differenzenformeln können ein für die Ingenieur-Mathematik mit
bevorzugter "Floating-Point-Arithmetik" typisches Problem erzeugen, die Auslöschung gültiger
Stellen bei Bildung von Differenzen (da sich die Funktionswerte eng benachbarter Punkte in
der Regel nur wenig voneinander unterscheiden, stehen in den Klammern z. B. Ausdrücke wie
4.32793 - 4.32789). Man ist gut beraten, generell das Rechnen mit doppelter Genauigkeit
vorzusehen (Typ **double**), um die Auswirkungen solcher Operationen gering zu halten.   */

```
#include <stdio.h>
#include <math.h>

#define   xanf      -4.0          /*  Untere Grenze für Wertetabelle   */
#define   xend       5.0          /*  Obere  Grenze für Wertetabelle   */
#define   delta_x    0.5          /*  Schrittweite  für Wertetabelle   */
#define   bda        4.0          /*  Spezielle Konstante für f(x)     */
#define   mgdca      1.0          /*  Spezielle Konstante für f(x)     */

double y_ys_y2s (double    ,
                 double    ,
                 double *  ,
                 double *) ;  /*  "Prototyp" der Funktion y_ys_y2s */
double f_von_x  (double)   ;  /*  "Prototyp" der Funktion f_von_x  */
main ()
{
   double   x , y , ys , y2s ;
   int      i = 1 ;
   printf ("Wertetabelle\n\n               x               y") ;
   printf ("               y'              y''\n\n") ;
   x = xanf ;
   while  (x <= xend + delta_x / 100.)
      {
         y = y_ys_y2s (x , delta_x / 1000.0 , &ys , &y2s) ;
         printf ("%16.6f%16.6f%16.6f%16.6f\n" , x , y , ys , y2s) ;
         x = xanf + delta_x * i++ ;
      }
   return 0 ;
}

double y_ys_y2s (double x , double h , double *ys_p , double *y2s_p)
{
   double   y , yr , yl ;
   y        = f_von_x (x)       ;
   yr       = f_von_x (x + h)   ;
```

```
  yl     = f_von_x (x - h)  ;
  *ys_p  = (yr - yl) / (2.0 * h) ;
  *y2s_p = (yr - 2.0 * y + yl) / (h * h) ;

  return  y ;
}
double f_von_x (double x)
{
  double    wurzel ;

  wurzel = sqrt (x*x + 1.0) ;
  return  (wurzel - bda) * x / wurzel - mgdca ;
}
```

/* Die Funktion **y_ys_y2s** liefert den Return-Wert **y**, den sie mit Hilfe der Funktion **f_von_x** berechnet. Sie berechnet außerdem (mit den Differenzenformeln, deren Werte **yr** und **yl** auch mit **f_von_x** berechnet werden) die beiden Ableitungen **ys** und **y2s**. Um diese Werte auch an das aufrufende Programm vermitteln zu können, muß mit "Pointern" gearbeitet werden:

Pointer (Zeiger) sind Adressen von Variablen. Sie spielen eine wesentliche Rolle in der Programmiersprache C. Es ist deshalb sehr wichtig, diesen speziellen Datentyp und seine Anwendung zu verstehen (was dem "Umsteiger" von Programmiersprachen wie Basic oder Fortran 77, die dieses Konzept nicht kennen, oft nicht ganz leicht fällt). Dies ist hier nur eine erste Einstimmung auf dieses Thema, es wird noch mehrmals aufgegriffen.

Ein Pointer zeigt auf den Anfang des Speicherbereichs, der (hier) von einem Datenobjekt belegt wird (die Bereiche, die Datenobjekte belegen, sind unterschiedlich groß). Über die Art der internen Darstellung des Pointers (z. B. um die Zahl, die schließlich so eine Adresse definiert) braucht sich der Programmierer nicht zu kümmern. Allerdings ist wichtig zu wissen, daß ein Pointer auf einen bestimmten Datentyp zeigt (z. B. "Pointer auf eine **int**-Variable").

Die in diesem Programm demonstrierte Anwendung ist nur eine von vielen Möglichkeiten, aber für ein erstes Verstehen wohl recht gut geeignet:

* In **main** werden die **double**-Variablen **ys** und **y2s** vereinbart, die in **y_ys_y2s** berechnet werden. Der Funktionsaufruf von **y_ys_y2s** enthält nun aber nicht diese beiden Variablen, sondern Pointer auf diese Variablen:

```
  y = y_ys_y2s (x , delta_x / 1000.0 , &ys , &y2s) ;
```

   Dies wird einfach durch das vorangestellte **&** gekennzeichnet.

* Dementsprechend werden im Funktionskopf von **y_ys_y2s** diese beiden Parameter als Pointer gekennzeichnet (sinnvoll ist es, dies auch durch die Namen zu signalisieren, hier durch **ys_p** bzw. **y2s_p**):

```
  double y_ys_y2s (double x , double h ,
                   double *ys_p , double *y2s_p)
```

   double *ys_p kann als "Adresse **ys_p**, auf der eine **double**-Variable gespeichert ist" gelesen werden. Das Zeichen **&** macht aus einer Variablen die Adresse (Pointer), der Stern ***** in einer Deklaration deutet an, daß es sich um eine Adresse (Pointer) handelt, dazu gehört immer eine Typangabe.

* Die Parameter, die einer Funktion (immer "by value", also nur "Kopien ihres Wertes") übergeben werden, können in der Funktion nicht geändert werden, die Änderung der übergebenen Adressen (Pointer) wäre ja auch nicht sinnvoll. Da die Funktion aber nun die Adressen von **ys** und **y2s** kennt (sie weiß, wo diese Variablen im Speicher stehen), kann sie über die Adressen auf die gespeicherten Werte nicht nur zugreifen, sondern die Werte von **ys** und **y2s** - wie in diesem Programm - auch ändern.

Um auf die Variable, deren Adresse bekannt ist, zuzugreifen, wird wieder der "Dereferenzierungs-Operator" * benutzt (**ys_p** ist die Adresse, ***ys_p** ist die dort gespeicherte Variable, also **ys**):

```
*ys_p  = (yr - yl) / (2.0 * h) ;
*y2s_p = (yr - 2.0 * y + yl) / (h * h) ;
```

... ändert nicht die Adressen, sondern die auf den Adressen gespeicherten Werte.   */

Ende des Programms valtab03.c

Noch einmal, weil diese Sache so wichtig ist, die wesentlichen Passagen des Programms **valtab03.c**, in denen Pointer verwendet werden:

♦ In **main** wird Speicherplatz für vier **double**-Variablen reserviert, irgendwo im Arbeitsspeicher auf Adressen, die den Programmierer nicht interessieren:

```
double   x   ,   y   ,   ys   ,   y2s   ;
         |       |       |        |
        2040    2048    2056     2064
```

Hier wurde einfach einmal angenommen, daß **x** ab Adresse 2040, **y** ab Adresse 2048 usw. gespeichert werden (das kann bei jedem Programmlauf anders sein), die Formulierung "ab Adresse" ist wichtig, eine **double**-Variable belegt im Regelfall 8 Byte.

♦ Beim Aufruf der Funktion **y_ys_y2s** mit

```
y = y_ys_y2s (x , delta_x / 1000.0 , &ys , &y2s)
```

werden 4 Parameter übergeben:

x	steht für "Wert der Variablen **x**", hier wird der gespeicherte Wert übergeben, beim ersten Funktionsaufruf ist das in **valtab03.c** der Anfangswert **-4.0**.
delta_x / 1000.0	wird berechnet, das Ergebnis wird übergeben (in **valtab03.c** also **0.0005**).
&ys	steht für "Adresse der Variablen **ys**", übergeben wird also (entsprechend der getroffenen Annahme) die **2056**.
&y2s	steht für "Adresse der Variablen **y2s**", übergeben wird also (entsprechend der getroffenen Annahme) die **2064**.

♦ Die übergebenen Werte müssen von der Funktion richtig interpretiert werden. Der Funktionskopf

```
double y_ys_y2s (double    x , double     h ,
                 double *ys_p , double *y2s_p)
```

bestimmt, daß auf den ersten beiden Positionen **double**-Werte ankommen, auf den letzten beiden Positionen "Pointer auf **double**-Variablen". Als Merkregel darf gelten: Der Stern * "macht aus der Adresse wieder die Variable". Deshalb muß die Wertzuweisung in der Funktion auch als

```
*ys_p = ...
```

programmiert werden ("speichere errechneten Wert ab Adresse 2056").

3.12 Formatgesteuerte Eingabe mit scanf: Programm "valtab04.c"

Bisher war der Datenfluß eine Einbahnstraße: Die Programme haben (mit **printf**) Informationen ausgegeben (auf den Bildschirm, exakter müßte man formulieren: "Auf die Standardausgabe **stdout**"), das nachfolgende Programm nimmt auch Informationen entgegen.

Noch einmal zur Erinnerung: Die Funktion **printf** befindet sich in der Library **stdio** (Prototypen sind beschrieben im Header-File **stdio.h**), sie gehört nicht zur Programmiersprache C, denn in C sind Eingabe und Ausgabe nicht definiert. Man könnte jederzeit die **stdio**-Library gegen eine (eventuell selbst geschriebene) andere Library austauschen (der Umsteiger von anderen Programmiersprachen sollte also beachten, daß **printf** in C einen ganz anderen Status hat als z. B. **write** oder **print** in Fortran oder **writeln** in Pascal).

Der ANSI-Standard für die Programmiersprache C definiert jedoch auch die Libraries und die in ihnen zu findenden Funktionen, die in jeder der Norm entsprechenden Implementation verfügbar sein müssen.

Die in **stdio** verfügbaren Funktionen basieren auf einem sehr einfachen Modell: Ein- und Ausgabeinformationen werden (unabhängig davon, woher sie kommen und wohin sie "fließen") als "Ströme von Zeichen" (passend zum File-Modell von UNIX) betrachtet, die einfache Folgen von Zeichen darstellen, die in Zeilen zu unterteilen sind. Nur dem Zeilentrennzeichen kommt eine besondere Bedeutung zu. Wie allerdings das Zeilentrennzeichen sich z. B. auf dem Ausgabegerät selbst auswirkt (neue Zeile auf dem Bildschirm oder nur "ein Zeichen wie jedes andere" in einer Datei) braucht den C-Programmierer nicht zu interessieren.

Programm valtab04.c

/* **Wertetabelle und Ableitungen für eine spezielle Funktion**

Das Programm erledigt die gleiche Aufgabe wie **valtab03.c**, ist aber variabler:

Untere und obere Grenze und die Schrittweite für die Wertetabelle werden von der Tastatur eingelesen (korrekter: "Von der Standard-Eingabe **stdin**", in den folgenden Erläuterungen wird immer davon ausgegangen, daß dies die Tastatur ist).   */

```
#include <stdio.h>
#include <math.h>
#define   bda      4.0          /*  Spezielle Konstante für f(x)      */
#define   mgdca    1.0          /*  Spezielle Konstante für f(x)      */
double y_ys_y2s (double x ,
                 double h ,
                 double * ,
                 double *) ;    /*  "Prototyp" der Funktion y_ys_y2s  */
double f_von_x  (double)   ;    /*  "Prototyp" der Funktion f_von_x   */
main ()
{
   double   xanf , xend , delta_x , x , y , ys , y2s ;
   int      i = 1 ;
```

```
    printf ("Berechnung einer Wertetabelle und der ersten beiden\n")  ;
    printf ("Ableitungen fuer eine spezielle Funktion  y = f(x)\n")    ;
    printf ("=====================================================\n\n");

    printf ("Untere Grenze fuer Wertetabelle:   Xanf    = ") ;
    scanf  ("%lf" , &xanf) ;

    printf ("Obere  Grenze fuer Wertetabelle:   Xend    = ") ;
    scanf  ("%lf" , &xend) ;

    printf ("Schrittweite  fuer Wertetabelle:   Delta_X = ") ;
    scanf  ("%lf" , &delta_x) ;

    printf ("\n          x                  y") ;
    printf ("             y'            y''\n\n") ;

    x = xanf ;
    while  (x <= xend + delta_x / 100.)
        {
        y = y_ys_y2s (x , delta_x / 1000.0 , &ys , &y2s) ;
        printf ("%16.6f%16.6f%16.6f%16.6f\n" , x , y , ys , y2s) ;
        x = xanf + delta_x + i++ ;
        }
    return 0 ;
}

double y_ys_y2s (double x , double h , double *ys , double *y2s)
{
    double    y , yr , yl ;

    y    = f_von_x (x)        ;
    yr   = f_von_x (x + h)    ;
    yl   = f_von_x (x - h)    ;
    *ys  = (yr - yl) / (2.0 * h) ;
    *y2s = (yr - 2.0 * y + yl) / (h * h) ;
    return  y ;
}

double f_von_x (double x)
{
    double    wurzel ;

    wurzel = sqrt (x*x + 1.0) ;
    return  (wurzel - bda) * x / wurzel - mgdca ;
}
```

/* Die **stdio**-Funktion **scanf** für die formatgesteuerte Eingabe ist das Pendant zur Funktion **printf**.
Wie in **printf** ist der erste Parameter eine (in " " einzuschließende) Zeichenkette ("Control
string"), die mit Format-Anweisungen die Anzahl und die Art der Interpretation der ein-
zugebenden Daten steuert. Es folgt eine variable Anzahl von POINTERN auf Variable (die
Anzahl muß mit der Anzahl der Format-Anweisungen im "Control string" übereinstimmen).

Man beachte vor allem den Unterschied zu **printf**: Es müssen die Adressen der einzulesenden
Variablen (Pointer) angegeben werden, weil die Funktion **scanf** die Werte an das aufrufende
Programm abliefern soll (also **&** vor den Variablen auf keinen Fall vergessen!).

Von der Möglichkeit, mit einem **scanf**-Aufruf mehrere Werte einlesen zu lassen, macht der
gute Programmierer kaum Gebrauch, weil es natürlich guter Programmierstil ist, jeden
Eingabewert mit einem "Eingabe-Prompt" (Ausschrift, was eingegeben werden soll) gesondert
abzufordern. Typisch dafür sind die beiden Zeilen:

```
    printf ("Untere Grenze fuer Wertetabelle:   Xanf    = ") ;
    scanf  ("%lf" , &xanf) ;
```

Die erste Programmzeile bewirkt das Schreiben des Eingabe-Prompts, die Funktion **scanf** in
der zweiten Zeile

* veranlaßt das Programm zu warten, bis eine Eingabe erfolgt ist (abzuschließen mit der Return-Taste),

* die dann als **double**-Variable interpretiert wird (der Format-String **"%lf"** steht für **long float**) und

* weist den eingelesenen Wert der Variablen **xanf** zu, was deshalb funktioniert, weil **scanf** mit **&xanf** die Adresse dieser Variablen kennt.

Die wichtigsten Format-Strings für die Eingabe mit **scanf** sind:

"%f"	... für die Eingabe einer **float**-Variablen,
"%d"	... für die Eingabe einer (Dezimal-)**int**-Variablen,
"%lf"	... für die Eingabe einer **double**-Variablen,
"%ld"	... für die Eingabe einer **long-int**-Variablen. */

Ende des Programms valtab04.c

Vorsicht, Falle!

Die Funktion scanf liest die Zeichen aus dem Tastaturpuffer nur dann, wenn sie sie passend zum Format-String interpretieren kann.

Dies hat gegebenenfalls höchst unangenehme Folgen (man probiere das mit dem Programm **valtab04.c** aus, indem man eine Buchstabenfolge eingibt, die garantiert nicht als **double**-Wert interpretiert werden kann): Die nicht gelesenen Zeichen verbleiben im Tastaturpuffer, das Programm läuft weiter, die nächste **scanf**-Aktion findet etwas im Tastaturpuffer, kann es interpretieren (was nicht gut ist, denn es ist nicht für sie vorgesehen) oder nicht interpretieren (was wahrscheinlicher ist, aber gut kann das auch nicht sein), auf alle Fälle: Das Programm läuft mit nicht sauber definierten Variablen weiter (oder stürzt ab), in jedem Fall kann es so eigentlich nicht bleiben.

FAZIT: **Die Eingabe mit scanf, wie sie im Programm valtab04.c programmiert ist, kann nur bei fehlerfrei agierendem Benutzer sinnvoll arbeiten, ein für die Praxis wohl zu hoher Anspruch.**

Eine Möglichkeit zur Abhilfe wird in **valtab05.c** vorgestellt.

Ein Wort zur "Schönheit der Bildschirm-Ausgabe": Wenn man schon mühsam einen Eingabe-Dialog programmiert, möchte man natürlich auch, daß dies auf dem Bildschirm schön aussieht. Das allerdings ist ein besonders heikles Problem, die Programmiersprache C kennt ohnehin keine Ausgabegeräte (siehe Bemerkung am Beginn dieses Abschnitts), auch die **stdio**-Funktionen offerieren nur eher bescheidene Möglichkeiten.

Zu jeder "ordentlichen C-Implementierung unter UNIX" gehört die **curses**-Bibliothek, die recht komfortable Ein- und Ausgaberoutinen (einschließlich einer Fensterverwaltung für alphanumerische Bildschirme) für annähernd beliebige Terminals verfügbar macht, Turbo-C bietet sogar noch wesentlich weitgehendere Unterstützung. Die **curses**-Bibliothek gehört jedoch nicht zur ANSI-Norm, die Turbo-C-Routinen laufen ohnehin nur auf IBM-kompatiblen PCs unter DOS.

> **Da kaum noch Bildschirme existieren, die nicht graphikfähig sind, sollte man sich nicht mehr in die auf alphanumerische Bildschirme zugeschnittenen Routinen einarbeiten. Wenn man sich die Mühe machen will, eine "schöne Benutzeroberfläche" zu programmieren, sollte es eine "graphische Oberfläche" sein, noch besser natürlich eine "Windows-Oberfläche", dazu mehr ab Kapitel 9.**

Wer aber "wenigstens beim Programmstart den Bildschirm löschen" möchte, sollte auf die "die guten alten Escape-Sequenzen" zurückgreifen. Das sind (in einer ANSI-Norm festgelegte) spezielle Zeichenfolgen, auf die die Ausgabegeräte mit speziellen Reaktionen antworten sollen. Sie beginnen alle mit dem Escape-Zeichen (ASCII-Zeichen 27) und sind ansonsten recht unsinnig erscheinende Zeichenfolgen. So legt die ANSI-Norm z. B. fest, daß die Zeichenfolge '<Esc>[2J' den Bildschirm löschen soll.

Da das Escape-Zeichen zu den "non-printable characters" gehört, kann man es im Programmtext nicht durch Drücken der <Esc>-Taste der Tastatur erzeugen. Man behilft sich mit einer "Backslash"-Kombination (vgl. Kommentar im Programm **hllworld.c** im Abschnitt 3.4), \ddd erzeugt das entsprechende Zeichen (**ddd** steht für die oktal anzugebene ASCII-Nummer). Man darf also hoffen, daß die Anweisung

```
printf ("\33[2J") ;
```

(33 ist die oktale Darstellung der dezimalen 27) nicht etwa diese komische Zeichenkombination auf den Bildschirm schreibt, sondern ein "Clear screen" erzeugt. Und es ist sehr wahrscheinlich (Normung!), daß dies sowohl auf UNIX- als auch auf DOS-Rechnern funtioniert. Auf DOS-Rechnern konnte man früher sicher sein, daß der dafür erforderliche "ANSI-Treiber" installiert war. Weil neuere Rechner fast ausschließlich mit Windows betrieben werden, ist das nicht mehr selbstverständlich. Wenn auf Ihrem DOS-Rechner die ANSI-Sequenz "nicht funktioniert", müssen Sie in der Datei **CONFIG.SYS** die Zeile

```
DEVICE=C:\DOS\ANSI.SYS
```

(wenn sich DOS in C:\DOS befindet) einbauen (und den Rechner neu booten, damit der Treiber auch geladen wird).

Trotz aller Normung reagieren aber verschiedene Systeme selbst bei Unterstützung der ANSI-Escape-Sequenzen leicht unterschiedlich (einige setzen den Cursor nach dem Bildschirm-Löschen in die linke obere Ecke des Bildschirms, andere nicht), deshalb sollte vorsichtshalber noch eine weitere Sequenz

```
printf ("\33[01;01H") ;
```

hinterhergeschickt werden, die den Cursor in der "Home-Position" plaziert.

An diesem Beispiel sieht man, daß mit Escape-Sequenzen unterschiedliche Reaktionen des Ausgabegerätes ausgelöst werden können. Sie dienen zur Cursor-Positionierung, zur Einstellung der Textfarben, Hintergrundfarben, "blinkenden Zeichen" usw., aber eigentlich ist das im "Windows-Zeitalter" alles schon Historie.

Wer trotzdem beim Start (oder auch während des Programmlaufs) den Bildschirm "putzen" möchte, sollte sich eine kleine Funktion dafür schreiben, die z. B. folgendermaßen aussehen könnte:

```
/* "Bildschirm-Putzen" mit ANSI-Escape-Sequenzen */
void  clscrn  ()
    {
        printf ("\33[2J")      ;
        printf ("\33[01;01H") ;
    }
```

Dies ist ein Beispiel für eine Funktion, die sich nur durch "Nebenwirkungen" bemerkbar macht: Ihr werden keine Argumente übergeben (leere Klammern), sie liefert auch keinen Return-Wert ab (dafür steht der "Typ" **void**), Aufruf einfach mit: **clscrn** () ; (die leeren Klammern dürfen beim Funktions-Aufruf nicht weggelassen werden).

Bei **void**-Funktionen (Funktionen ohne Return-Wert) darf das Return-Statement verwendet werden (natürlich ohne Angabe eines Return-Wertes, einfach als **return** ;). Wenn es (wie bei der angegebenen Funktion **clscrn**) weggelassen wird, erfolgt der Rücksprung in das aufrufende Programm nach Abarbeitung der letzten Anweisung der Funktion.

3.13 Stabilisierung der Eingabe: Programm "valtab05.c"

Die Programme **valtab04.c** und **valtab05.c** benutzen die Funktion **scanf** auf unterschiedliche Art, was in den meisten anderen höheren Programmiersprachen nicht erlaubt ist. Deshalb soll hier auf diese Besonderheit der Programmiersprache C aufmerksam gemacht werden:

Funktionen liefern in der Regel einen Return-Wert an die aufrufende Funktion ab (Ausnahme: Funktionen vom Typ **void**). Dieser Return-Wert kann übernommen oder aber einfach ignoriert werden. Im Programm **valtab04.c** wurde mit der Anweisung

```
scanf ("%lf" , &xanf) ;
```

der von **scanf** tatsächlich erzeugte Return-Wert ignoriert, im nachfolgenden Programm **valtab05.c** wird er mit

```
n = scanf ("%lf" , &xanf) ;
```

auf die Variable **n** übernommen.

Diese Besonderheit gilt z. B. auch für arithmetische Ausdrücke. Eine Anweisung wie

```
n * 20 ;
```

würde dazu führen, daß die Multiplikation ausgeführt würde, das Ergebnis aber nicht verwendet wird (was natürlich nicht besonders sinnvoll ist).

Programm valtab05.c

/* **Wertetabelle und Ableitungen für eine spezielle Funktion**

Das Programm hat die gleiche Funktionalität wie **valtab04.c**, ist aber "robuster":

Im Unterschied zu valtab04.c wird für die Eingabe eine (selbst geschriebene) Funktion genutzt, die verhindert, daß für Nachfolge-Eingaben Zeichen im Tastatur-Puffer bleiben, und hartnäckig bei Fehleingaben erneute Eingabe fordert.   */

```c
#include <stdio.h>
#include <math.h>

#define   bda       4.0               /*  Spezielle Konstante für f(x)     */
#define   mgdca     1.0               /*  Spezielle Konstante für f(x)     */

double y_ys_y2s (double x   ,
                 double h   ,
                 double *ys ,
                 double *y2s) ;/*  "Prototyp" der Funktion y_ys_y2s */
double f_von_x  (double x) ;   /*  "Prototyp" der Funktion f_von_x  */
void clscrn        () ;        /*  "Prototyp" der Funktion clscrn    */
double indouble () ;           /*  "Prototyp" der Funktion indouble */

main ()
{
  double    xanf , xend , delta_x , x , y , ys , y2s ;
  int       i = 1 ;

  clscrn () ;
  printf ("Berechnung einer Wertetabelle und der ersten beiden\n")  ;
  printf ("Ableitungen für eine spezielle Funktion  y = f(x)\n")    ;
  printf ("=========================================================\n\n");

  printf ("Untere Grenze fuer Wertetabelle:   Xanf    = ") ;
  xanf = indouble () ;

  printf ("Obere  Grenze fuer Wertetabelle:   Xend    = ") ;
  xend = indouble () ;

  printf ("Schrittweite  fuer Wertetabelle:   Delta_X = ") ;
  delta_x = indouble () ;

  printf ("\n             x                y") ;
  printf ("               y'                y''\n\n") ;

  x = xanf ;
  while  (x <= xend + delta_x / 100.)
    {
       y = y_ys_y2s (x , delta_x / 1000.0 , &ys , &y2s) ;
       printf ("%16.6f%16.6f%16.6f%16.6f\n" , x , y , ys , y2s) ;
       x = xanf + delta_x * i++ ;
    }
  return 0 ;
}

double y_ys_y2s (double x , double h , double *ys , double *y2s)
{
  double    y , yr , yl ;

  y    = f_von_x (x)       ;
  yr   = f_von_x (x + h)   ;
  yl   = f_von_x (x - h)   ;
  *ys  = (yr - yl) / (2.0 * h) ;
  *y2s = (yr - 2.0 * y + yl) / (h * h) ;

  return  y ;
}

double f_von_x (double x)
{
  double wurzel ;
  wurzel = sqrt (x*x + 1.0) ;
  return  (wurzel - bda) * x / wurzel - mgdca ;
}

void  clscrn  ()
{
  printf ("\33[2J")        ;
  printf ("\33[01;01H") ;
}
```

```
double indouble ()
{
  double  x ;
  int     n ;
  do {
        n = scanf ("%lf" , &x) ;
        while (getchar () != '\n') ;
        if (n != 1)
          {
             printf ("Fehler! Neuer Versuch:            ") ;
          }
     } while (n != 1) ;
  return x ;
}
```

/* Der Aufruf von **clscrn** (Löschen des Bildschirms, Plazieren des Cursors in der linken oberen Ecke) funktioniert nur zufriedenstellend, wenn der Bildschirm die ANSI-Escape-Sequenzen akzeptiert. Sonst werden die "komischen Zeichenkombinationen" geschrieben (und der Aufruf von **clscrn** sollte aus dem Programm entfernt werden).

Die Funktion **indouble** liest einen **double**-Wert ein und nutzt dabei den Return-Wert von **scanf**, der angibt, wieviel Werte tatsächlich eingelesen wurden. Da nur ein Wert angefordert wird, kann nur der Return-Wert 1 akzeptiert werden.

Dies wird mit der Schleifenkonstruktion

```
       do {
          ...                         <--- Schleifenrumpf
       } while ( ... ) ;             <--- Schleifenfuß
```

realisiert, die im Gegensatz zu der in **main** programmierten **while**-Schleife die Prüfbedingung erst am Ende (im Schleifenfuß) hat und also mindestens einmal durchlaufen wird.

Nach **scanf** wird mit der **stdio**-Funktion **getchar** (liest ein einzelnes Zeichen) in einer Schleife, die erst beim Erreichen von '\n' (Return) endet, alles "weggelesen", was eventuell noch im Eingabepuffer verblieben ist, der also bei der nächsten **scanf**-Aktion zunächst garantiert leer ist.

Das "Weglesen" wird auch dann ausgeführt, wenn **scanf** mit dem Return-Wert 1 meldet, daß ein Wert erfolgreich gelesen wurde, denn auch in diesem Fall kann etwas im Eingabepuffer verblieben sein. **scanf** deutet nämlich jedes "Whitespace"-Zeichen (das sind neben Return z. B. noch Leerzeichen oder die Tabulatortaste) als Ende eines Wertes.

Es ist also in jedem Fall Vorsicht geboten: Eine Eingabe wie z. B. **21 456.4** würde als **21** gedeutet, der Rest bleibt im Puffer (entweder bis zum nächsten **scanf** oder wie in **indouble** als "Futter für **while (getchar () != '\n') ;**".

Die Programmzeile

```
       while (getchar () != '\n') ;
```

ist ein Beispiel für eine "Schleife mit leerem Rumpf": Die gesamte Arbeit wird durch die Abfrage erledigt, der Rumpf "degeneriert" zum Semikolon, das aber in jedem Fall erforderlich ist.   */

Ende des Programms valtab05.c

3.14   String-Konstanten als Funktionsargumente: Programm "valtab06.c"

Den in fast allen bisher vorgestellten Beispiel-Programmen verwendeten Funktionen **printf** und **scanf** muß als erstes Argument eine "String-Konstante" übergeben werden (für beide Funktionen ist es der sogenannte "Format-String").

> **String-Konstanten** sind in " " eingeschlossene Zeichenketten (eine Folge von ASCII-Zeichen). Wenn Strings als Argumente eines Funktionsaufrufs verwendet werden, realisiert der Compiler dies automatisch anders als z. B. bei **int**- oder **double**-Argumenten.

In Vorbereitung auf die intensivere Behandlung des wichtigen Themas "Strings" in den Abschnitten 3.15 und 5.1 wird im nachfolgenden Programm zunächst nur untersucht, wie der Compiler String-Konstanten als Funktionsargumente behandelt, indem die bereits in **valtab05.c** geschriebene Funktion **indouble** erweitert wird. Sie erwartet nun einen Parameter, den als String zu übergebenen "Eingabe-Prompt". Weil **valtab06.c** sich nur wenig gegenüber **valtab05.c** unterscheidet, werden hier nur Auszüge aufgelistet:

Programm valtab06.c

/* **Wertetabelle und Ableitungen für eine spezielle Funktion**

Das Programm hat die gleiche Funktionalität wie das Programm **valtab05.c**. Im Unterschied zu **valtab05.c** wird der Funktion **indouble** auch der Eingabe-Prompt als String übergeben, so daß auch die Eingabeaufforderung von **indouble** ausgeführt (und gegebenenfalls wiederholt) wird. */

/* Vor dem Kopf der Funktion **main** ändert sich gegenüber **valtab05.c** nur der Prototyp von **indouble**: */

```
...                                                                        */
void   clscrn   () ;              /* "Prototyp" der Funktion clscrn    */
double indouble (char *) ;        /* "Prototyp" der Funktion indouble  */
main ()
{
  double   xanf , xend , delta_x , x , y , ys , y2s ;
  int      i = 1 ;
  clscrn () ;
  printf ("Berechnung einer Wertetabelle und der ersten beiden\n")  ;
  printf ("Ableitungen fuer eine spezielle Funktion  y = f(x)\n")   ;
  printf ("==================================================\n\n");
  xanf    = indouble ("Untere Grenze fuer Wertetabelle: Xanf    = ") ;
  xend    = indouble ("Obere  Grenze fuer Wertetabelle: Xend    = ") ;
  delta_x = indouble ("Schrittweite  fuer Wertetabelle: Delta_X = ") ;
```

/*   ... sind die geänderten **indouble**-Aufrufe. Die Ausschriften der Eingabe-Prompts wurden eingespart, weil die geänderte Funktion **indouble** dies mit übernimmt.

        ... (Fortsetzung von **main**, **y_ys_y2s**, **f_von_x** und **clscrn** wie in **valtab05.c**) ...   */

/* Die Funktion **indouble** unterscheidet sich von ihrer "Vorgängerversion" in **valtab05.c** nur im erweiterten Funktions-Kopf und einer zusätzlichen Zeile im Funktions-Rumpf: */

```
double indouble  (char *prompt)
{
  double  x ;
  int     n ;
  do {
        printf (prompt) ;
        n = scanf ("%lf" , &x) ;
        while (getchar () != '\n') ;
     } while (n != 1) ;

  return x ;
}
```

/* Der Prompt wird der Funktion **indouble** als Zeichenketten-Konstante (String-Konstante, das sind die in " " eingeschlossenen Zeichen) übergeben. Dabei gibt es einen prinzipiellen Unterschied zur Übergabe von einfachen Variablen und Konstanten an Funktionen:

Bei Strings wird stets der Pointer (Adresse des ersten Zeichens) übergeben (es wird jetzt stets von Strings gesprochen, weil die Aussagen nicht nur für String-Konstanten, sondern auch für String-Variablen gelten, die erst im folgenden Abschnitt behandelt werden).

Das braucht beim Funktionsaufruf nicht besonders gekennzeichnet zu werden (wie durch das &-Zeichen bei einfachen Variablen), der Compiler vermittelt automatisch den Pointer, wenn eine String-Variable oder (wie in diesem Programm) eine String-Konstante übergeben werden.

Praktisch muß man sich das so vorstellen: Der String

```
"Untere Grenze fuer Wertetabelle:   Xanf   = "
```

wird irgendwo (Zeichen für Zeichen dicht gepackt) im Speicher abgelegt. Beim Aufruf der Funktion **indouble** entsprechend

```
xanf = indouble ("Untere Grenze fuer Wertetabelle:   Xanf   = ") ;
```

wird an die Funktion nur die Adresse vermittelt, auf der "das große U" steht. Auf gleiche Weise werden natürlich auch die Strings an **printf** und **scanf** vermittelt.

Die Funktion **indouble** muß selbstverständlich wissen, daß ein Pointer ankommt. Analog zu dem, was bereits beim Programm **valtab03.c** (im Abschnitt 3.11) besprochen wurde, geschieht dies in diesem Fall durch

```
double indouble (char *prompt)
```

im Funktionskopf.

Zur Erinnerung: Der Stern * macht aus einem Pointer wieder den auf der Adresse gespeicherten Wert. Während **char c** die Deklaration der Character-Variablen **c** wäre (ein Zeichen), muß in **char *prompt** also *prompt die Character-Variable sein und deshalb ist **prompt** selbst der Pointer darauf.

Zugegeben, das klingt ein wenig nach "von hinten durch die Brust", hat aber eine so eindeutige innere Logik, daß man den vorigen Satz noch einmal lesen sollte, um auf dem schwierigen Weg, für Pointer Verständnis zu erlangen, ein Stück weiterzukommen. Denn nun ist auch klar, wie der String weitervermittelt wird:

Weil **prompt** ein Pointer ist (sein muß, weil *prompt den Typ **char** hat) und **printf** einen Pointer erwartet, wird **printf** aus **indouble** in der Form

```
printf (prompt) ;
```

aufgerufen (und nicht etwa mit *prompt oder &prompt).

Die Frage, wie **printf** wissen kann, wie lang der übergebene String ist, klärt sich mit der Besonderheit, wie in C Strings intern gespeichert werden: Es wird prinzipiell das Zeichen '\0' (die "ASCII-Null") an das Ende des Strings gehängt (das passiert in diesem Fall schon im Hauptprogramm, wenn der String gespeichert wird, die "-Zeichen am Anfang und Ende werden nicht gespeichert, dafür merkt sich das Programm die Adresse des ersten Zeichens und "terminiert" den String durch Anhängen der ASCII-Null, C arbeitet mit sogenannten "Zero terminated strings"). So können alle Funktionen, denen ein String übergeben wird, das String-Ende erkennen.   */

/*   Mit **indouble** steht nun schon eine Funktion bereit, die durchaus auch in anderen Programmen wiederverwendet werden könnte. Es bietet sich also an, sie (und später weitere selbst geschriebene Funktionen) in eine eigene Library zu bringen, aus der sie (wie die **stdio-** oder die **math**-Funktionen) bei Bedarf in ein Programm eingebunden werden können. In **valtab07.c** (im Kapitel 4) wird gezeigt, wie das gemacht wird.   */

Ende des Programms valtab06.c

3.15 Arrays und Strings: Programme "string1.c" und "syscall.c"

Jeder "einfache Datentyp" (**int**, **double**, **char**, ...), mit dem "einfache Variablen" vereinbart werden können (dabei wird Speicherplatz für die Aufnahme des Wertes der einzelnen Variablen reserviert), kann auch zur Vereinbarung von **Arrays** ("Feldern") benutzt werden. Dabei wird Speicherplatz für mehrere Variablen (gleichen Typs) reserviert, das Feld darf als neuer Datentyp betrachtet werden.

Beispiel: Die Vereinbarungen

```
int         i , j ;
double      a[4]  ;
```

reservieren Speicherplatz für die beiden **int**-Variablen **i** und **j** und das **double-Feld a mit 4 Elementen**. Die einzelnen Elemente eines Feldes können über den Namen (hier: **a**), gefolgt von einem in eckigen Klammern eingeschlossenen **Index**, angesprochen werden (über eine andere Möglichkeit später).

In der Programmiersprache C hat (im Unterschied zu anderen Programmiersprachen wie Fortran oder Pascal) das **erste Feldelement grundsätzlich den Index 0** (nicht nur als Standard-Annahme, das kann vom Programmierer nicht geändert werden).

Eine Vereinbarung eines Feldes mit 4 Elementen entsprechend

```
double  a[4]  ;
```

(bei der Vereinbarung ist die in eckigen Klammern stehende Zahl die **Anzahl** der zu reservierenden Speicherplätze) erzeugt Feldelemente, die mit den **Indizes 0...3** angesprochen werden müssen: **a[0]**, **a[1]**, **a[2]**, **a[3]** dürfen im Programm überall dort stehen, wo auch eine einfache **double**-Variable stehen darf (ein Feldelement **a[4]** existiert bei dieser Vereinbarung also nicht).

♦ Felder können einander weder als Ganzes zugewiesen noch in Vergleichsoperationen verwendet werden, Operationen beziehen sich jeweils auf die Feldelemente (Vorsicht, vom Compiler werden Operationen mit dem Feldnamen oft nicht beanstandet; wofür der Feldname steht, wird noch genauer untersucht). Wenn mehrere (oder alle) Elemente eines Feldes anzusprechen sind, muß das der Programmierer (z. B. mit Hilfe einer Schleifenanweisung) selbst organisieren oder einer Funktion übertragen, die genau dieses tut.

♦ Eine Besonderheit ist bei der Verwendung von Feldern als Argumente bei Funktionsaufrufen zu beachten: Im Gegensatz zu einfachen Variablen, bei denen der Funktion nur eine Kopie des Wertes übergeben wird (die Funktion kann keinen geänderten Wert zurückgeben), wird bei Feldern grundsätzlich der **Pointer auf das erste Feldelement** übergeben, z. B.:

```
int      n = 3 ;
double   vn , a[3]  ;
vn = vecnorm  (n , a) ;
```

... übergibt der Funktion **vecnorm** eine **Kopie des Wertes der Variablen n** (die 3, und selbst der Versuch in **vecnorm**, diesen Wert zu ändern, hätte auf den Wert von **n** im aufrufenden Programm keinen Einfluß) und die **Adresse des ersten Feldelementes von a**. Damit "weiß" **vecnorm**, wo sich die Elemente von **a** im Speicher befinden (alle Elemente eines Feldes belegen im Speicher dicht gepackt einen Bereich) und hat die Chance, alle Elemente zu ändern.

Vorsicht, Falle!

Für die Einhaltung der Feldgrenzen (Verwendung von Indizes, die zur Feldvereinbarung "passen") ist der Programmierer verantwortlich.

Der Compiler kann in dieser Hinsicht wenig helfen, zumal bei der Compilierung nicht abzusehen ist, ob der Index **i** eines über **a[i]** angesprochenen Feldelements im Laufe der Rechnung nur erlaubte Werte annehmen wird.

Über die Gefahren, die damit verbunden sind, wird noch zu sprechen sein.

♦ "Mehrdimensionale Felder", deren Elemente über mehrere Indizes angesprochen werden (sinnvoll z. B. für die Matrizenrechnung), sind möglich, auch darüber später mehr.

Eine spezielle Betrachtung verdient der wichtigste Spezialfall des eindimensionalen Feldes (eindimensionale Felder werden auch als **Vektoren** bezeichnet), der "Vector of characters". Grundsätzlich ist eine Vereinbarung wie

```
char  s[20]  ;
```

zunächst auch nur ein Feld, dessen Elemente (mit den Indizes 0...19) einzelne Zeichen sind, so daß z. B. eine Zuweisung wie

```
s[13] = 'G'  ;
```

das Zeichen **'G'** auf die entsprechende Vektorposition schreibt. Im Gegensatz zu anderen höheren Programmiersprachen werden in C auch String-Variablen (Zeichenketten-Variablen) grundsätzlich durch "Vectors of characters" realisiert. Dabei gibt es eigentlich nur eine notwendige Zusatzvereinbarung, die beachtet werden muß:

> **Eine String-Variable wird durch die "ASCII-Null"** (das "nicht-druckbare" Spezial-Zeichen, das in der ASCII-Tabelle auf der Position 0 steht) **begrenzt.** In C-Programmen wird dieses Zeichen durch '\0' dargestellt (man beachte, daß diese Schreibweise wie alle "Backslash-Kombinationen" **ein** Zeichen beschreibt).

♦ Alle C-Funktionen, die Strings als Argumente übernehmen (z. B.: **printf** und **scanf**), "kennen" natürlich diese Abmachung und wissen damit,

- wo die Zeichenkette beginnt, weil der Pointer auf das erste Element übergeben wird,

- und wo die Zeichenkette endet (unmittelbar vor der "ASCII-Null").

Die beiden nachfolgenden Programme demonstrieren dies mit den beiden Funktionen aus der **stdio**-Library **gets** (Lesen eines Strings von der Standard-Eingabe) und **puts** (Ausgeben eines Strings auf die Standard-Ausgabe). Beide erwarten nur ein Argument (String): Während bei Verwendung von **puts** der Programmierer dafür verantwortlich ist, daß der übergebene String mit der "ASCII-Null" abgeschlossen ist, kann er bei der Übernahme eines Strings mit **gets** darauf vertrauen, daß die Funktion einen "ordnungsgemäß abgeschlossenen" String abliefert.

Programm string1.c

/* **Stringausgabe mit puts**

Das Programm demonstriert die Übergabe eines Strings an eine Funktion:

* Wenn eine String-KONSTANTE übergeben wird (Zeichenkette, die in " " eingeschlossen ist), sorgt der Compiler dafür, daß die ASCII-Null, die das String-Ende anzeigt, mit übergeben wird.

* Wenn eine String-VARIABLE übergeben wird, ist der Programmierer selbst dafür verantwortlich, daß die ASCII-Null im "Vector of characters" vorhanden ist.   */

```c
#include <stdio.h>
main ()
{
  int  i ;
  char s[80] ;
  puts ("Dieser String wurde mit der Funktion 'puts' ausgegeben") ;
        /* ... übergibt eine String-Konstante an die Funktion puts   */
  for (i = 0 ; i < 54 ; i++)
      s[i] = '-' ;                 /* ... belegt 54 Positionen des Feldes
                       s (Indizes 0...53) mit dem Minuszeichen         */
  s[54] = '\0' ;                   /* ... macht das Feld s "tauglich"
                       zur Verwendung als "String-Variable"            */
  puts (s) ;           /* ... übergibt eine String-Variable an die
                       Funktion puts, es werden 54 Zeichen ausgegeben */
  s[20] = '\0' ;       /* ... "verkürzt" den String durch Setzen einer
                       "ASCII-Null",                                   */
  puts (s) ;           /* ... übergibt den verkürzten String an puts,
                       es werden 20 Zeichen ausgegeben                 */
  return 0 ;
}
```

Ende des Programms string1.c

Das folgende Programm zeigt den Einsatz der zur **stdlib**-Library gehörenden Funktion **system**. Dieser Funktion muß ein String übergeben werden, der vom Programm an den Kommando-Interpreter des Betriebssystems weitergereicht wird:

Programm syscall.c

```
/*  Eingabe und Abarbeitung eines System-Aufrufs                          */
    #include <stdio.h>
    #include <stdlib.h>        /* ... enthält den Prototypen von system    */
    main ()
    {
      char    instrn [100] ;
      puts ("Eingabe und Abarbeitung eines System-Aufrufs") ;
      puts ("===========================================\n") ;
      printf ("Betriebssystem-Befehl: ") ;
      gets   (instrn) ; /* ... liest String ein und ...                    */
      system (instrn) ; /* ... übergibt ihn an den Kommandointerpreter */
      puts ("Ende des Programms syscall") ;
      return 0 ;
    }
```

/* Die Funktion **puts** schickt zur Standard-Ausgabe den übergebenen String und zusätzlich ein "Newline"-Zeichen, so daß die nachfolgende Ausgabe automatisch in einer neuen Zeile landet. Aus diesem Grund wird der Eingabe-Prompt (**"Betriebssystem-Befehl: "**) nicht mit **puts** geschrieben, um den Cursor in der gleichen Zeile zu belassen.   */

/* Die Funktion **gets** liest eine Zeile von der Standard-Eingabe (beliebige Zeichenfolge, in der auch Leerzeichen enthalten sein dürfen, <Return> wird als Ende des einzulesenden Strings interpretiert). Abgeliefert wird die gelesene Zeichenfolge, das <Return> wird durch '\0' (ASCII-Null) ersetzt. Das übergebene Character-Array muß also Platz für dieses zusätzliche Zeichen vorsehen.   */

/* Die Funktion **system** übergibt einen String an den Kommandointerpreter des Betriebssystems (COMMAND.COM unter DOS bzw. die Shell unter UNIX) zur Ausführung. Der String wird als Kommando interpretiert und ausgeführt, anschließend geht es im aufrufenden Programm weiter.

Da der mit **gets** gelesene String automatisch die ASCII-Null als Begrenzer enthält, kann er ohne weitere Bearbeitung an die Funktion **system** weitergegeben werden.   */

Ende des Programms syscall.c

Natürlich kann der Funktion **system** ein beliebiger String zur Abarbeitung durch das Betriebssystem übergeben werden, also ein Betriebssystem-Kommando (wie **dir** unter DOS oder **ls -al** unter UNIX), aber auch der Befehl zur Ausführung eines Anwender-Programms:

♦ Versuchen Sie einmal, eines der Programme aus den vorangegangenen Abschnitten aus **syscall** heraus aufzurufen (z. B. **valtab05**). Es werden der komplette Eingabe-Dialog dieses Programms und die anschließende Rechnung mit Ausgabe der Ergebnisse abgearbeitet, und zum Schluß findet man sich in **syscall** wieder (man merkt das daran, daß die abschließende Ausschrift "Ende des Programms syscall" erscheint).

♦ Man kann sogar (auch mehrfach) **syscall** selbst aus **syscall** heraus aufrufen, käme so allerdings nie zu einem Ende, weil der neue **syscall**-Aufruf ja immer wieder einen

Betriebssystem-Befehl abfordert. Wenn man dem schließlich nachkommt, werden nach dessen Abarbeitung alle gestarteten **syscall**-Programme beendet, was an mehreren Ausschriften "Ende des Programms syscall" erkennbar ist.

♦ Die beiden Funktionen **puts** und **gets** liefern jeweils einen Return-Wert. Diese Return-Werte werden im Programm **syscall** ignoriert.

Bei der Funktion **gets** wird allerdings eine Variante des Return-Wertes abgeliefert, die typisch ist auch für eine Reihe anderer Funktionen, die einen String als Ergebnis abliefern. Der Prototyp der Funktion **gets** in **stdio.h** gibt Auskunft über den Typ des Return-Wertes:

```
char *gets (char *s) ;
```

Nicht nur das Funktionsargument ist ein Pointer auf einen String, auch der Return-Wert hat diesen Typ, und es ist (bei erfolgreicher Abarbeitung von **gets**) ein Pointer auf genau die String-Variable, die man beim Aufruf der Funktion übergeben hat.

Dies scheint auf den ersten Blick nicht sehr sinnvoll zu sein, denn eigentlich wird das Ergebnis der Eingabeaktion damit doppelt abgeliefert, aber man hat so zwei unterschiedliche Möglichkeiten der Weiterverarbeitung des Ergebnisses von **gets**. Zum einen ist der String tatsächlich verfügbar (kann an verschiedene Funktionen weitergegeben werden, kann geändert werden, ...), andererseits kann der Return-Wert auch unmittelbar weitergegeben werden. Die im Programm **syscall** gewählte Variante, den String an die nachfolgende Anweisung entsprechend

```
gets    (instrn) ;
system (instrn) ;
```

weiterzugeben, ist gleichwertig mit

```
system (gets (instrn)) ;
```

♦ Der Return-Wert der Funktion **gets** wird (wie bei vielen anderen Funktionen) auch noch zur Anzeige des Mißerfolges bei der Funktionsabarbeitung benutzt, indem in diesem Fall der "Null-Pointer" abgeliefert wird. Dies ist eine als **NULL** in **stdio.h** definierte Konstante. Damit könnte die Eingabe in **syscall** noch etwas sauberer programmiert werden:

```
if  (gets (instrn) != NULL)
        system (instrn) ;
else
        puts ("Fehler bei der Eingabe des Strings") ;
```

♦ An den Erläuterungen bemerkt man die enge Verknüpfung von Strings mit Pointern (allgemeiner sogar: Arrays mit Pointern) in der Sprache C. Deshalb werden später noch weiterführende Betrachtungen zu diesem Thema angestellt. Hier soll nur schon darauf aufmerksam gemacht werden, daß die Deklaration eines Funktionsarguments als Pointer wie z. B. in

```
double indouble (char *prompt) ;
```

(vgl. Programm **valtab06.c** im Abschnitt 3.14) völlig gleichwertig in der Form

```
double indouble (char prompt[]) ;
```

geschrieben werden könnte. Die zweite Variante macht noch einmal besonders deutlich, daß die Größe des vereinbarten Feldes nicht an die Funktion vermittelt wird (in der Regel muß also noch eine zusätzliche Information übergeben werden, nur in Strings ist diese Information in Form der ASCII-Null direkt enthalten).

Die String-Verarbeitung ist wahrlich nicht die einzige, aber immerhin eine sehr gute Chance, äußerst kritische Fehler zu programmieren:

♦ Da eine Funktion, der ein String übergeben wird, diesen in der Regel "bis zur ASCII-Null" abarbeitet, hat das Fehlen dieses Zeichens zumindest ein undefiniertes Ergebnis zur Folge (da die "ASCII-Null" tatsächlich ein "Nichts" ist - alle acht Bits in diesem Byte sind "abgeschaltet" -, besteht immerhin eine gute Chance, daß eine "bis zur nächsten ASCII-Null arbeitende" Funktion irgendwann zufällig auf solch ein Bitmuster stößt und die Arbeit beendet).

Vorsicht, Falle!

♦ Noch wesentlich unangenehmere Folgen kann das Übertragen (z. B. beim Einlesen mit **gets** oder **scanf**) eines Strings auf ein nicht ausreichend dimensioniertes Feld zur Folge haben. Dabei werden in der Regel Teile des Programms überschrieben, bei Betriebssystemen mit mäßig ausgeprägten Sicherheitsvorkehrungen können durchaus noch schlimmere Folgen auftreten (wenn Ihr DOS-Rechner nach dem Einlesen eines Strings plötzlich "warm bootet", könnte der String zu lang gewesen sein).

♦ Strings können (wie Arrays allgemein) nicht als Ganzes verglichen werden,

```
if (prompt == "Bitte X eingeben:")  ...     /* Unsinn! */
```

... würde keine Fehlermeldung des Compilers erzeugen (formal ist alles korrekt), weil Strings (sowohl als Variablen wie auch als Konstanten) durch ihre Pointer repräsentiert werden, aber sinnvoll ist dieser Vergleich natürlich nicht (verglichen werden bei dieser Anweisung die Anfangs**adresse** von **prompt** mit der **Adresse**, auf der das "große B gespeichert" ist).

3.16 Zwischenbilanz

Wer das Tutorial bis zu diesem Punkt durchgearbeitet hat, sollte sich die elementaren Grundlagen der Programmiersprache C angeeignet haben, so daß er in der Lage ist, die am Ende dieses Kapitels formulierten Aufgaben zu lösen. Es ist sicher sinnvoll, an dieser Stelle eine Zwischenbilanz zu ziehen. Was sollte man bis hierher gelernt haben?

C-Quelltext ist an keine Zeilenstruktur gebunden.

Der C-Quelltext ist an keine Zeilenstruktur gebunden und muß auch innerhalb einer Zeile keine bestimmten Positionen berücksichtigen (beides ist z. B. in Fortran ganz anders). Als "Eingabesymbole" sind *Namen* (siehe Abschnitt 3.10), *reservierte Worte* (ebenfalls Abschnitt 3.10), *Konstanten* einschließlich *String-Konstanten* (Abschnitte 3.14 und 3.15) erlaubt, die durch *Operatoren* (Abschnitt 3.5) und *sonstige Trennzeichen* voneinander getrennt werden müssen.

Als *Trennzeichen* sind *Leerzeichen* (außerhalb von String-Konstanten), *Tabulatorzeichen*, *Zeilenvorschub*, *Seitenvorschub* und *Kommentare* (werden durch /* eingeleitet und durch */ beendet) gleichwertig. Mehrere Trennzeichen sind syntaktisch mit einem einzelnen Trennzeichen gleichwertig, so daß der Programmtext damit strukturiert (z. B. durch Einrückungen lesbarer gemacht) werden kann.

Kommentare dürfen nicht geschachtelt werden. Sie werden vom Präprozessor aus dem Quelltext entfernt, der Compiler bekommt sie nicht zu sehen. Der Präprozessor erwartet (im Gegensatz zum Compiler) eine gewisse Zeilenstrukturierung. Er reagiert auf Zeilen, deren erstes Zeichen das # ist (die oben genannten Trennzeichen dürfen allerdings auch auf diesen Zeilen vor dem # stehen).

C-Programme bestehen aus Funktionen.

Die Definition einer Funktion hat folgende Syntax:

```
Funktionstyp Funktionsname (Parameterdeklaration1,Parameterdeklaration2,...)
{
   Vereinbarungen und Anweisungen, jeweils durch Semikolon abgeschlossen
}
```

Eine *Parameterdeklaration* besteht aus dem *Datentyp* des Parameters und dem *Namen* des Parameters. Der *Funktionstyp* ist der *Datentyp des Return-Wertes* der Funktion (Funktionstyp **void** bedeutet, daß kein Return-Wert abgeliefert wird). Genau eine Funktion muß den *Funktionsnamen* **main** haben.

Variablen müssen definiert (vereinbart) werden.

Eine *Variablendefinition* besteht aus dem *Datentyp* der Variablen und dem *Namen* der Variablen (und sieht damit genauso aus wie die oben beschriebene Parameterdeklaration, wird jedoch im Gegensatz zu dieser mit einem Semikolon abgeschlossen). Bei der Variablendefinition wird (im Gegensatz zur Parameterdeklaration) vom Compiler der erforderliche Speicherplatz bereitgestellt. Der Variablen kann (optional) bei der Definition ein Wert zugewiesen werden (Variable wird "initialisiert").

Bisher wurden die *einfachen Datentypen* **int**, **float**, **double**, **char**, **short** und **long** behandelt. Aus allen einfachen Datentypen lassen sich *Arrays* als zusammengesetzte Datentypen bilden (weitere Möglichkeiten später). Für jeden Datentyp kann ein *Pointer auf den Datentyp* gebildet werden (bisher nur als Parameter von Funktionen verwendet, "Pointer-Variablen" werden später behandelt).

Die Vorschriften zur Bildung von *Namen* (für Funktionen und Variablen) wurden am Ende des Abschnitts 3.10 zusammengestellt.

Vorsicht, Falle!

Nicht initialisierte Variablen haben einen unbestimmten Wert ("Schrott", der zufällig auf dem Speicherplatz verblieben ist, und nicht etwa den Wert 0 bei int-Variablen oder 0. bei double-Variablen).

Solchen Variablen muß also bei ihrer ersten Verwendung ein Wert zugewiesen werden (z. B. als Variable auf der linken Seite des Zuweisungsoperators oder mit einer **scanf**-Anweisung).

| **Arithmetische Ausdrücke bestehen aus Operatoren, Operanden und Klammern.** |

Unäre Operatoren werden auf einen Operanden angewendet, in arithmetischen Ausdrücken können die "Vorzeichen" + und - und der *Inkrement-Operator* ++ und der *Dekrement-Operator* -- verwendet werden (Inkrement- und Dekrement-Operatoren dürfen nur auf Integer-Variablen angewendet werden).

Binäre Operatoren werden auf zwei Operanden angewendet, in arithmetischen Ausdrücken können die Operatoren für die vier Grundrechenarten +, -, *, / und der nur auf Integer-Variablen anwendbare "Modulo-Operator" % verwendet werden. Dieser (bisher in keinem Beispiel verwendete) Operator liefert den Divisions**rest** zweier ganzer Zahlen, z. B. ergibt **17%5** den Wert **2**. Es gelten die üblichen Vorrangregeln aus der Mathematik: *, / und % haben höhere Priorität als + und -, bei gleichwertigen Operatoren erfolgt die Abarbeitung "von links nach rechts". Klammerung (dafür dürfen nur die "runden Klammern" (und) verwendet werden), beeinflußt die Abarbeitungsreihenfolge (wie in der Mathematik).

Als *Operanden* können in arithmetischen Ausdrücken *Variablen* und *Konstanten* sowie *Array-Elemente* (Array-Name, gefolgt von einem *Index-Ausdruck* in eckigen Klammern) und Funktionsaufrufe (Operand ist der Return-Wert der Funktion) verwendet werden (weitere Möglichkeiten für Operanden werden später behandelt).

| **Aus einem Ausdruck wird durch ein abschließendes Semikolon eine "Anweisung".** |

Typische *Anweisungen* sind *arithmetische Anweisungen* (z. B.: **n++ ;**), *Wertzuweisungen* (enthalten den *Zuweisungsoperator* = wie z. B.: **y = x + 3. ;**) und *Funktionsaufrufe* (z. B.: **printf ("x = %g\n" , x) ;**). Auch die *Definitionen von Variablen* und die *Deklarationen von Funktionen* gehören zu den (mit Semikolon abzuschließenden) Anweisungen. Die *leere Anweisung* (besteht nur aus einem Semikolon) ist erlaubt.

| **Der Zuweisungsoperator hat dynamischen Charakter.** |

Der *Zuweisungsoperator* = (lies: "... ergibt sich aus", nicht etwa: "... ist gleich") hat eine grundsätzlich andere Funktion als das Gleichheitszeichen in der Mathematik. Mit ihm wird ein Wert, der auf der rechten Seite des Operators steht (z. B. der Wert einer Konstanten, einer Variablen oder eines arithmetischen Ausdrucks) der auf der linken Seite stehenden Variablen zugewiesen (dort dürfen also z. B. der Name einer einfachen Variablen oder das Element eines Arrays stehen, niemals aber eine Konstante oder ein arithmetischer Ausdruck). Erlaubte Anweisungen mit dem Zuweisungsoperator sind z. B.:

```
i    = i + 2 ;
a[i] = 3. * sin (x) ;
```

| **Mehrere Anweisungen können zu einem Block zusammengefaßt werden.** |

Mit den "geschweiften Klammern" { und } können mehrere Anweisungen zu einem Block zusammengefaßt werden (daß sich am Beginn des Blocks auch Variablen-Definitionen befinden dürfen, wird später behandelt). Ein Block darf überall dort stehen, wo auch eine einzelne Anweisung stehen darf. Typische Beispiele sind der Anweisungsblock einer Funktion (der "Funktions-Rumpf") und die Blöcke in den *Kontrollstrukturen.*

Kontrollstrukturen beeinflussen die Reihenfolge der Ausführung von Anweisungen.

Bisher wurden die nachfolgend aufgelisteten *Kontrollstrukturen* behandelt. In den schematischen Darstellungen steht das Symbol {...} für einen Anweisungsblock (eine oder mehrere Anweisungen, durch die geschweiften Klammern umgeben) oder eine (durch Semikolon abgeschlossene) einzelne Anweisung. Der in runden Klammern anzugebende *Kontrollausdruck* wird vor der Ausführung der Kontrollstruktur bewertet (dazu folgen im Anschluß an die Auflistung der Kontrollstrukturen genauere Informationen).

◆ *Bedingte Anweisung*:

```
if (Kontrollausdruck) {...}
```

◆ *Alternative*:

```
if    (Kontrollausdruck) {...}
else                     {...}
```

◆ Der "else"-Zweig einer *Alternative* kann wieder eine *Alternative* sein. So entsteht die *Mehrfach-Alternative*:

```
if        (Kontrollausdruck1) {...}
else if (Kontrollausdruck2) {...}
else if (Kontrollausdruck3) {...}
else                          {...}
```

Es können beliebig viele "**else if**"-Zweige vorhanden sein. Genau ein Anweisungsblock wird tatsächlich ausgeführt. Der abschließende **else**-Zweig darf fehlen (dann wird durch das letzte **if** nur eine bedingte Anweisung eingeleitet), in diesem Fall wird unter Umständen gar kein Anweisungsblock ausgeführt.

◆ Die *while-Schleife mit Anfangsprüfung* führt im Ergebnis stets wiederholter Bewertung des Kontrollausdrucks den Anweisungsblock mehrfach (gegebenenfalls aber auch gar nicht) aus:

```
while (Kontrollausdruck) {...}
```

◆ Die *do-while-Schleife mit Endprüfung* führt im Ergebnis stets wiederholter Bewertung des Kontrollausdrucks den Anweisungsblock mehrfach (mindestens aber einmal) aus:

```
do {...}
while (Kontrollausdruck) ;
```

◆ Die *for-Schleife* arbeitet wie die *while-Schleife mit Anfangsprüfung*, führt jedoch zusätzlich genau einmal (**vor** der ersten Bewertung des Kontrollausdrucks) die Anweisungen aus, die im Kopf als *Initialisierung* stehen (können mehrere, **durch Komma** getrennte Anweisungen sein) und führt **nach jeder** Abarbeitung des Anweisungsblocks die im Kopf als *Reinitialisierung* stehenden Anweisungen aus:

```
for (Initialisierung ; Kontrollausdruck ; Reinitialisierung) {...}
```

◆ Noch nicht behandelt wurde die *switch-Anweisung* ("Verteiler"), ein Beispiel für ihre Verwendung wird im Abschnitt 6.2 "nachgeliefert". Sie hat folgende Syntax:

```
switch (Ausdruck)
  {
  case Konstante1: Anweisungen    <--- Beliebige Anzahl von
  case Konstante2: Anweisungen    <--- case-Zweigen
  default:         Anweisungen
  }
```

Vorsicht, Falle!

Wie mit der Mehrfach-Alternative demonstriert, können Kontrollstrukturen beliebig miteinander verknüpft werden: Überall dort, wo ein Anweisungsblock steht, darf auch eine Kontrollstruktur eingesetzt werden. Dabei können aus der Sicht des Programmierers Mehrdeutigkeiten entstehen, die allerdings vom Compiler nach eindeutigen Regeln aufgelöst werden. Bei der Verknüpfung einer bedingten Anweisung mit einer Alternative entsprechend

```
if (Kontrollausdruck1)
        if    (Kontrollausdruck2)  {...}
        else                       {...}
```

wird z. B. das **else** dem zweiten **if** zugeordnet (wie hier durch das Einrücken angedeutet, aber der Compiler richtet sich natürlich nicht nach dem Einrücken, sondern nach festen Regeln).

Deshalb kann nur dringend empfohlen werden, bei Verschachtelung Eindeutigkeit durch Blockbildung (Verwendung geschweifter Klammern) herzustellen. Damit verbessert man auch die Lesbarkeit des Programms, im oben angeführten Beispiel sollte man die gesamte Alternative noch einmal klammern.

Anweisungen werden durch Semikolon abgeschlossen, Anweisungsblöcke nicht.

Diese Regel ist für "Umsteiger" von anderen Programmiersprachen eine häufige Fehlerquelle (in Pascal z. B. gilt die deutlich andere Regel, zwei Anweisungen durch ein Semikolon zu trennen). Eine Alternative, die im **if**-Zweig eine Anweisung und im **else**-Zweig einen Anweisungsblock hat, kann in C z. B. so programmiert werden:

```
if   (i > 3)  i = 5 ;
else          {i = 3 ; k++ ;}
```

(das Semikolon hinter **i = 5 ;** und das Semikolon hinter der letzten Anweisung des Anweisungsblocks **k++ ;** sind zwingend erforderlich).

Vorsicht, Falle!

Der von den "veränderten Semikolon-Regeln" verunsicherte "Umsteiger" neigt dazu, im Zweifelsfall "lieber ein Semikolon mehr" zu setzen (in dem oben angegebenen Beispiel würde ein Semikolon hinter dem Anweisungsblock des **else**-Zweiges vom Compiler nicht bemängelt und als "leere Anweisung nach der Alternative" behandelt werden). **Gerade aber ein vom Compiler nicht beanstandetes zusätzliches Semikolon kann ein sehr schwer zu findender Fehler sein.** Ein Semikolon nach der schließenden Klammer eines Kontrollausdrucks oder eines Schleifenkopfes repräsentiert den gesamten nachfolgenden Anweisungsblock (und ist tatsächlich nur eine leere Anweisung). So wird z. B. die folgende **for**-Schleife

```
for  (i = 1 ; i <= 100 ; i++) ;
     printf ("a [%3d] = %g\n" , i , a[i]) ;
```

zwar 100 Mal durchlaufen, tut aber nichts (leere Anweisung), anschließend wird die **printf**-Anweisung genau einmal ausgeführt (und zwar mit dem Wert **101** für die Variable **i**, für den möglicherweise gar kein **a[i]** existiert).

In C gibt es logische Ausdrücke, aber keine logischen Variablen.

Mit den *logischen Operatoren*, die im Abschnitt 3.5 vorgestellt wurden (! < > <= >= ==
!= && || , weitere - speziell bitweise arbeitende - Operatoren werden später behandelt)
können sehr komplizierte logische Ausdrücke formuliert werden. Bei Verwendung mehrerer
logischer Operatoren in einem Ausdruck werden die Bewertungen vom Compiler nach (sehr
sinnvollen) eindeutigen Vorrangregeln vorgenommen. **Der Programmierer sollte grundsätzlich durch Klammerung (auch wenn nicht erforderlich) den Vorrang festlegen (und
damit die Lesbarkeit des Programms erhöhen).** Mit Ausnahme des "NOT"-Operators !
haben alle logischen Operatoren geringere Priorität als die arithmetischen Operatoren, so daß
man darauf vertrauen darf, daß arithmetische Ausdrücke innerhalb von logischen Ausdrücken
erst berechnet werden, bevor das Ergebnis für eine logische Operation verwendet wird.

Logische Variablen (wie "Boolean" oder "Logical" in anderen Programmiersprachen) kennt
C nicht. Logische Ausdrücke haben aber einen Wert (**0** für "falsch" und **1** für "wahr"), der
z. B. einer **int**-Variablen zugewiesen werden kann. In den *Kontrollausdrücken* der *Kontrollstrukturen* müssen deshalb nicht zwingend logische Ausdrücke stehen, deren Auswertung
0 oder **1** liefert, es können beliebige Ausdrücke sein, und es gilt die erweiterte "Regel für
Kontrollausdrücke": Ein Kontrollausdruck liefert "falsch" (Bedingung nicht erfüllt), wenn er
den Wert **0** hat und "wahr" (Bedingung erfüllt), wenn er einen Wert ungleich **0** hat, z. B.:

```
i = 6 ;
if  (i * 3 < 10)  {...}          /*     Wert des Kontrollausdrucks: 0,
                                        Bedingung nicht erfüllt         */
if  (i + 2)  {...}               /*     Wert des Kontrollausdrucks: 8,
                                        Bedingung erfüllt               */
while  (1)  {...}                /*     ... ist eine endlose Schleife   */
```

Eine endlose Schleife kann durchaus sinnvoll sein, die Anweisungen, wie man sie verlassen
kann, werden im Abschnitt 6.2 behandelt.

Bisher noch nicht behandelt wurde folgende (sehr nützliche) Besonderheit der
Programmiersprache C: **Wenn mit dem Zuweisungsoperator = einer Variablen ein Wert zugewiesen wird, dann repräsentiert die gesamte Anweisung
selbst noch einmal diesen Wert.** Damit sind Zuweisungsketten in der Form

**Vorsicht,
Falle!**

```
i = j = k = 4 ;
```

möglich (werden von rechts nach links abgearbeitet), aber auch

```
if  (i = j < k)  {...}
```

ist erlaubt, **i** hat danach den Wert **0** oder **1**, der in der weiteren Rechnung verwendet werden
kann, dieser Wert der Zuweisung wird auch als Wert des Kontrollausdrucks verwendet.

Damit ist aber auch eine ganze Palette von Fehlermöglichkeiten gegeben, bei der sehr viele
Studenten des Autors Dauerabonnenten sind, hier nur ein Beispiel:

```
i = 3 ;
if  (i = 17)  i++ ;
printf ("i = %d\n" , i ) ;
```

... wird vom Compiler nicht bemängelt, und **printf** liefert zur permanenten Verwunderung (und häufig sogar Empörung) der Autoren des Fehlers die Ausschrift: **i = 18**. Das ist allerdings völlig korrekt, denn in der Kontrollstruktur wird nicht "verglichen" (der Vergleichsoperator wäre **==**), es wird "zugewiesen", **i** erhält den Wert **17**, dieser Wert wird auch als Wert des Kontrollausdrucks verwendet ("wahr"), die nachfolgende Anweisung wird ausgeführt, und **i** hat den korrekten Wert **18**.

Funktionen müssen dem Compiler vor dem ersten Aufruf bekanntgemacht werden.

Diese Formulierung ist viel härter als die Realität und ist als dringende Aufforderung zur Einhaltung zu verstehen. Der Compiler sollte immer Anzahl und Typen der mit dem Funktionsaufruf übergebenen Werte mit den Parametern vergleichen können, die die Funktion erwartet. Außerdem muß er den Typ des Return-Wertes der Funktion kennen. Diese Informationen erhält er über die *Prototypen* der Funktionen (die Möglichkeit, die Informationen über eine geeignete Reihenfolge der Funktionen in der Quelltext-Datei bereitzustellen, sollte gar nicht ernsthaft in Erwägung gezogen werden).

Ein *Prototyp* einer Funktion entspricht dem Funktionskopf der Funktions-Definition und wird durch ein Semikolon abgeschlossen:

```
Funktionstyp Funktionsname (Parameterdeklaration1,Parameterdeklaration2,...) ;
```

Dabei dürfen die Namen der Parameter in den Parameterdeklarationen weggelassen werden.

Vorsicht, Falle!

Viele Compiler bestehen nicht darauf, daß Prototypen der aufgerufenen Funktionen bekannt sind, einige generieren nicht einmal eine Warnung.

Diese Compiler vertrauen darauf, daß die Typen der mit dem Funktionsaufruf übergebenen Argumente mit den Typen in den Parameterdeklarationen der Funktions-Definitionen übereinstimmen **und nehmen an, daß der Return-Wert der Funktion vom Typ int ist** (oft auch dann, wenn er im aufrufenden Programm einer Variablen eines anderen Typs zugewiesen wird)[2]. Wenn diese Annahme nicht zutrifft, hat das im allgemeinen katastrophale Folgen.

Prototypen der Standard-Funktionen befinden sich in Header-Dateien

Die Funktionen für die Ein- und Ausgabe und die mathematischen Standardfunktionen sind (wie sehr viele andere nützliche Funktionen) nicht integraler Bestandteil der Sprache C. Sie werden in "Standard-Bibliotheken" geliefert. Die Prototypen der Standardfunktionen befinden

---

[2]Viele Compiler lösen das Problem (einigermaßen intelligent) mit dem sogenannten "autoprototyping": Beim ersten Aufruf einer Funktion, für die kein Prototyp bekannt ist, wird vom Compiler selbst ein Prototyp angelegt (unter Umständen sogar mit einem aus dem Kontext entnommenen sinnvollen Typ für den Return-Wert). So werden wenigstens die Fehler entdeckt, die bei wiederholtem Aufruf der Funktion mit unterschiedlichen Argument- oder Return-Wert-Typen sichtbar werden. Der Programmierer sollte in keinem Fall auf die Intelligenz des Compilers vertrauen, sondern **immer** selbst Prototypen bereitstellen.

sich in den zugehörigen *Header-Dateien*, die in die Programme eingebunden werden müssen, die die Standardfunktionen aufrufen. Für die Ein- und Ausgabe-Funktionen muß die Header-Datei **stdio.h**, für die mathematischen Standardfunktionen muß die Header-Datei **math.h** eingebunden werden (weitere Standardfunktionen werden in den nachfolgenden Abschnitten behandelt, die jeweils zugehörigen Header-Dateien werden dort erwähnt).

& ist der Adreß-Operator, * ist der Dereferenzierungs-Operator.

Wenn der *Adreß-Operator* **&** vor dem Namen einer Variablen steht, ist nicht der Wert der Variablen, sondern die Adresse des Speicherplatzes gemeint (der *Pointer* auf die Variable), auf dem die Variable gespeichert ist. Der *Dereferenzierungs-Operator* * "macht aus einem Pointer wieder den Wert, der an der Adresse gespeichert ist". Bisher wurden die beiden Operatoren nur im Zusammenhang mit der Übergabe von Werten an Funktionen behandelt, eine intensivere Behandlung dieses Themas beginnt ab Kapitel 5.

Parameter werden an Funktionen grundsätzlich "by value" übergeben.

Die Funktion bekommt nur Kopien der Argumentwerte aus dem aufrufenden Programm. Eine Änderung dieser Werte hat keine Auswirkungen auf die Werte im aufrufenden Programm. Dies gilt auch bei der Übergabe von Pointern, aber in diesem Fall kann die Funktion die Werte auf den Adressen, die ihr über die Pointer bekannt sind, ändern, so daß auf diese Weise die in anderen Programmiersprachen mögliche Übergabe "by reference" vom Programmierer organisiert werden kann. **Bei Arrays (und damit auch bei Strings) übergibt der Compiler automatisch den Pointer auf das erste Element (und keine Kopie des Arrays).**

Formatgesteuerte Eingabe und Ausgabe sind mit scanf bzw. printf möglich.

Die Probleme bei der formatgesteuerten Eingabe (mit **scanf**) wurden in den Abschnitten 3.12 bis 3.14 behandelt und mit der selbstgeschriebenen Funktion **indouble** für die Eingabe eines **double**-Wertes teilweise beseitigt. Dies wird nicht wesentlich vertieft, weil komfortable Eingabe im Zusammenhang mit der Windows-Programmierung (ab Kapitel 9) behandelt wird.

Die formatgesteuerte Ausgabe (mit **printf**) ist fast in allen Abschnitten benutzt worden. Eine Zusammenstellung der wichtigsten Format-Angaben findet sich am Ende des Abschnitts 3.5 (im übrigen gilt auch für dieses Thema die Vertröstung auf die Windows-Programmierung).

Aufgabe 3.6: Es ist ein Programm **anstieg.c** zu schreiben, das die Funktion

$$y = \sqrt{x + 5} - 4\cos x$$

im Bereich $x_{ANF} \le x \le x_{END}$ untersucht. Der Bereich ist in n Abschnitte gleicher Breite zu unterteilen, in der Mitte eines jeden Abschnitts ist ein Näherungswert für den Anstieg (Differenz der y-Werte am rechten bzw. linken Rand des Abschnitts dividiert durch die Breite eines Abschnitts) zu berechnen und neben dem x-Wert (in Intervallmitte) auszugeben. Eingabewerte sind x_{ANF}, x_{END} und n.

Wenn die Werte der Anstiege zweier benachbarter Abschnitte unterschiedliches Vorzeichen haben, soll der Hinweis ausgegeben werden: **"Relativer Extremwert der Funktion in der Naehe von x = ... "**. Als x-Wert ist die entsprechende Intervallgrenze anzugeben.

Aufgabe 3.7: An einem Punkt greifen n Kräfte F_i an, deren Wirkungslinien alle in einer Ebene liegen (ebenes zentrales Kraftsystem). Die Lagen der Wirkungslinien werden durch n Winkel α_i festgelegt. Es ist ein Programm **ebzenk.c** zu schreiben, das die Anzahl der Kräfte n und danach in einer Schleife n Wertepaare (jeweils Kraft F_i und Winkel α_i) einliest, die Resultierende F_R und den Winkel α_R berechnet und ausgibt.

Problemanalyse:

$$F_{R,x} = \sum_{i=1}^{n} F_i \cos\alpha_i \quad ; \quad F_{R,y} = \sum_{i=1}^{n} F_i \sin\alpha_i \quad ;$$

$$F_R = \sqrt{F_{R,x}^2 + F_{R,y}^2} \quad ; \quad \alpha_R = \arctan\frac{F_{R,y}}{F_{R,x}} \quad .$$

Aufgabe 3.8: Die Funktion

$$y = e^{-\frac{x^2}{2}}$$

spielt in der mathematischen Statistik eine wichtige Rolle. Man bestimme mit einem Programm **flubo.c** näherungsweise

a) die schraffierte Fläche unter der Kurve im Intervall $x_1 \le x \le x_2$, indem man dieses Intervall in n äquidistante Abschnitte (Breite Δx) unterteilt (x_1, x_2 und n sind Eingabewerte) und die n Trapezflächen ΔA addiert,

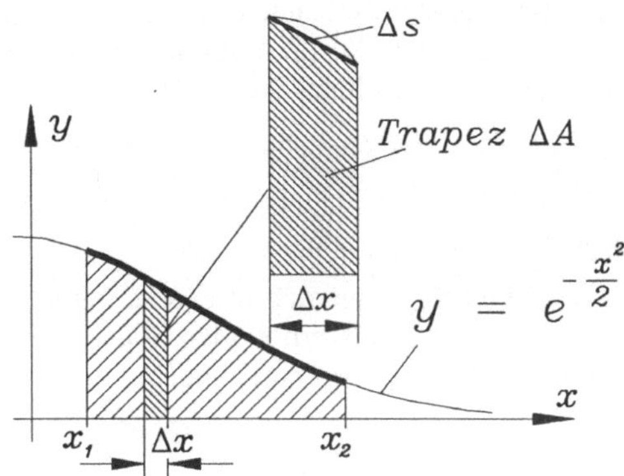

b) die Länge s des Kurvenstücks zwischen x_1 und x_2, indem man die Längen Δs addiert.

Problemanalyse: Für ein Trapez werden die Längen der beiden parallelen Seiten mit f_1 bzw. f_2 bezeichnet. Dann gilt:

$$\Delta x = (x_2 - x_1)/n \quad ; \quad \Delta A = (f_1 + f_2)\,\Delta x / 2 \quad ; \quad \Delta s = \sqrt{(\Delta x)^2 + (f_1 - f_2)^2} \quad .$$

Aufgabe 3.9: Man schreibe im Stil der Funktion **indouble** (aus dem Programm **valtab06.c** im Abschnitt 3.14) eine Funktion **inint** für die Eingabe einer Integer-Größe. Die Funktion sollte getestet werden, indem man sie in die Programme der Aufgaben 3.6, 3.7 und 3.8 einbaut.

Aufgabe 3.10: Es ist ein Programm **kaprekar.c** zu schreiben, das eine vierstellige positive Zahl anfordert (nicht alle vier Ziffern dürfen gleich sein, eine solche Eingabe ist vom Programm abzulehnen), mit der folgende Operationen auszuführen sind:

Die Ziffern werden der Größe nach einmal absteigend geordnet (liefert die vierstellige Zahl Z_1) und einmal aufsteigend geordnet (liefert die vierstellige Zahl Z_2). Das Ergebnis der Differenz $Z_1 - Z_2$ ist zu berechnen und auszugeben. Mit dem (eventuell durch führende Nullen wieder zu einer vierstelligen Zahl gemachten) Ergebnis ist der beschriebene Prozeß zu wiederholen, insgesamt 10 Mal. Wenn Ihr Programm richtig arbeitet, muß bei beliebiger vierstelliger Startzahl nach einigen Schritten das Ergebnis immer wieder **6174** lauten (nach einem indischen Mathematiker "Kaprekarsche Zahl" genannt).

4 Arbeiten mit Libraries

Im Programm **valtab06.c** im Abschnitt 3.14 wurde eine Funktion **indouble** zum Einlesen eines **double**-Wertes benutzt, die sicher auch in weiteren Programmen verwendet werden kann. Das gilt auch für die Funktion **inint**, die bei der Bearbeitung der Aufgabe 3.9 entstand, oder für den "Bildschirm-Putzer" **clscrn**, der am Ende des Abschnitts 3.12 vorgestellt wurde.

Folgende Möglichkeiten bieten sich für die "Wiederverwendung" von Funktionen an:

♦ Man kopiert den Quelltext dieser Funktionen in die Quelltext-Datei, in der sie benötigt werden (nicht so gut).

♦ Die Funktionen werden in eigenen Quelltext-Dateien gehalten (gute Idee, man könnte ja noch etwas verbessern wollen). Diese werden dem Compiler jeweils gemeinsam mit dem Quelltext des Programms angeboten, das sie aufruft (nicht so gut), z. B.:

```
cc  -o valtab07 valtab07.c indouble.c
```

... übersetzt unter UNIX die in den Files **valtab07.c** und **indouble.c** enthaltenen Quellprogramme und linkt sie zu einem ausführbaren Programm, dem der Name **valtab07** gegeben wird (mit den unter DOS verfügbaren Compilern ist das ganz ähnlich zu machen, da es ohnehin keine so sehr gute Idee ist, wird es hier nicht angegeben).

♦ Die in eigenen Quelltext-Dateien gehaltenen Funktionen werden einzeln compiliert (gute Idee), es entstehen Objectmoduln, die direkt dem Compilertreiber angeboten werden können (und damit nicht jedesmal neu compiliert werden müssen). Da die Compilertreiber automatisch immer auch den Linker starten (was beim Compilieren einer Funktion ungleich **main** natürlich keinen Sinn macht), muß ihnen das explizit untersagt werden. In UNIX steht dafür die Option **-c**, bei den DOS-Compilertreibern stehen die Optionen **/c** oder **-c** ("compile only") zur Verfügung, z. B.:

```
cc  -c indouble.c
```

... erzeugt unter UNIX einen Objectmodul **indouble.o**, der dann dem Compilertreiber (immer wieder) angeboten werden kann (und nicht compiliert, sondern direkt an den Linker weitergereicht wird):

```
cc  -o valtab07 valtab07.c indouble.o
```

... hat dann den gleichen Effekt (bei weniger Aufwand) wie die oben beschriebene Variante. Auch diese Strategie wird spätestens dann als lästig empfunden, wenn man eine größere Anzahl von wiederverwendbaren Funktionen einbindet.

♦ Die deutlich beste Methode ist es, die (wie beschrieben erzeugten) Objectmoduln in **Objectmodul-Libraries** zusammenzufassen, die dem Compilertreiber angeboten werden können, von diesem an den Linker weitergereicht werden, und dieser kluge Bursche sucht sich aus den Libraries nur genau die Funktionen heraus, die er benötigt. Diese Variante wird nachfolgend ausführlich beschrieben.

Wenn man alle Funktionen, von denen man meint, sie wären sinnvoll wiederverwendbar, so in Libraries zusammenfaßt, optimiert man die eigene Arbeit erheblich (im Sinne des Mottos, das über diesem Kapitel steht, "setzt man sich auf seine eigenen Schultern", ähnliches ist in der Programmiersprache C mit "rekursiven" Funktionsaufrufen übrigens auch möglich und wird noch ausführlich besprochen). Noch effektiver ist es natürlich, sich auf die Schultern anderer zu setzen, indem man auf die zahlreich verfügbaren Objectmodul-Libraries zurückgreift, die z. B. über das Internet angeboten (oder auch kommerziell vertrieben) werden. Auch dazu wird nachfolgend ein Beispiel demonstriert.

4.1 Erzeugen einer Library

Das Erzeugen einer persönlichen Library wird am Beispiel des Einbringens von zwei Objectmoduln (erzeugt aus **indouble.c** und **clscrn.c**) demonstriert. Die angegebenen Befehle, die dafür erforderlich sind, beziehen sich jeweils auf das Arbeiten vom DOS- bzw. UNIX-Prompt aus. Wenn man mit einer integrierten Entwicklungsumgebung arbeitet, werden die entsprechenden Schritte menügeführt (und weitgehend selbsterklärend) absolviert (in der Entwicklungsumgebung für MS-Visual-C^{++} z. B. muß man nur beim Kreieren eines Projekts als "Project Type" **Static Library** angeben, und alles weitere wird automatisch abgefragt).

In der nachfolgend gelisteten Funktion **indouble.c** ist im Kommentar das Erzeugen der Library für **beide** Funktionen und das Einbinden der Header-Datei **priv.h** in die Funktionen beschrieben. Deshalb sind die Kommentare in **clscrn.c** und **priv.h** deutlich spärlicher:

Funktion indouble.c

```
/*  Schreiben eines Eingabe-Prompts und Warten auf die Eingabe eines double-Wertes
```

Parameter:	**prompt**	String beliebiger Länge, der als Eingabeaufforderung geschrieben wird
Return-Wert:		In jedem Fall wird ein eingelesener **double**-Wert abgeliefert, bei Fehleingabe wird der Lesevorgang gegebenenfalls wiederholt. */

```
#include <stdio.h>
#include "priv.h"                        /* ... vgl. Kommentar am Programmende */

double indouble (char *prompt)
{
   double  x ;
   int     n ;
   do {
        printf (prompt) ;
        n = scanf ("%lf" , &x) ;
        while (getchar () != '\n') ;
   } while (n != 1) ;

   return x ;
}
```

/* An der Funktion **indouble.c** und der in einer gesonderten Datei stehenden Funktion **clscrn.c** soll demonstriert werden, wie eine Objectmodul-Library angelegt wird.

Man beachte, daß Verwendungszweck, Funktions-Parameter und Return-Wert im einleitenden Kommentar erläutert werden. Vor dieser kleinen Mühe sollte man sich bei Funktionen, die man in Libraries zum wiederholten Gebrauch einbringt, nicht drücken.

Aus dem Quellcode der Funktionen wird Objectcode erzeugt, indem sie compiliert (nicht gelinkt!) werden (das Linken einer einzelnen Funktion ist ohnehin nur sinnvoll, wenn es die Funktion **main** ist).

* Mit Turbo-C von der DOS-Kommandoebene könnte man so vorgehen:

Mit dem Compilerschalter **-c** wird erreicht, daß nur compiliert (nicht gelinkt) wird, z. B.:

```
tcc -c clscrn.c
tcc -c indouble.c
```

... erzeugt Objectmoduln **clscrn.obj** und **indouble.obj**, die mit dem Library-Manager **tlib.exe** in eine "Objectmodul-Library" eingebracht werden, z. B.:

```
tlib libpriv.lib+clscrn.obj
tlib libpriv.lib+indouble.obj
```

Wenn die Library (hier gewählter Name **libpriv.lib**, eine Library sollte unbedingt die Extension **.lib** haben) noch nicht existiert, wird sie angelegt, ansonsten wird sie ergänzt.

Wenn man eine geänderte Version eines Objectmoduls in eine Library einbringen will, muß man den **tlib**-Befehl z. B. folgendermaßen verwenden:

```
tlib libpriv.lib-+indouble.obj
```

... entfernt alten Objectmodul und ersetzt ihn durch den neuen.

Um den Inhalt der Library zu überprüfen, gibt man

```
tlib libpriv.lib,libpriv.cnt
```

mit Angabe einer beliebigen (noch nicht existierenden) Datei ein (hier gewählter Name: **libpriv.cnt**), in die die Namen der in der Library vorhandenen Objectmoduln dann von **tlib** hineingeschrieben werden.

* Mit MS-Visual-C von der DOS-Kommandoebene sieht die Vorgehensweise (bis auf die natürlich unvermeidlichen feinen Unterschiede) recht ähnlich aus:

Mit dem Compilerschalter **-c** wird erreicht, daß nur compiliert (nicht gelinkt) wird (das Manual behauptet zwar, daß der Schalter wie unter MS-DOS üblich **/c** heißt, aber **-c** funktioniert auch):

```
cl -c clscrn.c
cl -c indouble.c
```

... erzeugt Objectmoduln **clscrn.obj** und **indouble.obj**, die mit dem Library-Manager **lib.exe** in eine "Objectmodul-Library" eingebracht werden, z. B.:

```
lib libpriv.lib+clscrn.obj;
lib libpriv.lib+indouble.obj;
```

(das Semikolon am Ende verhindert, daß der Library-Manager nach weiteren möglichen Argumenten fragt).

Wenn die Library (hier gewählter Name **libpriv.lib**, auch hier gilt, daß eine Library unbedingt die Extension **.lib** haben sollte) noch nicht existiert, wird sie angelegt, ansonsten wird sie ergänzt.

Wenn man eine geänderte Version eines Objectmoduls in eine Library einbringen will, kann man den **lib**-Befehl z. B. folgendermaßen verwenden:

`lib libpriv.lib-+indouble.obj;`

... entfernt alten Objectmodul und ersetzt ihn durch den neuen.

Um den Inhalt der Library zu überprüfen, kann man

`lib libpriv.lib,libpriv.cnt;`

mit Angabe einer beliebigen (noch nicht existierenden) Datei (hier gewählter Name: **libpriv.cnt**) verwenden, in die die Namen der in der Library vorhandenen Objectmoduln dann von **lib** hineingeschrieben werden.

* Unter UNIX heißen Libraries "Archives" (sprich: A'kaivs, es ist übrigens ein "Pluralwort", es gibt keinen Singular), das Vorgehen ist dem unter DOS vergleichbar:

Mit dem Compilerschalter **-c** wird erreicht, daß nur compiliert (nicht gelinkt) wird, z. B.:

`cc -c clscrn.c`
`cc -c indouble.c`

... erzeugt Objectmoduln **clscrn.o** und **indouble.o**, die mit dem **ar**-Kommando in Archives eingebracht werden, z. B.:

`ar -r libpriv.a clscrn.o`
`ar -r libpriv.a indouble.o`

(Option **-r** steht für "replace" und würde erzwingen, daß ein eventuell schon vorhandener Ojectmodul ersetzt wird).

Wenn Archives (hier gewählter Name **libpriv.a**, Archives sollten unbedingt die Extension **.a** haben) noch nicht existieren, werden sie angelegt, ansonsten werden sie ergänzt.   */

/* Der Compiler, der ein Programm übersetzt, das eine Library-Funktion aufruft, muß darauf vertrauen, daß der Aufruf (insbesondere die übergebenen Argumente und der Return-Wert) zu der Library-Funktion "paßt". Um dem Compiler die Möglichkeit einer Kontrolle zu geben, sollten ihm unbedingt "Prototyp-Deklarationen" verfügbar gemacht werden. Dies realisiert man am besten auf die gleiche Weise, wie es für die Standard-Libraries gemacht wird:

Die Prototypen aller Funktionen einer Library werden in einer Header-Datei zusammengestellt, die in das aufrufende Programm eingebunden werden kann. Für die mit den Funktionen **indouble** und **clscrn** erzeugte Library wird deshalb eine Header-Datei **priv.h** erzeugt, die die Prototypen dieser beiden Funktionen enthält. Es ist empfehlenswert, die Header-Datei auch in die Funktionen selbst einzubinden, so werden die Eintragungen beim Compilieren der Funktionen auf Richtigkeit überprüft.

Man beachte den Unterschied in den beiden **#include**-Statements: Ein in <...> eingefügter Dateiname veranlaßt den Präprozessor, im "Standard-Include-Directory" (wird bei der Compiler-Installation festgelegt bzw. ist in einer Umgebungsvariablen gespeichert) nach der Datei zu suchen, ein in **"..."** eingeschlossener Dateiname wird entsprechend der Pfadangabe (oder wie in diesem Fall bei fehlender Pfadangabe im "Current directory") gesucht.   */

Ende der Funktion indouble.c

Die Header-Datei **priv.h** enthält zunächst nur die beiden Prototypen der Funktionen **indouble** und **clscrn**. Sie wird beim Erweitern der Library jeweils um die Prototypen neuer Funktionen ergänzt:

Datei priv.h

```
/*  Prototypen der Funktionen der Library libpriv.lib bzw. libpriv.a          */

double  indouble  (char *) ;
void    clscrn    () ;
```

Ende der Datei priv.h

Die Arbeitsweise der Funktion **clscrn.c** wurde im Abschnitt 3.12 beschrieben. Hier wird die in die Library einzubringende Version deshalb nur aufgelistet:

Funktion clscrn.c

```
/*  Funktion löscht im Textmodus den Bildschirm und setzt den Cursor in die linke obere
    Ecke (nur, wenn der Bildschirm auf die ANSI-Escape-Sequenzen reagiert)

    Parameter:      Keine
    Return-Wert:    void                                                        */

#include <stdio.h>
#include "priv.h"
void clscrn ()
{
   printf ("\33[2J") ;              /* "Versuch", den Bildschirm zu löschen ... */
   printf ("\33[01;01H") ;          /* ... und Cursor in Home-Position zu setzen */
}
```

Ende der Funktion clscrn.c

4.2   Einbinden einer persönlichen Library: Programm "valtab07.c"

Das Programm **valtab07.c** unterscheidet sich von **valtab06.c** aus dem Abschnitt 3.14 im wesentlichen dadurch, daß die Definitionen der Funktionen **clscrn** und **indouble** und ihre Prototypen aus der Datei verschwunden sind. Im Kommentar von **valtab07.c** wird erläutert, wie diese Funktionen aus der im Abschnitt 4.1 erzeugten Library in das Programm eingebunden werden.

Von **valtab07.c** werden nachfolgend nur der Beginn (dort befindet sich die **#include**-Anweisung für die Header-Datei **priv.h**) und der Kommentar zum Programm gelistet:

Programm valtab07.c

```
/*  Wertetabelle und Ableitungen für eine spezielle Funktion
```

Dieses Programm hat die gleiche Funktionalität wie **valtab06.c**, es sind nur die beiden Funktionen **clscrn** und **indouble** nicht in diesem File enthalten. Sie wurden in eine persönliche Library gebracht und müssen vom Linker an das Programm gebunden werden (vgl. Kommentar am Ende des Programms).   */

```
#include <stdio.h>
#include <math.h>
#include "priv.h"
```

/* Der ab hier folgende Programmtext von **valtab07.c** entspricht (bis auf des Fehlen der Funktionen **clscrn** und **indouble**) exakt dem Listing von **valtab06.c** im Abschnitt 3.14. Hier wird deshalb nur der Kommentar gelistet, der sich am Ende von **valtab07.c** befindet: */

/* Die Funktionen **clscrn** und **indouble** werden von **main** aufgerufen, sind aber nicht in diesem File, sondern in einer persönlichen Library zu finden. Das Arbeiten mit persönlichen Libraries ist bei der Realisierung größerer Programmierprojekte unabdingbar.

*   Unter Turbo-C und MS-Visual-C können Libraries in der Kommandozeile für den Compileraufruf mit aufgelistet werden, sie werden vom Compiler an den Linker weitergereicht, z. B.:

```
tcc valtab07.c libpriv.lib
```

... veranlaßt den Turbo-C-Compiler, **valtab07.c** zu compilieren und das übersetzte Programm gemeinsam mit der Library **libpriv.lib** an den Linker weiterzureichen, der **valtab07.exe** erzeugt. Der entsprechende Befehl beim Arbeiten mit MS-Visual-C lautet:

```
cl valtab07.c libpriv.lib
```

*   Unter UNIX heißen Libraries "Archives" und werden in der Kommandozeile für den Compileraufruf mit der Option **-l** aufgelistet, sie werden vom Compilertreiber an den Linker weitergereicht, z. B.:

```
cc -o valtab07 valtab07.c -L. -lpriv -lm
```

... veranlaßt den Compiler, **valtab07.c** zu compilieren, das übersetzte Programm wird gemeinsam mit **libpriv.a** an den Linker weitergereicht, der (bestimmt durch Schalter **-o**) **valtab07** erzeugt.

Man beachte einige Ungereimtheiten (weiß der Geier, was die UNIX-Väter sich dabei gedacht haben):

Archives sollten Namen haben, die mit **lib...** beginnen, dieses **lib** wird in der Option **-l** dann allerdings weggelassen.

Directories, in denen private Libraries gesucht werden sollen, müssen mit der Option **-L** spezifiziert werden. **-L.** bedeutet z. B.: "Current directory" durchsuchen. Einige UNIX-Derivate (z. B. Ultrix oder HP-UX) bestehen darauf, daß kein Leerzeichen zwischen **L** und Punkt ist, während das dem robusteren Linux völlig gleichgültig ist.   */

/* Beim Durchsuchen der Libraries durch den Linker nimmt dieser nur die tatsächlich benötigten Objectmoduln, so daß auch beim Arbeiten mit sehr umfangreichen Libraries der erzeugte Code dadurch nicht vergrößert wird.

Der Compiler, der ein Programm übersetzt, das eine Library-Funktion aufruft, muß darauf vertrauen, daß der Aufruf (insbesondere die übergebenen Argumente und der Return-Wert) zu der Library-Funktion "paßt". Um dem Compiler die Möglichkeit einer Kontrolle zu geben, sollten ihm unbedingt "Prototyp-Deklarationen" verfügbar gemacht werden. Dies realisiert man am besten auf die gleiche Weise, wie es für die Standard-Libraries gemacht wird:

Die Prototypen aller Funktionen einer Library werden in einer Header-Datei zusammengestellt, die in das aufrufende Programm eingebunden wird. Die Programmzeile

```
#include "priv.h"
```

weist den Präprozessor an, die Header-Datei **priv.h** in den Programmcode einzubinden.   */

Ende des Programms valtab07.c

4.3 Libraries mit Funktionen, die voneinander abhängig sind

Natürlich können in einer Library auch Funktionen sein, die andere Funktionen der gleichen oder einer anderen Library aufrufen (letzteres war schon bei den Funktionen, die im Abschnitt 4.1 in die Library **libpriv.lib** (bzw. **libpriv.a**) eingebracht wurden, der Fall, beide rufen Funktionen aus den Standard-Libraries auf). Hier soll zunächst die kleine Funktion **beep** zusätzlich in **libpriv.lib** (bzw. **libpriv.a**) eingebracht werden, anschließend wird die bereits in der Library befindliche Funktion **indouble** so geändert, daß sie **beep** aufruft.

Funktion beep.c

```
/*  Funktion schickt des "BEL"-Zeichen (ASCII-Zeichen 7)
    zur Standard-Ausgabe, die darauf "Piep" sagen sollte                          */

    #include <stdio.h>
    #include "priv.h"
    void beep ()
    {
      printf ("\a") ;                         /* \a steht in C-Strings für ASCII-Zeichen 7 */
    }
```

Ende der Funktion beep.c

Diese Funktion wird (vgl. Abschnitt 4.1) in die Library **libpriv.lib** eingebracht bzw. (unter UNIX) den Archives **libpriv.a** hinzugefügt. Vorher sollte die Header-Datei **priv.h** um folgende Zeile (Prototyp der Funktion **beep**) ergänzt werden:

```
                    void beep () ;
```

Es ist sicher sinnvoll, die Funktion **beep** in **indouble** aufzurufen, wenn ein Eingabefehler (z. B.: Eingabe eines Buchstabens) registriert wird:

```
        do { ...

            if (n != 1) beep () ;
        } while (n != 1) ;
```

Was ist zu beachten, wenn eine Funktion einer Library eine andere Funktion dieser (oder einer anderen) Library aufruft? Unter DOS beim Arbeiten mit Turbo-C oder MS-Visual-C eigentlich gar nichts. Der Linker ist so robust, daß er alle angegebenen Libraries (gegebenenfalls mehrfach) durchsucht, bis entweder alle Referenzen gelöst sind oder bei einem Durchlaufen aller Libraries keine weitere der benötigten Funktionen gefunden wird. Mit MS-Visual-C bringt man die neue Funktion **beep** und die geänderte Funktion **indouble** mit den im Kommentar der Funktion **indouble** (Abschnitt 4.1) angegebenen Kommandos in die Library **libpriv.lib** ein (mit Turbo-C ganz ähnlich):

```
            cl  -c  beep.c
            cl  -c  indouble.c
            lib libpriv.lib+beep.obj;
            lib libpriv.lib-+indouble.obj;
```

Die meisten UNIX-Systeme dagegen sind etwas empfindlich und erwarten eine gewisse Ordnung in den Archives. Um sicher zu sein, daß alle benötigten Funktionen in den Archives gefunden werden, beachte man folgende

> **Empfehlungen für den Gebrauch von Objectmodul-Archives unter UNIX:**
>
> ♦ Beim Aufruf von Funktionen aus anderen Archives sollte eine Hierarchie eingehalten werden, so daß beim Linken ungelöste Referenzen (entstehen beim Einbinden einer Funktion, die andere Funktionen aufruft) beim Durchsuchen der nachfolgenden Archives gelöst werden können. Die Reihenfolge des Durchsuchens der Archives wird durch ihre Anordnung im Link-Kommando (bzw. Compilertreiber-Kommando) bestimmt.
>
> ♦ Auch innerhalb der Archives spielt leider die Reihenfolge eine Rolle. Das **ar**-Kommando sieht eine Reihe von Optionen vor, mit denen man die Reihenfolge beeinflussen oder den Archives ein "Inhaltsverzeichnis" beifügen kann, das dem Linker beim Durchsuchen hilft. Leider sind diese Optionen in verschiedenen UNIX-Versionen höchst unterschiedlich definiert. Empfehlenswert ist deshalb die Verwendung des **ranlib**-Kommandos. Wenn man nach dem Einfügen des letzten Moduls mit dem **ar**-Kommando
>
> ```
> ranlib libpriv.a
> ```
>
> startet (und jedesmal wiederholt, wenn **libpriv.a** geändert wurde), dürfte das Reihenfolgeproblem innerhalb der Archives nicht auftauchen.

Unter UNIX sollte man die Funktion **beep** und die geänderte Funktion **indouble** also folgendermaßen einfügen:

```
cc   -c  beep.c
cc   -c  indouble.c
ar   -r  libpriv.a   beep.o
ar   -r  libpriv.a   indouble.o
ranlib  libpriv.a
```

♦ Wenn in der hier genannten Reihenfolge **beep** vor **indouble** in **libpriv.a** eingefügt wird, kann es passieren, daß der Linker die Funktion **beep** "sieht, wenn er sie noch nicht braucht", nach Einbinden von **indouble** aber die Funktion **beep** "braucht, aber nicht mehr zu sehen bekommt". Durch **ranlib** wird dieses Problem beseitigt.

4.4 Einbinden von Funktionen aus fremden Libraries

Das Einbinden von Library-Funktionen, die man nicht selbst geschrieben hat (und die nicht zur C-Implementation gehören), ist natürlich besonders effektiv, aber durchaus auch mit Risiken verbunden. Man muß sich darauf verlassen, daß der Programmautor korrekt gearbeitet hat. Da absolute Fehlerfreiheit ohnehin nicht garantiert werden kann, sollte der Qualitätsmaßstab für die eigene Arbeit der unteren Level für die Qualität der Programme sein, die man von anderen übernimmt. An die Arbeit professioneller Software-Hersteller sollte man durchaus hohe Ansprüche stellen (diese lassen sich ihre Arbeit ja auch bezahlen), aber "auch dem geschenkten Gaul sollte man durchaus ins Maul sehen", denn Fehler, die andere gemacht haben, können sehr viel eigene Zeit kosten.

Erfreulich ist, daß es seit vielen Jahren frei verfügbare Software von ausgesprochen professioneller Qualität gibt (das Internet ist geradezu eine Fundgrube). Man sollte auf die Arbeit anderer zurückgreifen, wo es geht, aber bei Verwendung fremdgefertigter "Libraries, Toolboxes and Archives" folgendes beachten:

♦ Die Verfügbarkeit einer ausreichenden Dokumentation der einzelnen Funktionen ist unerläßlich. Diese muß nicht zwingend in Papierform vorliegen, auch gut dokumentierter Quellcode kann dafür ausreichend sein.

♦ Wenn der Quellcode nicht verfügbar ist, muß man genau beachten, für welches Betriebssystem mit welchem Compiler (und welcher Compiler-Version) die Libraries oder Archives erzeugt wurden. Auch UNIX ist nicht gleich UNIX, man kann z. B. unter Ultrix erzeugte Archives nicht unter HP-UX oder Linux verwenden.

♦ Wegen der genannten Portabilitätsprobleme ist es auf dem freien Softwaremarkt unter UNIX seit einiger Zeit üblich, auch den Quellcode verfügbar zu machen (und damit ist natürlich auch die Portierung auf andere Betriebssysteme möglich, sofern die Programme nicht betriebssystem-spezifische Besonderheiten enthalten). Vielfach werden gleich "Makefiles" mitgeliefert, so daß man sehr bequem mit dem zu jedem UNIX-System gehörenden **make**-Utility auf seinem eigenen System mit dem eigenen Compiler dann mit Sicherheit zu den eigenen Programmen kompatible Archives erzeugen kann.

Moderne C-Entwicklungssysteme unter DOS (z. B. auch Turbo-C^{++} und MS-Visual-C^{++}) enthalten ein dem UNIX-**make** nachempfundenes eigenes **make**-Kommando, so daß auch für diese Systeme diese komfortable Möglichkeit gegeben ist, allerdings ist die Makefile-Syntax (zwar ähnlich, aber) nicht identisch mit der UNIX-Makefile-Syntax. Im schlimmsten Fall muß man alle Quellprogramme selbst compilieren und mit dem **lib**-Kommando in eine Library einfügen. Wer jedoch z. B. mit der Windows-Entwicklungsumgebung von MS-Visual-C^{++} arbeitet, kann gut auf Makefiles verzichten, weil er nur ein "Static-Library-Project" kreieren und alle Quellfiles als zugehörig kennzeichnen muß; die Makefile-Erzeugung übernimmt der Project-Manager.

Im Abschnitt 4.4.1 wird am Beispiel das Erzeugen "fremdgefertigter Archives" beschrieben, im Abschnitt 4.4.2 werden die "archivierten" Funktionen in ein eigenes Programm eingebunden. Die einzelnen Schritte werden für das Arbeiten unter UNIX beschrieben, unter DOS läuft es ganz analog (auf eventuelle Besonderheiten wird aufmerksam gemacht).

Wenn Sie auf das Durcharbeiten der Abschnitte 4.4.1 und 4.4.2 zunächst verzichten wollen, können Sie durchaus direkt ab Kapitel 5 weiterlesen. Von den Aufgaben am Ende des Kapitels 4 könnten Sie in diesem Fall nur die Aufgabe 4.1 bearbeiten, das allerdings sollten Sie wenigstens erledigen.

Sie verzichten mit dem Auslassen der Abschnitte 4.4.1 und 4.4.2 allerdings auf die Erkenntnis, daß Sie durchaus schon anspruchsvolle Programme mit den im Kapitel 3 erarbeiteten Grundkenntnissen schreiben können, wenn Sie wie die "Profi-Programmierer" fremdgefertigte Libraries einbinden.

4.4.1 Ein mathematischer Parser für die "valtab"-Programme

Die in den vorangegangenen Abschnitten behandelten Programme **valtab01.c** bis **valtab07.c** wurden zwar immer flexibler, untersuchten aber alle die gleiche Funktion. Wenn eine andere Funktion $y(x)$ behandelt werden soll, muß das Programm umgeschrieben und neu compiliert werden.

Abhilfe kann hier ein "mathematischer Parser" schaffen. Parser-Programme ("to parse" - grammatikalisch zerlegen) dienen dazu, Zeichenketten (allgemein: Text) in ihre Bestandteile zu zerlegen, den Sinn zu deuten und in entsprechende Aktionen umzusetzen. Ein wesentlicher Bestandteil eines C-Compilers ist auch ein Parser, der das mit dem vom Programmierer geschriebenen Quelltext macht.

Ein mathematischer Parser muß z. B. in der Lage sein, einen Formelausdruck wie

$$\left[5\,(3 + 4\ln 6)\,\sin\frac{\pi}{12} + \arctan 2 \right] \frac{\pi}{12} \quad,$$

der ihm mit einer fest zu vereinbarenden Syntax etwa in der Form

```
[5 * (3 + 4 * ln(6)) * sin(pi/12) + atan(2)] * pi / 12
```

als String übergeben wird, zu analysieren und das Ergebnis (hier: 3,734375554) zu berechnen. Genau dies (und noch einiges mehr) kann die "Parser-Toolbox", die im Internet-Dienst WWW auf der Seite

http://www.fh-hamburg.de/rzbt/dnksoft/parser

für die Benutzung in Fortran-, Turbo-Pascal- und C-Programmen angeboten wird. Die C-Version erfüllt alle am Beginn des Abschnitts 4.4 formulierten Forderungen, insbesondere sind der Quellcode aller Funktionen und eine ausführliche Dokumentation verfügbar, und der Programmierer[1] darf als ausgesprochen vertrauenswürdig eingestuft werden. Außerdem werden mehrere Makefiles angeboten. Für das Problem, das im nachfolgenden Abschnitt behandelt wird, ist der Level 2 der Parser-Toolbox erforderlich.

Empfehlung: Kopieren Sie sich **c_parsl2.zip** über das WWW in ein eigens dafür eingerichtetes Directory (z. B. **parser2** unterhalb des Arbeits-Directories, in dem Sie ihr eigenes Programm erzeugen wollen). Die "gepackte Datei" muß "entpackt" werden, z. B. mit

unzip c_parsl2.zip

unter **UNIX** (oder mit **gzip** oder **pkunzip** unter DOS, wer keines dieser Programme besitzt, findet auch diese im Internet), dabei entstehen einige Dutzend Quellfiles. Da ein "Makefile" dabei ist, kann unter UNIX sofort die Erzeugung von **libparser2.a** mit

make

---

[1]Der Autor der Parser-Toolbox verweist darauf, daß diese ursprünglich in Fortran geschrieben, ausgiebig getestet und dann nach Pascal bzw. C übertragen wurde, wobei die Stärken der Zielsprachen ungenutzt blieben, so daß bei dieser "Beinahe-1:1-Übertragung" Programmcode entstand, der alles andere als ein Lehrbeispiel (dafür aber gegenwärtig mit keinem bekannten Fehler behaftet) ist. Bitte verzichten Sie darauf, den Quellcode zu inspizieren. Sollten Sie es als reizvolle Aufgabe empfinden, einmal selbst einen Parser zu schreiben, warten Sie bis zur Behandlung der rekursiven Programmiertechnik im Kapitel 8, die dafür unbedingt genutzt werden sollte (aber von Fortran z. B. nicht unterstützt wird).

veranlaßt werden. Dabei entsteht auch ein ausführbares Programm, das man mit **mpars2_p** starten kann, um einen ersten Eindruck von der Arbeitsweise des Parsers zu bekommen.

Für Turbo-C ist auch ein Makefile vorhanden, für diesen Compiler leistet das "Turbo-C-make" mit **make -fturbo.mak** die gleiche Arbeit wie das "UNIX-make", allerdings entsteht eine Library mit dem Namen **parser2.lib**, und das ausführbare Programm hat die unter DOS erforderliche Extension **.exe**.

Wer mit der integrierten Entwicklungsumgebung von **MS-Visual-C++** unter Windows arbeitet, erzeugt sich in einem Projekt vom Typ "Static Library" (Windows 3.1/95/NT) eine Library **parser2.lib**, wer vom DOS-Prompt aus arbeitet, kann sich von der genannten WWW-Adresse die Datei **p2msvc15.zip** (Windows 3.1) oder **p2msvc40.zip** (Windows 95/NT) holen, die die Library **parser2.lib**, die Header-Datei **parser.h** und das Programm **mpars2_p.exe** enthalten.

Damit sind die Vorarbeiten abgeschlossen. Neben den Archives ist auch eine Header-Datei **parser.h** entstanden, die (wie die Header-Dateien für die Standard-Libraries) die Prototypen aller Funktionen enthält, die für den Aufruf aus Anwenderprogrammen heraus vorgesehen sind. Das Einbinden dieser Header-Datei in die eigenen Programme wird dringend empfohlen, um dem Compiler die Möglichkeit zu geben, die korrekte Vermittlung der Funktions-Argumente und die Verwendung der Return-Werte zu überprüfen.

Vor der Benutzung der Funktionen ist eigentlich eine Information in der (auf dem gleichem Wege zu beziehenden) Dokumentation unerläßlich. Hier soll in Kurzform das zusammengestellt werden, was für das im folgenden Abschnitt zu behandelnde Beispiel benötigt wird:

♦ Die wichtigste Parser-Funktion

```
double mkdpvl_p (char *exstrn , int *ierrin , int *iperrf , int *iperrl)
```

übernimmt einen String **exstrn**, der den auszuwertenden arithmetischen Ausdruck enthält, und liefert als Return-Wert den errechneten Wert ab, wenn der Fehlerindikator **ierrin** den Wert **0** meldet. Bei einem Fehlerindikator ungleich **0** wird mit **iperrf** und **iperrl** der Bereich im String (durch Positionsangaben) gemeldet, in dem der Fehler erkannt wurde. Beispiele (**sqrt** steht in einem Parser-String für "Quadratwurzel") :

```
y = mkdpvl_p ("2+3*sqrt(3.24)" , &ierrin , &iperrf , &iperrl) ;
```

... liefert auf **y** den Wert **7.4** ab, **ierrin** hat den Wert **0**.

```
y = mkdpvl_p ("sqrt(-3)+6" , &ierrin , &iperrf , &iperrl) ;
```

... liefert **ierrin = 5** und **iperrf = 4, iperrl = 7**, **y** ist in diesem Fall unbestimmt. Die durch **iperrf...iperrl** bestimmten Positionen zeigen an, daß der Fehler im String-Bereich **"(-3)"** entdeckt wurde (unzulässiges Argument für die **sqrt**-Funktion).

♦ Für alle im Parser definierten Fehlerindikatoren **ierrin** liefert

```
char *gterrm_p (char *em , ierrin)
```

auf **em** (und als Return-Wert einen Pointer auf **em**) eine maximal 40 Zeichen lange Kurzbeschreibung, z. B. wird für den Fehler **ierrin = 5** (Beispiel oben) durch

```
if (ierrin != 0) puts (gterrm_p (em , ierrin)) ;
```

die Ausschrift **"Unzulässiges Argument"** zur Standardausgabe geschickt.

♦ Einen in nachfolgenden **mkdpvl_p**-Aufrufen mit einem (maximal aus 6 Zeichen bestehenden) Namen **connam** anzusprechenden Wert **dvalue** kann man mit

```
int defcon_p (char *connam , double dvalue , int *icopos , int *ierrin)
```

definieren. Der Return-Wert meldet, ob die Aktion erfolgreich war (eigentlich kann dabei kaum etwas schiefgehen), **ierrin** zeigt die Art eines eventuellen Fehlers an, **icopos** zeigt die (eigentlich den Programmierer wenig interessierende) Position im Speicher an, auf der die Namenskonstante abgelegt wurde. Beispiel: Wenn mit

```
defcon_p ("radius" , 25.4 , &icopos , &interr) ;
```

die Namens-Konstante **"radius"** mit dem Wert **25.4** definiert wurde, ist danach

```
a = mkdpvl_p ("pi*radius^2" , &ierrin , &iperrf , &iperrl) ;
```

erlaubt (die 'Kreiszahl' **"pi"** und die 'Basis der natürlichen Logarithmen' **"e"** sind im Parser vordefinierte Namens-Konstanten).

♦ Mit dem Aufruf der Funktion

```
void stanun_p (int inanun)
```

wird festgelegt, wie nachfolgende **mkdpvl_p**-Aufrufe die Argumente der Winkelfunktionen zu interpretieren (und die Ergebnisse der Arkusfunktionen abzuliefern) haben.

```
stanun_p (1) ;
```

... stellt dafür "Grad" ein,

```
stanun_p (2) ;
```

... wählt "Radian".

♦ **Genau einmal vor dem Aufruf aller anderen Parser-Funktionen** muß mit

```
parini_p () ;
```

der Parser initialisiert werden.

4.4.2 Einbau von Parser-Library-Funktionen: Programm "valtab08.c"

Das nachfolgend gelistete Programm setzt voraus, daß eine Library mit den Parser-Funktionen und eine zugehörigen Header-Datei **parser.h** verfügbar sind:

Programm valtab08.c

/* **Wertetabelle und Ableitungen für eine Funktion**

Das Programm gibt für eine als String einzulesende mathematische Funktion **y = f(x)** eine Wertetabelle und die nach den Differenzenformeln

```
ys  = (yr - yl) / (2*h)
y2s = (yr - 2*y + yl) / (h*h)
```

näherungsweise berechneten ersten beiden Ableitungen aus (**yr** ist der Funktionswert an der Stelle **x+h**, **yl** der Funktionswert an der Stelle **x-h**, **h** wird sehr klein gewählt).   */

```
#include <stdio.h>
#include <stdlib.h>            /* ... für die exit-Funktion        */
#include <math.h>
#include "priv.h"
#include "parser.h"            /* Header-Datei des Parsers wird im
                                  "Current directory" erwartet.    */
```

```c
double y_ys_y2s (double , double , double * , double *) ;
double f_von_x  (double) ;
char  func[320] ;  /* ... für das Einlesen des Strings, der die
                          zu untersuchende Funktion definiert    */
main ()
{
  double   xanf , xend , delta_x , x , y , ys , y2s ;
  int      i = 1 ;

  parini_p () ;   /* ... initialisiert den Parser                */
  stanun_p (2) ;  /* ... stellt "Radian" für Winkelfunktionen ein */

  clscrn () ;        /* "Versuch", den Bildschirm zu löschen      */

  puts ("Berechnung einer Wertetabelle und der ersten beiden") ;
  puts ("Ableitungen fuer eine Funktion  y = f(x)") ;
  puts ("=====================================================\n") ;

  puts   ("Bitte Funktion eingeben:") ;
  printf ("y = ") ;
  gets   (func)   ;

  xanf    = indouble ("Untere Grenze fuer Wertetabelle: Xanf    = ");
  xend    = indouble ("Obere  Grenze fuer Wertetabelle: Xend    = ");
  delta_x = indouble ("Schrittweite  fuer Wertetabelle: Delta_X = ");

  printf ("\n        x                y") ;
  printf ("            y'               y''\n\n") ;

  x = xanf ;
  while  (x <= xend + delta_x / 100.)
    {
      y = y_ys_y2s (x , delta_x / 1000.0 , &ys , &y2s) ;
      printf ("%16.6f%16.6f%16.6f%16.6f\n" , x , y , ys , y2s) ;
      x = xanf + delta_x * i++ ;
    }

  return 0 ;
}

double y_ys_y2s (double x , double h , double *ys , double *y2s)
{
  double    y , yr , yl ;

  y    = f_von_x (x)     ;
  yr   = f_von_x (x + h) ;
  yl   = f_von_x (x - h) ;
  *ys  = (yr - yl) / (2.0 * h) ;
  *y2s = (yr - 2.0 * y + yl) / (h * h) ;

  return  y ;
}

double f_von_x (double x)
{
  int       ierrin , iperrf , iperrl , icopos ;
  double    y ;
  char      errmes[40] ;

  defcon_p ("x" , x , &icopos , &ierrin) ;
  y = mkdpvl_p (func , &ierrin , &iperrf , &iperrl) ;

  if (ierrin != 0)
    {
      printf ("\nBei x = %lf: %s\n" ,
                      x , gterrm_p (errmes , ierrin)) ;
      exit (1) ;
    }
  return y ;
}
```

/* Das Programm ruft Funktionen aus der Parser-Toolbox (Level 2) auf, die beim Linken bereitgestellt werden muß. Genutzt werden die Parser-Funktionen

    parini_p () ;   ... zum Initialisieren des Parsers,

    stanun_p (2) ;   ... zur Einstellung "Winkelfunktionen in 'Radian'"

in der Funktion **main** und

    defcon_p ("x" , x , &icopos , &ierrin) ;
                      ... zur Definition der Konstanten "x" mit dem Wert x,

    mkdpvl_p (func , &ierrin , &iperrf , &iperrl) ;
                      ... zur Auswertung des eingelesenen Funktions-Strings,

    gterrm_p (errmes , ierrin) ;
                      ... zum Erzeugen einer Fehlerausschrift

in der Funktion **f_von_x**.   */

/* Der Funktions-String wird in **main** eingelesen und in **f_von_x** ausgewertet, muß also dorthin vermittelt werden. Um die Funktionen, die bereits in den Programmen **valtab01.c** bis **valtab07.c** verwendet wurden, nicht alle ändern zu müssen, wurde der String nicht in die Parameterlisten der Funktionen **y_ys_y2s** und **f_von_x** eingefügt, sondern am Anfang (außerhalb aller Funktionen) vereinbart.

Eine solche "globale Variable" ist in allen Funktionen, die in dieser Datei definiert sind, gültig (genaueres dazu im Abschnitt 6.5.2). Man sollte mit globalen Variablen sehr sparsam umgehen. Wenn allerdings Variable durch mehrere Funktionen "durchgereicht" werden müssen, um schließlich in der letzten Funktion benutzt zu werden, ist ihre Verwendung gerechtfertigt. In diesem Programm z. B. benutzt die Funktion **y_ys_y2s**, die von **main** gerufen wird, den String nicht, allerdings wird er von der von **y_ys_y2s** gerufenen Funktion **f_von_x** benötigt.   */

/* Die Fehlerbehandlung (Fehler, die von der Parser-Funktion **mkdpvl_p** bemerkt wurden) ist noch erheblich verbesserungswürdig:

* Die von **mkdpvl_p** gelieferte Information, in welchem Teil des Strings der Fehler entdeckt wurde, wird gar nicht ausgewertet.

* Beim Auftreten eines Fehlers wird eine Meldung geschrieben, und die Abarbeitung des Programms wird abgebrochen. Dafür wird die Standard-Funktion **exit** (aus **stdlib**) benutzt, die (ähnlich wie ein **return** in **main**) ihr Argument an das Betriebssystem liefert (genauer: An den Kommando-Interpreter oder wer auch immer das Programm gestartet hat).

Auch die **exit**-Funktion sollte sehr sparsam verwendet werden. Daß ein "vergnatztes Unterprogramm" einfach die Arbeit des gesamten Programms beenden kann, ist sicher kein sehr guter Programmierstil. Als Alternativen bieten sich in diesem Fall an:

* Die Fehlerinformation wird bis an **main** durchgereicht. Das ist zwar "stilvoller", hat aber schließlich den gleichen Effekt.

* Man fragt den Benutzer, ob das Programm weiterarbeiten soll, schließlich kann ja die Auswertung der Funktion nur für einen einzigen Wert (z. B.: Unstetigkeitsstelle) fehlschlagen.

* Schließlich wäre in diesem Fall auch das Melden des Fehlers (Schreiben der Fehlermeldung) und automatisches Weiterarbeiten denkbar, schlimmstenfalls besteht die Wertetabelle ausschließlich aus Fehlermeldungen, andererseits können alle auswertbaren Bereiche der Funktion behandelt werden.   */

Ende des Programms valtab08.c

Die zusätzlichen Libraries werden unter DOS in der Kommandozeile gegebenenfalls mit dem kompletten Pfad angegeben. Unter UNIX wird ein Directory, in dem nach "Nicht-Standard-Archives" gesucht werden soll (vgl. Kommentar im Programm **valtab07.c**), mit der "**-L**"-Option angegeben.

Die nachfolgend aufgelisteten Beispiele für Kommandos, mit denen das ausführbare Programm erzeugt werden kann, basieren auf folgenden Annahmen:

◆ Das Quellprogramm **valtab08.c** und die Header-Dateien **priv.h** und **parser.h** befinden sich im "Current directory". Dort ist auch die Library **libpriv.lib** (DOS) bzw. **libpriv.a** (UNIX) untergebracht.

◆ Die Parser-Library befindet sich in einem Subdirectory **parser2** unmittelbar unter dem "Current directory", unter DOS mit dem Namen **parser2.lib** bzw. unter UNIX mit dem Namen **libparser2.a**.

Unter **DOS** von der Kommandozeile bei Verwendung von **MS-Visual-C^{++}** ist unter den genannten Voraussetzungen das ausführbare Programm **valtab08.exe** mit

```
cl valtab08.c libpriv.lib parser2\parser2.lib
```

zu erzeugen (und bei Verwendung von "Turbo C^{++}" mit **tcc** an Stelle von **cl**).

Unter **UNIX** könnte das ausführbare Programm **valtab08** z. B. mit

```
cc -o valtab08 valtab08.c -L. -lpriv -Lparser2 -lparser2 -lm
```

erzeugt werden.

Das etwas kompliziert aussehende UNIX-Kommando sollte vielleicht der Anlaß sein, sich mit dem UNIX-make-Utility auseinanderzusetzen, mindestens aber z. B. das Kommando in einem Shellscript unterzubringen.

Vorsicht, Falle!

Da Fehlerausschriften sowohl vom Compiler als auch vom Linker bei der Abarbeitung des Kommandos durchaus wahrscheinlich sind (und die "Therapie" hier eine saubere "Diagnose" voraussetzt), werden noch einmal die häufigsten Ursachen dafür zusammengestellt:

◆ Mit **cc** werden Compiler und Linker gestartet, der Linker erzeugt (bestimmt durch **-o valtab08**) das ausführbare Programm **valtab08**.

◆ Der Compiler übersetzt **valtab08.c** und benötigt dafür die Header-Dateien **priv.h** und **parser.h**. Wenn er sich über das Fehlen einer dieser Dateien beklagt, muß sie dort angesiedelt werden, wo sie entsprechend der **#include**-Anweisung erwartet wird (oder die **#include**-Anweisung wird geändert).

◆ Alle Schalter in dem oben angegebenen UNIX-Kommando sind für den Linker bestimmt: **-lpriv**, **-lparser2** und **lm** besagen, daß die Archives **libpriv.a**, **libparser2.a** und **libm.a** benötigt werden. Diese werden gesucht im "Current directory" (Schalter **-L.**, dort sollte **libpriv.a** gefunden werden), im Subdirectory **parser2** (Schalter **-Lparser2**, dort sollte **libparser2.a** gefunden werden) und im Standard-Library-Directory (dort wird **libm.a** gefunden).

Aufgabe 4.1: Man bringe den Objectmodul der Funktion **inint.c**, die man beim Bearbeiten der Aufgabe 3.8 erzeugt hat, in die private Library. Vorher sollte man **inint** analog zur Ergänzung von **indouble** um den Aufruf der Funktion **beep** erweitern.

Aufgabe 4.2: Es ist eine Funktion

```
double indoublp (char *prompt)
```

zu schreiben, die aus dem aufrufenden Programm exakt wie die Funktion **indouble** anzusprechen ist (und diese in **valtab08.c** ersetzen soll), aber mit den Parser-Funktionen arbeitet: Es soll ein String eingelesen werden (dabei können einige "Vorsichtsmaßnahmen" aus **indouble** entfallen, "was von der Tastatur kommt, ist ein String"), der von **mkdpvl_p** ausgewertet wird (Fehlermeldungen müssen in **indoublp** ausgewertet werden und führen zur wiederholten Eingabeaufforderung).

Die Frage, ob sich der (eigentlich bescheidene) Aufwand für das Schreiben einer solchen (wiederverwendbaren!) Funktion lohnt, wird spätestens dann bejaht, wenn man z. B. eine Winkelfunktion im Bereich von $-\pi/12 \dots \pi/6$ mit der Schrittweite $\pi/24$ auswerten möchte.

Aufgabe 4.3: Das Programm **valtab08.c** ist zu einem Programm **valtab09.c** zu verbessern:

Bei jedem Vorzeichenwechsel der Funktionswerte **y** wird eine Nullstelle der Funktion vermutet. Wenn ein solcher Vorzeichenwechsel erkannt wird, soll eine zu schreibende Funktion **nullst** aufgerufen werden, der die beiden **x**-Werte, zwischen denen die Nullstelle vermutet wird, und eine Abbruchschranke **eps** übergeben werden. Die Funktion **nullst** soll durch "sukzessive Intervallhalbierung" die Nullstelle so genau berechnen, daß sie nach einer geeignet zu formulierenden Genauigkeitsforderung der Abbruchschranke genügt. Anschließend soll **nullst** eine Zeile

```
Nullstelle bei  x = .....
```

zur Standardausgabe schicken und an das aufrufende Programm zur Fortsetzung der Rechnung zurückgeben.

Aufgabe 4.4: Für ein bestimmtes Integral

$$I = \int_{x=a}^{b} y(x)\, dx$$

kann nach der sogenannten "zusammengesetzten Trapezregel"

$$I \approx \frac{b-a}{n}\left(\frac{y_0}{2} + y_1 + y_2 + \dots + y_{n-1} + \frac{y_n}{2}\right)$$

ein Näherungswert berechnet werden, der umso genauer ist, je größer n gewählt wird. Die "Stützwerte" y_i sind die Funktionswerte des Integranden an äquidistanten Stützstellen des Integrationsintervalls:

$$y_i = y(x_i) \qquad mit \qquad x_i = a + i\,\Delta x = a + i\,\frac{b-a}{n} \qquad , \qquad i = 0,1,\dots,n \ .$$

Es ist ein Programm **numint1.c** zu schreiben, das den Integranden als String und außerdem die Integrationsgrenzen a und b und die Anzahl der Abschnitte n einliest und einen Näherungswert des bestimmten Integral nach der zusammengesetzten Trapezregel berechnet.

5 Fortgeschrittene Programmiertechniken

In der Programmiersprache C müssen die Variablen grundsätzlich "vereinbart" werden (vgl.
Abschnitt 3.16). Eine "implizite Vereinbarung" wie z. B. in Fortran ist nicht vorgesehen. Bei
der Verwendung des deutschen Wortes "Vereinbarung" wird nicht deutlich, daß genau
zwischen "Definition" und "Deklaration" unterschieden werden muß:

> Bei der **Definition** einer Variablen wird ein Typ vereinbart, und der dafür erforderliche
> **Speicherplatz** wird bereitgestellt (das "Objekt wird erzeugt"), einen Wert braucht die
> Variable dabei nicht zu bekommen.
>
> Bei einer **Deklaration** werden **nur die Eigenschaften** festgelegt (wie z. B. bei den
> Parametern im Kopf einer Funktions-Definition).
>
> Analog dazu werden die beiden Begriffe auch für Funktionen verwendet, die definiert
> werden müssen (das Funktionsprogramm wird mit allen Anweisungen geschrieben, "das
> Objekt wird erzeugt") und deklariert werden können (als Prototypen).

5.1   Noch einmal: Strings und Pointer

Strings wurden in fast allen bisher behandelten Beispiel-Programmen benutzt. Die wichtigsten
bisher besprochenen Eigenschaften von Strings werden noch einmal zusammengestellt:

> ♦ Eine **String-Konstante** wird in "Double-Quotes" eingeschlossen und hat einen
> unveränderlichen Wert.
>
> ♦ Eine **String-Variable** wird in einem eindimensionalen Array, dessen Elemente
> Zeichen sind (**char**), gespeichert ("Vector of characters").
>
> ♦ Bei der Übergabe von String-Konstanten und String-Variablen als Argumente an
> Funktionen wird im Gegensatz zur Übergabe bei einfachen Variablen immer (wie
> bei Arrays) der Pointer auf das erste Zeichen übergeben.
>
> ♦ Strings werden durch die "ASCII-Null" begrenzt. Bei String-Konstanten sorgt der
> Compiler für dieses Zeichen am String-Ende, bei String-Variablen muß es der
> Programmierer setzen oder den String durch eine Funktion belegen lassen (z. B.:
> Lesen von der Standardeingabe mit **gets**), die das miterledigt.

Vorsicht, Falle!

Auch ein in "Double-Quotes" eingeschlossenes einzelnes Zeichen ist ein String. Wenn nur das einzelne Zeichen gemeint sein soll, muß es in 'Single-Quotes' (einfache Anführungszeichen, 'Hochkommas') eingeschlossenen werden, z. B.:

'x' ist ein Zeichen (Speicherbedarf: 1 Byte), "x" ist ein String, wird vom Compiler in zwei Bytes gespeichert: Zeichen 'x' und Zeichen '\0'.

Die vom Programmierer mit zwei Zeichen darzustellende "ASCII-Null" ist natürlich nur ein einzelnes Zeichen. **Gespeichert sind tatsächlich ohnehin die ASCII-Nummern der einzelnen Zeichen**, und die im folgenden Beispiel-Programm **string2.c** zum Teil absurd erscheinenden Zuweisungen werden vom Compiler klaglos akzeptiert:

Programm string2.c

```
/*  Merkwürdige Operationen

    Das Programm zeigt, daß Zeichen als Zahlen gespeichert werden (ASCII-Nummern). Die
    Nutzung der sich daraus ergebenden Möglichkeiten, von denen dieses Programm einige
    demonstriert, ist wenig empfehlenswert.                                          */

#include <stdio.h>
main ()
{
    char s[10] ;      /* ... vereinbart "Character-Array" für maximal
                             10 Zeichen (Positionen 0 ... 9), wird hier
                             für Aufnahme eines Strings verwendet.     */
    s[0] = 'H' ;      /* ... weist einer String-Position ein Zeichen
                             auf "normalem Wege" zu.                    */
    s[1] = 83  ;      /* ... zeigt, daß man auch eine Zahl dort ablegen
                             kann: Da ASCII-Zeichen 83 das 'S' ist,
                             steht genau dieses Zeichen nun auf s[1].   */
    s[2] = s[0] + s[1] - '?' - 6 ;
                      /* ... ist eine absurde, aber immerhin erlaubte
                             Variante, auf s[2] das Zeichen 'V' zu
                             speichern: Man darf mit Zeichen rechnen und
                             dabei sogar Zeichen und Zahlen mischen.    */
    s[3] = 0   ;      /* ... soll die "ASCII-Null" als String-Abschluß
                             sein. Sie ist es auch, denn die ASCII-Null
                             steht tatsächlich auf ASCII-Position 0.    */
    puts (s) ;        /* ... gibt einen "ganz normalen String" aus.    */
    return 0 ;
}
```

Ende des Programms string2.c

♦ Die Beispiel-Programme dieses Abschnitts leisten keine sehr sinnvolle Arbeit, sie sind nur für das Verständnis der besprochenen Probleme gedacht. Modifizieren Sie die Programme auf geeignete Weise, wenn irgendeine Frage offen bleibt.

Probieren Sie zum Beispiel einmal aus, was passiert, wenn man die "ASCII-Null" als String-Ende-Kennzeichen vergißt, indem Sie an die Stelle der "ASCII-Null" entsprechend

```
s[3]  =  '0'  ;
```

die "normale Null" (ASCII-Zeichen-Nr. 48) setzen.

Das Programm **string2.c** zeigt, wie man auf einzelne Positionen eines Strings zugreifen kann. Mit einem kompletten String (oder Teilen von Strings, die mehr als ein einzelnes Zeichen sind) können keine Zuweisungsoperationen ausgeführt werden. Für die "Zeichen für Zeichen" auszuführenden Operationen bietet eine Standard-Library eine Reihe sehr nützlicher Funktionen an, deren Prototypen in **string.h** beschrieben sind. Die wichtigsten Funktionen zur Stringmanipulation sind **strcpy** und **strcat** (Kopieren bzw. Aneinanderketten von Strings), die in den nachfolgenden Beispiel-Programmen verwendet und erklärt werden.

Programm string3.c

/* **Vereinbarung von String-Variablen**

Das Programm zeigt zwei Möglichkeiten, Strings als "Arrays of characters" zu definieren:

* Die String-Variable **Verein** wird mit 40 Elementen vereinbart, die die Indizes 0...39 haben.

* Die String-Variable **Stadt** wird bei der Vereinbarung sofort initialisiert. In diesem Fall braucht die Anzahl der Elemente nicht angegeben zu werden. Sie wird automatisch auf 'Anzahl der Zeichen des Initialisierungsstrings' + 1 festgelegt, weil das Stringende-Kennzeichen '\0' mit abgespeichert wird. **Stadt** hat also 8 Elemente mit den Indizes 0...7. Man beachte, daß Strings in " " stehen, Characters in ' '.   */

```
#include <stdio.h>
#include <string.h>                        /* ... für strcpy und strcat */
main ()
{
    char Verein [40] ;
    char Stadt  [] = "Hamburg" ;
    strcpy (Verein , "FC St. Pauli") ;  /* ... kopiert einen String */
    puts (Stadt)  ;
    puts (Verein) ;
    strcat (Verein , " ") ;     /* ... verkettet zwei Strings (hier:
                                   String-Variable Verein und eine
                                   String-Konstante, die nur aus einem
                                   Leerzeichen und '\0' besteht)    */
    strcat (Verein , Stadt) ;   /* ... verkettet die beiden
                                   String-Variablen Verein und Stadt,
                                   Ergebnis steht auf Verein          */
    puts (Verein) ;
    return 0 ;
}
```

/* **strcpy** (Prototyp in **string.h**) kopiert den als 2. Argument angegebenen String (einschließlich '\0') auf den String, der als 1. Argument angegeben ist. Man beachte, daß dies ein Rückgabewert einer Funktion ist, der trotzdem nicht mit **&** übergeben werden muß, weil bei Arrays (und damit auch bei Strings) als Argument prinzipiell nur der Pointer auf das erste Element an die Funktion vermittelt wird. Das hat zur Folge, daß die Funktion (in diesem Fall **strcpy**) die Länge dieses Strings nicht kennt und sich darauf verlassen muß, daß sie ausreichend ist.   */

/* **strcat** (Prototyp in **string.h**) verbindet zwei Strings, das Ergebnis entsteht auf dem ERSTEN ARGUMENT,

   * das also ausreichend dimensioniert sein muß (!) und
   * eine String-Variable (keine Konstante!) sein muß.

Das String-Ende-Kennzeichen '\0' des ersten Parameters wird überschrieben.   */

Ende des Programms string3.c

Das Programm **string4.c** zeigt eine Eigenschaft der Funktionen **strcpy** und **strcat**, die bereits im Abschnitt 3.15 für die Funktion **gets** besprochen wurde: Der Pointer auf den Resultat-String wird zusätzlich als Return-Wert abgeliefert. Dies gestattet die sofortige Weiterverarbeitung der Ergebnisse dieser Funktionsaufrufe:

Programm string4.c

```
/*  Return-Werte von strcpy und strcat                                    */
    #include <stdio.h>
    #include <string.h>
    main ()
    {
        char Verein [40] ;
        char Stadt  [] = "Hamburg" ;
        puts (strcat (strcat (strcpy (Verein , "FC St. Pauli") , " ") ,
                      Stadt)) ;
        puts (Verein) ;
        return 0 ;
    }
```

/* **strcpy** und **strcat** liefern ihr Ergebnis auf dem ersten Argument ab. Das ist möglich, weil bei Strings keine Kopie des Wertes, sondern der Pointer auf das erste Element übergeben wird (braucht sich der Programmierer nicht drum zu kümmern, der Compiler sorgt in diesem Programm dafür, daß das Argument **Verein** durch die Adresse des Elements **Verein[0]** repräsentiert wird).

Typisch und sinnvoll für viele Funktionen, die mit Strings operieren, ist ein Return-Wert, der dem (beim Funktionsaufruf übergebenen) Pointer für den Resultat-String entspricht (damit wird das Ergebnis eigentlich doppelt abgeliefert). Die Funktionen **strcpy** und **strcat** arbeiten auch so, und deshalb kann man den Return-Wert sofort als Argument für einen weiteren Funktionsaufruf verwenden.

Dies wird in diesem Programm demonstriert: **strcpy** kopiert die String-Konstante **"FC St. Pauli"** auf die Variable **Verein**, der Pointer auf diese Variable wird auch als Return-Wert abgeliefert und sofort in **strcat** hineingesteckt. Der Pointer auf das **strcat**-Resultat, wieder als Return-Wert abgeliefert, wird in einen weiteren **strcat**-Aufruf gesteckt und dessen Return-Wert sofort an **puts** übergeben.

Daß bei diesen Aktionen trotzdem der komplette String auf der Variablen **Verein** auch tatsächlich erzeugt wurde (diese muß also unbedingt ausreichend dimensioniert sein), wird durch den zweiten **puts**-Aufruf verdeutlicht, der den kompletten String ausgibt.   */

Ende des Programms string4.c

Noch einmal zur Erinnerung: Die **Argumente**, die bei einem Funktionsaufruf (in den Klammern nach dem Funktionsnamen) übergeben werden, **können von der Funktion nicht verändert werden** (sie bekommt nur Kopien der Werte zu sehen). Das gilt auch für Strings, weil die Funktion nur Adressen zu sehen bekommt (Pointer), und es wäre ohnehin nicht sinnvoll, diese Adressen ändern zu wollen.

Die Funktion kann aber den String selbst ändern (weil sie infolge der Kenntnis seiner Adresse weiß, wo er sich im Speicher befindet).

Pointer wurden bisher nur für die Übergabe von Argumenten an Funktionen verwendet. Dabei wurde entweder vom Compiler automatisch ein Pointer übergeben (bei Arrays und damit auch bei Strings), oder die Übergabe eines Pointers wurde mit dem "Referenzierungs-zeichen" **&** (Adreß-Operator) erzwungen.

Mit Pointern ist noch sehr viel mehr möglich. Da im Zusammenhang mit Strings viele Probleme mit Pointern erklärt werden können, wird die erweiterte Behandlung der Pointer-Problematik an dieser Stelle eingefügt:

Ein **Pointer** ist die Adresse des ersten Bytes eines Speicherbereichs, er "zeigt" damit z. B. auf eine einfache Variable, ein Array, eine Struktur oder eine Funktion. Pointer können in "Pointer-Variablen" gespeichert werden. Obwohl mit Pointern sogar gerech-net werden kann ("Pointer-Arithmetik"), ist der tatsächliche Wert eines Pointers für den Programmierer in der Regel uninteressant.

Mit den Zeichen * und **&** werden der Wert der Variablen, auf die ein Pointer zeigt, bzw. die Adresse einer Variablen angesprochen (weil die beiden Zeichen auch als Operationssymbole benutzt werden, muß ihre tatsächliche Bedeutung aus dem Kontext hervorgehen), Beispiele:

- Wenn **x** eine **double**-Variable ist, dann ist **&x** die Adresse des (ersten Bytes des) Speicherplatzes, auf dem die Variable **x** gespeichert ist.

- Wenn **x_p** eine Pointer-Variable ist, dann wird mit ***x_p** der Wert der Variablen angesprochen, die auf dem Speicherplatz gespeichert ist, auf den der Wert von **x_p** zeigt (* ist der "Dereferenzierungs- bzw. Inhaltsoperator").

- Weil diese Unterschiede unbedingt ganz genau beachtet werden müssen, ist es sicher eine gute Idee, schon mit den Namen für die Variablen einen Hinweis darauf zu geben, ob es sich um eine Pointer-Variable handelt oder nicht (in den nachfolgenden Programmen enden Pointer-Variablen immer auf **_p**).

- Empfehlenswert ist, die für den Anfänger (und wohl noch mehr für den Umsteiger aus einer anderen Programmiersprache) verwirrende gleiche Symbolik für anscheinend unterschiedliche Dinge wirklich verstehen zu wollen, weil sie in sich sehr logisch ist (der Stern * wird z. B. - sinnvollerweise - sowohl bei der Definition bzw. Deklaration als auch beim "Dereferenzieren" verwendet).

Das nachfolgende Beispiel-Programm **pointer1.c** zeigt die Verwendung von Pointer-Varia-blen zunächst im Zusammenspiel mit **double**-Variablen (auch noch einmal die Problematik der Übergabe von Argumenten an Funktionen):

Programm pointer1.c

```
/*  Definition von Pointer-Variablen                                    */
#include <stdio.h>
void test1 (double)    ;
void test2 (double *) ;
main ()
{
```

```
double   x , *y_p ;
```

/* ... **vereinbart Speicherplatz für eine double-Variable x und eine Pointer-Variable y_p. Man beachte die "innere Logik" dieser Symbolik: Sowohl x als auch *y_p bezeichnen einen double-Wert. Wenn *y_p ein double-Wert ist, muß y_p ein Pointer sein, weil der Stern * "aus dem Pointer den auf dem Speicherplatz gespeicherten Wert macht (Dereferenzierung)".**

Mit den Vereinbarungen (ohne Initialisierung) sind weder Werte für x noch für y_p auf den dafür reservierten Speicherplätzen gespeichert, allerdings kann man sich die Adressen der Speicherplätze ausgeben lassen (diese Adressen sind natürlich für den Programmierer kaum von Interesse): */

```
printf ("Adresse von x:    %p\n"   , &x)   ;
printf ("Adresse von y_p: %p\n\n" , &y_p) ;
```

/* Es ist sinnvoll, Adressen mit der Formatangabe **%p** (für "Pointer") auszugeben, der Wert wird hexadezimal dargestellt. */

```
x   = 17.3 ;           /* ... weist x einen Wert zu                            */
y_p = &x    ;          /* ... weist der Pointer-Variablen y_p die Adresse zu, ab der die
                              Variable x gespeichert ist.                      */
```

/* Damit ist es nun auch sinnvoll, die Werte der Variablen auszugeben. Der Wert von **y_p** entspricht nun dem bereits ausgegebenen Wert der "Adresse von **x**": */

```
printf ("Wert von x:    %f\n"   , x)   ;
printf ("Wert von y_p: %p\n\n" , y_p) ;
```

/* Weil **y_p** nun eine Adresse enthält, kann mit ***y_p** der "Inhalt der Adresse" ausgegeben werden: */

```
printf ("Wert auf dem Speicherplatz, auf den y_p zeigt: %f\n\n" ,
                                                        *y_p) ;
```

/* Eine einfache Variable wird immer "by value" an eine Funktion übergeben, die damit nur eine Kopie des Wertes enthält und die Variable nicht verändern kann. Wenn das doch geschehen soll, muß die Adresse des zu ändernden Wertes (Pointer) übergeben werden, "und die Funktion muß wissen", daß auf einer bestimmten Parameterposition "ein Pointer geliefert wird". Der Funktionsaufruf ... */

```
test1 (x) ;
printf ("Wert von x nach Aufruf von test1:   %f\n" , x)   ;
```

/* ...kann den Wert von **x** nicht geändert haben (obwohl es die Funktion **test1** versucht), weil die Funktion **test1** nur eine Kopie des Wertes von **x** bekommt.

Im Gegensatz dazu wird der Funktion **test2** die Adresse der Variablen **x** übergeben: */

```
test2 (&x) ;
printf ("Wert von x nach Aufruf von test2:   %f\n" , x)   ;
```

/* **test2** kann den Wert von **x** ändern, weil "sie weiß, wo er gespeichert ist". Der gleiche Effekt wird übrigens in diesem Fall mit dem Funktionsaufruf ... */

```
test2 (y_p) ;
printf ("Wert von x nach Aufruf von test2:   %f\n\n" , x)   ;
```

/* ... erzeugt, weil auf der Pointer-Variablen **y_p** die Adresse von **x** steht. */

```
return 0 ;
}
```

```
void test1 (double x)
{
```
  x += 5. ;   /*... **und das war vergeblich, weil die aufrufende Funktion nur eine
                             Kopie des Wertes von x übergeben hat.**   */

```
  return ;
}
```
void test2 (double *x_p)
```
{
```
       /*   **Wieder die "innere Logik der Symbolik": *x_p ist ein double-Wert, deshalb
                muß x_p ein Pointer sein, denn der Stern * "macht aus einer Adresse den an
                der Adresse gespeicherten Wert".**

                Deshalb muß hier konsequent mit *x_p gearbeitet werden: */

  ***x_p += 5. ;**
```
  return  ;
}
```

Ende des Programms pointer1.c

Die nachfolgend angegebene Ausgabe des Programms **pointer1.c** bestätigt die im Kommentar
des Programms gemachten Aussagen. Sie ist natürlich in den Pointer-Werten verschieden auf
unterschiedlichen Rechnern:

```
Adresse von x:   0F1C
Adresse von y_p: 0F24

Wert von x:   17.300000
Wert von y_p: 0F1C

Wert auf dem Speicherplatz, auf den y_p zeigt: 17.300000

Wert von x nach Aufruf von test1:   17.300000
Wert von x nach Aufruf von test2:   22.300000
Wert von x nach Aufruf von test2:   27.300000
```

Das Programm **pointer2.c** zeigt den Umgang mit Pointern und Pointer-Variablen, die auf
Strings zeigen:

Programm pointer2.c

/* **Definition von Pointer-Variablen**   */
```
#include <stdio.h>
#include <string.h>                                  /* ... für strcpy   */
#include <stdlib.h>                                  /* ... für strtol   */
main ()
{
  char  string1 [40] , *string_p ;
```
     /*... **reserviert Speicherplatz für 40 Zeichen (wenn ein String auf string1 gespeichert
            werden soll, muß die abschließende "ASCII-Null" dazugehören) und Speicherplatz
            für einen Pointer auf eine char-Variable string_p.**

            **Auf string1 kann ein String z. B. durch Einlesen oder zeichenweises Übertragen
            oder aber mit der Funktion strcpy gespeichert werden, z. B.:**   */

```
  strcpy (string1 , "Zeichenkette für string1") ;
```

     /*   **Obwohl der Funktion strcpy in jedem Fall nur Pointer übergeben werden (der
             Compiler sorgt dafür, daß z. B. string1 durch die "Adresse des Array-Elements

string1[0]" ersetzt wird), darf eine solche Zuweisung mit dem String-Pointer **string_p** entsprechend

```
strcpy (string_p , "Nicht moeglich!!!!!!!") ;
```

nicht erfolgen, weil von **strcpy** der String tatsächlich dupliziert wird und **string_p** ja auf keinen Speicherbereich zeigt, der den String aufnehmen könnte.

Allerdings ist eine Anweisung der Form ...   */

```
string_p = "Zeichenkette für string_p" ;
```

/* ... erlaubt, weil in diesem Fall der String nicht dupliziert wird: "Zeichenkette für string_p" steht irgendwo im Konstantenspeicher, und bei der Zuweisung dieser Konstanten an string_p wird ausschließlich der Pointer (Adresse des ersten Zeichens) dieser Zeichenkette auf string_p übertragen.   */

```
printf ("string1:          %s\n"   , string1)  ;
printf ("string_p zeigt auf: %s\n\n" , string_p) ;
```

/*   Da bei einem Funktionsaufruf mit Strings IMMER ein Pointer übergeben wird, kann eine Funktion den zugehörigen String auch immer ändern. Deshalb ist in jedem Fall ausreichend Speicherplatz vorzusehen, denn **strcpy** z. B. kopiert "blind" so viele Zeichen, wie der String des zweiten Parameters hat, auf den Speicherbereich, auf den der erste Parameter zeigt (und stoppt erst beim Erkennen der abschließenden ASCII-Null).   */

/*   Eine Besonderheit ist es natürlich, wenn eine Funktion einen Pointer ändern soll (relativ einfach ist es, wenn der Pointer als Return-Wert von der Funktion abgeliefert wird, wie es z. B. **strcat** macht). In diesem Fall muß ein "Pointer auf einen Pointer" ("Adresse von Adresse") übergeben werden. Die Bibliotheksfunktion

```
long strtol (char *s , char **end_pp , int base)
```

benutzt diese Konstruktion. **strtol** wandelt eine Zeichenkette s in einen Integer-Wert um (und liefert ihn als Return-Wert ab), wobei der Parameter **base** die Basis des Zahlensystems bestimmt (erlaubt sind Werte von 2 bis 36). Die Besonderheit ist der 2. Parameter: Hier wird ein Pointer auf einen nicht umzuwandelnden Rest der Zeichenkette s abgeliefert (wenn ein String **"356Kilogramm"** auf s angeboten wird, ist der Return-Wert **356** und der zweite Parameter zeigt auf das große **K**).

Die Funktion, die strtol aufruft, muß eine Pointer-Variable für den zweiten Parameter bereitstellen, aber die "Adresse dieser Pointer-Variablen" übergeben. Im nachfolgenden Beispiel wird die Pointer-Variable string_p dafür benutzt, an strtol aber mit &string_p deren Adresse übergeben: */

```
printf ("Zahl, die von strtol erzeugt wurde: %ld\n" ,
                    strtol ("24. Dezember" , &string_p , 10)) ;
printf ("Nicht umgewandelter Rest:          %s\n" , string_p) ;
```

/*   Übrigens: Die Deklaration ****end_pp** im Kopf der Funktion **strtol** paßt sich natürlich auch in die schon mehrfach angedeutete "innere Logik der Bezeichnungen" ein: Wenn ****end_pp** eine **char**-Variable ist, muß ***end_pp** ein Pointer sein, weil ein Stern "aus einer Adresse den an der Adresse gespeicherten Wert erzeugt". Wenn also ***end_pp** ein Pointer ist, muß **end_pp** aus dem gleichen Grund ein "Pointer auf diesen Pointer" sein.   */

```
return 0 ;
}
```

Ende des Programms pointer2.c

Die nachfolgend angegebene Ausgabe des Programms **pointer2.c** bestätigt die im Kommentar des Programms gemachten Aussagen:

```
string1:           Zeichenkette fuer string1
string_p zeigt auf: Zeichenkette fuer string_p

Zahl, die von strtol erzeugt wurde: 24
Nicht umgewandelter Rest:           . Dezember
```

> Als einfache **Merkregel** sollte man registrieren, **daß dort, wo im Programm eine String-Konstante (in "Double-Quotes") steht, in der Regel nur mit dem Pointer auf das erste Zeichen der Zeichenkette operiert wird**. Das gilt für String-Konstanten als Argumente beim Aufruf von Funktionen und auch für Zuweisungen (Ausnahme: Definition eines **char**-Arrays, das mit einem String initialisiert wird).
>
> Eine String-Konstante darf allerdings immer einem **char**-Pointer zugewiesen werden, weil der Text dabei "nicht bewegt" wird.

Bei der Verwendung einer String-Konstanten als Argument beim Aufruf einer Funktion kann eine Situation eintreten, die bei anderen Typen nicht entstehen kann: Man kann (fälschlicherweise natürlich) eine **String-Konstante dort angeben, wo die Funktion eine Variable erwartet**, die sie zu ändern beabsichtigt.

Vorsicht, Falle!

Der Compiler kann diesen Fehler nicht entdecken, denn formal stimmt alles: Es wird ein Pointer übergeben, wo ein Pointer erwartet wird (das kann bei einfachen Variablen nicht passieren, denn eine Konstante wird nur als Kopie übergeben). Die Folgen eines solchen Fehlers zeigen sich erst nach dem Starten des ausführbaren Programms (siehe nachfolgendes Programm).

Programm string5.c

```c
/*  Fehlerhafte String-Operation                                      */
    #include <stdio.h>
    #include <string.h>
    main ()
    {
      char Verein1 [40] ;
      char Verein2 [40] = "FC  St.  Pauli" ;
      strcpy (Verein1 , "HSV")   ; /* ... ist korrekt                  */
      strcpy ("HSV"   , Verein2) ; /* ... ist natürlich nicht erlaubt,
                                       weil einer String-Konstanten
                                       nichts zugewiesen werden kann   */
      puts (Verein1) ;
      puts (Verein2) ;
      puts ("HSV")   ;
      return 0 ;
    }
```

Ende des Programms string5.c

An dem Programm **string5.c** wird vom Compiler nichts bemängelt. Die fehlerhafte Anweisung führte beim Programmlauf zu unterschiedlichen Reaktionen:

♦ Das vom MS-Visual-C^{++}-Compiler erzeugte Programm arbeitete ohne Fehlermeldung und lieferte folgende Ausgabe:

```
HSV
FC  St.  Pauli
St.  Pauli
```

Die Ausgabe der Anweisung **puts ("HSV") ;** lautet bemerkenswerterweise **St. Pauli**, die String-Konstante "HSV" wurde durch die fehlerhafte Anweisung zerstört. Die Reaktion des Programms ist natürlich in doppelter Hinsicht kritisch: Es wird kein Fehler angezeigt, und die falsche Reaktion entsteht nicht an der Stelle der Fehlerursache (und diese ist deshalb möglicherweise sehr schwer zu finden).

♦ Die Reaktion des mit Turbo-C übersetzten Programms ist ärgerlicher und trotzdem irgendwie doch besser: Die Ausschriften sind exakt die gleichen wie nach dem Übersetzen mit dem MS-Visual-C^{++}-Compiler, danach bleibt der Rechner allerdings stehen (läßt sich aber immerhin "warm booten"), zeigt also wenigstens (wenn auch auf sehr unfreundliche Art) an, daß ein Fehler passiert ist.

♦ Am besten reagiert das mit dem GNU-C-Compiler unter Linux übersetzte Programm. Dieser Compiler legt Konstanten offensichtlich in schreibgeschützten Speicherbereichen an, so daß das Programm direkt nach dem Aufruf von

```
strcpy  ("HSV" , Verein2) ;
```

mit "Segmentation fault" reagiert und abbricht, hart und kompromißlos, aber immerhin genau an der Stelle, an der der Fehler passiert.

5.2 Pointer-Arithmetik

Es wurde bereits mehrfach erwähnt, daß (im Unterschied zur Verfahrensweise bei einfachen Variablen) der **Name eines Arrays als Argument in einem Funktionsaufruf** den Compiler dazu veranlaßt, die **Adresse (Pointer) des ersten Array-Elements zu übergeben**. Dies ist eigentlich nur ein Spezialfall einer allgemeingültigen Regel:

> Der alleinstehende **Name eines eindimensionalen Arrays** (also OHNE nachfolgenden Index in eckigen Klammern) ist gleichwertig mit dem **Pointer (Adresse) auf das erste Element** des Arrays (Adresse des Elements mit dem Index **0**), nach der Definition
>
> ```
> double  a[10] ;
> ```
>
> ist z. B. **a** der Pointer auf das Element **a[0]**, und damit ist ***a** der dort gespeicherte Wert (die Verwendung von ***a** in einem arithmetischen Ausdruck ist also völlig gleichwertig mit der Verwendung von **a[0]**).
>
> Darüber hinaus gilt: **a+1** ist der Pointer auf das Element **a[1]**, **a+2** ist der Pointer auf das Element **a[2]** usw., und der mit **a[6]** gemeinte **Wert** kann somit auch als ***(a+6)** angesprochen werden.

♦ Das folgende Programm vermittelt einen ersten Einstieg in die "Pointer-Arithmetik", demonstriert die Möglichkeiten, auf die Elemente eines Arrays über die in eckigen Klammern anzugebenden Indizes oder mittels "Pointer-Arithmetik" zuzugreifen, und

♦ ... zeigt den feinsinnigen Unterschied, ein **char**-Array bei der Definition zu initialisieren bzw. einen **char**-Pointer bei der Definition gleich mit einer String-Konstanten zu verknüpfen.

Programm pointer3.c

```
/*  Einfache Pointer-Arithmetik                                            */

    #include <stdio.h>
    #include <string.h>
```

/* Die Vereinbarung eines Arrays mit sofortiger Initialisierung

```
        char Verein1[] = "Hamburger TS" ;
```

wurde schon im Programm **string3.c** (Abschnitt 5.1) erläutert. Es ist eine "ganz normale Array-Definition", nur wird der Compiler aufgefordert, selbst nachzuzählen, wieviel Speicherplätze benötigt werden: Es sind 13 Speicherplätze einschließlich "ASCII-Null", die mit den Zeichen des Initialisierungsstrings **"Hamburger TS"** (und der "ASCII-Null") vorbelegt werden (und jeder einzelne Speicherplatz kann einzeln angesprochen, jeder gespeicherte Wert kann geändert werden).

Wenn nur ein **char**-Pointer definiert wird, wird auch nur Speicherplatz für einen Pointer bereitgestellt, selbst dann, wenn gleichzeitig eine Initialisierung stattfindet:

```
        char *Verein2_p = "FC St. Bauli" ;
```

... initialisiert die **char**-Pointer-Variable **Verein2_p** mit dem Pointer auf die String-KONSTANTE **"FC St. Bauli"**. Man beachte: Es wurde kein Array definiert, dessen Elemente man mit Werten belegen kann. Die String-Konstante **"FC St. Bauli"** wird vom Compiler irgendwo im Konstantenspeicher untergebracht (dort kann nichts geändert werden!), nur der "Pointer auf das große **F**" (die Adresse im Konstantenspeicher) wird auf der Pointer-Variablen **Verein2_p** gespeichert. Damit kann man genauso operieren wie mit **Verein1** (Array-Name ist Pointer auf das erste Element), wenn man den String nicht verändert (z. B. mit **puts** nur ausgibt), aber auf das "große **B**", das man in ein "großes **P**" ändern möchte, kann man nicht zugreifen (es steht in einer Konstanten!).   */

```
main ()
{
    char Verein1[]   = "Hamburger TS" ;   /* Initialisierung mit ...    */
    char *Verein2_p = "FC St. Bauli" ;    /* ... Rechtschreibfehlern    */

    /* Korrektur durch gezielten Zugriff auf die String-Elemente ...    */
    Verein1 [10]    = 'S' ;       /* ... durch Angabe eines Indexes,    */
    *(Verein1 + 11) = 'V' ;       /* ... mit "Pointer-Arithmetik"       */

    puts (Verein1)          ;     /* Gleichwertige Angaben für ...      */
    puts (&Verein1 [0])     ;     /* ... den String-Pointer             */

    puts (&Verein1 [10])    ;     /* ... String ab Position 10          */
    puts (Verein2_p + 3)    ;     /* ... ist auch erlaubt, dagegen ist  */
                                  /*     *(Verein2_p + 7) = 'P' verboten */

    strcpy (Verein1 , Verein2_p) ;/* Deshalb muß die Korrektur ...      */
    *(Verein1 + 7) = 'P' ;        /* ... über den Umweg ...             */
    puts (Verein1) ;              /* ... "String-VARIABLE" erfolgen.    */

    return 0 ;
}
```

/* Bei der Übergabe eines Strings als Argument an eine Funktion wird stets ein Pointer auf das erste Element übergeben, ohne daß dies durch das **&**-Zeichen gefordert werden muß. Dieses Programm zeigt, daß sich nichts ändert, wenn man mit dem **&**-Zeichen "auf das erste Element (mit dem Index 0) pointert" (erster und zweiter **puts**-Aufruf sind gleichwertig).

Der Ausdruck **&Verein1[10]** wird dementsprechend als "Pointer auf das 11. Element" (mit dem Index 10) gedeutet, so daß **puts** beim 3. Aufruf den String als mit dieser Adresse beginnend interpretiert. */

Ende des Programms pointer3.c

Das Programm **pointer3.c** erzeugt folgende Ausgabe:

```
Hamburger SV
Hamburger SV
SV
St. Bauli
FC St. Pauli
```

Man beachte: Der "Name einer String-Variablen" (Name des **char**-Arrays) und die "Adresse des ersten String-Elements" sind gleichwertig, im Programm **pointer3.c** also z. B. **Verein1** bzw. **&Verein1[0]**. Dagegen ist **Verein1[0] das erste String-Element selbst**. Während

Vorsicht, Falle! und

```
puts   (Verein1)      ;
puts   (&Verein1[0]) ;
```

völlig gleichwertige korrekte Anweisungen sind, führt

```
puts   (Verein1[0])  ;
```

zu einer Fehlermeldung des Compilers, weil **Verein1[0]** ein Zeichen ist, **puts** dagegen einen Pointer auf einen String erwartet.

Nur scheinbar weicht die im Programm **pointer3.c** demonstrierte einfache Pointer-Arithmetik eine im Kapitel 3 aufgestellte Regel auf, nach der auf der linken Seite des Zuweisungsoperators = kein arithmetischer Ausdruck stehen darf. Auch mit ***(Verein1+11)** ist der Speicherplatz einer Variablen gemeint, deren Adresse allerdings mit Hilfe der Pointer-Arithmetik berechnet wird.

Und wenn Sie das nun alles verstanden haben, müßten Sie voraussagen können, was das Programm **pointer4.c** ausgibt (und begründen können, warum es das und nichts anderes tut):

Programm pointer4.c

```
#include <stdio.h>
main ()
{
    printf ("Gern essen die STUDENTEN ")         ;
    puts   ("Gern essen die STUDENTEN " + 19) ;
    return 0 ;
}
```

Ende des Programms pointer4.c

Auch wenn im Kommentar von **pointer3.c** dazu ausführliche Erläuterungen gegeben wurden, soll auf eine besonders bösartige Fehlerquelle noch einmal hingewiesen werden:

Vorsicht, Falle!

Im Programm **pointer3.c** wurden bei der Vereinbarung des String-Pointers **Verein2_p** entsprechend

```
char  *Verein2_p  =  "FC St. Bauli"  ;
```

eine **String-Konstante "FC St. Bauli"** erzeugt und ein Speicherplatz für einen **Pointer Verein2_p** reserviert, der mit der Adresse des "großen **F**" initialisiert wird. Damit wurde **keine String-Variable** erzeugt (kein Speicherplatz, der beschrieben werden kann), so daß z. B. eine Anweisung wie

```
strcpy (Verein2_p , "Streng verboten")  ;     /* Falsch!!!!! */
```

zwar vom Compiler nicht beanstandet wird, aber zu ähnlich katastrophalen Folgen wie die fehlerhafte Anweisung des Programms **string5.c** führen würde (die Möglichkeit, den erforderlichen Speicherplatz vorher anzufordern, wird im Abschnitt 6.4 behandelt). Die Anweisung

```
Verein2_p = "Durchaus erlaubt"  ;
```

wäre dagegen korrekt, weil dabei nur der Pointer auf die String-Konstante ("Adresse des Speicherplatzes mit dem großen **D**") transportiert wird.

Da jedes Element eines **char**-Arrays genau ein Byte belegt und Arrays dicht gepackt im Speicher untergebracht werden, liegt man mit der intuitiven Vorstellung, wie die einfache Pointer-Arithmetik des Programms **pointer3.c** arbeitet, sogar einigermaßen richtig (die Adresse **Verein2_p+3** ist tatsächlich um **3** größer als die Adresse **Verein2_p**). Diese Vorstellung darf jedoch nicht verallgemeinert werden:

> Auch wenn Pointer nur (vorzeichenlose) ganzzahlige Werte annehmen, darf man diese auf keinen Fall mit Integer-Werten verwechseln, denn die **Pointer-Arithmetik berücksichtigt den Speicherbedarf, der dem Typ der Variablen entspricht**, auf den "gepointert" wird. Die Inkrementierung um **1** bedeutet also nicht, daß der Wert des Pointers sich um **1** erhöht, sondern daß der Pointer auf die nachfolgende Variable zeigt (vgl. das folgende Programm **pointer5.c**).

Programm pointer5.c

```
#include <stdio.h>
main ()
{
    double   a [4] = {2. , 4. , 6. , 8.} , *a_p ;
    /* ...     vereinbart ein double-Array mit 4 Elementen, die dabei initialisiert werden, und
               einen Pointer a_p auf einen double-Wert                                         */
    a_p = &a[2] ;          /* ...   und a_p ist der Pointer auf den Speicherplatz mit der 6.,
                                     *a_p ist also die 6. selbst, a_p+1 ist der Pointer auf den
                                     Speicherplatz mit der 8., *(a_p+1) ist die 8. selbst       */
```

```
    printf ("a[2] =  %f\n"   , *a_p)          ;
    printf ("a[3] = %f\n\n" , *(a_p + 1)) ;
    printf ("Pointer auf a[2]:  %d\n" , a_p)          ;
    printf ("Pointer auf a[3]:  %d\n" , a_p + 1) ;

       /* ...  gibt die Werte der Pointer aus (ausnahmsweise dezimal), man beachte die Beson-
              derheit der Pointer-Arithmetik: a_p+1 ist nicht etwa um 1 größer als a_p!!!    */

    return 0 ;
}
```

Ende des Programms pointer5.c

Die Ausgabe des Programms **pointer5.c**

```
            a[2] =  6.000000
            a[3] =  8.000000

            Pointer auf a[2]:   3684
            Pointer auf a[3]:   3692
```

liefert für die Pointer-Werte auf einem anderen Computer sicher andere Zahlenwerte, aber die Differenz **8** zwischen beiden Werten ist für Pointer auf **double**-Variablen typisch, weil diese in der Regel einen Speicherbedarf von 8 Byte haben.

5.3   Mehrdimensionale Arrays, Pointer-Arrays

Mehrdimensionale Arrays werden ähnlich vereinbart wie eindimensionale Arrays, z. B. werden mit

```
            double   x [4] [7]      ;
            int      k [3] [5] [6] ;
```

ein zweidimensionales **double**-Array mit insgesamt 28 Elementen und ein dreidimensionales **int**-Array mit insgesamt 90 Elementen definiert. Auf die Elemente wird über mehrere Indizes oder über Pointer-Arithmetik zugegriffen. Jeder Index beginnt (wie bei den eindimensionalen Arrays) mit **0**, so daß das "letzte" Element des **int**-Arrays **k** mit k[2][4][5] angesprochen werden muß.

Man beachte die zu anderen Programmiersprachen (Fortran, Pascal, ...) unterschiedliche Schreibweise: Sowohl bei der Definition als auch beim Zugriff auf ein Element hat **jeder Index sein eigenes Klammerpaar**. Das ist sachlich begründet: Ein zweidimensionales Array ist in C eigentlich ein "eindimensionales Array, dessen Elemente eindimensionale Arrays sind" (und diese Vorstellung darf auf Arrays höherer Dimensionen erweitert werden).

Auch mehrdimensionale Arrays werden immer kompakt gespeichert, wobei die Reihenfolge der Elemente dadurch bestimmt wird, daß sich der **am weitesten links stehende Index als letzter ändert**. Das bedeutet z. B., daß **Matrizen**, die als zweidimensionale Arrays angelegt werden, **zeilenweise gespeichert sind**.

Programm pointer6.c

```
/*  Definition und Zugriff auf die Elemente eines zweidimensionalen Arrays        */
#include <stdio.h>
void matfunc (double * , int) ;
main ()
{
    double    a [4] [3] = {0.0 , 0.1 , 0.2 ,
                           1.0 , 1.1 , 1.2 ,
                           2.0 , 2.1 , 2.2 ,
                           3.0 , 3.1 , 3.2 } ;
```

/* ... **vereinbart ein double-Array mit 12 Elementen**, die dabei initialisiert werden (können, das ist nicht zwingend). Es ist zu beachten, daß auch mehrdimensionale Felder kompakt gespeichert werden, wobei sich der erste Index als letzter ändert.

Wenn man also ein zweidimensionales Feld als Matrix interpretiert, so ist diese ZEILENWEISE dicht gespeichert (im Unterschied z. B. zu Fortran, wo spaltenweise Speicherung erfolgt). Sämtliche Indizes beginnen mit 0, was für die Matrizenrechnung ausgesprochen lästig ist, weil in der Mathematik üblicherweise in der linken oberen Ecke das Element (1,1) steht (daß man mit einem Computer auch rechnet, wurde von den "C-Vätern" nur als exotische Ausnahme vorgesehen). */

/*   Die Elemente des oben vereinbarten Feldes haben also die Indizes von [0][0] bis [3][2], so daß mit ...   */

```
printf ("a[2][1] =  %f\n" , a[2][1]) ;
```

/* ... der Wert 2.1 ausgegeben wird.   */

/*   Man kann auf die Elemente eines mehrdimensionalen Arrays auch über Pointer-Arithmetik zugreifen, eine kaum zu empfehlende Variante, die deshalb hier nicht behandelt wird.

Im Gegensatz dazu ist es durchaus üblich, zweidimensionale Felder an Funktionen weiterzugeben (z. B. für mathematische Standardprobleme, wie Matrixmultiplikation, -inversion, ...), wo sie dann in besonders effektiver "eindimensionaler Interpretation mit Pointer-Arithmetik" verarbeitet werden. Einer solchen Funktion müssen in der Regel der Pointer auf das erste Matrixelement und die Zeilen- und Spaltenanzahl der Matrix übergeben werden. Für die Ermittlung der Position eines Matrixelements ist (wegen der zeilenweisen Speicherung) die Kenntnis der Spaltenanzahl ausreichend, deshalb wird der Demonstrations-Funktion **matfunc** nur dieser Wert übergeben: */

```
matfunc (&a[0][0] , 3) ;
```

/* ... ist wohl die verständlichste Art, den Pointer auf das erste Matrixelement anzugeben: **a[0][0]** ist das Element, der Adreßoperator **&** macht daraus den Pointer. */

```
    return 0 ;
}
void matfunc (double *a , int n)
{
```

/* ... behandelt **a** wie den Pointer auf ein eindimensionales Feld und greift auf die Elemente mit Pointer-Arithmetik zu: */

```
printf ("a[0][0] =  %f\n" , *a) ;
```

/* ... gibt das erste Element des Feldes aus, ...   */

```
    printf ("a[1][3] =  %f\n" , *(a+5)) ;
```
    /* ... dementsprechend das 6. Element. Ganz allgemein gilt z. B. für eine Matrix mit
    "m Zeilen" und "n Spalten", die als eindimensionales Array deklariert wurde, als
    Formel für den Zugriff auf das Element **a[i][j]** mittels Pointer-Arithmetik (**m** wird
    nicht benötigt!):

$$*(a + n * i + j)$$

    (an dieser einfachen Formel zeigt sich der Vorteil der Definition, daß Indizes stets
    mit 0 beginnen). Man kann also z. B. auf das Element **a[2][1]** in dem mit **n = 3**
    "Spalten" vereinbarten zweidimensionalen Feld folgendermaßen zugreifen: */

```
*(a + n*2 + 1) = 21. ;
printf ("a[2][1] =  %lf\n" , *(a + n*2 + 1)) ;

    return ;
}
```

Ende des Programms pointer6.c

Ausgabe des Programms **pointer6.c**:

```
                                       a[2][1]  =   2.100000
                                       a[0][0]  =   0.000000
                                       a[1][3]  =   1.200000
                                       a[2][1]  =  21.000000
```

**Vorsicht,
Falle!**

Da in C ein zweidimensionales Feld eigentlich ein "eindimensionales Feld ist,
dessen Elemente selbst auch eindimensionale Felder sind", **ist der Name a des
zweidimensionalen Feldes ein "Pointer zweiter Ordnung"**, der entsprechend
****a** doppelt dereferenziert werden müßte, um auf den Wert des ersten Matrix-
elements zu kommen. Der Pointer zweiter Ordnung **a** zeigt auf ein "Array aus
4 (normalen) Pointern erster Ordnung" **a[0]**, **a[1]**, **a[2]** und **a[3]**, die auf das
jeweils erste Element einer Zeile zeigen, **a[0]** zeigt also auf das erste Element
der ersten Zeile, und der im Programm **pointer6.c** angegebene Funktionsaufruf mit dem
Pointer **&a[0][0]** könnte gleichwertig als

```
                    matfunc (a[0] , 3) ;
```

aufgeschrieben werden.

**Vermeiden Sie die Ausnutzung dieser Spitzfindigkeiten (das ist ohne Nachteil eigentlich
immer möglich)**, registrieren Sie aber unbedingt, daß der Funktionsaufruf in der Form

```
          matfunc (a , 3) ;          /* Falsch!!!! */
```

nicht möglich ist (wird vom Compiler beanstandet), **weil a nicht der Pointer auf das erste
Array-Element ist.**

Ein wichtiger Spezialfall verdient noch eine besondere Betrachtung: Wenn man mehrere
Strings in einem Feld zusammenfaßt (z. B. die Namen der 7 Wochentage), dann wird das ein
zweidimensionales Feld, weil ein String selbst schon ein eindimensionales Feld ist ("Vector
of characters"). Da zweidimensionale Felder immer "rechteckig" sind, führt dies zwangsläufig
zur Verschwendung von Speicherplatz, weil der längste String die eine Dimension des Feldes
festlegt (bei einem Feld mit den Namen der Wochentage der "Donnerstag", für den einschließlich ASCII-Null 11 Zeichen benötigt werden).

Viel eleganter (und natürlich speicherplatzsparend) ist die Definition eines **eindimensionalen Pointer-Arrays**, das nur die Speicherplätze für die Pointer auf die einzelnen Strings bereitstellt, die dann jeweils unterschiedliche Länge haben können.

Programm pointer7.c

```
/*  Definition von Pointer-Arrays                                           */
#include <stdio.h>
main ()
{
        /*    Da Pointer selbst Variablen sind, können sie wie andere Variablen zu Arrays
              zusammengestellt werden. Eine besonders wichtige Variante ist ein Vektor mit
              Pointern auf Strings, weil so Strings unterschiedlicher Länge (speicherplatzsparend)
              zusammenzufassen sind. Mit ...                                  */

   char *Wochentag [7] ;

        /* ...  wird ein Array für 7 "Pointer auf char-Variablen" bereitgestellt, denen man die
              Adressen von String-Konstanten unterschiedlicher Länge dann in der Form ...   */

   Wochentag [0] = "Montag"       ;
   Wochentag [1] = "Dienstag"     ;
   Wochentag [2] = "Mittwoch"     ;
   Wochentag [3] = "Donnerstag"   ;
   Wochentag [4] = "Freitag"      ;
   Wochentag [5] = "Samstag"      ;
   Wochentag [6] = "Sonntag"      ;

        /* ...  zuweisen kann. Da den Funktionen, die Strings verarbeiten, ohnehin Pointer
              übergeben werden müssen, kann man diese z. B. so aufrufen:       */

   puts (Wochentag [2]) ;

        /*    Wenn mit der Vereinbarung eines solchen Arrays die Elemente auch gleich in-
              itialisiert werden (sie müssen dann in geschweiften Klammern, jeweils durch
              Komma getrennt, dem Zuweisungszeichen folgen), kann man sich die Anzahl in
              den eckigen Klammern sparen, der Compiler "zählt selbst", z. B.:

              char *GuteFreunde [] = { "Walker, Johnny"    ,
                                       "Cron, Maria"       ,
                                       "Korn, Klara"       ,
                                       "Urbock, Einbecka" } ;

        ... erzeugt ein Feld mit 4 Pointern auf die angegebenen 4 String-Konstanten.    */

   return 0 ;
}
```

Ende des Programms pointer7.c

Man beachte, daß ein Pointer-Array selbst nur aus den Speicherplätzen besteht, die die Adressen (Pointer) aufnehmen, die Strings, deren Adressen im Programm **pointer7.c** auf diesen Speicherplätzen abgelegt sind, werden sämtlich vom Compiler im Konstanten-Speicher untergebracht **und können nicht geändert werden**. Natürlich dürfen bei Bedarf andere Strings im Pointer-Array verzeichnet werden, jederzeit ist eine Anweisung wie

```
        Wochentag [4] = "Letzter Arbeitstag der Woche"  ;
```

möglich. Dann wird nicht etwa der String "Freitag" geändert, es wird nur eine Adresse auf einen anderen String, der auch im Konstantenspeicher steht, eingetragen.

5.4 Kommandozeilen-Argumente

Beim Starten eines mit dem C-Compiler erzeugten ausführbaren Programms können der Funktion **main** Argumente übergeben werden. Dies demonstriert das Programm **comdline.c**:

Programm comdline.c

```
/*  Übernahme von Parametern aus der Kommandozeile
```

Daß ein Return-Wert einer C-Funktion einfach ignoriert werden kann, wurde bereits mehrfach bemerkt (und im Abschnitt 3.13 genauer behandelt). Eine Funktion kann jedoch auch die ihr übergebenen Argumente ignorieren, was in allen vorangegangenen **main**-Funktionen praktiziert wurde (die Klammern waren immer leer).

Tatsächlich werden **main** vom Betriebssystem (genauer: Kommando-Interpreter) ein Integer-Argument und ein String-Pointer-Array übergeben.						*/

```
#include <stdio.h>
main (int argc , char *argv [])
{
```

/*   **argc**   -   Anzahl der Argumente in der Kommandozeile, mit der das Programm gestartet wurde (dieser Wert ist mindestens 1, weil immer der Programmname, mit dem das Programm ja gestartet werden muß, als ein Argument zählt).

argv   -   ... enthält **argc** Pointer auf Strings, die aus der Kommandozeile entnommen wurden. Dabei kann der Kommando-Interpreter durchaus modifizierend mitgewirkt haben.

Im Regelfall zeigt **argv[0]** auf einen String, der dem Programmnamen entspricht. Wenn weitere (durch Leerzeichen getrennte) Zeichenketten in der Kommandozeile stehen, zeigen die Pointer **argv[1]** ... **argv[argc-1]** auf entsprechende Strings. Zeichenketten in der Kommandozeile, die in "Double-Quotes" eingeschlossen sind, werden jeweils (auch wenn sie Leerzeichen oder andere spezielle Zeichen enthalten) in einem String erfaßt.						*/

```
    int i ;
    printf ("Anzahl der Kommandozeilen-Parameter: %d\n" , argc) ;
    for (i = 0 ; i < argc ; i++)
      printf ("Kommandozeilen-Parameter %d:       %s\n" , i , argv [i]);

    /* ... zeigt, was alles aus der Kommandozeile gelesen wurde           */

    return 0 ;
}
```

Ende des Programms comdline.c

Bei einem Sprach-Element, das mit dem Betriebssystem so eng zusammenarbeitet wie die Kommandozeilen-Auswertung, sind natürlich einige Besonderheiten zu erwarten:

♦ Der Kommando-Interpreter von DOS ergänzt den String, auf den **argv[0]** pointert, mit dem gesamte Pfad einschließlich Laufwerksbezeichnung (im Windows-NT-"DOS-Fenster" geschieht das allerdings nicht), die C-Shell unter UNIX z. B. liefert aber nur genau den Programmaufruf (also wie eingetippt mit oder ohne Pfadangabe).

♦ Die C-Shell unter UNIX wertet Wildcards aus und übergibt gegebenenfalls wesentlich mehr Argumente als in der Kommandozeile standen, bei

```
comdline  *.c
```

würden unter Umständen sehr viele Argumente an **main** geliefert werden, abhängig davon, wieviel Files im "Current directory" zu der Maske ***.c** passen. Wenn man diese Auswertung von Wildcards verhindern will, muß man

```
comdline  "*.c"
```

eingeben (in diesem Fall ist **argc = 2**).

Der Kommando-Interpreter von DOS wertet Wildcards nicht aus.

♦ Bei einem Aufruf des Programms unter DOS mit

```
comdline  abcde  12345
```

liefert es z. B. ("Current directory" sei: **D:\MANUALS\C**) folgende Ausgabe:

```
Anzahl der Kommandozeilen-Parameter: 3
Kommandozeilen-Parameter 0:          D:\MANUALS\C\COMDLINE.EXE
Kommandozeilen-Parameter 1:          abcde
Kommandozeilen-Parameter 2:          12345
```

Die gleiche Kommandozeile liefert unter Linux (C-Shell):

```
Anzahl der Kommandozeilen-Parameter: 3
Kommandozeilen-Parameter 0:          comdline
Kommandozeilen-Parameter 1:          abcde
Kommandozeilen-Parameter 2:          12345
```

♦ Bei einem Aufruf des Programms unter DOS mit

```
comdline  r*.c
```

liefert es z. B. folgende Ausgabe:

```
Anzahl der Kommandozeilen-Parameter: 2
Kommandozeilen-Parameter 0:          D:\MANUALS\C\COMDLINE.EXE
Kommandozeilen-Parameter 1:          r*.c
```

Die gleiche Kommandozeile kann unter Linux (C-Shell) z. B. folgendes liefern:

```
Anzahl der Kommandozeilen-Parameter: 6
Kommandozeilen-Parameter 0:          comdline
Kommandozeilen-Parameter 1:          reihe1.c
Kommandozeilen-Parameter 2:          reihe2.c
Kommandozeilen-Parameter 3:          rmcm.c
Kommandozeilen-Parameter 4:          rmfit.c
Kommandozeilen-Parameter 5:          rstfiles.c
```

Natürlich kann in Abhängigkeit von den im "Current directory" befindlichen Files die Ausgabe unter Linux auch ganz anders aussehen.

Aufgabe 5.1: Man modifiziere das Programm der Aufgabe 3.10 so, daß die einzugebende Zahl nur dann angefordert wird, wenn sie nicht schon in der Kommandozeile mit angegeben war.

Hinweis: Für die Umwandlung des Kommandozeilen-Arguments (String) in eine Zahl kann die im Programm **pointer2.c** (Abschnitt 5.1) beschriebene Standard-Funktion **strtol** verwendet werden.

"Sagt man eigentlich 'der File' oder 'das File'?"
"Jedenfalls sagt man 'die Datei'."

6 File-Operationen und Speicherplatzverwaltung

In der **stdio**-Library stehen zahlreiche recht leistungsfähige Funktionen für das Arbeiten mit Files zur Verfügung. Fast jede C-Implementation macht darüber hinaus noch weitere (vielfach allerdings betriebssystem-spezifische) Funktionen zugänglich.

In den nachfolgenden Beispiel-Programmen werden einige Operationen mit Funktionen der **stdio**-Library beschrieben, die sich ausschließlich auf das Arbeiten mit Text-Files beziehen.

6.1 Öffnen und Schließen eines Files, Zeichen lesen mit fgetc

Die Eingabe- und Ausgabeoperationen bezogen sich bisher stets auf die Geräte, die vom Betriebssystem als "Standard-Eingabe" (in der Regel die Tastatur) bzw. "Standard-Ausgabe" (in der Regel der Bildschirm) vordefiniert sind. Wenn in eine Datei geschrieben oder von einer Datei gelesen werden soll, sind folgende Schritte erforderlich (eigentlich funktionieren die Operationen mit Standard-Eingabe und Standard-Ausgabe ähnlich, der Programmierer muß nur die "vorbereitenden" und "nachbereitenden" Aktionen nicht selbst organisieren):

♦ **Die Datei muß geöffnet werden.** In diesem Schritt wird der Name der (existierenden oder zu erzeugenden) Datei an die **stdio**-Funktion **fopen** übergeben, die an das aufrufende Programm einen "FILE-Pointer" abliefert, der als Bezug für alle Zugriffe auf diese Datei dient (es können auch mehrere Dateien gleichzeitig geöffnet sein, für die dann auch unterschiedliche "FILE-Pointer" existieren).

Der "FILE-Pointer" zeigt auf eine Struktur (Strukturen werden im Kapitel 7 besprochen), in der die systeminternen Informationen gespeichert sind, die für den Dateizugriff benötigt werden. Für den Programmierer sind diese Informationen uninteressant, er benötigt den "FILE-Pointer" nur als Bezugs-Parameter (gewissermaßen als "Identifikator" der Datei, mit der gearbeitet wird).

♦ **Lesen und Schreiben der Datei** erfolgt mit speziellen **stdio**-Funktionen (verfügbar sind z. B. **fgetc** oder **fputc** für das Lesen bzw. Schreiben einzelner Zeichen oder die Funktionen zum formatierten Lesen bzw. Schreiben **fscanf** und **fprintf**, deren Arbeit vergleichbar mit den Funktionen **scanf** bzw. **printf** ist). Der Bezugs-Parameter für jede Lese- bzw. Schreibaktion ist der "FILE-Pointer".

♦ Mit der **stdio**-Funktion **fclose** wird die Datei geschlossen. Der "FILE-Pointer" ist danach als Bezugs-Parameter obsolet.

Das erste Beispiel-Programm **file1.c** zeigt den typischen Ablauf von File-Operationen an den vier durch Fettdruck hervorgehobenen Stellen: "FILE-Pointer" vereinbaren, File öffnen mit **fopen**, Lese- bzw. Schreibaktion (im nachfolgenden Programm Lesen mit **fgetc**) und File schließen mit **fclose**.

Programm file1.c

```
/*  Öffnen eines ASCII-Files, Lesen vom File, File schließen
```

Das Programm muß aufgerufen werden mit

`file1 filename`

(**filename** ist der Name eines beliebigen ASCII-Files) und ermittelt die Anzahl der Zeichen im File.

Demonstriert werden

   *   die Übernahme eines Arguments aus der Kommandozeile,
   *   die **stdio**-Funktionen **fopen**, **fgetc** und **fclose**.   */

```
#include <stdio.h>
main (int argc , char *argv [])
{
   long  Zeichenanzahl = 0 ;
   FILE  *file_p ;    /* ... vereinbart einen "FILE-Pointer"       */

   if (argc > 1)      /* ... steht ein Filename in der Kommandozeile */
     {
       file_p = fopen (argv [1] , "r") ; /* ... öffnet File zum Lesen */
       if (file_p == NULL)
         {
           printf ("Fehler beim Oeffnen des Files \"%s\"\n" , argv [1]);
           return 1 ;
         }
       while (fgetc (file_p) != EOF) /* ... liest jeweils ein Zeichen */
             Zeichenanzahl++ ;
       printf ("Anzahl der Zeichen: %ld\n" , Zeichenanzahl) ;
       fclose (file_p) ;                 /* ... schließt File         */
     }
   return 0 ;
}
```

```
/*  Der "FILE-Pointer" darf vom Programmierer als "Pointer auf ein 'Objekt vom Typ FILE'"
```
angesehen werden, der von **fopen** geliefert und für alle nachfolgenden File-Operation (Lesen, Schreiben, Schließen, ...) als Identifikator verwendet wird (daß sich hinter dem Typ **FILE** eine in **stdio.h** beschriebene Struktur verbirgt, ist für den Programmierer von geringem Interesse). Der File-Pointer muß in der Form

`FILE  *file_p ;`

vereinbart werden, wobei für den hier gewählten Namen **file_p** ein beliebiger Name stehen darf.   */

```
/*  Ein File wird z. B. mit
```

`file_p = fopen (argv [1] , "r") ;`

geöffnet, wobei zwei Argumente angegeben werden müssen (beide Argumente sind Strings):

* Das erste Argument ist der Filename, der als relativer oder absoluter Filename angegeben werden darf, also gegebenenfalls auch den gesamten Pfad (und unter DOS eine Laufwerksbezeichnung) enthalten kann.

* Das zweite Argument kennzeichnet die beabsichtigte Verwendung des geöffneten Files, besonders wichtig sind folgende Möglichkeiten:

> **"r"** ... öffnet zum Lesen,
>
> **"w"** ... öffnet zum Schreiben, der Inhalt eines mit dem angegebenen Namen bereits existierenden Files geht dabei verloren,
>
> **"a"** ... ('append') öffnet zum Schreiben ab File-Ende eines bereits existierenden Files.

Als Return-Wert liefert **fopen** den für nachfolgende Aktionen benötigten **FILE**-Pointer oder **NULL** (bei Mißerfolg, passiert z. B. beim Öffnen eines nicht existierenden Files mit "r" oder eines existierenden schreibgeschützten Files mit "w"). Der Return-Wert sollte beim Öffnen unbedingt abgefragt werden. Dies kann (kürzer als oben programmiert) z. B. mit

```
if ((file_p = fopen (argv [1] , "r")) != NULL)
    {
        ** File erfolgreich geöffnet **
    }
```

erfolgen, weil in C eine Wertzuweisung (**file_p = ...**) eingeklammert werden darf und die Klammer noch einmal den zugewiesenen Wert repräsentiert, der dann für eine Vergleichsoperation verwendet werden kann.   */

/*   Mit dem Aufruf der **stdio**-Funktion

```
i = fgetc (file_p) ;
```

wird genau ein Zeichen gelesen und als **int**-Wert abgeliefert (in **file1.c** wird dieser Return-Wert ignoriert, weil nur die Anzahl der zu lesenden Zeichen ermittelt werden soll).

Die Frage, warum eine Funktion, die ein Zeichen liest, nicht einen Return-Wert vom Typ **char** abliefert, wird durch den Sonderfall beantwortet: Wenn das File-Ende erreicht ist, liefert **fgetc** das "End-of-File"-Zeichen **EOF**, für das (zumindest in einem Zeichensatz mit 256 Zeichen) kein Platz wäre, weil mit einem Byte (Typ **char**) nur genau 256 Zeichen darstellbar sind. **EOF** ist in **stdio.h** definiert, üblicherweise als **-1**, was allerdings den Programmierer nicht interessieren muß. In **file1.c** wird jedes gelesene Zeichen mit **EOF** verglichen.   */

Ende des Programms file1.c

Bemerkungen zur Ergebnisausgabe des Programms file1.c:

◆ Das Programm ermittelt die Anzahl der Zeichen, die in einem Text-File gespeichert sind, und wer unter **UNIX** arbeitet, wird registrieren, daß dies exakt der Wert ist, den auch ein entsprechendes Betriebssystem-Kommando (z. B.: **ls -l**) liefert.

◆ Beim Arbeiten unter **DOS** ergibt sich in der Regel einer kleinerer Wert, als ihn z. B. das **dir**-Kommando liefert. In DOS-Text-Files wird der Zeilenwechsel durch zwei Zeichen dargestellt, "Carriage return" (ASCII-Zeichen 13) und "Line feed" (ASCII-Zeichen 10), UNIX begnügt sich mit einem Zeichen ("Line feed"). Wer jemals eine ASCII-Datei von DOS nach UNIX transportiert hat ohne Nutzung eines "Reparaturservices", wie ihn z. B. die FTP-Programme anbieten, hat sich vielleicht über die "komischen Zeichen" an jedem Zeilenende gewundert (im Editor z. B. als ^M dargestellt, das ist das ASCII-Zeichen 13), mit denen UNIX nichts anfangen kann. Das erklärt aber noch nicht die Diskrepanz.

♦ Text-Files sind also unter DOS in der Regel länger, aber: Während die "Carriage return"-Zeichen gespeichert sind (man kann sie sich in einem "Hex-Editor" ansehen), vom **dir**-Kommando auch "mitgezählt" werden (das ist korrekt, sie belegen Speicherplätze), **werden sie dem ausführbaren Programm vorenthalten**. Der mit zwei Zeichen gespeicherte Zeilensprung wird dem Programm beim Lesen von der Datei als ein Zeichen geliefert (es ist das ASCII-Zeichen 10).

6.2   Lesen und Schreiben mit fgetc und fputc, temporäre Files

Das folgende Programm beschäftigt sich mit einem typischen Problem, das den auf unterschiedlichen Plattformen arbeitenden Programmierer immer wieder ärgert: Wenn nur ein Zeichensatz mit 128 Zeichen unterstützt wird, sind die von den Amerikanern als "German Umlauts" (dazu wird auch das ß gezählt) bezeichneten Zeichen nicht darstellbar. Das Programm **gu1.c** führt in Text-Files folgende Ersetzungen aus:

ä -> ae , ö -> oe , ü -> ue , Ä -> Ae , Ö -> Oe , Ü -> Ue , ß -> ss .

Dabei wird angenommen, daß ein ASCII-Zeichensatz verwendet wurde, auf dem diese Zeichen auf folgenden Positionen stehen:

ä - 132 ; ö - 148 ; ü - 129 ; Ä - 142 ; Ö - 153 ; Ü - 154 ; ß - 225 .

Programm gu1.c

/* **Programm ersetzt in Text-Files die "German Umlauts" durch jeweils zwei Zeichen**

Das Programm wird mit

gu1   filenames

gestartet (**filenames** steht für einen oder mehrere durch Leerzeichen getrennte Namen von Text-Files). Demonstriert werden mit diesem Programm

    *   das Übernehmen von (mehreren) Argumenten aus der Kommandozeile,

    *   das Öffnen von mehreren Files,

    *   die **stdio**-Funktion **tmpnam** zum Erzeugen eines (noch nicht existierenden) Namens eines temporären Files,

    *   das Löschen eines Files mit der **stdio**-Funktion **remove**,

    *   die Kontrollstruktur **switch** (Verteiler),

    *   die Anweisungen **break** und **continue**,

    *   das Beenden der Funktion **main** mit unterschiedlichen Return-Werten.   */

```
#include <stdio.h>
void flcopy (char * , char *) ;
main (int argc , char *argv [])
{
   int   i , zeichen ;
   FILE  *infile_p , *outfile_p ;        /* ... für zwei Files              */
   char  tempfile [L_tmpnam+1] ;         /* L_tmpnam --> maximale Länge
         des von tmpnam gelieferten Filenamens (in stdio.h definiert)  */
   if (argc < 2)          /* ... fehlt ein Argument in der Kommandozeile */
   {
       printf ("Filename fehlt!\nKorrekter Aufruf: gu1 filename1...\n") ;
       return 1 ;
   }
```

```c
for (i = 1 ; i < argc ; i++)      /* Schleife über alle in der        */
  {                               /* Kommandozeile angegebenen Files  */
    if ((infile_p = fopen (argv [i] , "r")) == NULL)
      {
        printf ("Fehler beim Oeffnen des Files %s\n" , argv [i]) ;
        continue ;       /* ... beginnt sofort den nächsten Durchlauf */
      }                  /*        der gerade gestarteten for-Schleife */
        /* Die stdio-Funktion tmpnam liefert den Namen eines garantiert
           noch nicht existierenden Files, es wird aber kein File
           erzeugt, dies erledigt erst das anschließende fopen:      */
    if (tmpnam (tempfile) == NULL ||
        (outfile_p = fopen (tempfile , "w")) == NULL)
      {
        printf ("Fehler beim Oeffnen eines temporaeren Files\n") ;
        return 1 ;
      }
    while ((zeichen = fgetc (infile_p)) != EOF)
      {
        switch (zeichen)
          {
            case 129:
              fputc ('u' , outfile_p) ;
              break ;   /* ... "Absprung" aus switch-Kontrollstruktur */
            case 132:
              fputc ('a' , outfile_p) ; break ;
            case 148:
              fputc ('o' , outfile_p) ; break ;
            case 142:
              fputc ('A' , outfile_p) ; break ;
            case 153:
              fputc ('O' , outfile_p) ; break ;
            case 154:
              fputc ('U' , outfile_p) ; break ;
            case 225:
              fputc ('s' , outfile_p) ;
              fputc ('s' , outfile_p) ; break ;
            default:
              fputc (zeichen , outfile_p) ;
              break ;
          } /* Ende der ersten switch-Kontrollstruktur, hier ist der
               "Landepunkt" der break-Sprünge dieser Kontrollstruktur */
        switch (zeichen)
          {
            case 129: case 132: case 148:
            case 142: case 153: case 154:
              fputc ('e' , outfile_p) ;
              break ;
          }
      }
    fclose (infile_p) ;
    fclose (outfile_p) ;      /* ... schließt beide Files, die in flcopy
                                 (mit umgekehrter "Datenflußrich-
                                 tung") wieder geöffnet werden      */

    flcopy (tempfile , argv [i]) ;     /* ... kopiert tempfile auf
                                          Original                  */

    remove (tempfile) ;                /* ... löscht tempfile       */
  }

return 0 ;
}
```

```
void flcopy (char *file1 , char *file2)   /* ... kopiert Text-File    */
{                                         /* file1 auf Text-File file2 */
    FILE  *file1_p , *file2_p ;
    int   zeichen ;

    if ((file1_p = fopen (file1 , "r")) == NULL)
      {
        printf ("Fehler beim Oeffnen des Files %s\n" , file1) ;
        return ;
      }

    if ((file2_p = fopen (file2 , "w")) == NULL)
      {
        printf ("Fehler beim Oeffnen des Files %s\n" , file2) ;
        fclose (file1_p) ;
        return ;
      }

    while ((zeichen = fgetc (file1_p)) != EOF)
          fputc (zeichen , file2_p) ;

    fclose (file1_p) ;
    fclose (file2_p) ;

    return ;
}
```

/* Die Kontrollstruktur

```
            switch (Ausdruck)
              {
                case Konstante1: Anweisungen ... ; break ;
                case Konstante2: Anweisungen ... ; break ;
                case Konstante3: Anweisungen ... ; break ;
                ...
                default:         Anweisungen ... ; break ;
              }
```

berechnet den nach **switch** in Klammern stehenden Ausdruck und vergleicht das Ergebnis mit nachfolgend angegebenen Konstanten. Wenn Übereinstimmung besteht, werden die nach dem Doppelpunkt stehenden Anweisungen ausgeführt. Die **break**-Anweisungen sorgen dafür, daß nach der Abarbeitung dieser Anweisungsgruppe die **switch**-Kontrollstruktur sofort verlassen wird (denkbar ist auch, daß an Stelle einer **break**-Anweisung eine **return**-Anweisung die Arbeit der Funktion beendet). Wenn der Ausdruck mit keiner der aufgeführten Konstanten übereinstimmt, wird die **default**-Gruppe ausgeführt, die allerdings nicht vorhanden sein muß.

Es können auch mehrere (jeweils mit Doppelpunkt abgeschlossene) Konstanten vor einer Anweisungsgruppe stehen (siehe zweite **switch**-Anweisung im Programm), die dann ausgeführt wird, wenn Übereinstimmung mit einer der aufgeführten Konstanten gegeben ist.   */

/* Die **break**-Anweisung kann genutzt werden, um aus einer **switch**-Kontrollstruktur oder aus einer **for**-, **do**- oder **while**-Schleife herauszuspringen. Bei mehrfach verschachtelten Kontrollstrukturen wird jeweils in die nächsthöhere Ebene verzweigt.

Im Gegensatz dazu dient die **continue**-Anweisung zum Beenden **eines** Durchlaufs einer **for**-, **do**- oder **while**-Schleife (nicht anwendbar für die **switch**-Anweisung). Bei Schleifen wird durch **continue** ein Schleifendurchlauf sofort beendet und zur Prüfung der Fortsetzung für einen eventuell nachfolgenden Schleifendurchlauf übergegangen.   */

/* Das Schreiben einer eigenen **copy**-Funktion **flcopy** hätte bei Benutzung der Kopierfunktion des Betriebssystems vermieden werden können (vgl. Beschreibung der **stdlib**-Funktion **system** im Programm **syscall** im Abschnitt 3.15). Dann wäre das Programm allerdings nicht mehr betriebssystem-unabhängig (**mv** bzw. **cp** unter UNIX, **copy** unter DOS).   */

/* In Abhängigkeit vom Erfolg des Programmlaufs wird entweder der Return-Wert 0 (normales Beenden des Programms) oder 1 (anormales Ende) von **main** abgeliefert. Das macht natürlich nur Sinn, wenn dieser Wert bei Bedarf auch ausgewertet werden kann:

Unter **DOS** landet der Return-Wert von **main** im **ERRORLEVEL**, der in Batch-Prozeduren abgefragt werden kann.

Unter **UNIX** befindet sich der Return-Wert von **main** nach dem Programm-Ende in der **status**-Variablen, die z. B. von Shellscripts ausgewertet werden kann. Vom UNIX-Prompt aus kann man sie z. B. (C-Shell) mit

```
echo $status
```

anzeigen lassen (einmal, dann hat das **echo**-Kommando die **status**-Variable neu gesetzt).   */

Ende des Programms gu1.c

Die zu Beginn der siebziger Jahre begonnene sehr sinnvolle Diskussion über "strukturierte Programmierung" hat neben vielen Gewinnern (in erster Linie alle Programmierer, die Programme über einen längeren Zeitraum pflegen und warten) auch einen eindeutigen Verlierer hervorgebracht, das **goto**-Statement. Es ist vielfach als die Wurzel allen Übels geradezu verteufelt worden, und vor lauter Angst, daß ein "Verfechter der reinen Lehre" die Nase rümpft, scheuen sich viele Programmierer, das **goto** selbst dort einzusetzen, wo es sinnvoll ist. Die Meinung des Schreibers dieser Zeilen dazu ist:

- Das **goto**-Statement ist tatsächlich nicht erforderlich, es gibt keinen Algorithmus, für dessen Realisierung es unbedingt gebraucht wird. Damit teilt es allerdings nur das Schicksal vieler anderer Statements, man könnte z. B. ohne wesentlichen Nachteil auf die **for**-Schleife verzichten.

- Es gibt eine Reihe von Fällen, in denen das **goto** geradezu strukturierend wirkt, wenn man die alternativen Programmiervarianten zum Vergleich heranzieht.

- Die Tatsache, daß man einen **goto**-Sprung mit den sogenannten Struktogrammen ("Nassi-Shneiderman-Diagramme") nicht darstellen kann, spricht eigentlich nicht gegen das **goto**, sondern gegen die Struktogramme. Und außerdem: Welcher ernsthafte Programmierer malt schon Struktogramme? Wenn es wirklich kompliziert wird (z. B. bei den noch zu behandelnden rekursiven Algorithmen) helfen sie ohnehin nicht.

- Die Programmiersprache C kennt neben dem "klassischen **goto**" mit einer explizit anzugebenden Marke als Sprungziel (im nachfolgenden Programm wird es verwendet) noch vier "heimliche gotos": Das **return**-Statement als beliebig oft in einer Funktion angebbarer Rücksprung in die aufrufende Funktion, das **exit**-Statement als Rücksprung über alle aufrufenden Funktionen hinweg auf die Betriebssystemebene, das **break**-Statement, um Verteilerstrukturen oder Schleifen vorzeitig zu verlassen und das **continue**-Statement, um einen Schleifendurchlauf vorzeitig zu beenden und den nächsten zu beginnen.

  In C-Programmen kann also ausgesprochen "munter gehüpft" werden, selbst wenn man das diffamierte **goto** vermeidet. Man sollte mit allen diesen Anweisungen so (sparsam) umgehen, daß die Struktur des Programmes dadurch möglichst klarer und nicht unübersichtlicher wird.

Um das Programm **gu1.c** zu testen, kann jede beliebige ASCII-Datei verwendet werden (Vorsicht, sie ist hinterher wahrscheinlich verändert). Wenn der Erfolg des Ersetzens der Umlaute getestet werden soll, wird allerdings eine Datei benötigt, die Umlaute mit den am Beginn dieses Abschnitts aufgelisteten Codierungen enthält. Zu den Dateien, die für dieses Tutorial bereitgestellt werden, gehört eine Datei **vorwort.txt**, die dafür verwendet werden kann (diese ist nach dem ersten Test bestimmt verändert, also vor dem Starten von **gu1.c** Sicherungskopie von **vorwort.txt** anlegen).

Das Lesen und Schreiben von Dateien mit den behandelten Funktionen entspricht einer sogenannten "sequentiellen Bearbeitung". Man erkennt (eigentlich in allen höheren Programmiersprachen) noch immer die ursprünglich auf das Beschreiben von Magnetbändern ausgerichtete Strategie. Obwohl natürlich heute in den seltensten Fällen Magnetbandgeräte zur Aufnahme der Dateien verwendet werden, ist es ausgesprochen sinnvoll, als Programmierer nach wie vor die **Modellvorstellung** zu haben, daß sich beim Lesen und Schreiben "ein Magnetband an einem Lese-Schreib-Kopf vorbeibewegt":

- Beim Öffnen einer Datei zum Lesen (**"r"**) wird der Lese-Schreib-Kopf auf dem Dateianfang postiert, nach jeder Leseaktion befindet er sich unmittelbar hinter dem gerade gelesenen Zeichen, so daß die nächste Leseaktion mit dem folgenden Zeichen fortsetzt.

- Beim Öffnen einer (zu erzeugenden oder existierenden) Datei zum Schreiben (**"w"**) wird der Lese-Schreib-Kopf ebenfalls auf dem Dateianfang postiert. Bei einer existierenden Datei werden also alle Informationen überschrieben. Jede Schreibaktion beginnt unmittelbar nach der Endposition der vorangegangenen Aktion.

- Bei einer mit dem Modus **"a"** ('append') geöffneten Datei wird der Lese-Schreib-Kopf am Dateiende plaziert, so daß die erste Schreibaktion dort beginnt (und der "alte" Dateiinhalt erhalten bleibt). Bei allen Schreibaktionen (**"w"** oder **"a"**) darf man die Modellvorstellung haben, daß der Lese-Schreib-Kopf eine "Dateiende-Markierung vor sich herschiebt", so daß das Dateiende unmittelbar hinter dem letzten geschriebenen Zeichen liegt.

6.3   Lesen mit fgets, formatiertes Lesen mit fscanf

Mehrere nachfolgende Programm-Beispiele befassen sich mit Text-Files, die "Finite-Elemente-Modelle" beschreiben. Auch wenn es für das Erlernen der C-Programmierung unwichtig ist zu wissen, was die gespeicherten Daten beschreiben, so soll doch wenigstens vorab für Interessenten etwas Hintergrundwissen vermittelt werden.

Die Finite-Elemente-Methode dient dem Ingenieur als numerisches Berechnungsverfahren für komplizierte Gebilde, die sich einer analytischen Behandlung entziehen. Die Berechnungsmodelle werden im wesentlichen durch die Koordinaten von "Knoten" und die Zuordnung von "Elementen" zu diesen Knoten beschrieben (auf weitere Informationen wie Belastungen, Lager, Materialeigenschaften wird hier nicht eingegangen, weil sie nicht betrachtet werden).

In den nachfolgenden Beispiel-Programmen werden Files gelesen, die mit dem "Finite-Elemente-Baukasten FEMSET" (vgl. [DaDa95]) erzeugt wurden (zu den Files des C-Tutorials gehören die 4 Dateien **femmod1.dat** bis **femmod4.dat**). An einem einfachen Beispiel sollen einige Daten einer solchen Modellbeschreibung erläutert werden:

Das nebenstehend dargestellte ebene Fachwerk besteht aus **ne = 10** Elementen (Stäbe) und **nk = 7** Knoten, die (willkürlich) wie skizziert numeriert wurden. Die Koordinaten der Knoten werden auf das (ebenfalls willkürlich) in den Punkt **B** gelegte Koordinatensystem bezogen.

Das Berechnungsmodell (für die eingezeichnete Längenabmessung gilt: $a = 1$) wird im File **femmod1.dat** beschrieben:

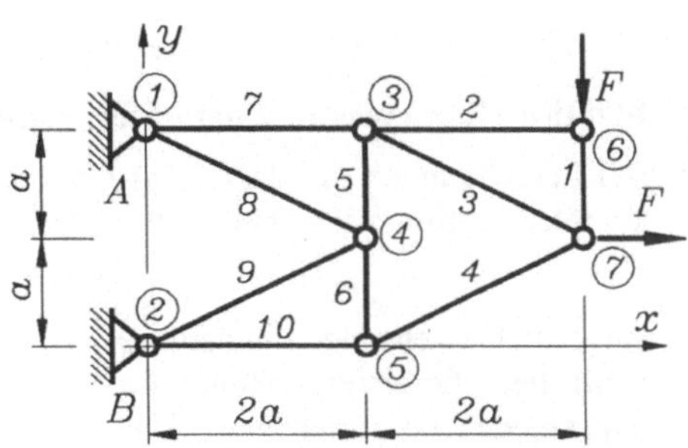


```
Element-Charakteristik:
         2             2             2             1
Elementanzahl, Knotenanzahl:
        10             7
Knotenkoordinaten:
   0.000000000000000E+000        2.000000000000000
   0.000000000000000E+000        0.000000000000000E+000
          2.000000000000000      2.000000000000000
          2.000000000000000      1.000000000000000
          2.000000000000000      0.000000000000000E+000
          4.000000000000000      2.000000000000000
          4.000000000000000      1.000000000000000
Koinzidenzmatrix:
          6             7
          3             6
          3             7
          5             7
          3             4
          4             5
          1             3
          1             4
          2             4
          2             5
Elementparameter:
   210000.000000000000000   210000.000000000000000   210000.000000000000000
   210000.000000000000000   210000.000000000000000   210000.000000000000000
   ...  (in den Beispiel-Programmen wird diese Information nicht ausgewertet)
```

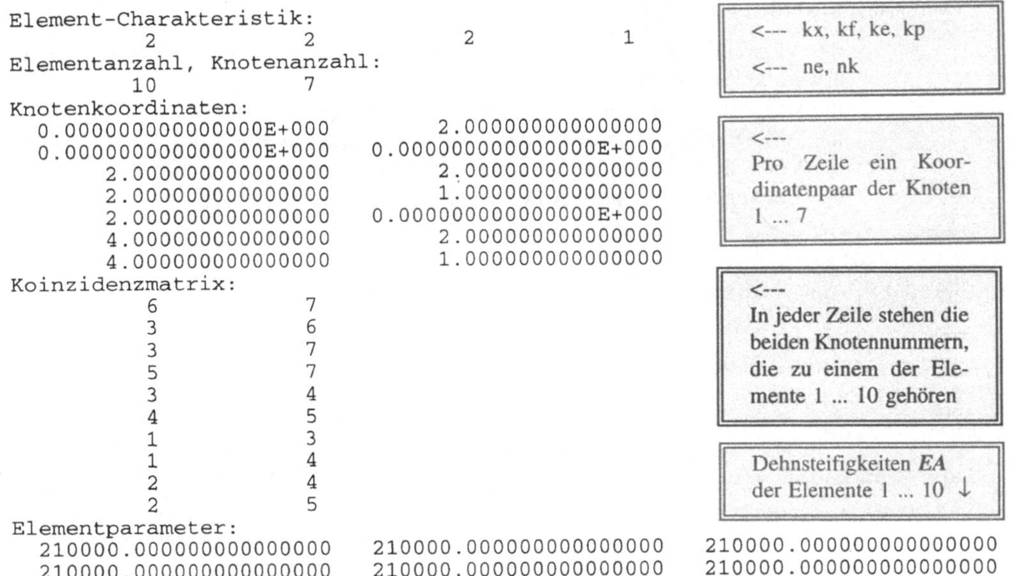

Das Beispiel verdeutlicht, wie die Geometrie eines solchen Fachwerks (durch die Knotenkoordinaten) und die topologische Zuordnung der Elemente zu den Knoten (durch die sogenannte "Koinzidenzmatrix") beschrieben werden (es empfiehlt sich, das einmal nachzuvollziehen, es ist ein immer wiederkehrendes Problem der Programmierung, reale Objekte durch eine geeignete Datenstruktur komplett zu beschreiben). Es soll noch auf die ersten drei Zahlen im File aufmerksam gemacht werden, die den Typ des Berechnungsmodells kennzeichnen (und im Programm **femfile1.c** ausgewertet werden):

	kx	kf	ke
Ebenes Fachwerk	2	2	2
Ebenes Rahmentragwerk	2	3	2
Räumliches Fachwerk	3	3	2
Räumliches Rahmentragwerk	3	6	2

Programm femfile1.c

/* **Identifikation eines in einem File gespeicherten Berechnungsmodells**

Bei Berechnungen mit dem FEM-Baukasten FEMSET entsteht ein File **femmod.dat**, der die komplette Information über ein Berechnungsmodell enthält. Das Programm **femfile1.c** wird mit

femfile1 filename

aufgerufen (wenn der Filename in der Kommandozeile fehlt, wird "femmod.dat" angenommen), liest die ersten 4 Zeilen des Files und versucht zu entschlüsseln, was für ein Berechnungsmodell beschrieben wird. Das Programm kann getestet werden mit den Dateien **femmod1.dat** bis **femmod4.dat**.

Demonstriert werden mit diesem Programm

* das Verwenden einer "Default-Annahme", wenn in der Kommandozeile eine dort erwartete Angabe fehlt,
* die **stdio**-Funktion **fgets** zum Einlesen eines Strings vom File,
* die **stdio**-Funktion **fscanf** für das formatierte Einlesen vom File,
* die Verwendung einer **int**-Variablen wie eine "logische Variable",
* die Verwendung der **goto**-Anweisung.   */

```c
#include <stdio.h>
#include <string.h>
main (int argc , char *argv [])
{
  FILE    *femmod_p ;
  char    flname [FILENAME_MAX+1] = "femmod.dat" ;
                            /* Konstante FILENAME_MAX (aus stdio.h) definiert
                               die maximal mögliche Länge eines Filenamens  */
  char    line   [81] ;
  int     kx , kf , ke , kp , ne , nk ;
  int     bekannt = 1 ;

  if (argc > 1) strcpy (flname , argv [1]) ;
                /* ... und wenn in der Kommando-Zeile kein Filename steht,
                     bleibt es bei der Vorbelegung "femmod.dat"        */
  if ((femmod_p = fopen (flname , "r")) == NULL)
    {
      printf ("Fehler beim Oeffnen des Files \"%s\"\n" , flname) ;
      return 1 ;
    }

  if (fgets  (line , 80 , femmod_p) == NULL) goto Fehler ;
                                         /* ... liest eine "Zeile"  */
  if (fscanf (femmod_p , "%d%d%d%d\n" , &kx , &kf , &ke , &kp) != 4)
    goto Fehler ;                        /* ... liest 4 int-Werte   */
  if (fgets  (line , 80 , femmod_p) == NULL) goto Fehler ;
                                         /* ... liest eine "Zeile"  */
  if (fscanf (femmod_p , "%d%d\n" , &ne , &nk) != 2) goto Fehler ;
                                         /* ... liest 2 int-Werte   */
  printf ("File \"%s\" beschreibt ein " , flname) ;
  if (ke == 2)
    {
      switch (kx)
        {
          case 2: printf ("zweidimensionales ") ; break ;
          case 3: printf ("dreidimensionales ") ; break ;
          default: bekannt = 0            ; break ;
        }
```

```
    if (bekannt)
       {
          switch (kf)
             {
                case  2: printf ("Fachwerk") ; break ;
                case  3: if (kx == 3) printf ("Fachwerk") ;
                         else          printf ("Rahmentragwerk") ;
                         break ;
                case  6: printf ("Rahmentragwerk") ; break ;
                default: bekannt = 0              ; break ;
             }
       }
  else
     bekannt = 0 ;

  if (!bekannt) printf ("unbekanntes Gebilde") ;
  printf ("\nmit %d Elementen und %d Knoten\n" , ne , nk) ;
  fclose (femmod_p) ;

  return 0 ;

  Fehler:
       printf ("Fehler beim Lesen vom File \"%s\"\n" , flname) ;
       fclose (femmod_p) ;
       return 1 ;
}
```

/* Die Funktion **fgets** arbeitet analog zur Funktion **gets** (vgl. Kommentar des Programms **syscall.c** im Abschnitt 3.15), liest einen String ein (mit beliebigen Zeichen, das "Newline"-Zeichen beendet den Lesevorgang), wird allerdings mit zwei zusätzlichen Argumenten aufgerufen:

* Argument 2 ist ein **int**-Wert, der angibt, wieviel Zeichen maximal gelesen werden sollen (so kann vermieden werden, daß es in dem als Argument 1 anzugebenden **char**-Array zu "eng" wird),

* Argument 3 ist der **FILE**-Pointer, der bei jeder File-Operation angegeben werden muß.

Im Programm **femfile1.c** wird **fgets** nur benutzt, um jeweils eine Zeile des Files "wegzulesen", die gelesenen Informationen werden nicht ausgewertet. Es wird allerdings der Return-Wert von **fgets** ausgewertet, der bei einem Fehler (auch beim Erreichen des Datei-Endes) den Wert **NULL** bekommt.   */

/* Die Funktion **fscanf** arbeitet analog zur Funktion **scanf** (vgl. Beschreibung im Kommentar des Programms **valtab04.c** im Abschnitt 3.12), wird mit nur einem zusätzlichen Argument (File-Pointer als Argument 1) aufgerufen.

Natürlich müssen für alle einzulesenden Werte die POINTER der Variablen angegeben werden, die die Werte aufnehmen sollen. Der Return-Wert von **fscanf** ist die Anzahl der tatsächlich eingelesenen Werte und wird im Programm **femfile1.c** zur Fehlererkennung genutzt.

Den Format-String des Funktionsaufrufs sollte man ohne Angabe der Feldlänge codieren (also z. B. **"%d"** für die Eingabe eines dezimal zu interpretierenden **int**-Wertes). Das erste nicht zum angegebenen Format passende Zeichen (also z. B. Leerzeichen oder Zeilensprung) wird dann als Begrenzer der Zahl gedeutet. Das "Newline"-Zeichen '\n' am Ende des Format-Strings in **scanf** sorgt dafür, daß der Zeilensprung noch mitgelesen wird und der Lesekopf am Beginn der nächsten Zeile postiert ist.   */

/* Analog zu den Lese-Funktionen **fgets** und **fscanf** sind in der **stdio**-Library die (in diesem Programm nicht verwendeten) Funktionen **fputs** für die Ausgabe eines Strings und **fprintf** für die formatierte Ausgabe verfügbar.   */

/* Die Programmiersprache C kennt keine "logischen Variablen" (wie z. B. LOGICAL in Fortran oder Boolean in Pascal). Da aber die Werte von logischen Ausdrücken **int**-Werte sind (**5 > 3** hat den "Wert 1", **5 < 3** hat den "Wert 0"), kann die Funktionalität der logischen Variablen mit **int**-Variablen nachgebildet werden (vgl. Abschnitt 3.16).

int-Werte können in Abfragen wie logische Variable verwendet werden, ein Ausdruck wie

```
if (bekannt)
```

wird dann mit "WAHR" bewertet (und die nachfolgenden Anweisungen werden ausgeführt), wenn die **int**-Variable den Wert 1 (oder einen anderen Wert ungleich 0) hat, anderenfalls (beim Wert 0) mit "FALSCH".

Auch der "Negationsoperator" ! ist anwendbar:

```
if (!bekannt) printf ("unbekanntes Gebilde") ;
```

... kann gelesen werden als "Wenn NICHT bekannt ...", ist also gleichwertig mit

```
if (bekannt == 0) printf ("unbekanntes Gebilde") ;
```

Wer auf logische Variablen im klassischen Sinne nicht verzichten möchte, kann sie sich gegebenenfalls mit **typedef** selbst definieren, z. B.:

```
typedef    int      BOOLEAN ;
#define    FALSE     0
#define    TRUE      1
```

Dann sind Vereinbarungen wie

```
BOOLEAN    x ;
```

und Zuweisungen wie

```
x = FALSE ;
```

und natürlich die Verwendung in logischen Ausdrücken möglich.   */

/* Der viel geschmähte **goto**-Befehl wird im Programm **femfile1.c** genutzt, um bei einem Lesefehler zu einer Fehlerausschrift zu springen, die mit einer Sprungmarke versehen ist. Dies ist sicher eine Situation, wo der **goto**-Befehl eher "strukturierend" wirkt. Alternativ dazu könnte man eine Funktion schreiben, die die Fehlerbehandlung übernimmt. Die (vom Schreiber dieses Kommentars mild belächelten) "Verfechter der reinen Lehre" sollten es tun.   */

Ende des Programms femfile1.c

6.4 Speicherplatz dynamisch allokieren

Bei der Definition eines Arrays ist die Anzahl der Elemente in den eckigen Klammern durch eine **Konstante** festzulegen, eine Variable ist nicht erlaubt, auch dann nicht, wenn diese vorab einen Wert erhalten hat. Eine Definition wie in

```
main
{
    int     n = 20 ;
    double  a[n]   ;      /* Falsch!!!! */
             /* ... */
}
```

wird vom Compiler bemängelt, es ist also erst recht nicht möglich, die Anzahl der benötigten Array-Elemente über eine Einlese-Aktion zu ermitteln, um danach das Array zu definieren (tatsächlich wird vom Compiler in den eckigen Klammern nur ein "Constant expression" erwartet, eine Definition wie **double a[3*4]** wäre also möglich, hilft aber in der Praxis auch nicht weiter).

Der Fall, daß erst zur Laufzeit des Programms bekannt ist, wieviel Speicherplatz für ein Array benötigt wird, ist aber ausgesprochen häufig. Ein typisches Beispiel ist die Datei (FEM-Berechnungsmodell), von der im Programm **femfile1.c** nur wenige Werte gelesen wurden. Wenn die restlichen Daten von der Datei gelesen werden sollen, zeigt sich das Problem: Die Anzahl der Knoten eines FEM-Berechnungsmodells **nk** (vgl. Einführung am Beginn des Abschnitts 6.3) bestimmt die Anzahl der Knotenkoordinaten, die ihre Lage definieren, der Parameter **kx** legt fest, ob Koordinatenpaare (zweidimensionale Modelle) oder -tripel (dreidimensionale Modelle) erforderlich sind. Erst nach dem Einlesen dieser beiden Werte liegt fest, wieviel Speicherplatz für die Knotenkoordinaten benötigt wird.

Auf entsprechende Weise legt die Anzahl der Elemente **ne** gemeinsam mit der Anzahl der Knoten pro Element **ke** fest, daß mit **ne*ke int**-Werten die Zuordnung der Elemente zu den Knoten beschrieben werden kann ("Koinzidenzmatrix").

Wenn man nicht Arrays mit einer Größe des "maximal zu behandelnden Modells" vereinbaren will, kann man den Speicherplatz für die Felder erst dann bereitstellen lassen, wenn die Größe der Felder festliegt (im betrachteten Beispiel also erst nach dem Einlesen der Werte **nk**, **ne**, **kx** und **ke**).

Das Schlüsselwort zur Lösung des Problems heißt "Dynamische Speicherplatz-Anforderung"[1] ("allocation"), die in der Programmiersprache C recht einfach realisierbar ist.

Dynamisches Allokieren von Speicherplatz:

♦ Es wird eine Pointer-Variable des Datentyps vereinbart, der den Speicherbereich belegen soll.

♦ Die Menge des benötigten Speicherplatzes wird über die **stdlib**-Funktionen **malloc** oder **calloc** angemeldet, die darauf mit dem Abliefern des Pointers auf den Beginn des Speicherbereichs (oder dem **NULL**-Pointer, wenn der Wunsch nicht erfüllbar ist) reagieren. Die **stdlib**-Funktionen liefern einen "Pointer auf void" (es geht nur um Speicherplatz, nicht um Datentypen), der auf den Typ des vereinbarten Pointers "gecastet" werden sollte.

♦ Mit der Funktion **free** kann der Speicherbereich wieder freigegeben werden.

Das nachfolgend gelistete Programm **femfile2.c** liest Werte von einem File, deren Anzahl sich erst aus einer ersten Leseaktion ergibt, der dafür benötigte Speicherplatz wird dynamisch allokiert:

---

[1] Es gehört zu den Vorteilen der höheren Programmiersprachen, daß man als Programmierer nicht wissen muß, wie der Compiler die Probleme löst. Aber es gibt viele Probleme, bei denen man das, was man als Programmierer beachten muß, viel leichter versteht, wenn man eine ungefähre Vorstellung von der internen Realisierung hat. Es ist an dieser Stelle durchaus empfehlenswert, im Anhang B nachzulesen, was es bedeutet, daß "dynamisch allokierter Speicherplatz auf dem 'Heap' angelegt wird", während der Speicherplatz für die Variablen, deren Gültigkeit beim Verlassen einer Funktion automatisch erlischt, "auf dem 'Stack' liegt".

Programm femfile2.c

/* **Dynamisches Allokieren von Speicherplatz**

In Erweiterung des Programms **femfile1.c** werden die Matrix der Knotenkoordinaten des Berechnungsmodells (**double**-Werte) und die Koinzidenzmatrix (**int**-Werte) gelesen und auf den Bildschirm ausgegeben. Weil erst mit dem Lesen der ersten Werte vom File bekannt wird, wieviel Speicherplatz für die Matrizen erforderlich ist, wird dieser dynamisch allokiert.

Weil das Programm für 3D-FEM-Modelle ausgelegt ist, kann es nur mit einem der beiden Files **femmod3.dat** oder **femmod4.dat** getestet werden.

Demonstriert werden mit diesem Programm

*   der Gebrauch des **sizeof**-Operators,
*   das dynamische Allokieren von Speicherplatz mit der **stdlib**-Funktion **calloc**,
*   die **stdio**-Funktion **rewind**,
*   das Suchen im File nach einem Schlüsselwort,
*   das Vergleichen zweier Strings mit der **string**-Funktion **strncmp**,
*   das Lesen vom File auf einen dynamisch allokierten Speicherbereich,
*   die Freigabe des allokierten Speichers mit der **stdlib**-Funktion **free**.   */

```c
#include <stdio.h>
#include <stdlib.h>                       /* ... für calloc          */
#include <string.h>                       /* ... für strcpy und strncmp */
main (int argc , char *argv [])
{
    FILE       *femmod_p ;
    char       flname [FILENAME_MAX+1] = "femmod.dat" ;
    char       line [81] ;
    int        kx , kf , ke , kp , ne , nk , i ;
    double     *xy_p ;                     /*  ... für Knotenkoordinaten */
    int        *km_p ;                     /*  ... für Koinzidenzmatrix  */
    if (argc > 1) strcpy (flname , argv [1]) ;
    if ((femmod_p = fopen (flname , "r")) == NULL)
      {
        printf ("Fehler beim Oeffnen des Files \"%s\"\n" , flname) ;
        return 1 ;
      }
    if (fgets  (line , 80 , femmod_p) == NULL) goto Fehler ;
    if (fscanf (femmod_p , "%d%d%d%d\n" , &kx , &kf , &ke , &kp) != 4)
                                                goto Fehler ;
    if (fgets  (line , 80 , femmod_p) == NULL) goto Fehler ;
    if (fscanf (femmod_p , "%d%d\n" , &ne , &nk) != 2) goto Fehler ;
    if (kx != 3 || ke != 2)
      {
        printf ("File beschreibt kein 3D-Stab- oder 3D-Rahmen-Tragwerk");
        return 1 ;
      }
    /*  Speicherplatz für 2 Matrizen allokieren (vgl. ausführlichen
        Kommentar am Programm-Ende):                            */
    if ((xy_p = (double *) calloc ((size_t) nk * kx ,
                        sizeof (double))) == NULL) goto KeinSpeicher ;
            /* ... reserviert Speicherplatz für nk*kx double-Elemente */
    if ((km_p = (int    *) calloc ((size_t) ne * ke ,
                        sizeof (int))) == NULL) goto KeinSpeicher ;
            /* ... reserviert Speicherplatz für ne*ke int-Elemente    */
```

```
    /*      Die Knotenkoordinaten werden im File durch das Schlüsselwort
            " Knotenkoordinaten:" eingeleitet. Der Lesekopf wird an den
            File-Anfang bewegt, von dort aus wird nach dem Schlüsselwort gesucht:        */
rewind (femmod_p) ;                                          /* ... "spult zurück" */
do {
    if (fgets (line , 80 , femmod_p) == NULL) goto Fehler ;
    } while (strncmp (line , " Knotenkoordinaten:" , 10) != 0) ;
    /*      ...     hat Zeile " Knotenkoordinaten:" gesucht und gelesen,
            es folgt das Lesen der nk*kx Knotenkoordinaten:                              */
for (i = 0 ; i < nk * kx ; i++)
    if (fscanf (femmod_p , "%lf" , (xy_p + i)) != 1) goto Fehler ;
    /*      Die gleiche Prozedur für die Koinzidenzmatrix:                              */
rewind (femmod_p) ;                                          /* ... "spult zurück" */
do {
    if (fgets (line , 80 , femmod_p) == NULL) goto Fehler ;
    } while (strncmp (line , " Koinzidenzmatrix:" , 10) != 0) ;
    /*      ...     hat Zeile " Koinzidenzmatrix:" gesucht und gelesen,
            es folgt das Lesen der ne*ke Elemente der Koinzidenzmatrix:                  */
for (i = 0 ; i < ne * ke ; i++)
    if (fscanf (femmod_p , "%d" , (km_p + i)) != 1) goto Fehler ;
printf ("Anzahl der Knoten:      nk = %d\n" , nk) ;
printf ("Anzahl der Elemente:    ne = %d\n" , ne) ;
printf ("\nKnotenkoordinaten:          x              y              z\n\n") ;
for (i = 0 ; i < nk ; i++)
    printf ("              %14.6lf%14.6lf%14.6lf\n" ,
            *(xy_p+i*3) , *(xy_p+i*3+1) , *(xy_p+i*3+2)) ;
printf ("\nKoinzidenzmatrix:       Knoten 1       Knoten 2\n\n") ;
for (i = 0 ; i < ne ; i++)
    printf ("              %14d%14d\n" , *(km_p+i*2) , *(km_p+i*2+1)) ;
free    (xy_p)      ;           /* ... gibt allokierten Speicherplatz */
free    (km_p)      ;           /*      wieder frei                    */
fclose (femmod_p) ;

return 0 ;

Fehler:
    printf ("Fehler beim Lesen vom File \"%s\"\n" , flname) ;
    fclose (femmod_p) ;
    return 1 ;

KeinSpeicher:
    puts    ("Fehler beim Allokieren von Speicherplatz") ;
    fclose (femmod_p) ;
    return 1 ;
}
```

/* Der **sizeof**-Operator liefert, angewendet auf einen beliebigen Datentyp (kann auch ein vom
Programmierer definierter Typ sein, dazu mehr im Kapitel 7), den Speicherbedarf in Byte:

```
                    n = sizeof (double) ;
```

... liefert in der Regel also den Wert 8. Das Ergebnis der **sizeof**-Operation ist vom Typ **size_t**,
der in **stddef.h** definiert ist:

```
            typedef unsigned int size_t ;
```

(also eine vorzeichenlose ganze Zahl).   */

/*   Die wichtigsten Funktionen für das Allokieren von Speicherplatz sind die **stdlib**-Funktionen

`void *malloc (size_t size)`

(Bereitstellen von Speicherplatz für ein Objekt mit einer z. B. mit **sizeof** ermittelten Größe **size**) und

`void *calloc (size_t n , size_t size)`

für das Bereitstellen von Speicherplatz für **n** Objekte mit der Größe **size**. Abgeliefert wird von den beiden Funktionen ein Zeiger auf den angeforderten Speicherbereich (Adresse des ersten Elements), der Typ **void** zeigt, daß es ein "generischer Pointer" ist, mit dem (anders als bei der Vereinbarung von Pointer-Variablen) zunächst kein Datentyp verknüpft ist.

Um Pointer-Arithmetik (ohne Nachdenken über den Speicherbedarf eines einzelnen Elements) betreiben zu können, wird der abgelieferte Pointer sofort in den Daten-Typ "gecastet", der auf dem allokierten Speicherplatz untergebracht werden soll:

`xy_p = (double *) calloc ((size_t) (nk * kx) , sizeof (double)) ;`

... liefert also auf der Pointer-Variablen **xy_p** den zum **double**-Pointer "gecasteten" Pointer ab, der auf einen Speicherbereich für **nk*kx double**-Werte zeigt (das "Casten" des Produkts **nk*kx** auf den von **calloc** erwarteten Typ vermeidet eine eventuelle Warnung des Compilers). Mit dem Pointer **xy_p** ist danach Pointer-Arithmetik möglich.

Wenn aus irgendeinem Grunde die Speicherplatz-Bereitstellung mißlingt, meldet **calloc** das durch Abliefern des **NULL**-Pointers, was unbedingt abgefragt werden sollte. Wenn das gleich mit der Zuweisung erledigt wird, entsteht die etwas unübersichtlich erscheinende Anweisung:

`if ((xy_p = (double *) calloc ((size_t) nk * kx ,`
`              sizeof (double))) == NULL) goto KeinSpeicher ;`

Im allgemeinen dürfte Programmabbruch angesagt sein, wenn eine Speicherplatzanforderung nicht erfüllt werden kann.   */

/*   Neben der Möglichkeit, Speicherplatz in einer Menge anzufordern, die erst zur Laufzeit des Programms bekannt ist, hat die dynamische Speicherverwaltung natürlich den Vorteil, nicht mehr benötigten Speicherplatz mit der **stdlib**-Funktion **free** wieder freizugeben. Dem dafür vorgesehenen Funktionsaufruf

`free (xy_p) ;`

muß nur der Pointer übergeben werden, der von **malloc** oder **calloc** geliefert wurde.   */

/*   Beim Lesen vom File wird immer exakt an der Stelle fortgesetzt, wo der Lesekopf nach der vorangegangenen Leseoperation stehenblieb. Das bedeutet, daß unter Umständen eine zusätzliche Leerzeile zwischen größeren Datenblöcken zu falscher Positionierung führt. Sicherer ist das Arbeiten mit Schlüsselworten, die jeweils einen Datenblock (z. B. den Block der Knotenkoordinaten) einleiten. Wenn vor einer solchen Schlüsselwortsuche jeweils an den Anfang des Files zurückgekehrt wird, dann können die durch Schlüsselworte zu identifizierenden Datenblöcke sogar in beliebiger Reihenfolge im File stehen.

Die Rückkehr an den File-Anfang wird durch die **stdio**-Funktion **rewind** erledigt (ihr Name erinnert an alte "Magnetband"-Zeiten, vgl. Bemerkungen am Ende des Abschnitts 6.2). Dieser Funktion muß entsprechend

`rewind (femmod_p) ;`

nur der File-Pointer des geöffneten Files übergeben werden.   */

/*   Für den Vergleich der gelesenen Strings mit dem gesuchten Schlüsselwort wird die **string**-Funktion **strncmp** benutzt (Strings dürfen wie allgemein Arrays nicht als Operanden in

Vergleichsausdrücken benutzt werden). Neben dieser Funktion wäre auch die Verwendung der etwas einfacheren **string**-Funktion

```
int strcmp (char *string1 , char *string2)
```

möglich, die die beiden per Pointer übergebenen Strings **lexikalisch vergleicht** und einen Return-Wert < 0 für **string1 < string2** bzw. > 0 für **string1 > string2** und nur dann 0 liefert, wenn beide Strings identisch sind.

Auf die gleiche Weise arbeitet

```
int strncmp (char *string1 , char *string2 , int n)
```

und liefert die gleichen Return-Werte, beschränkt sich aber auf den Vergleich der ersten **n** Zeichen der Strings. Im Programm **femfile2.c** wird diese Funktion bevorzugt, weil nach dem Lesen eines Strings mit **fgets** möglicherweise noch ein paar Leerzeichen, die im File nicht zu sehen wären, mit gelesen werden können, die das Vergleichsergebnis verfälschen könnten. */

Ende des Programms femfile2.c

6.5 Speicherplatzverwaltung

Im vorigen Abschnitt wurde die "dynamische Lebensdauer" von Speicherbereichen behandelt, die vom Programmierer über **calloc** und **malloc** explizit angelegt und über **free** freigegeben werden. Aber auch alle anderen Variablen (und auch Konstanten) sind natürlich in Speicherbereichen untergebracht, für die der Compiler nach ganz festen Regeln die "Lebensdauer" festlegt. Dieses Thema ist eng verknüpft mit einer Reihe anderer Eigenschaften ("Sichtbarkeit", "Bindung", "Gültigkeitsbereich", ...), die in diesem Zusammenhang auch behandelt werden sollen.[2]

6.5.1 Speicherklassen auto und static innerhalb von Funktionen

Variablen können innerhalb von Funktionen nur am Beginn eines Blocks definiert werden. Ein Block beginnt mit der öffnenden geschweiften Klammer { und endet an der zugehörigen schließenden geschweiften Klammer }. Zusätzlich zur Typangabe kann die Speicherklasse angegeben werden. Variablen der Speicherklassen **auto** und **static** sind nur innerhalb des Blocks, in dem sie definiert wurden, bekannt, verlieren mit dem Verlassen des Blocks ihre "Gültigkeit". Folgende Unterschiede sind zu beachten:

♦ Variablen der Speicherklasse **auto** ("automatic") verlieren mit dem Ende ihrer Gültigkeit (beim Verlassen des Blocks) ihren Wert und haben bei jedem Eintritt in den Block einen unbestimmten Wert. Wenn sie bei ihrer Definition gleichzeitig initialisiert werden, bekommen sie diesen Wert **bei jedem Wiedereintritt in den Block erneut zugewiesen**. Alle in den Funktionen der bis hierher behandelten Beispiel-Programme definierten

---

[2]Die wesentlichen Aussagen zu diesem Thema sind ebenso wichtig wie einfach. Es gibt jedoch auch einige sehr feinsinnige (aber notwendige) Regeln, die anfangs möglicherweise eher verwirren. Diese dürfen Sie vorerst "großzügig überlesen" (und im Zweifelsfall später nachholen). Ansonsten wird auf die Fußnote [1] im Abschnitt 6.4 verwiesen, die auch für das hier behandelte Thema gilt.

Variablen haben dieses Verhalten, weil **auto** die Standard-Speicherklasse für alle Variablen ist, bei denen nicht explizit ein Schlüsselwort für die Speicherklasse angegeben wird.

♦ Variablen der Speicherklasse **static** (dieses Schlüsselwort muß explizit angegeben werden) behalten ihren Wert auch über die Zeit hinweg, in der sie nicht gültig sind, haben also beim Wiedereintritt in einen Block genau den Wert, den sie beim letzten Verlassen des Blocks hatten. Eine **static**-Variable **wird genau einmal initialisiert** (gewissermaßen vor dem Start des Programms), entweder mit einem vom Programmierer vorgegebenen Wert oder mit dem Wert 0.

```
void  beispiel_fuer_speicherklassen  ()
{
    int  i ;              /*  Speicherklasse auto, Wert bei jedem
                              Eintritt in die Funktion unbestimmt    */
    int  j = 3 ;          /*  Speicherklasse auto, Wert bei jedem
                              Eintritt in die Funktion: 3            */
    static  int  m ;      /*  Speicherklasse static, Wert beim ersten
                              Eintritt in die Funktion: 0            */
    static  int  n = 4 ;  /*  Speicherklasse static, Wert beim ersten
                              Eintritt in die Funktion: 4            */
    /* ... */
    i = 4 ;        /* ...  hat keinen Einfluß auf den Anfangswert von i
                           eines nachfolgenden Aufrufs der Funktion     */
    j = 7 ;        /* ...  hat keinen Einfluß auf den Anfangswert von j
                           eines nachfolgenden Aufrufs der Funktion     */
    m++    ;       /* ...  legt den Anfangswert von m für einen nachfolgenden
                           Aufruf der Funktion fest                      */
    n = 9 ;        /* ...  legt den Anfangswert von n für einen nachfolgenden
                           Aufruf der Funktion fest                      */
}
```

Die etwas kompliziert erscheinenden Regeln lassen eine einfache Modellvorstellung zu, die sogar der tatsächlichen Realisierung durch die meisten Compiler entspricht:

Für **static**-Variablen werden feste Speicherplätze reserviert, deren Adressen sich während des gesamten Programmlaufs nicht ändern.

Für die **auto**-Variablen wird ein Speicherbereich genutzt, der von allen Variablen in allen Funktionen gemeinsam genutzt wird, nur innerhalb des Gültigkeitsbereichs einer Variablen darf ihr Speicherplatz nicht anderweitig vergeben werden (nach Verlassen einer Funktion z. B. ist der Speicherplatz aller "lokal" definierter **auto**-Variablen für anderweitige Verwendung freigegeben).

♦ Die Parameter, die eine Funktion übernimmt (deklariert im Funktionskopf und beim Funktionsaufruf mit Speicherplatz und Werten versorgt), darf der Programmierer wie "lokale **auto**-Variablen mit Initialisierung" ansehen (haben beim Eintritt in die Funktion einen Wert, der Wert darf geändert werden, diese Änderung ist jedoch nur lokal wirksam, weil sie beim Verlassen der Funktion "sterben").

6.5.2 Externe Variablen

Im Programm **valtab08.c** im Abschnitt 4.4.2 wurde eine Variable **char func[320]** außerhalb aller Funktionen vereinbart. Damit wurde sie als **externe Variable** definiert, die in allen Funktionen (ab der Position der Definition bis zum Ende des Files) verwendet werden konnte.

Vorsicht, Falle!

Eine Variable wird **durch den Ort ihrer Definition** zur externen Variablen (außerhalb aller Funktionen). Die Definition unterscheidet sich ansonsten nicht von der Definition einer (lokalen) Variablen in einer Funktion.

Dies wird deshalb besonders betont, weil mit dem Schlüsselwort **extern** (wird nachfolgend ausführlich erläutert) **nicht eine externe Variable definiert** wird, sondern "nur" eine Deklaration einer bereits anderweitig extern definierten Variablen angezeigt wird.

Mit der **Definition** einer externen Variablen wird der Speicherplatz angelegt und initialisiert (nach den gleichen Regeln, die für die **static**-Variablen innerhalb von Funktionen gelten). Jede Variable muß genau einmal definiert werden. Der Speicherplatz bleibt über den gesamten Programmlauf reserviert, externe Variablen "verlieren" die ihnen zugewiesenen Werte nicht.

Die Bequemlichkeit, die mit der Verfügbarkeit der externen Variablen in verschiedenen Funktionen verbunden ist, wird durch nicht zu unterschätzende Gefahren erkauft: In allen Funktionen können die Werte geändert werden, Fehlersuche kann dadurch außerordentlich erschwert werden. **Man benutze externe Variablen äußerst sparsam!**

Das Schlüsselwort **static** darf auch bei der Definition von **externen Variablen** verwendet werden, hat dabei eine ganz andere Bedeutung als bei der Verwendung innerhalb einer Funktion. Die Definition

```
static   double   ex_var  ;
```

außerhalb aller Funktionen bedeutet z. B.: Die Variable **ex_var** kann in allen Funktionen des Files verwendet werden, in dem sie definiert ist ("interne Bindung"). Die gleiche (externe) Vereinbarung ohne das Schlüsselwort **static** bedeutet: Die Variable kann in allen Funktionen des Programms verwendet werden, auch in den Funktionen, die in anderen Files definiert werden ("externe Bindung").

♦ Erst jetzt kommt das Schlüsselwort **extern** ins Spiel: Wenn eine externe Variable verwendet werden soll, die in einem anderen File **definiert** wurde, dann muß in dem File, in dem die Variable nicht definiert wird, eine **Deklaration** stehen, um den Compiler über die Eigenschaften der Variablen zu informieren. Um die Deklaration von der Definition unterscheiden zu können, wird ihr das Schlüsselwort **extern** vorangestellt.

Beispiel: Wenn die im Programm **valtab08.c** als

```
char func [320] ;
```

definierte externe Variable auch von Funktionen in einer anderen Datei benutzt werden soll
(man möchte z. B. die Funktion **f_von_x** in eine andere Datei auslagern), dann muß sie in
der anderen Datei mit

```
extern char func [] ;
```

deklariert ("bekanntgemacht") werden. Man beachte, daß für Deklarationen (wie bei den
Deklarationen der Parameter in einem Funktionskopf) die Anzahl der Array-Elemente nicht
angegeben werden muß, weil bei einer Deklaration kein Speicherplatz bereitgestellt wird.

Das Definieren einiger externer Variablen, die aus Funktionen angesprochen werden, die in
verschiedenen Files (Übersetzungseinheiten) stehen, kann bei größeren Projekten (z. B.:
Libraries) durchaus sinnvoll sein. In diesem Fall sollte unbedingt eine Include-Datei verwendet werden, die in alle Programm-Dateien eingebunden wird, um die Variablen möglichst
an einer Stelle zu verwalten. Dabei entsteht ein Problem: Genau einmal muß jede Variable
definiert werden, in allen anderen Dateien müssen **Deklarationen** stehen, so daß man
eigentlich zwei verschiedene Include-Dateien verwalten müßte.

Glücklicherweise ist die Realität nicht so hart wie die Theorie. Die Referenzen auf externe
Variablen, die in verschiedenen Files verwendet werden, können ohnehin erst vom Linker
aufgelöst werden (wie die Referenzen auf Funktionen, es kann also passieren, daß sich bei
einem Fehler erst der Linker beklagt). Die meisten Compiler fassen deshalb Definitionen von
externen Variablen als "vorläufig" auf (behandeln sie also wie Deklarationen), was allerdings
dann nicht möglich ist, wenn die Definition eine Initialisierung enthält (dann muß vom
Compiler zwangsläufig Speicherplatz bereitgestellt werden). Erst der Linker löst die Referenzen auf, indem er den **gleichen Speicherplatz** für eine mehrfach "vorläufig definierte"
Variable verwendet. Fazit: Man kann die externen Definitionen von Variablen in **einer**
Include-Datei verwalten, sofern die Variablen nicht initialisiert werden.

6.5.3 Sichtbarkeit von Variablen

Variablen dürfen mit gleichem Namen in verschiedenen Blöcken definiert werden.
Dabei kann die "Sichtbarkeit" einer Variablen "verdeckt" werden, die eigentlich in
einem Block gültig ist, Beispiel:

```
{      int  i = 4 ;
       {      int i = 5 ;
              print ("i im inneren Block:       %d\n") ;
       }
       print ("i im aeusseren Block:   %d\n") ;
}
```

... würde die Ausgabe liefern:

```
i im inneren Block:     5
i im aeusseren Block:   4
```

Die Variable **i**, die im inneren Block definiert wird, ist ein ganz anderes Objekt (mit eigenem
Speicherplatz) als die Variable gleichen Namens im äußeren Block. Sie "verdeckt" die
Variable des äußeren Blocks, die ja eigentlich auch im inneren Block gültig wäre.

Natürlich zeigt das Beispiel schlechten Programmierstil, man sollte solche Definitionen vermeiden. In der Regel, daß **eine Definition in einem inneren Block immer eine Definition mit gleichem Namen eines äußeren Blocks "unsichtbar" macht**, steckt aber ein auch Stück Sicherheit: Externe Variablen, die z. B. in einer Include-Datei "versteckt" sind, wirken bei Namenskonflikten auf diese Weise weder störend noch werden sie versehentlich verändert (der Programmierer möchte die "versteckten" Variablen ja offensichtlich nicht verwenden).

6.5.4 Was man sonst noch zu diesem Thema wissen sollte

Die wichtigste ergänzende Information ist die, daß das Thema nicht erschöpfend behandelt wurde, die für den Praktiker wichtigsten Hinweise wurden allerdings gegeben. Folgendes sollte man wenigstens registrieren:

♦ Die meisten Regeln gelten auch für Funktionen: Sie müssen wie Variablen genau einmal definiert (mit allen Anweisungen codiert) werden und können an anderen Stellen "bekanntgemacht" (deklariert) werden. **Funktionen dürfen nicht innerhalb von Funktionen definiert werden**: Die "Block"-Struktur, die für die Gültigkeit und Sichtbarkeit von Variablen genutzt werden kann, ist nur dafür etwa vergleichbar mit "block-orientierten" Sprachen (wie z. B. Pascal), für die Definition (und damit den Gültigkeitsbereich) von Funktionen ist sie nicht verwendbar.

Funktionen sind deshalb im Regelfall "global" verfügbar (in allen Files des Programms sichtbar). Gegebenenfalls müssen **Deklarationen** vorhanden sein, die auch ohne das Schlüsselwort als "extern" gelten (der Compiler kann im Gegensatz zu Variablen bei Funktionen ohne Schlüsselwort über die Syntax Definitionen von Deklarationen zu unterscheiden). Der Gültigkeitsbereich einer (per Voreinstellung "externen") Funktion kann jedoch wie bei externen Variablen mit dem Schlüsselwort **static** auf die Datei beschränkt werden, in der sie definiert wird.

♦ Neben den im Abschnitt 6.5.1 behandelten Speicherklassen **auto** und **static** für die Vereinbarung von Variablen innerhalb von Funktionen dürfen dort auch noch die Speicherklassen **extern** und **register** verwendet werden:

Das Schlüsselwort **extern** bedeutet immer: "Es existiert 'irgendwo' ein Objekt mit den hier beschriebenen Eigenschaften, es kann hier benutzt werden, wird aber nicht hier erzeugt."

Die Speicherklasse **register** signalisiert eine Bitte an den Compiler: "Diese Variable sollte (weil sie z. B. sehr oft verwendet wird) auf einem Speicherplatz mit sehr schnellem Zugriff untergebracht werden." Der Compiler versucht es (eventuell).

♦ Auch andere Objekte, die einen Namen tragen (z. B. Sprungmarken) haben Gültigkeitsbereiche, Sichtbarkeitsbereiche usw., die sich nach ähnlichen Regeln definieren, wie sie für die Variablen gelten. Da sie sehr sinnvoll und logisch sind, gerät der Programmierer, der sich ebenso verhält, mit diesen Regeln auch dann nicht in Konflikte, wenn er sie nicht genau kennt (bzw. wird vom Compiler oder Linker auf seinen Fehler aufmerksam gemacht).

Aufgabe 6.1: Das Programm **file1.c** aus dem Abschnitt 6.1 ist zu einem Programm **ascfile.c** zu erweitern, das für ASCII-Text-Dateien folgende Aufgaben erledigt:

a) Wie bei dem Programm **gu1.c** im Abschnitt 6.2 sollen in der Kommandozeile mehrere Filenamen angegeben werden dürfen (unter UNIX damit auch durch Angabe von Wildcards zu realisieren), die Dateien sollen dann nacheinander analysiert werden.

b) Zusätzlich zur "Anzahl der Zeichen" sind die "Anzahl der Zeilen", die "Länge (Anzahl der Zeichen) der längsten Zeile" und die "Anzahl der höheren ASCII-Zeichen" auszugeben (die höheren ASCII-Zeichen sind die - unter UNIX im allgemeinen nicht darstellbaren - Zeichen mit einer ASCII-Nummer größer als 127).

Aufgabe 6.2: Das Programm **gu1.c** aus dem Abschnitt 6.2 ist zu einem Programm **gu2.c** zu erweitern, das folgende Aufgaben erledigt:

a) Die komplette Funktionalität von **gu1.c** soll erhalten bleiben, auch hinsichtlich des Programmaufrufs (die Kommandozeilen **gu1 filename** und **gu2 filename** sollen für die angegebene Datei die gleichen Folgen haben).

b) In der Kommandozeile darf eine Option **-h** erscheinen, die das Programm **gu2.c** veranlassen soll, die "German Umlauts" nicht wie **gu1.c** zu transformieren, sondern entsprechend ihrer Darstellung in "HTML-Files".

Hinweis: Die "HyperText Markup Language" (HTML) ist die Sprache, in der die Texte der "WWW-Seiten" des Internet-Dienstes "World Wide Web" geschrieben werden. Die "German Umlauts" werden in dieser Sprache durch folgende Zeichenkombinationen dargestellt:

```
ä      -->    &auml;            Ä      -->    &Auml;
ö      -->    &ouml;            Ö      -->    &Ouml;
ü      -->    &uuml;            Ü      -->    &Uuml;
ß      -->    &szlig;
```

Aufgabe 6.3: Das Programm **femfile2.c** aus dem Abschnitt 6.4 ist zu einem Programm **femfile3.c** zu modifizieren, das folgende Ergänzungen enthält:

a) Es ist ein **double**-Feld mit **ne** Elementen dynamisch anzulegen (Definition eines Pointers und Allokieren von Speicherplatz, wenn **ne** bekannt ist).

b) Das **double**-Feld ist mit den "Abständen der Mittelpunkte der Elemente vom Nullpunkt des Koordinatensystems" zu belegen (Zugriff auf die Koinzidenzmatrix liefert die zum Element gehörenden beiden Punktnummern, damit können aus der Koordinatenmatrix die Koordinaten der Punkte entnommen werden, aus den arithmetischen Mittelwerten der Koordinatenwerte erhält man die Koordinaten des Element-Mittelpunktes und damit aus "Wurzel aus der Summe der Quadrate der Mittelpunkts-Koordinaten" die gewünschten Abstände).

c) Die unter b) ermittelten Abstände sind auf den Bildschirm auszugeben.

7 Strukturen, verkettete Listen

Als Erweiterung zu den "einfachen Variablen" (**double, int, char, ...**) wurden im Abschnitt 3.15 bereits die Arrays eingeführt (einschließlich des wichtigsten Spezialfalls, der als "Cha-racter-Arrays" darzustellenden Strings). Ein Array enthält grundsätzlich Daten des gleichen Typs. Strukturen dürfen dagegen auch Daten unterschiedlichen Typs enthalten.

7.1   Definition von Strukturen, Zugriff auf die Komponenten

Das Programm **struct1.c** erledigt keine vernünftigen Aufgaben. Es dient ausschließlich zum Einstieg in dieses wichtige Gebiet der Programmiersprache C:

Programm struct1.c

/* **Definition einer Struktur, Zugriff auf Struktur-Komponenten**

Demonstriert werden

    *   die Definition einer Struktur-Variablen und eines Struktur-Arrays,

    *   der Zugriff auf die Komponenten der Struktur,

    *   die Möglichkeit, eine komplette Struktur in einer Zuweisung zu verwenden.   */

```
#include <stdio.h>
#include <string.h>
main ()
{
   int  i ;
   struct {
            char   name    [20] ;
            char   vorname [20] ;
            float  zensur ;
          } stud , student [30] ;
```

    /* ... definiert eine STRUKTURVARIABLE **stud** mit den drei KOMPONENTEN **name, vorname** (Character-Arrays) und **zensur** (**float**) und ein Array **student** mit 30 Elementen, wobei jedes Element eine Struktur mit den drei Komponenten ist.

Auf die Komponenten der Struktur **stud** kann mit

`stud.name`

bzw.   `stud.vorname`

bzw.   `stud.zensur`

wie auf einfache Variablen zugegriffen werden.

Auf die Komponenten der Array-Elemente des Struktur-Arrays **student** kann mit

```
                          student[i].name
bzw.                      student[i].vorname
bzw.                      student[i].zensur
```

wie auf einfache Variablen zugegriffen werden.   */

/*   Beispiel für Zugriff auf Komponenten einer einfachen Struktur-Variablen: */

```
strcpy (stud.name      , "Korn")  ;
strcpy (stud.vorname , "Klara") ;
stud.zensur = 1.3f ;
```

/*   Beispiel des Zugriffs auf Komponenten der Elemente eines Struktur-Arrays: */

```
strcpy (student[0].name      , "Cron")  ;
strcpy (student[0].vorname , "Maria") ;
student[0].zensur = 2.0f ;

student[1] = stud ;
```

/*   ... ist eine bemerkenswerte Möglichkeit einer Zuweisung, sie wird am Ende des
      Programms ausführlich kommentiert.   */

```
for (i = 0 ; i < 2 ; i++)
   printf ("Zensur fuer %s %s:      %3.1f\n" ,
           student[i].vorname , student[i].name , student[i].zensur) ;
   return 0 ;
}
```

/* Die Definition von Struktur-Variablen entspricht der Syntax der Definition von einfachen
Variablen, wobei der in geschweiften Klammern stehende Teil als "zum Schlüsselwort **struct**
gehörend" angesehen werden muß:

```
           struct { ... }      a , b[10] ;
           double              x , y[10] ;
```

... verdeutlicht die Übereinstimmung der Definitionen. Während das Schlüsselwort **double**
bereits die komplette Information über den Datentyp enthält, muß das Schlüsselwort **struct**
noch durch die in den geschweiften Klammern stehende Information ergänzt werden.

Da der Aufwand einer Struktur-Definition im Ausfüllen der geschweiften Klammern besteht,
kann man ihr ein voranzustellendes Etikett verpassen ("Structure tag"), um in nachfolgenden
Definitionen darauf zurückgreifen zu können:

```
           struct s1 { ... }      a ;
           struct s1              b[10] ;
```

... wäre gleichwertig mit den oben angegebenen Struktur-Definitionen. Eine so "etikettierte"
Struktur-Definition braucht auch gar keine Variablen zu definieren (dann wird zunächst auch
kein Speicherplatz reserviert), sondern gewissermaßen nur die "Struktur der Struktur", auf die
in nachfolgenden Definitionen zurückgegriffen wird:

```
           struct s1    { ... }    ;
           struct s1    a , b[10] ;
```

... wäre also eine weitere gleichwertige Möglichkeit der Definition.

Daß diese Trennung von Typ-Definition (der Typ **struct s1** kann nun wie der Typ **double**
verwendet werden) und Definition von Variablen gerade für Strukturen sinnvoll ist, hängt mit
den speziellen Eigenschaften der Strukturen zusammen, die im nachfolgenden Kommentar
besprochen werden.   */

```
/*  Es gibt neben der Möglichkeit, Daten unterschiedlicher Typen in einer Struktur zusammen-
    zufassen, noch mehr bemerkenswerte Unterschiede zu den Arrays, z. B.:
```

* **Eine Struktur kann komplett an eine andere Struktur des gleichen Typs zugewiesen werden** (dabei werden alle Komponenten kopiert). Dies wurde mit der Anweisung

```
                       student[1] = stud ;
```

demonstriert. Arithmetische Operationen mit kompletten Strukturen sind nicht definiert,

```
         stud = student[1] + student [2] ;    /*  Falsch!!!  */
```

würde auch nicht sinnvoll sein.

* **Eine Struktur kann Return-Wert einer Funktion sein.**

* Strukturen können als **Argumente an Funktionen** übergeben werden und werden dabei nicht automatisch wie Arrays durch einen Pointer repräsentiert, sondern **wie einfache Variablen "by value"** übergeben (Funktion erhält nur eine Kopie). Natürlich kann man auch den Pointer auf die Struktur übergeben, was dann allerdings explizit durch den Referenzierungsoperator **&** (und die Kennzeichnung des Parameters im Funktionskopf durch den Dereferenzierungsoperator *) angezeigt werden muß.

Wie Arrays dürfen auch **Strukturen nicht in Vergleichsoperationen** auftreten (schade eigentlich, das würde häufig durchaus sinnvoll sein), verglichen werden können natürlich die einzelnen Komponenten.   */

```
/*  Die Möglichkeiten der Verwendung von Strukturen als Funktions-Argumente und Return-
    Werte funktioniert natürlich nur, wenn die miteinander korrespondierenden Funktionen mit
```
Strukturen gleichen Typs hantieren. Deshalb ist die oben behandelte Trennung von Typ-Definition und Definition bzw. Deklaration von Struktur-Variablen besonders sinnvoll, um nicht immer wieder den gesamten Inhalt der geschweiften Klammern schreiben zu müssen.

Der Programmierer geht deshalb gern sogar noch einen Schritt weiter und ordnet der Typ-Definition mittels **typedef** einen eigenen Namen zu, z. B.:

```
           struct s1 { ... } ;
           typedef    struct s1    s1_struc  ;
```

... definiert den Typ **s1_struc**. Zur Erinnerung: Mit **typedef** wird eigentlich kein neuer Typ erzeugt, es wird nur einem existierenden Typ (hier dem gerade vorher definierten Typ **struct s1**) ein neuer (weiterer) Name gegeben. Damit wird die Ähnlichkeit zu den Definitionen der einfachen Variablen noch größer:

```
           double              x , y[10] ;
           s1_struc            a , b[10] ;
```

Die beiden Zeilen zur Typ-Definition können zu einer zusammengefaßt werden, indem man die Definition des Typs (**struct s1 { ... }**) in die **typedef**-Zeile an die Stelle setzt, wo sie ohnehin verwendet wird:

```
           typedef    struct s1 { ... }    s1_struc  ;
```

... definiert einen Datentyp **s1_struc**, der der Definition der in der gleichen Anweisung definierten Struktur **struct s1** entspricht. Und weil das "Etikett" **s1**, das diesen Struktur-Typ charakterisiert, nun natürlich überflüssig ist, weil ohnehin diesem Struktur-Typ der neue Name **s1_struc** zugewiesen wird, kann es auch weggelassen werden:

```
           typedef    struct { ... }    s1_struc  ;
```

... ist die kürzeste Variante, einen Struktur-Typ mit einem Namen zu definieren.   */

Ende des Programms struct1.c

Man beachte, daß mit einer Anweisung der Form

```
typedef   struct { ... }   new_type ;
```

keine Variable erzeugt wird (es wird also auch kein Speicherplatz reserviert).
Darauf wird deshalb aufmerksam gemacht, weil (bis auf das Schlüsselwort
typedef) diese Zeile etwa so aussieht wie die Variablen-Definition am Anfang
des Programms **struct1.c**.

**Vorsicht,
Falle!**

Die vielleicht verwirrend erscheinende Vielfalt der Möglichkeiten der Struktur-Definition
sollte der Anfänger durch konsequentes Arbeiten mit einer Variante umgehen:

> Empfohlen werden kann die gesonderte Vereinbarung eines Struktur-Datentyps ent-
> sprechend
>
> ```
>        typedef   struct  s1_tag  { ... }  s1_struc ;
> ```
>
> und die nachfolgende Verwendung des so definierten Typs **s1_struc** wie die vor-
> definierten Standardtypen, z. B.:
>
> ```
>              s1_struc   a , b[20] ;
>              double     x , y[20] ;
> ```
>
> Mit dieser Variante sind eigentlich alle Möglichkeiten von Definitionen und Deklaratio-
> nen unter Verwendung von Strukturen sinnvoll zu bedienen. Meistens kann das "Eti-
> kett" (hier: **s1_tag**) weggelassen werden, ist aber für die Definition "rekursiver Struk-
> turen" (folgt im Abschnitt 7.3) erforderlich, und ansonsten schadet es nicht.

♦ Speziell bei der Verwendung von Strukturen als Return-Werte oder als Funktions-Argumente erscheint die Struktur in verschiedenen Funktionen und muß natürlich überall auf
  gleiche Art definiert sein. Dazu können folgende Empfehlungen gegeben werden:

  • Wenn eine Struktur in mehreren Funktionen auftaucht, die im gleichen File codiert
    sind, sollte die empfohlene **typedef**-Anweisung "global sichtbar" sein. Dies realisiert
    man dadurch, daß sie am File-Anfang (vor der ersten Funktions-Definition, auch vor
    dem ersten Funktions-Prototyp) plaziert wird, so daß sie für alle Funktionen "sichtbar"
    ist.

  • Wird die Struktur in Funktionen verwendet, die sich in unterschiedlichen Quell-Files
    befinden, sollte man die **typedef**-Anweisung in einer Include-Datei unterbringen, und
    alle Quell-Files, in denen ein Bezug auf die Struktur-Definition genommen wird,
    binden dann diese als "Header-Datei" ein.

♦ In den Standard-Header-Dateien gibt es eine sehr große Anzahl von **typedef**-Anweisun-
  gen, um jeder Variablen (nicht nur Struktur-Variablen) einen informativen Typnamen
  zukommen zu lassen. Man kann sich das z. B. in der Include-Datei **types.h** (zu finden
  unter UNIX üblicherweise unter **/usr/include/sys**, in MS-Visual-C-Installationen möglicherweise unter **\MSVC\INCLUDE\SYS**). Dort findet man Definitionen wie

```
typedef  long  time_t  ;
typedef  int   pid_t   ;
```

... und viele andere. Dies hat für die Compiler-Hersteller den nicht zu unterschätzenden Vorteil, bei einer Anpassung an ein anderes System eventuell nur die **typedef**-Anweisung ändern zu müssen. Der Programmierer kommt häufig nicht umhin, in den Header-Dateien nachzusehen, welcher Typ sich tatsächlich hinter einer Bezeichnung verbirgt, denn für die Ausgabe hat er natürlich keine Format-Anweisungen für die Typen **time_t** oder **pid_t**.

7.2   Strukturen in Strukturen, Pointer auf Strukturen

Strukturen "kommen selten allein". Sie werden in der Regel als Vektoren oder in "verketteten Listen" (Abschnitt 7.3) bzw. "Bäumen" (Kapitel 8) zusammengefaßt. Deshalb ist ihre Verwendung im Zusammenhang mit Pointern typisch. Das Programm **struct2.c** bereitet darauf vor. Auch dieses Programm dient nur zur Demonstration, sinnvolle Arbeit wird nicht erledigt:

Programm struct2.c

```
/*  Strukturen in Strukturen, Pointer auf Strukturen, Allokieren von
    Speicherplatz für eine Struktur
```

Demonstriert werden

* die Definition von Struktur-Typen mit **typedef**,
* die Definition einer Struktur, die eine andere Struktur enthält, und der Zugriff auf die Komponenten einer solchen Struktur,
* die Definition einer Struktur-Variablen, eines Struktur-Pointers und eines Struktur-Vektors,
* das dynamische Allokieren von Speicherplatz für eine Struktur,
* die spezielle Möglichkeit, auf die Komponenten einer Struktur mit Struktur-Pointern zuzugreifen.   */

```
#include <stdio.h>
#include <stdlib.h>                           /* ... für malloc und free */
#include <string.h>
main ()
{
  int  i ;
  typedef  struct p_tag {
                          char  name    [20] ;
                          char  vorname [20] ;  }  person ;
```

```
/*  ... definiert den Struktur-Typ person, bestehend aus zwei Character-Arrays    */
```

```
  typedef  struct s_tag {
                          person  name   ;
                          float   zensur ;  }  student ;
```

```
/*  ... definiert den Struktur-Typ student, der die Struktur person enthält       */
```

```
/*  In beiden Struktur-Definitionen hätte man das "Etikett" (p_tag bzw. s_tag) weglas-
    sen können.

    Die doppelte Verwendung der Bezeichnung name (einmal für ein Character-Array
    in person, zum anderen für die Struktur person in student) ist erlaubt, kann aus
    dem Kontext heraus immer eindeutig zugeordnet werden.                         */
```

```
student   stud , *stud_p , gruppe_mal [30] ;
```

/*   ... definiert die Struktur-Variable **stud**, einen Pointer **stud_p** auf eine Struktur und
den Struktur-Vektor **gruppe_mal**, der aus 30 Strukturen besteht.

Auf die Komponenten einer Struktur in einer Struktur wird folgendermaßen
zugegriffen: */

```
strcpy (stud.name.name    , "Korn")  ;
strcpy (stud.name.vorname , "Klara") ;
stud.zensur = 1.3f ;
```

/*   Mit der Vereinbarung

```
                      student  *stud_p  ;
```

wird nur Speicherplatz für einen Pointer, nicht etwa für die Komponenten einer
Struktur, bereitgestellt. Speicherplatz wird mit der **stdlib**-Funktion **malloc** angefordert: */

```
stud_p = (student *) malloc (sizeof (student)) ;
```

/*   ... stellt Speicherplatz für eine Struktur bereit (die erforderliche Menge wird vom
Compiler mit **sizeof (student)** ermittelt). Der von **malloc** abgelieferte **void**-
Pointer wird zu einem "Pointer auf den Datentyp **student** gecastet". Damit wäre im
Prinzip auch "Pointer-Arithmetik" möglich (hier natürlich nicht, weil kein Array
angefordert wurde).

Der Erfolg einer Speicher-Anforderung sollte in jedem Fall überprüft werden: */

```
if (stud_p == NULL)
  {
      puts ("Fehler beim Allokieren von Speicherplatz") ;
      return 1 ;
  }
```

/*   Die nachfolgenden Zuweisungs-Varianten für Struktur-Komponenten, wenn der
Pointer auf die Struktur gegeben ist, werden in einem speziellen Kommentar am
Ende des Programms besprochen: */

```
strcpy ((*stud_p).name.name   , "Cron")  ;
strcpy (stud_p->name.vorname , "Maria") ;
stud_p->zensur = 2.0f ;
```

/*   Die Zuweisungen ganzer Strukturen wurden schon im Programm **struct1.c** behandelt: */

```
gruppe_mal[0] =  stud   ;
gruppe_mal[1] = *stud_p ;
for (i = 0 ; i < 2 ; i++)
  printf ("Zensur fuer %s %s:      %3.1f\n" ,
          gruppe_mal[i].name.vorname ,
          gruppe_mal[i].name.name   , gruppe_mal[i].zensur) ;
free (stud_p) ;                        /* ... gibt den für die Struktur allokierten
                                              Speicherplatz wieder frei */

return 0 ;
}
```

/* Strukturen über ihre Pointer anzusprechen, ist eher die Regel als die Ausnahme (weil bei der
Übergabe als Argumente an Funktionen Kopien der kompletten Strukturen übergeben werden,
was bei großen Strukturen natürlich einen gewaltigen Aufwand darstellt, gibt der gute Programmierer fast ausschließlich Pointer auf Strukturen an aufzurufende Funktionen).

Im Programm **struct2.c** ist **stud_p** ein Pointer auf eine Struktur vom Typ **student**. Die Komponente **zensur** dieser Struktur kann dann als

```
(*stud_p).zensur
```

angesprochen werden. Die Klammern um (***stud_p**) sind unverzichtbar, weil ***stud_p.zensur** vom Compiler als ***(stud_p.zensur)** interpretiert wird und zu einer Fehlermeldung führen würde (weil **zensur** kein Pointer ist, kann man nicht dereferenzieren).

Weil aber diese Art des Zugriffs auf die Komponente einer Struktur, die ihrerseits durch einen Pointer repräsentiert wird, eher der Regelfall im Umgang mit Strukturen ist, gibt es dafür eine spezielle vereinfachte Schreibweise:

```
stud_p->zensur
```

ist identisch mit (***stud_p).zensur** und sollte immer verwendet werden, wenn mittels eines Struktur-Pointers auf die Komponente einer Struktur zugegriffen werden soll.

Um die Gleichwertigkeit der beiden Schreibweisen zu demonstrieren, wurden beide im Programm **struct2.c** verwendet. */

Ende des Programms struct2.c

7.3 Rekursive Strukturen, verkettete Listen

Im Programm **struct2.c** im Abschnitt 7.2 wurde gezeigt, daß eine Struktur eine **andere** Struktur enthalten darf. Eine Struktur darf sich allerdings nicht selbst als Komponente enthalten, was auch nicht sinnvoll wäre, weil diese sich ja dann auch wieder enthalten würde usw. (unendliche Rekursion). Es gilt jedoch:

> Eine Struktur darf einen **Pointer auf eine Struktur ihres eigenen Typs** enthalten, man nennt sie dann "rekursive Struktur".

Programm struct3.c

```
/* Definition einer "rekursiven Struktur", eine einfache "verkettete Liste"
```

Auch dieses Programm dient nur zur Demonstration, sinnvolle Arbeit wird nicht erledigt. Demonstriert werden

* die Definition einer "rekursiven Struktur",
* das "Verketten" von Strukturen mit Pointern,
* Mehrfachzuweisungen. */

```
#include <stdio.h>
#include <stdlib.h>                      /* ... für malloc und free */
#include <string.h>
typedef  struct p_tag  {
                        char    name     [20] ;
                        char    vorname  [20] ;
                        float   zensur             ;
             struct p_tag *next            ; } student ;
```

```
/*  ... definiert den Struktur-Typ student, der einen Pointer auf eine Struktur gleichen
    Typs enthält. Die Definition steht (global) außerhalb aller Funktionen, um für alle
    Funktionen "sichtbar" zu sein.                                                   */

student *new_elem (char * , char * , float) ;                        /* Prototyp */
main ()
{
    student *root_p , *stud_p ;   /* ... 2 Pointer auf Strukturen des Typs student */
    /*  Jeder Aufruf der Funktion new_elem erzeugt eine Struktur des Typs student,
        belegt alle Komponenten und liefert als Return-Wert den Pointer auf die Struktur.

        Der Pointer auf die erste Struktur wird zum "List-Anchor" root_p, der zweite wird
        als next-Komponente in der ersten Struktur abgelegt, der dritte als next-Kom-
        ponente in der zweiten Struktur usw. Die letzte Struktur "pointert" auf keine
        Nachfolge-Struktur, dort bleibt der von new_elem eingetragene NULL-Pointer, der
        das "Ende der Liste" signalisiert.                                           */

    root_p                    = new_elem ("Beam"    , "Jim"    , 1.7f) ;
    stud_p = root_p->next = new_elem ("Cron"    , "Maria"  , 2.7f) ;
    stud_p = stud_p->next = new_elem ("Korn"    , "Klara"  , 2.0f) ;
    stud_p = stud_p->next = new_elem ("Walker" , "Johnny" , 1.3f) ;

    /*  Nachfolgend wird die "verkettete Liste" komplett abgearbeitet:            */

    stud_p = root_p ;
    while (stud_p != NULL)
      {
        printf ("%s, %s\t%f\n" , stud_p->name      ,
                                  stud_p->vorname , stud_p->zensur) ;
        stud_p = stud_p->next ;
      }

    /*  Der für die Strukturen allokierte Speicherplatz wird wieder freigegeben:   */

    while (root_p != NULL)
      {
        stud_p = root_p->next ;
        free (root_p) ;
        root_p = stud_p ;
      }

    return 0 ;
}

/*  Funktion fordert Speicherplatz für eine Struktur an, belegt die Komponenten mit den vor-
    gegebenen Werten und liefert den Pointer auf die Struktur als Return-Wert ab:    */

student *new_elem (char *name , char *vorname , float zens)
{
    student *stud_p ;

    if ((stud_p = (student *) malloc (sizeof (student))) == NULL)
      {
        puts ("Fehler beim Allokieren von Speicherplatz") ;
        exit (1) ;                              /* Hartes Ende bei Speicher-Knappheit! */
      }

    strcpy (stud_p->name      , name) ;
    strcpy (stud_p->vorname , vorname) ;
    stud_p->zensur = zens ;
    stud_p->next    = NULL ;                     /* ... neue Struktur pointert "auf nichts" */

    return  stud_p ;
}
```

/* Das Programm enthält einige "Mehrfachzuweisungen", die zum Teil sogar riskant erscheinen
mögen.

Daß jede Zuweisung in C selbst wieder einen Wert repräsentiert, wurde bereits mehrfach
ausgenutzt, indem dieser Wert gleich noch für den logischen Ausdruck einer Abfrage verwendet wurde. Auch in der oben angegebenen Funktion **new_elem** findet man diese Konstruktion: Die Zuweisung

```
stud_p = (student *) malloc (sizeof (student))
```

wurde eingeklammert und für eine Abfrage verwendet:

```
if ((stud_p = ...) == NULL) ...
```

... funktioniert, weil **(stud_p = ...)** selbst wieder den Wert hat, der **stud_p** zugewiesen wird.

Entsprechend verhält es sich mit Mehrfachzuweisungen, die "ganz sicher" auch mit Klammern
formuliert werden können, z. B.:

```
root_p = (stud_p = stud_p->next) ;
```

Mit dieser Schreibweise ist gesichert, daß erst **stud_p** der Wert von **stud_p->next** zugewiesen
wird, anschließend bekommt **root_p** den Wert der Zuweisung selbst zugewiesen. In der im
Programm **struct3.c** verwendeten "klammerlosen Schreibweise" erfolgt die Zuweisung "von
rechts nach links", so daß

```
root_p = stud_p = stud_p->next ;
```

gleichwertig mit der geklammerten Aufschreibung ist.

Besonders wichtig ist diese Eindeutigkeit der Festlegung natürlich für einen Ausdruck wie

```
stud_p = stud_p->next = new_elem ("Walker" , "Johnny" , 1.3f) ;
```

Hier wird also **zuerst** die **next**-Komponente der Struktur verändert, auf die der **alte stud_p**-
Pointer zeigt, danach wird der **stud_p**-Pointer "erneuert". So wird genau der beabsichtigte
Effekt erzielt: Der **next**-Pointer der "alten" Struktur zeigt auf die "neue" Struktur.   */

/* Die explizite Freigabe des allokierten Speicherplatzes am Ende des Programms ist natürlich
nicht zwingend, nach dem Ende des Programms steht er dem Betriebssystem ohnehin wieder
zu Verfügung.   */

Ende des Programms struct3.c

Die "einfach verkettete Liste", die mit Strukturen des Typs **student** im Programm **struct3.c**
angelegt wurde, ist eine sehr wichtige Datenstruktur. Ihre Vorteile sind offenkundig:

- Es muß nicht von vornherein feststehen, wie lang diese Liste werden wird, jederzeit kann
  ein neues Element (eine Struktur) ergänzt werden, Speicherplatz wird genau dann angefordert, wenn er benötigt wird. Im Programm **struct3.c** wurden die neuen Elemente
  jeweils am Ende der Liste angefügt.

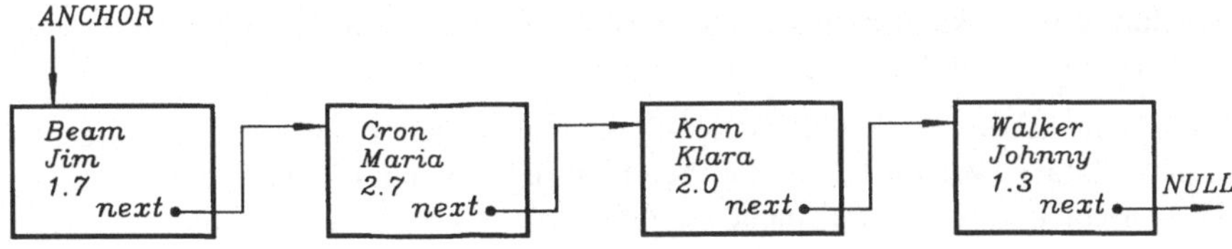

Einfach verkettete Liste

♦ Die gesamte Liste wird über einen einzigen "ANCHOR"-Pointer verwaltet (im Programm **struct3.c** wurde dafür die Pointer-Variable **root_p** verwendet), mit dem der "Einstieg" in die Liste gelingt, innerhalb der Liste befinden sich die "Fortsetzungs-Informationen".

♦ Durch die Verkettung wird eine Reihenfolge festgelegt (dies ist nicht anders als bei Struktur-Arrays, bei denen durch die Indizes der Elemente auch eine Reihenfolge repräsentiert wird). Im Gegensatz zu Arrays ist aber ein Einfügen eines Elements an einer beliebigen Stelle der Liste mit außerordentlich geringem Aufwand (ohne "umzuräumen"!) möglich. Dies verdeutlicht die folgende Skizze:

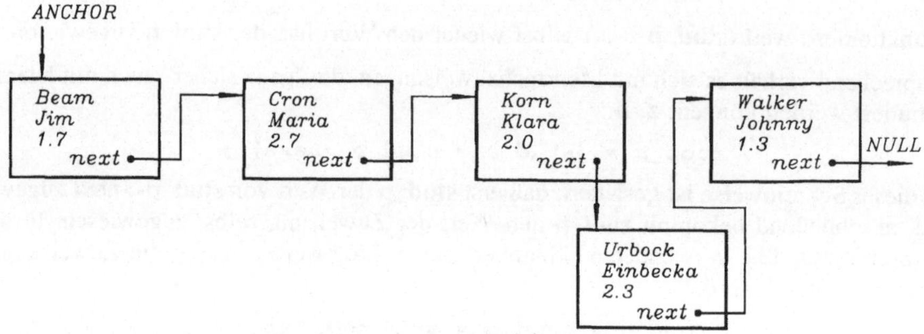

Einfügen eines zusätzlichen Listen-Elements

Das skizzierte Beispiel zeigt, wie ein Listen-Element nachträglich an eine bestimmte Stelle (hier soll die alphabetische Anordnung der Namen erhalten bleiben) eingefügt wird:

• Der **next**-Pointer eines Elements (hier: "Korn" pointerte auf "Walker") wird zum **next**-Pointer des neuen Elements (hier: "Urbock", dieses Element pointert nun auf "Walker").

• Als **next**-Pointer des Elements, das seinen Pointer abgegeben hat (hier: "Korn"), wird der Pointer auf das neue Element (hier: "Urbock") eingetragen, so daß das neue Element in die Kette eingefügt ist.

Man beachte, daß außer diesen beiden Pointer-Bewegungen keine Daten umgespeichert werden mußten.

♦ Das Beispiel macht klar, daß das Löschen eines Listen-Elements noch einfacher zu realisieren ist: Es wird nur ein Pointer geändert, und das unerwünschte Element fällt aus der Kette heraus (man sollte natürlich den für das entfernte Element allokierten Speicherplatz freigeben).

♦ Ein gewisser Nachteil ist, daß die Liste immer vom Anfang an (und auch nur in einer Richtung) durchsucht werden muß, um ein bestimmtes Element zu finden. Abhängig vom Verwendungszweck kann man verschiedene Verbesserungen anbringen, von denen hier nur zwei besonders einfache genannt werden sollen:

• Man kann neben dem "ANCHOR"-Pointer auch den Pointer auf das jeweils letzte Listen-Element verwalten, so daß beim Einfügen eines Elements am Ende der Liste diese nicht komplett durchsucht werden muß (diese Variante wurde im Programm **struct3.c** praktiziert).

- Die Listen-Elemente können "doppelt verkettet" werden, indem neben einem Pointer auf den Nachfolger auch ein Pointer auf den Vorgänger verwaltet wird (dieser würde im "ANCHOR"-Element den Wert **NULL** bekommen, weil es für dieses keinen Vorgänger gibt). "Doppelt verkettete Listen" können in beiden Richtungen durchsucht werden.

- Für einige Anwendungen ist es sinnvoll, das letzte Listen-Element wieder auf das erste Element pointern zu lassen (man denke z. B. an die Verwaltung von Popup-Menüs, bei denen man den Rollbalken beim Hinausgehen über das letzte Menüangebot wieder auf das erste Angebot setzen möchte). In solchem Fall spricht man von "ringförmigen Listen".

- Natürlich können in einem Element einer verketteten Listen selbst neue Listen "verankert" werden. Die nachfolgende Skizze zeigt ein Beispiel einer "Gruppen-Liste", in deren Elementen jeweils "Studenten-Listen" verankert werden können:

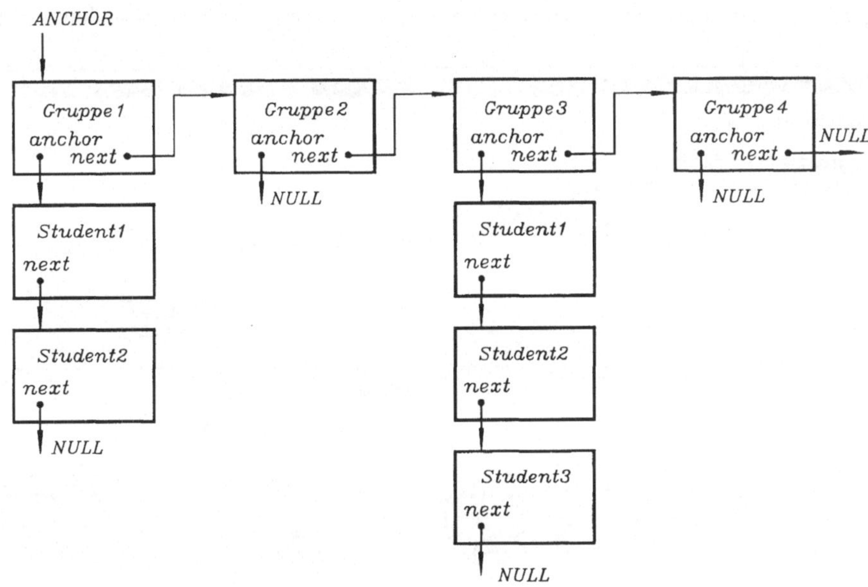

Listen-Elemente, die selbst wieder "Anchor" für Listen sind

- Das letzte Beispiel verdeutlicht, daß mit dieser Art der Verwaltung von Strukturen beliebige "Topologien" von Listen erzeugt werden können. Auf die besonders wichtige Verwaltung von baumartigen Topologien wird im Kapitel 8 eingegangen.

- Es soll schon hier darauf aufmerksam gemacht werden, daß mit der günstigen Möglichkeit des Einfügens und Löschens von Listen-Elementen an beliebiger Stelle einer verketteten Liste nicht die optimale (schnellste) Variante des Einsortierens bzw. Suchens von Elementen verbunden ist, weil z. B. das (sortierende) Einfügen eines neuen Elements im Mittel das Durchsuchen der halben Liste erfordert (dazu mehr im Kapitel 8). Wenn allerdings die Elemente einer verketteten Liste in geeigneter Reihenfolge vorliegen, läßt sich die gesamte Liste optimal abarbeiten.

7.4   Sortieren mit verketteten Listen: Programm "femfile4.c"

Wegen der Wichtigkeit und Schwierigkeit der in diesem Kapitel behandelten Probleme wurden bisher ausschließlich "didaktisch geprägte" Beispiel-Programme besprochen. Das in diesem Abschnitt vorzustellende Programm behandelt ein "ernsthaftes" Problem, dessen Hintergrund zunächst kurz erläutert werden soll:

Wenn dreidimensionale Objekte auf einem zweidimensionalen Medium (Papier, Bildschirm-Oberfläche) dargestellt werden müssen, ist der schwierigste (und aufwendigste) Prozeß die Klärung der Frage, welche darzustellenden Objekte durch welche anderen verdeckt werden (keine Angst, Graphik-Programmierung kommt erst später, hier geht es nur um Vorarbeit). Eine besonders schnelle Variante ist bei der Bildschirm-Darstellung möglich: Es werden alle Objekte (also auch die eigentlich unsichtbaren) gezeichnet, allerdings in der Reihenfolge ihrer Entfernung vom Betrachter (die am weitesten entfernten zuerst), so daß die nicht sichtbaren durch die nachfolgenden Zeichenaktionen "überdeckt" werden.

Die folgende Skizze eines "dreidimensionalen Stabwerks" zeigt ein so entstandenes Bild:

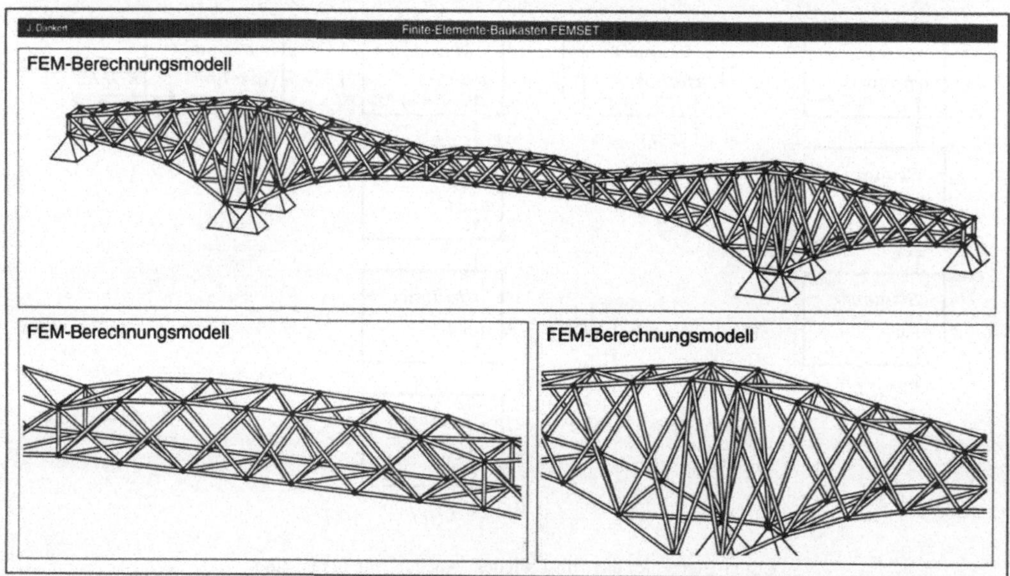

Dabei ist eine recht "grobe" Strategie realisiert worden: Von allen Stäben wurden die Mittelpunkt-Koordinaten und deren Entfernungen vom Punkt des Betrachters berechnet und die Stäbe in der dadurch vorgegebenen Reihenfolge gezeichnet (natürlich mußten auch die Knoten und die Lager in diese Ordnung eingepaßt werden).

Das Programm **femfile4.c** demonstriert die Realisierung der Ermittlung der Mittelpunkt-Koordinaten, die Entfernungsberechnung und den Sortierprozeß. Dabei werden die Daten (wie schon bei den Beispiel-Programmen im Kapitel 6) von Files gelesen, die vom FEM-Baukasten FEMSET erzeugt wurden (zu den Files des Tutorials gehören die beiden Dateien **femmod3.dat** und **femmod4.dat**, die solche 3D-Objekte beschreiben und sich für das Testen des Programms **femfile4.c** eignen).

> Das Programm **femfile4.c** demonstriert noch einmal alles, was bisher im Kapitel 7
> behandelt wurde. Außerdem wird vieles genutzt, was in den Kapiteln 3 bis 6 vor-
> gestellt wurde. Es besteht aus mehreren Funktionen, so daß Sie es "strukturiert"
> durcharbeiten können.
>
> Sie sollten dieses Programm als Zwischentest nutzen. Wenn Sie alles verstehen, kann
> es zügig weitergehen, bei offenen Fragen: Zurückblättern und wiederholen!

Programm femfile4.c

/* **Lesen eines FEM-Modells vom File, Anlegen einer sortierten Element-Liste**

Ein FEM-Modell wird (wie im Programm **femfile2.c**) vom File gelesen, aber im Unterschied
zum Programm **femfile2.c** werden die Koordinaten in einem "Vector of point structures" und
die Element-Informationen in einer verketteten Liste von Element-Strukturen gespeichert. Es
werden zusätzlich die Element-Mittelpunkte berechnet, und die Element-Liste wird nach den
Abständen dieser Mittelpunkte vom Nullpunkt geordnet.

Demonstriert werden mit diesem Programm

* die globale Definition von Struktur-Typen mit **typedef**,
* die Definition einer "rekursiven Struktur",
* die Definition eines Struktur-Vektors und das dynamische Allokieren von Speicherplatz,
* das Anlegen einer verketteten Liste,
* das Einbringen von Listenelementen in einer geordneten Reihenfolge,
* das Suchen nach einem Schlüsselwort in einem File und das Plazieren des Lesekopfes,
* das Freigeben des für die Strukturen des Struktur-Vektors und die Strukturen der verketteten Liste allokierten Speicherplatzes,
* der "bedingte Ausdruck".   */

```c
#include <stdio.h>
#include <stdlib.h>
#include <math.h>
#include <string.h>
```

/* Die Struktur-Typen werden global (außerhalb aller Funktionen) definiert, um sie für alle
    Funktionen "sichtbar" zu machen: */

```c
typedef   struct   { double x ;                 /* Struktur für die drei        */
                     double y ;                 /* Koordinaten eines            */
                     double z ; } point3d ;     /* 3D-Punktes                   */

typedef   struct el3d_tag { int      elem_nr  ; /* Struktur für ein finites     */
                            int      node1    ; /* Element mit Elem.-Nummer,    */
                            int      node2    ; /* zwei Knotennummern, dem      */
                            point3d  midpoint ; /* Mittelpunkt (Struktur!) und  */
                            double   dist     ; /* der Distanz vom Nullpunkt    */
                   struct el3d_tag  *next     ; } elem3d ;
```

/* Man beachte die Unterschiede der Struktur-Definitionen, die schon hinsichtlich ihrer be-
    absichtigten Verwendung konzipiert wurden:

* Die Knotenkoordinaten sollen in einem Vektor aus **point3d**-Strukturen gespeichert werden.
  In einem Vektor ist die Speicherposition eine zusätzliche Information und wird für die

Knotennummern verwendet werden: Auf Vektorposition **i** werden die Koordinaten des Knotens **i+1** enthalten sein (weil Vektorpositionen ab **0** zählen, Knotennummern ab **1**).

* Im Gegensatz dazu sollen die Element-Informationen in einer verketteten Liste untergebracht werden. Ein Element dieser Liste ist eine Struktur **elem3d**, die die Information "Element-Nummer" selbst enthält, und natürlich einen Pointer auf eine Struktur gleichen Typs ("rekursive Struktur-Definition").   */

```
/**  Prototypen der verwendeten Funktionen:  *************************/
FILE    *openfile       (char* , int* , int* , int* , int* , int* , int*);
int     keywrd_search (FILE*    , char* , int) ;
void    midpoint_dist (elem3d* , point3d*) ;
elem3d *new_list_elem (elem3d* , elem3d*)   ;
void    print_xyz     (int     , point3d*) ;
void    print_elem    (elem3d*) ;
void    free_list     (elem3d*) ;

/*********************************************************************************/

main (int argc , char *argv [])
{
  int      kx , kf , ke , kp , ne , nk , i ;
  FILE     *femmod_p ;
  point3d  *xy_p ;                          /*  ... für Knotenkoordinaten     */
  elem3d   *first_elem = NULL ,        /*  ... Anker-Element für Liste   */
           *new_elem         ;

  if ((femmod_p = openfile (argc > 1 ? argv [1] : "femmod.dat" ,
                 &kx , &kf , &ke , &kp , &ne , &nk)) == NULL) return 1;
```

/* ... öffnet File, liest die **int**-Elemente (dieses "schöne" Statement bekommt einen Sonderkommentar am Ende des Programms)   */

```
  if ((xy_p = (point3d *) calloc ((size_t) nk , sizeof (point3d)))
                          == NULL) goto KeinSpeicher ;
```

/* ... reserviert Speicherplatz für **nk point3d**-Strukturen   */

/* Die Knotenkoordinaten werden im File durch das Schlüsselwort " Knotenkoordinaten:" eingeleitet. Der Lesekopf wird an den File-Anfang bewegt, von dort aus wird nach dem Schlüsselwort gesucht: */

```
  if (!keywrd_search (femmod_p , " Knotenkoordinaten:" , 10)) return 1 ;
```

/* ... bewegt Lesekopf zur Zeile nach Schlüsselwort " Knotenkoordinaten:"   */

```
  for (i = 0 ; i < nk ; i++)
     if (fscanf (femmod_p , "%lf%lf%lf" , &(xy_p + i)->x ,
               &(xy_p + i)->y , &(xy_p + i)->z) != 3) goto Fehler ;
```

/* ... liest die Knotenkoordinaten in den "Vector of **point3d** structures"   */

```
  if (!keywrd_search (femmod_p , " Koinzidenzmatrix:" , 10)) return 1 ;
```

/* ... bewegt Lesekopf zur Zeile nach Schlüsselwort " Koinzidenzmatrix:".

Es folgt die Schleife über alle **ne** Elemente, in der die **sortierte verkettete Liste** der Elemente angelegt wird: In jedem Durchlauf wird zunächst Speicherplatz für eine **elem3d**-Struktur angefordert, danach werden die beiden Knotennummern des Elements vom File eingelesen. Die Knotennummern, die Elementnummer und (in der Funktion **midpoint_dist**) der Element-Mittelpunkt und sein Abstand vom Nullpunkt werden in die Struktur eingetragen. Schließlich wird die Struktur (in der Funktion **new_list_elem**) an der richtigen Stelle in die Liste eingefügt: */

```c
    for (i = 1 ; i <= ne ; i++)                 /* Schleife über alle Elemente */
      {
        if ((new_elem = (elem3d *) malloc (sizeof (elem3d))) == NULL)
                                        goto KeinSpeicher ;

          /*   ... reserviert Speicherplatz für ein Listen-Element              */

        if (fscanf (femmod_p , "%d%d" , &new_elem->node1 ,
                                &new_elem->node2) != 2) goto Fehler ;

          /*   ... liest Knotennummern des Elements vom File                    */

        new_elem->elem_nr = i ;                      /* ... ergänzt Elementnummer */

        midpoint_dist (new_elem , xy_p) ;    /* ... ergänzt Mittelpunkt und Distanz */

        first_elem = new_list_elem (first_elem , new_elem) ;

          /*   ... ordnet das neue Listen-Element an der richtigen Position ein */

      }

    fclose (femmod_p) ;           /* ... schließt File                          */
    print_xyz  (nk , xy_p)  ;     /* ... gibt alle Koordinaten aus              */
    print_elem (first_elem) ;     /* ... gibt Element-Informationen aus         */
    free_list (first_elem)  ;     /* Allokierter Speicherplatz aller Listen-Elemente ... */
    free       (xy_p)       ;     /* ... und des Struktur-Vektors wird freigegeben */

    return 0 ;

    Fehler:          puts ("Fehler beim Lesen vom File") ;
                     fclose (femmod_p) ;
                     return 1 ;
    KeinSpeicher:    puts   ("Fehler beim Allokieren von Speicherplatz") ;
                     fclose (femmod_p) ;
                     return 1 ;
}
```

> Es folgen die Funktionen, die aus **main** gerufen werden. Es ist nicht zwingend, daß Sie
> alle durcharbeiten. Sie sollten aber registrieren, welche Aufgaben erledigt werden, um
> die Funktionen gegebenenfalls als Gerüste für die Lösung eigener Aufgaben zu nutzen.

/*   Öffnen des FEM-Files, Lesen der Anfangs-Informationen: *****************/**

```c
FILE *openfile (char *flname , int *kx , int *kf , int *ke , int *kp ,
                                int *ne , int *nk)
{
    FILE      *femmod_p ;
    char      line [81] ;
    if ((femmod_p = fopen (flname , "r")) == NULL)
      {
        printf ("Fehler beim Oeffnen des Files \"%s\"\n" , flname) ;
        return femmod_p ;
      }
    if (fgets  (line , 80 , femmod_p) == NULL) goto Fehler ;
    if (fscanf (femmod_p , "%d%d%d%d\n" , kx , kf , ke , kp) != 4)
       goto Fehler ;

    if (fgets  (line , 80 , femmod_p) == NULL) goto Fehler ;
    if (fscanf (femmod_p , "%d%d\n" , ne , nk) != 2) goto Fehler ;
```

```c
   if (*kx != 3 || *ke != 2)
     {
       printf ("File beschreibt kein 3D-Stab- oder 3D-Rahmen-Tragwerk") ;
       return NULL ;
     }
   return femmod_p ;

   Fehler:    printf ("Fehler beim Lesen vom File \"%s\"\n" , flname) ;
              fclose (femmod_p) ;
              return NULL ;
}
```

/***   **Positionieren des Lesekopfes in Zeile nach einem Schlüsselwort:**   *********/

```c
int keywrd_search (FILE *file_p , char *keyword , int nchars)
{
   char  line [81] ;
   int   n       ;

   rewind (file_p) ;                                          /* ... "spult zurück" */

   n = nchars > 80 ? 80 : nchars ;
   do {
       if (fgets (line , 80 , file_p) == NULL)
          {
              printf ("Keyword \"%s\" nicht gefunden\n" , keyword) ;
              return 0 ;
          }
      } while (strncmp (line , keyword , n) != 0) ;
   return 1 ;
}
```

/***   **Berechnung eines Element-Mittelpunktes und des Nullpunkt-Abstandes:**   ******/

```c
void midpoint_dist (elem3d *elem , point3d *xy_p)
{
   int p1 , p2 ;

   p1 = elem->node1 - 1 ;              /* Position für ersten bzw. ...            */
   p2 = elem->node2 - 1 ;              /* ... zweiten Knoten im Koordinaten-Vektor   */

   elem->midpoint.x = ((xy_p + p1)->x + (xy_p + p2)->x) / 2 ;
   elem->midpoint.y = ((xy_p + p1)->y + (xy_p + p2)->y) / 2 ;
   elem->midpoint.z = ((xy_p + p1)->z + (xy_p + p2)->z) / 2 ;

   elem->dist = sqrt (elem->midpoint.x * elem->midpoint.x +
                      elem->midpoint.y * elem->midpoint.y +
                      elem->midpoint.z * elem->midpoint.z) ;
}
```

/***   **Bildschirm-Ausgabe des Vektors der Knotenkoordinaten:**   ******************/

```c
void print_xyz (int nk , point3d *xy_p)
{
   int i ;
   printf
     ("\nKnotenkoordinaten:           x                y                z\n\n") ;
   for (i = 0 ; i < nk ; i++)
       printf ("                          %14.6lf%14.6lf%14.6lf\n" ,
               (xy_p+i)->x , (xy_p+i)->y , (xy_p+i)->z) ;
}
```

> **Die folgende Funktion fügt eine Struktur "sortiert" in die verkettete Liste ein.**
>
> Alle möglichen Varianten ("Liste ist noch leer", "neue Struktur kommt an den Anfang",
> "neue Struktur kommt an das Ende" und "neue Struktur wird zwischen zwei bereits
> vorhandene Listen-Elemente eingefügt") werden realisiert.
>
> Parameter: **first_elem**   -   Pointer auf "Anchor"-Element der Liste,
>   **new_elem**   -   Pointer auf einzufügendes Listenelement.
>
> Return-Wert ist der Pointer (auf eventuell geändertes) "Anchor"-Element der Liste.

```c
/***   Einfügen eines neuen Listen-Elements:   *********************************/
elem3d *new_list_elem (elem3d *first_elem , elem3d *new_elem)
{
   elem3d  *act_elem ;
   /* Die Liste wird nach der Komponente dist in der elem3d-Struktur aufsteigend geordnet: */
   if (first_elem == NULL)                       /* ... ist die Liste noch leer,        */
     {
        first_elem      = new_elem ;             /* ... das neue Element wird erstes    */
        first_elem->next = NULL      ;           /* ... und zeigt auf keinen Nachfolger */
     }
   else                                          /* ... existiert die Liste bereits     */
     {
        if (new_elem->dist > first_elem->dist)
          {                                      /* ... muß das Neue an den Anfang,     */
            new_elem->next = first_elem ;        /* ... auf "altes erstes" zeigen       */
            first_elem     = new_elem ;          /* ... und ist nun erstes              */
          }
        else
          {                                      /* ... muß Liste gescannt werden       */
            act_elem = first_elem ;
            while (act_elem != NULL)
              {
                if (act_elem->next == NULL)
                  {                                     /* ... Ende erreicht,       */
                    act_elem->next = new_elem ;         /* ... neues anhängen,      */
                    new_elem->next = NULL      ;        /* ... ist nun das Ende     */
                    act_elem       = NULL      ;
                  }
                else if ((act_elem->next)->dist < new_elem->dist)
                  {                                         /* ... wird neues */
                    new_elem->next = act_elem->next ;       /* Element zwi-   */
                    act_elem->next = new_elem ;             /* schen aktuel-  */
                    act_elem       = NULL     ;             /* les und Nach-  */
                  }                                         /* folger gehängt */
                else   act_elem = act_elem->next ;
              }
          }
     }
   return first_elem ;                           /* ... es könnte geändert worden sein */
}
```

```c
/*** Bildschirm-Ausgabe der verketteten Liste der Element-Informationen:  ******/
void print_elem (elem3d *first_elem)
{
  elem3d  *act_elem ;
  printf ("\n Element        Knoten 1        Knoten 2          Distanz\n\n");
  act_elem = first_elem ;
  while (act_elem != NULL)
    {
      printf ("%5d%14d%14d%20.6lf\n" ,
              act_elem->elem_nr , act_elem->node1 , act_elem->node2 ,
              act_elem->dist) ;
      act_elem = act_elem->next ;
    }
}


/*** Freigeben des allokierten Speicherplatzes einer Liste:  ******************/
void free_list (elem3d *first_elem)
{
  elem3d  *act_elem , *next_elem ;
  act_elem = first_elem ;
  while (act_elem != NULL)
    {
      next_elem = act_elem->next ;
      free (act_elem) ;
      act_elem = next_elem ;
    }
}
```

/* Die am Anfang von **main** stehende Anweisung dient als "Trainings-Einheit" für das Analysieren von Statements, wie sie C-Programmierer gern schreiben ("schön" ist es nicht, mehrere
Aufgaben in eine Anweisung zu packen, empfehlenswert auch nicht, aber beliebt, und weil
man häufig C-Quell-Programme gerade von "Codier-Freaks" zu sehen bekommt, sollte man
sich einmal in der Analyse üben):

```c
if ((femmod_p = openfile (argc > 1 ? argv [1] : "femmod.dat" ,
        &kx , &kf , &ke , &kp , &ne , &nk)) == NULL) return 1 ;
```

... ruft die Funktion

```c
openfile ( ... )
```

auf, die als Return-Wert den FILE-Pointer des geöffneten Files auf **femmod_p** abliefert, bei
Mißerfolg ist das der **NULL**-Pointer, was mit

```c
(femmod_p = openfile ( ... )) == NULL
```

gleich abgefragt wird und gegebenenfalls zum Abbruch (**return 1 ;**) führt.

Bleibt die Analyse der Argumente des **openfile**-Aufrufs: Für die abzuliefernden **int**-Werte
werden die Pointer übergeben (**&kx** , **...**), das erste Argument ist der Filename, für den ein
sogenannter "bedingter Ausdruck" formuliert wurde:

```c
argc > 1 ? argv [1] : "femmod.dat"
```

Die Bedingung vor dem Fragezeichen entscheidet, ob der Ausdruck vor dem Doppelpunkt
(wenn Bedingung erfüllt ist) oder nach dem Doppelpunkt (wenn Bedingung nicht erfüllt ist)
verwendet werden soll, in diesem Fall also zu lesen als: "Wenn mehr als eine Zeichenkette in
der Kommandozeile stand, dann nimm die zweite Zeichenkette **argv[1]** als Filename, anderenfalls versuche es mit **"femmod.dat"**.

Ein "bedingter Ausdruck" wurde auch in der Funktion **keywrd_search** verwendet:

```
n = nchars > 80 ? 80 : nchars ;
```

kann als Kurzform einer **if-else**-Kontrollstruktur angesehen werden und ist gleichwertig mit

```
if      (nchars > 80) n = 80      ;
else                  n = nchars ;            */
```

Ende des Programms femfile4.c

7.5   "Unions" und "Enumerations"

Eine "Union" dient dazu, Variablen unterschiedlichen Typs auf dem gleichen Speicherbereich unterzubringen (wie mit EQUIVALENCE in Fortran oder mit "**case**-varianten Records" in Pascal). "Enumerations" sind "Aufzählungstypen" (wie in Pascal, dort allerdings als "skalare Typen" noch allgemeiner), mit denen ein Programm lesbarer gemacht werden kann.

Obwohl der Verwendungszweck dieser beiden Datentypen wenig mit dem Thema dieses Kapitels zu tun hat, werden sie hier behandelt, weil die Syntax ihrer Definition sehr viel Ähnlichkeit mit den im Abschnitt 7.1 besprochenen Struktur-Definitionen hat. Folgende Zusammenstellung verdeutlicht das:

```
struct   st_tag   { ... }   st_var   ;
union    un_tag   { ... }   un_var   ;
enum     en_tag   { ... }   en_var   ;
```

Wie für die **struct**-Definition gilt auch für die **union**- und die **enum**-Definition:

♦ Das "Etikett" (oben gewählte Namen: **st_tag**, **un_tag** bzw. **en_tag**) darf weggelassen werden, wenn sich keine nachfolgende Definition oder Deklaration auf diese Typ-Definition bezieht.

♦ Die Definition von ein oder mehreren Variablen (oben wird jeweils eine Variable definiert: **st_var**, **un_var** bzw. **en_var**) kann weggelassen werden und getrennt von der Typ-Definition (z. B. mit Bezug auf das "Etikett") vorgenommen werden.

♦ In den geschweiften Klammern steht die Typ-Beschreibung, die den neuen Datentyp charakterisiert.

♦ Mit **typedef** kann ein zusätzlicher Name für den neuen Datentyp festgelegt werden.

7.5.1 "Unions"

Man darf sich eine Union exakt wie eine Struktur vorstellen (Definition unterscheidet sich nur im Schlüsselwort, Syntax des Zugriffs auf die Komponenten ist gleich, Zuweisung "als Ganzes" ist möglich). Es gibt nur einen (allerdings wesentlichen) Unterschied: Alle Variablen belegen den gleichen Speicherbereich. Die Variable mit dem größten Speicherbedarf bestimmt den Speicherbedarf der **union**.

Der Programmierer ist verantwortlich dafür, daß er die Komponente, die gespeichert wurde, auch wieder abruft. Es ist natürlich nur sinnvoll, zu einem bestimmten Zeitpunkt eine spezielle Komponente zu behandeln. Das kleine Beispiel-Programm demonstriert die Definition einer **union**:

Programm union1.c

```c
#include <stdio.h>
#include <string.h>
main ()
{
  union u_tag1 { char s[20] ;                    /* ... definiert "Union" u1, */
                 int  i[10] ; } u1 ;             /* Etikett u_tag1 könnte     */
                                                 /* weggelassen werden        */
  u1.i[2] = 17 ;
  printf ("i[2] = %d\n" , u1.i[2]) ;
  strcpy (u1.s , "String in union") ;
  puts   (u1.s) ;
  printf ("i[2] = %d\n" , u1.i[2]) ;             /* ... liefert "Schrott"     */

  return 0 ;
}
```

Ende des Programms union1.c

Das Programm **union1.c** zeigt, daß nach dem Ablegen eines Strings in der **union** nur die Benutzung der String-Variablen sinnvoll ist, andere Komponenten der **union** können nicht abgerufen werden (der Compiler beklagt sich nicht!), die Ausgabe des Programms bestätigt das:

```
i[2] = 17
String in union
i[2] = 26478
```

7.5.2 Aufzählungstyp enum

Bei der Definition eines Aufzählungstyps werden in den geschweiften Klammern Konstanten definiert, die dann den gesamten Wertevorrat für diesen Datentyp ausmachen, z. B. wird mit

```c
enum fl_tag { Kreis , Quadrat , Dreieck } flaeche ;
```

eine Variable **flaeche** definiert, die nur einen der drei Werte **Kreis**, **Quadrat** und **Dreieck** annehmen kann (mit dem "Etikett" **fl_tag** kann man bei Bedarf weitere Variablen dieses Typs erzeugen). Es ist also eine Anweisung wie

```c
flaeche = Quadrat ;
```

möglich. Intern werden die Konstanten des **enum**-Typs durch **int**-Werte repräsentiert, die vom Compiler (mit **0** beginnend) automatisch festgelegt werden, für das Beispiel würde bei

```c
printf ("%d" , Dreieck) ;
```

der Wert **2** ausgegeben werden. Der Programmierer kann jedoch auch selbst die **int**-Werte festlegen, die den einzelnen **enum**-Konstanten zugeordnet werden sollen, z. B.:

```c
enum fl_tag { Kreis = 1 , Quadrat = 4 , Dreieck = 3 } flaeche ;
```

Der Compiler überprüft nicht, ob den Variablen des **enum**-Typs nur Werte zugewiesen werden, die dem definierten Wertevorrat angehören, man kann diesen Variablen beliebige **int**-Werte zuweisen. Sinnvoll ist die Verwendung von **enum**-Variablen, um sie in Abfragen oder Verteilern zu verwenden, die dadurch lesbarer werden. Mit dem angegebenen Beispiel läßt sich (unabhängig von den **int**-Werten, die die einzelnen Konstanten repräsentieren) z. B. folgende Kontrollstruktur programmieren:

```
switch (flaeche)
   {
      case  Kreis:      /* ... */
      case  Quadrat:    /* ... */
      case  Dreieck:    /* ... */
   }
```

... und das ist einfach etwas übersichtlicher als die Verwendung von Ziffern.

Aufgabe 7.1: Es ist ein Programm **telefon1.c** zu schreiben, das nacheinander für eine Person den Nachnamen, den Vornamen und die Telefonnummer abfordert, diese Angaben in einer Struktur ablegt, die selbst Teil einer verketteten Liste ist. Nach der Eingabe der Daten für eine Person soll jeweils gefragt werden, ob die Eingabe für eine weitere Person oder der Abbruch des Programms gewünscht wird.

Die verkettete Liste ist ungeordnet anzulegen (jede neue Eintragung kommt an das Ende der Liste), nach jeder Eingabe der Daten einer Person ist die komplette Liste folgendermaßen auszugeben (dringende Empfehlung: Telefonnummer ist auch ein String, keine Zahl):

```
Telefonliste
============

1.)   Schneider, Otto              040-1234567
2.)   Müller, Hans                 069-7654321

Weitere Eingabe (J/N)?
```

Aufgabe 7.2: Das Programm **telefon1.c** der Aufgabe 7.1 ist zu einem Programm **telefon2.c** zu erweitern, das die Liste geordnet ausgibt (lexikalisch sortiert nach den Nachnamen, bei gleichen Nachnamen entscheidet der Vorname über die Einordnung, wenn Nachname und Vorname gleich sind, wird der Eintrag nur dann zusätzlich in die Liste aufgenommen, wenn nicht auch die Telefonnummern gleich sind).

Tip: Die Funktion **new_list_elem** des Programms **femfile4.c** im Abschnitt 7.4 kann als Muster für das Erzeugen einer geordneten verketteten Liste dienen. Der lexikalische Vergleich zweier Strings kann mit der Standard-Funktion **strcmp** realisiert werden (beschrieben am Ende des Programms **femfile2.c** im Abschnitt 6.5).

Aufgabe 7.3: Das Programm **telefon2.c** der Aufgabe 7.2 ist zu einem Programm **telefon3.c** zu erweitern, das die komplette Liste bei der Beendigung des Programms in eine Datei **telefon.dat** schreibt. Bei jedem neuen Programmstart wird im "Current directory" nach dieser Datei gesucht. Wenn sie gefunden wird, soll der komplette Inhalt gelesen, als verkettete Liste gespeichert und ausgegeben werden. Anschließend wird nach der Erweiterung der Liste gefragt.

Tip: Schreiben Sie die drei Informationen für eine Person "in drei Zeilen" in die Datei, z. B. formatiert (mit **fprintf**) mit dem Formatstring **"%s\n"**, gelesen werden sollte dann (mit **fscanf**) mit exakt dem gleichen Formatstring.

"Es war einmal ein Mann, der hatte sieben Söhne. Die sieben Söhne baten: 'Vater, erzähle eine Geschichte!' Da fing der Vater an: 'Es war einmal ein Mann, der hatte sieben Söhne. Die sieben Söhne ...'"

"Interessant! Und wie geht die Geschichte weiter?"

8 Rekursionen, Baumstrukturen, Dateisysteme

Komplizierte Datenstrukturen kommen in vielen Computer-Anwendungsbereichen vor. Mit den im Kapitel 7 besprochenen verketteten Listen ist bereits eine relativ einfache Variante vorgestellt worden, die mit der angedeuteten Möglichkeit, in andere Listen zu verzweigen, bereits sehr komplexe Strukturen ermöglicht. Als Beispiel soll die Datenstruktur in einem CAD-System angeführt werden, in der "Listen von Bauteilen" auf "Listen von Substrukturen" zeigen, die wiederum auf "Listen von Grundkörpern" und diese auf "Listen von Flächen" und diese auf "Listen von Kanten" usw. pointern.

Die Bearbeitung solcher komplizierten Datenstrukturen ist effektiv wohl nur mit den in diesem Kapitel zu besprechenden rekursiven Programmiertechniken möglich.

Wenn eine Funktion sich selbst aufruft, spricht man von **direkter Rekursion**. Wenn die "aufrufende Funktion" eine andere Funktion aufruft, aus der (unter Umständen erst am Ende einer längeren Kette von Funktionsaufrufen) schließlich die "aufrufende Funktion" wieder aufgerufen wird, spricht man von **indirekter Rekursion**.

Schon die Definition läßt ahnen, daß mit dieser Programmiertechnik, die übrigens nicht von allen höheren Programmiersprachen unterstützt wird, stets die "Gefahr der endlosen Schleife" gegeben ist.

Vorsicht, Falle!

Natürlich muß es in der Kette der Funktionsaufrufe immer irgendeine Abfrage geben, die die Rekursion beendet.

Um die rekursiven Programmiertechniken zu erproben, braucht man eine geeignete (komplizierte) Datenstruktur, an einfachen Problemen kann der Vorteil dieser Strategie nicht demonstriert werden. Auf die in vielen Lehrbüchern zu findenden Anwendungen wie "Rekursive Berechnung von **n!**" oder "Größter gemeinsamer Teiler zweier ganzer Zahlen" wird hier bewußt verzichtet, weil sie den Eindruck erwecken, ein "einfaches Problem bewußt kompliziert programmieren zu wollen".

Als Testobjekt bietet sich eine auf jedem Computer vorzufindende (und meistens auch sehr komplexe) Struktur an: Das **Filesystem** ist (unter UNIX und DOS) in einer baumartigen Directory-Struktur geordnet. Daß man bei der Beschäftigung mit diesem Thema noch einiges über "Baumstrukturen" und die interne Organisation der Dateisysteme unter UNIX und DOS lernt, sollte als angenehmer Nebeneffekt empfunden werden.

8.1   Baumstrukturen

Die Skizze zeigt einen kleinen Ausschnitt aus dem "Directory-Tree" eines UNIX-Filesystems (ein DOS-Filesystem hat die gleiche Baumstruktur, nur die angegebenen Directory-Namen sind UNIX-typisch).

Eine Baumstruktur ist gekennzeichnet durch genau einen ausgezeichneten Knoten, die **Wurzel** ("root"), und eventuell weitere Knoten, die wieder einen Baum darstellen (man beachte, daß schon diese Definition "rekursiv" ist).

Es ist üblich, die Wurzel oben zu zeichnen (so wie die Bäume in Australien wachsen) und die Knoten darunter als

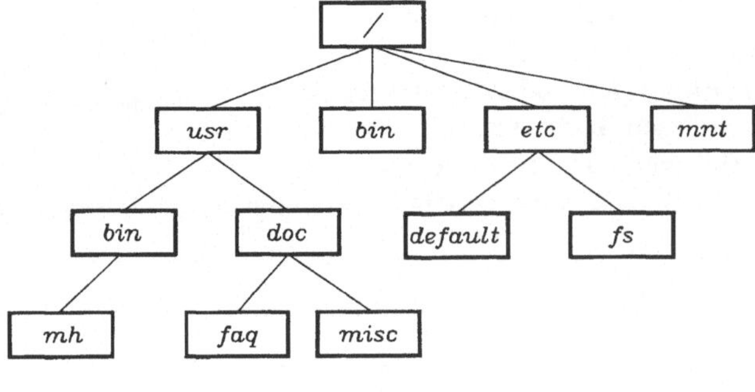

Baumstruktur

"zu tieferen Ebenen gehörend" anzusehen. Die Anzahl der von einem Knoten abgehenden Teilbäume ("Nachfahren") bestimmt den **Grad des Knotens** (in der Skizze haben z. B. **/** den Grad 4, **usr** den Grad 2 und **faq** den Grad 0, ein Knoten mit dem Grad 0 wird als **Blatt** bezeichnet). Ein Knoten kann beliebig viele Nachfahren haben, besitzt aber genau einen Vorgänger ("parent"). Der "Grad eines Baumes" wird durch den höchsten Grad bestimmt, den ein Knoten des Baumes hat.

> **Man kann beliebig komplizierte Baumstrukturen durch verkettete Listen darstellen,** wenn man jedem Listenelement neben einem Pointer zum nächsten Listenelement noch einen Pointer zu einer weiteren verketteten Liste zuordnet:
>
> Aus den Nachfahren eines Knotens wird ein beliebiger herausgesucht und zum **Nachfolger** (fungiert als "Anchor" einer verketteten Liste) erklärt, alle weiteren Nachfahren sind **Brüder** des Nachfolgers (Elemente dieser verketteten Liste).

Die Skizze auf der folgenden.Seite zeigt den oben dargestellten Baum in der Repräsentation durch verkettete Listen. Die in der Skizze oben jeweils links stehenden Nachfahren (**usr**, **bin** als Nachfahre von usr, **default**, **mh** und **faq**) wurden (willkürlich) zu Nachfolgern erklärt und sind die "Anchor"-Elemente für die Listen mit ihren Brüdern (bzw. "pointern auf **NULL**" wie **mh**, weil weder Nachfahren noch Brüder existieren).

Der Vorteil dieser Darstellungsart ist offenkundig: Jedes Listenelement kann durch eine gleichartige C-Struktur realisiert werden, die jeweils zwei Pointer auf eine Struktur gleichen Typs enthält. Die unterschiedlichen Grade der einzelnen Knoten einer Baumstruktur wirken sich nicht störend aus.

Da jedes Listenelement auf maximal zwei weitere Elemente pointert, kann man nun aus den verketteten Listen wieder einen Baum erzeugen, der den Grad 2 hat, man nennt diesen wichtigen Spezialfall **binären Baum**. Die Skizze unten rechts zeigt diesen Baum für das betrachtete Beispiel. Damit wurde am speziellen Beispiel eine verallgemeinerungsfähige Aussage demonstriert:

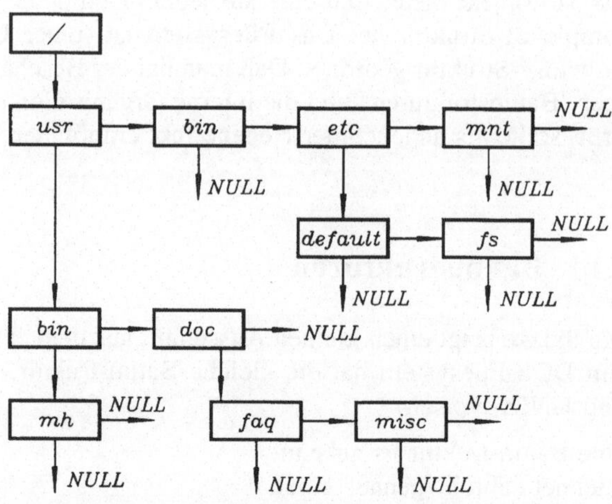

Baumstruktur, dargestellt durch verkettete Listen

Jede Baumstruktur läßt sich durch einen binären Baum darstellen.

Der dargestellte binäre Baum zeigt die gleiche Information wie die eingangs skizzierte Baumstruktur, die sicher übersichtlicher, aber für die Abbildung im Rechner wegen der unterschiedlichen Grade der Knoten nicht so gut geeignet ist.

Bei einem binären Baum muß allerdings im Gegensatz zur allgemeinen Baumstruktur die **Reihenfolge** der (beiden) Nachfahren beachtet werden, man nennt sie **linker** bzw. **rechter Nachfolger** (entsprechen dem "Nachfolger" bzw. "Bruder" in der Repräsentation durch verkettete Listen). Man beachte z. B., daß die beiden Nachfolger von **usr** mit dem gleichen Namen als linker bzw. rechter Nachfolger ganz unterschiedliche Stellungen im "Original-Baum" repräsentieren.

In einem C-Programm kann man den binären Baum auf gleiche Weise realisieren wie die oben beschriebene Darstellung mit verketteten Listen: Jeder Knoten wird durch eine Struktur mit zwei Pointern auf Strukturen des gleichen Typs repräsentiert.

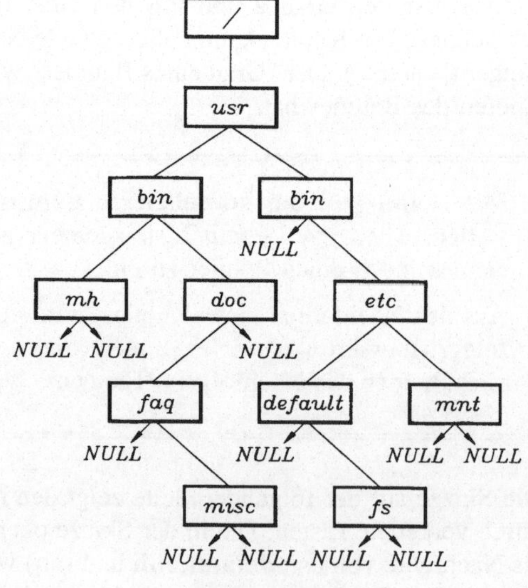

Binärer Baum

8.2   Die Dateisysteme unter UNIX und DOS

Leider ist eine für das Schreiben benutzerfreundlicher Programme sehr wichtige Funktion, das Lesen der zu einem Directory gehörenden Files (und das Ermitteln der Eigenschaften dieser Files) im allgemeinen nicht Gegenstand einer Norm für eine höhere Programmiersprache, weil hierfür die Besonderheiten des Betriebssystems eine wichtige Rolle spielen. Da die meisten modernen Betriebssysteme ein baumartig organisiertes Filesystem besitzen, wäre allerdings eine einheitliche Schnittstelle mit definierten Zugriffs-Funktionen durchaus denkbar, ist aber in der ANSI-Norm der Programmiersprache C nicht enthalten.

So konnte es natürlich nicht ausbleiben, daß zwar fast alle C-Implementierungen Funktionen für diese wichtigen Zugriffe auf Dateisystem-Informationen enthalten, aber jeder Compiler-Bauer hat seine eigenen Varianten definiert.

> Dieses Kapitel soll auch als Beispiel für den Umgang mit (von der ANSI-Norm nicht festgelegten) Library-Funktionen dienen, die in den Versionen der Programmiersprache C unterschiedlich definiert sind.

Da in den Beispiel-Programmen dieses Kapitels zwangsläufig Begriffe verwendet werden, die für den "nicht-programmierenden Computer-Benutzer" weitgehend uninteressant (und deshalb auch dem Leser, der eventuell gerade zum "programmierenden Computer-Benutzer" mutiert, möglicherweise unbekannt) sind, sollen hier einige Erläuterungen zu den Internas der Dateisysteme unter UNIX und DOS vorangestellt werden. Daran wird exemplarisch demonstriert, wo die Tücken für den Programmierer liegen, bei anderen Dateisystemen (z. B. NTFS) sind andere Besonderheiten zu beachten, die Probleme für den Programmierer sind allerdings ähnlich (und beherrschbar).

Die **wichtigsten Gemeinsamkeiten** der internen Realisierung in den Dateisystemen der Betriebssysteme UNIX und DOS sind:

- Durch das **Formatieren** des Datenträgers wird eine **physische Grundstruktur** festgelegt, die den Datenträger in (in der Regel 512 Byte große) **Sektoren** (Bezeichnung unter DOS) bzw. **physische Blöcke** ("Physical blocks", Bezeichnung unter UNIX) unterteilt.

- Beim Anlegen eines Dateisystems werden jeweils ein oder mehrere Sektoren bzw. physische Blöcke zu einem **Cluster** (DOS) bzw. einem **logischen Block** (UNIX) zusammengefaßt. Diese Einteilungen (und nicht die durch das Formatieren erzeugte physische Grundstruktur) sind die Grundlage der Verwaltung der Dateien. Eine Datei belegt mindestens ein Cluster bzw. logischen Block, kann beliebig viele Cluster bzw. logische Blöcke belegen, die auf dem Datenträger verstreut angeordnet sein dürfen. Im letzten von einer Datei okkupierten Cluster bzw. logischen Block bleibt im allgemeinen eine gewisse Speicherplatzmenge ungenutzt, die in aller Regel verloren ist (natürlich nicht auf Dauer, wenn die Datei gelöscht wird, ist der gesamte von ihr belegte Speicherplatz wieder verfügbar).

Die **wesentlichen Unterschiede** der internen Realisierung in den Dateisystemen der beiden Betriebssysteme sind:

♦ Beim Anlegen eines **UNIX-Dateisystems** wird eine sogenannte "Inode-Tabelle" ("Information nodes") angelegt, in der Platz für die Verwaltungs-Informationen aller Dateien vorgesehen ist, die jemals in diesem Dateisystem erzeugt werden. Damit ist neben dem verfügbaren Platz auf dem Speichermedium (mit dem UNIX-Kommando **df** zu ermitteln) eine zweite Grenze für die anzulegenden Dateien gegeben (die Anzahl verfügbarer und benutzter Inodes kann mit **df -i** ermittelt werden).

Zu jeder Datei gehört ein Inode-Eintrag, der alle wichtigen Informationen enthält (u. a. Dateityp, Inode-Nummer, Datei-Eigentümer, Dateigröße, Datum der letzten Änderung und Adressen-Informationen, in welchen logischen Blöcken die Datei untergebracht ist). Nicht enthalten ist der Name der Datei. Dieser befindet sich nur in den **Directory-Files**, die (beinahe) Dateien wie alle übrigen Dateien sind und neben den zum Directory gehörenden Dateinamen (einschließlich der Dateinamen der Directory-Files von Subdirectories) die zugehörigen Inode-Nummern enthalten.

♦ Unter **DOS** ist die Verwaltung der Directory-Struktur ganz ähnlich geregelt, bei der Verwaltung des Speicherplatzes wird jedoch ein grundsätzlich anderer Weg beschritten: Beim Anlegen eines Filesystems wird eine **File-Allocation-Table** (FAT) angelegt, die (im Gegensatz zur Inode-Tabelle) nicht die Files, sondern den gesamten Speicherplatz verwaltet. Für jedes Cluster enthält die FAT einen (leider nur) 2 Byte großen Eintrag, der mit 0 vorbelegt ist (Cluster frei) und bei Belegung durch eine Datei jeweils die Nummer des nächsten zur Datei gehörenden Clusters und im letzten von einer Datei okkupierten Cluster eine "EOF-Marke" ("end of file") aufnimmt. Durch die 2 Byte, die für einen FAT-Eintrag zur Verfügung stehen, ist die größte mögliche Clusternummer 65535 und damit der Zwang zu entsprechend großen Clustern bei der Verwaltung großer DOS-Partitionen gegeben, was zu einer enormen Verschwendung von Speicherplatz führen kann (es ist leicht nachzurechnen, daß eine 500-MB-Partition sich nur mit 16 Sektoren pro Cluster verwalten läßt, damit belegt auch die kleinste Datei mindestens 8 kB Speicherplatz).

8.3   Eine UNIX-Besonderheit: Links auf Files und Directories

Im Betriebssystem UNIX gibt es die Möglichkeit, auf eine Datei mehrere "Links" zu legen. Das dem Kopierbefehl ähnelnde Kommando

ln oldfile newfile

erzeugt **newfile** im Gegensatz zum Kopierbefehl jedoch nicht physisch, sondern generiert nur einen weiteren Namen (und damit einen Eintrag im Directory-File) für diese Datei. Der neue Name zeigt auf den gleichen Inode-Eintrag wie der bereits existierende, eine Änderung einer Datei (z. B. mit einem Editor) würde stets auch "die andere" ändern, denn physisch existiert sie nur einmal. Beim Löschen einer Datei (mit dem **rm**-Kommando) würde nur der Eintrag im Directory-File gelöscht (und der sogenannte "Link-Zähler" im Inode herabgesetzt) werden, erst wenn der "letzte Link" gelöscht wird, verschwindet die Datei auch physisch.

Soweit die klassische "UNIX-Philosophie" mit den beschriebenen "Hard links". In allen neueren UNIX-Systemen sind die (wesentlich flexibleren) "Soft links"

ln -s oldfile newfile

möglich, bei denen auch die Datei physisch nicht noch einmal erzeugt wird, allerdings bekommt **newfile** eine eigene Inode-Eintragung. Damit wird auch ein Grund ersichtlich, warum in den Inodes die Inode-Nummer selbst noch enthalten ist. Für "Soft links" steht dort nicht die eigene Inode-Nummer, sondern die Inode-Nummer des "Originals", so daß über diesen Weg der Zugriff ermöglicht wird.

Ein solcher "Soft-Link" ist auch für Directories möglich, so daß man einen ganzen Teil-Baum in ein Directory einhängen kann, der physisch dort gar nicht existent ist (für den Benutzer aber so aussieht). Davon wird schon beim Installieren von UNIX-Betriebssystemen intensiv Gebrauch gemacht, schließlich kann man für alle Directories ohne Platzverschwendung überall dort noch einmal eine "Schein-Existenz" erzeugen, wo irgendein Programm oder ein Benutzer sie eventuell erwarten könnten. Dieses Linken eines Directories ist nicht mit dem "Mounten" eines Dateisystems zu verwechseln, aber **mount** ist ohnehin dem Superuser vorbehalten, während "Soft links" mit Directories von jedem Benutzer zu erzeugen sind.

Die Möglichkeit, "Links auf Directories" anzulegen, kann für den Programmierer, der aus einem Programm heraus auf die Directory-Struktur zugreift, erhebliche Schwierigkeiten bereiten: Ein "Directory-Link" kann die "klassische Baum-Struktur" des Directory-Trees zerstören, indem z. B. ein Link auf ein übergeordnetes Directory angelegt wird. Dann findet man immer wieder ein Subdirectory, in das man wechseln kann, während man sich eigentlich "im Kreis dreht".

In den nachfolgenden Beispiel-Programmen wird dieser Fall dadurch ausgeschlossen, daß "Directory-Links nicht weiter verfolgt werden" (es gibt ja ohnehin irgendwo das Original). Wenn man eine feinsinnigere Lösung für dieses (unter DOS natürlich nicht existierende) Problem sucht, muß man vor allen Dingen vermeiden, in eine endlose Schleife zu geraten.

8.4   File-Informationen über die Files eines Directories

In diesem Abschnitt wird demonstriert,

♦ wie man ermittelt, welche Files und Subdirectories zu einem bestimmten Directory gehören,

♦ wie man an Informationen über die Eigenschaften von Files gelangt.

Die Strategie dafür ist für UNIX und DOS unterschiedlich, und unter DOS unterscheiden sich die in den Compilern (z. B.: Turbo-C^{++}, MS-Visual-C^{++} 1.5 und MS-Visual-C^{++} 4.0) implementierten Realisierungen auf sachlich nicht gerechtfertigte und damit höchst ärgerliche Weise voneinander, weil sie eigentlich nach der gleichen Strategie vorgehen, die Funktionen häufig die gleichen Argumente erwarten, schließlich aber in unterschiedlicher Reihenfolge.

Deshalb wird dieser Abschnitt noch einmal geteilt, und es werden Beispiel-Programme etwa gleicher Funktionalität für UNIX und DOS angegeben, für die DOS-Version wird auf die Besonderheiten der verschiedenen Compiler hingewiesen. Weil damit die spezifischen Probleme abgehandelt werden können, beschränken sich die nachfolgenden Abschnitte auf die UNIX-Versionen der Programme, die entsprechenden Beispiel-Programme für Turbo-C^{++} und MS-Visual-C^{++} 1.5 bzw. 4.0 gehören jedoch zum C-Tutorial (sie tragen die gleichen Namen wie die UNIX-Versionen mit einem vorangestellten "t" für die Turbo-C^{++}-Versionen bzw. "m" für die MS-Visual-C^{++}-1.5-Versionen und "m32" für die MS-Visual-C^{++}-4.0-Versionen).

8.4.1 UNIX-Version (GNU-C)

Das Arbeiten mit einem Directory-File folgt unter UNIX weitgehend der Strategie, die für
das Arbeiten mit "gewöhnlichen" Files im Kapitel 6 (Programm **file1.c**) beschrieben wurde:

♦ Analog zum Pointer vom Typ **FILE** muß ein Pointer vom Typ **DIR** vereinbart werden.

♦ Analog zum Öffnen eines Files mit **fopen** wird ein Directory-File mit **opendir** geöffnet
und liefert einen Pointer ab, auf den die Lese-Anweisung und die Anweisung zum
Schließen Bezug nehmen.

♦ Es gibt allerdings nur eine Lese-Anweisung **readdir**, die bei jedem Aufruf genau eine
Eintragung ("slot") in einer Struktur abliefert (genauer: Pointer auf Struktur wird abgeliefert bzw. **NULL**, wenn bereits der letzte "slot" gelesen wurde).

Programm dirent1.c (UNIX-Version)

/* **Lesen eines Directory-Files**

Ein Directory-Name kann in der Aufruf-Zeile des Programms angegeben werden, ansonsten
wird das "Current directory" durchsucht. Demonstriert werden

* das Öffnen bzw. Schließen eines Directory-Files,
* das Lesen der Eintragungen, ausgegeben werden Filenamen und Inode-Nummern.   */

```
#include <stdio.h>
#include <string.h>
#include <dirent.h>                  /* ... für opendir, readdir und closedir, enthält u. a.
                                        die Definition der Struktur dirent            */
main (int argc , char *argv [])
{
  DIR             *dir_p ;           /* "Directory stream type", Pointer auf eine Struktur
                                        (analog zum "FILE-Pointer"), Inhalt der Struktur ist
                                        für den Programmierer uninteressant           */

  struct dirent *slot_p ;            /* ... ist Struktur zur Aufnahme einer Fileinformation
                                        ("slot"), mindestens Dateiname und Inode-Adresse,
                                        Definition im Kommentar am Programm-Ende       */

  char   direct [NAME_MAX+1]  = "." ;          /* Default: "Current directory"   */

  if (argc > 1) strcpy (direct , argv [1]) ;   /* ... oder aus Kommandozeile     */

  if ((dir_p = opendir (direct)) == NULL)       /* ... öffnet Directory-File      */
    {
      printf ("\n%s ist kein Directory!\n" , direct) ;
      return 0 ;
    }
  printf ("Inodes fuer Files aus %s:\n\n" , direct) ;
  while ((slot_p = readdir (dir_p)) != NULL)    /* ... liest jeweils einen "slot"  */
    {
      printf ("\nInode:              %8d\n" , slot_p->d_ino)  ;
      printf ( "d_name:             %s\n"  , slot_p->d_name) ;
    }

  closedir (dir_p) ;                            /* ... schließt Directory-File     */

  return 0 ;
}
```

/* Die verwendeten Strukturen sind in **dirent.h** definiert, die für den Programmierer interessante Struktur **dirent** folgendermaßen:

```
struct dirent {
                        long              d_ino ;
                        off_t             d_off ;
                        unsigned short    d_reclen ;
                        char              d_name [NAME_MAX+1] ;
              } ;
```

Die Konstante **NAME_MAX** ist in **limits.h** (wird von **dirent.h** inkludiert) definiert, auf Linux-Systemen z. B. zu finden in **/usr/include/linux**, u. a. mit folgenden Eintragungen:

```
#define NAME_MAX       255  # chars in a file name
#define PATH_MAX      1024  # chars in a path name          */
```

Ende des Programms dirent1.c (UNIX-Version)

Das nachfolgende Programm **inode.c** demonstriert, wie auf die Inode-Information eines Files zugegriffen werden kann. Wie der Directory-Name beim Öffnen des Directory-Files (Programm **dirent1.c**) ist auch beim Zugriff auf die Inode-Information der Name (des Files) der Schlüssel zur Information.

Die Strategie ist relativ einfach und unabhängig vom Zugriff auf die Directory-Information, der im Programm **dirent1.c** demonstriert wurde: Einer Funktion **stat** (steht für "status") wird der Filename übergeben, und diese liefert in einer Struktur vom Typ **struct stat** alle gewünschten Informationen ab.

Programm inode.c (UNIX-Version)

/* **Lesen der Inode-Informationen eines Files**

In der Kommandozeile muß ein Filename angegeben werden, die zugehörige Inode-Information wird ermittelt und ausgegeben. Demonstriert werden

* die Funktion **stat** zur Ermittlung der Inode-Information,
* der Zugriff auf die wichtigsten von **stat** bereitgestellten Informationen.   */

```
#include <stdio.h>
#include <limits.h>
#include <sys/stat.h>        /* ... sys/stat.h und unistd.h müssen bei der Benutzung  */
#include <unistd.h>          /* der Funktion stat inkludiert werden                   */
main (int argc , char *argv [])
{
   struct stat       inodbf ;       /* Struktur zur Aufnahme der Inode-Informationen,
                                        siehe Kommentar am Ende des Programms       */

   if (argc < 2)
     {
       printf ("Fehler, korrekter Aufruf: inode filename\n") ;
       return 1 ;
     }
   if (stat (argv [1] , &inodbf) != 0)

                               /*  ... schreibt alle Informationen aus dem Inode, der über
                                       seinen Namen angesprochen wird, in eine stat-Struktur */

     printf ("Kein Inode-Block fuer File %s\n" , argv [1]) ;
   else
```

```
      {
        printf ("\nInode-Informationen fuer File %s:\n\n" , argv [1]) ;
        printf ("st_dev  :    %10ld" , inodbf.st_dev)   ;
        printf ("  (Geraet, zu dem Inode gehoert)\n")   ;
        printf ("st_ino  :    %10ld" , inodbf.st_ino)   ;
        printf ("  (Inode-Nummer)\n")  ;
        printf ("st_mode :    %10ld" , inodbf.st_mode)  ;
        printf ("  (Filetyp und Zugriffsschutz)\n")  ;
        printf ("st_nlink :   %10ld" , inodbf.st_nlink) ;
        printf ("  (Anzahl der Links)\n")  ;
        printf ("st_uid  :    %10ld" , inodbf.st_uid)   ;
        printf ("  (Owner-ID)\n")  ;
        printf ("st_gid  :    %10ld" , inodbf.st_gid)   ;
        printf ("  (Group-ID)\n")  ;
        printf ("st_rdev :    %10ld" , inodbf.st_rdev)  ;
        printf ("  (nur fuer Device-Files)\n")  ;
        printf ("st_size :    %10ld" , inodbf.st_size)  ;
        printf ("  (File-Groesse in Bytes)\n")  ;
        printf ("st_atime :   %10ld" , inodbf.st_atime) ;
        printf ("  (Zeitpunkt des letzten File-Zugriffs)\n")  ;
        printf ("st_mtime :   %10ld" , inodbf.st_mtime) ;
        printf ("  (Zeitpunkt der letzten File-Aenderung)\n")  ;
        printf ("st_ctime :   %10ld" , inodbf.st_ctime) ;
        printf ("  (Zeitpunkt der letzten Inode-Aenderung)\n\n") ;
      }
   return 0 ;
}
```

/* Die Typ-Definition für die Struktur **struct stat** (**stat** ist das "Etikett") kann man in der Datei **/usr/include/sys/stat.h** besichtigen. Sie enthält die mit den **printf**-Anweisungen ausgegebenen Komponenten. Um die mit speziellen Typen angegebenen Komponenten mit passenden Formaten ausgeben zu können, ist die Datei **/usr/include/linux/types.h** zu inspizieren.   */

Ende des Programms inode.c (UNIX-Version)

Das nachfolgende Programm **dirent2.c** kombiniert die Funktionalität von **dirent1.c** und **inode.c**. Es demonstriert zusätzlich das Auswerten von binär in einer Variablen verschlüsselten Informationen (am Beispiel der Entscheidung, ob eine Eintragung eine "gewöhnliche" Datei oder ein Directory-File ist).

Programm dirent2.c (UNIX-Version)

/* **Lesen der Inode-Informationen der Files eines Directories**

Ein Directory-Name kann in der Aufruf-Zeile des Programms angegeben werden, ansonsten wird das "Current directory" durchsucht. Demonstriert werden

* das Zusammenbauen eines kompletten Filenamens aus Directory-Path und Filename (dafür wird eine Funktion **mkpath** geschrieben),
* die Funktion **strlen**,
* die Unterscheidung, ob ein Directory-Eintrag ein Subdirectory ist oder nicht.   */

```
#include <stdio.h>
#include <string.h>
#include <dirent.h>
#include <sys/stat.h>
#include <unistd.h>

char *mkpath (char * , char*) ;                              /* Prototyp */
```

```c
main (int argc , char *argv [])
{
  DIR             *dir_p  ;
  struct dirent   *slot_p ;
  struct stat     inodbf ;
  char    direct  [PATH_MAX+1] = "." ;
  char    filepath [PATH_MAX+1] ;

  if (argc > 1) strcpy (direct , argv [1]) ;

  if ((dir_p = opendir (direct)) == NULL)
    {
      printf ("\n%s ist kein Directory!\n" , direct) ;
      return 0 ;
    }

  while ((slot_p = readdir (dir_p)) != NULL)
    {
      if (slot_p->d_ino != 0)
        {
          strcpy (filepath , direct) ;
          mkpath (filepath , slot_p->d_name) ;
                          /* ... und der komplette Pfadname aus Directory,
                             '/' und Filename steht auf filepath        */

          if (stat (filepath , &inodbf) != 0)
            printf ("Merkwuerdig, kein Inode-Block!\n") ;
          else
            {
              if ((inodbf.st_mode & S_IFMT) == S_IFDIR)
                printf ("\nInode-Informationen fuer Directory\n") ;
              else
                printf ("\nInode-Informationen fuer File\n") ;
              printf ("%s\n" , filepath) ;
              printf ("====================================\n\n") ;

              printf ("S_IFMT   :    %10o (oktal)\n" , S_IFMT)  ;
              printf ("S_IFDIR  :    %10o (oktal)\n" , S_IFDIR) ;

                  /* ... weitere printf-Anweisungen hier nicht abgedruckt ... */

            }
        }
    }

  closedir (dir_p) ;
  return 0 ;
}
/****************************************************************************/
```

/* Die Funktion **mkpath** dient zum Zusammenbau eines kompletten Filenamens aus Directory
direct (String, mit oder ohne / am Ende) und **filename** (String), Ergebnis auf **direct** und als
Return-Wert (**direct** muß also ein ausreichend großes **char**-Array sein, **keine** Konstante): */

```c
char *mkpath (char *direct , char* filename)
  {
    if (direct [strlen (direct) - 1] != '/') strcat (direct , "/") ;
    strcat (direct , filename) ;

    return direct ;
  }
```

/* Diese recht nützliche Funktion wird noch mehrfach gebraucht werden und wird deshalb in die
Library **libpriv.a** eingefügt (und ihr Prototyp in die Header-Datei **priv.h**).   */

```
/****************************************************************************/
```

/* Die Funktion **strlen** liefert die Länge (Anzahl der Zeichen ohne '\0') des übergebenen Strings. Sie wird in **mkpath** für die Abfrage benutzt, ob das letzte Zeichen in **filepath** ein '/' ist. Das letzte Zeichen eines Strings (Zeichen VOR '\0') steht auf der Position `strlen()` - 1, weil die Indexnumerierung mit 0 beginnt.   */

/* Mit dem recht kompliziert aussehenden logischen Ausdruck

```
if ((inodbf.st_mode & S_IFMT) == S_IFDIR)
```

wird ermittelt, ob die gelesene Inode-Information ein Directory oder eine "gewöhnliche Datei" beschreibt. Er wird nachfolgend ausgiebig analysiert.   */

Ende des Programms dirent2.c (UNIX-Version)

Die Komponente **st_mode** der **stat**-Struktur, der im Programm **dirent2.c** der Name **inodbf** gegeben wurde, enthält "binär verschlüsselt" eine Vielzahl von Informationen. Sie hat den Typ **unsigned short**, wird also in der Regel mit 2 Byte dargestellt, und jedes Bit kann eine spezielle Information tragen.

> Das ist eine typische Situation, wie sie dem C-Programmierer unter UNIX (und ganz besonders in der C-Programmierung für MS-Windows) häufig begegnet:
>
> Viele Informationen werden bitweise in eine Variable gepackt, so daß die Übersichtlichkeit verschwinden würde, wenn nicht gleichzeitig Konstanten zur Maskierung verfügbar gemacht würden (für die Bearbeitung mit den bitweisen logischen Operationen, was das alles ist, wird sofort behandelt). Mit der Definition geeigneter Makros sieht hinterher alles wieder schön übersichtlich aus (der Programmierer sollte die vordefinierten Konstanten und Makros aber auch unbedingt nutzen).

"Bitweise logische Operationen", "Masken" und "Makros" sind die Stichworte in dieser Aussage, die bisher noch nicht behandelt wurden.

♦ Die Programmiersprache C kennt folgende **Operatoren für Bit-Manipulationen**:

&	"UND"-Verknüpfung,
|	"ODER"-Verknüpfung,
^	"Exklusiv-ODER"-Verknüpfung,
<<	Links-Verschiebung,
>>	Rechts-Verschiebung,
~	Bit-Komplement.

Diese Operatoren dürfen nur auf ganzzahlige Variablen angewendet werden (**char** gehört dazu), es ist empfehlenswert, sie nur mit vorzeichenlosen (**unsigned**) Variablen zu benutzen. Im Anhang A werden weitere Beispiele für diese Operatoren behandelt. Hier soll nur der Operator **&** betrachtet werden, der im Programm **dirent2.c** benutzt wurde.

Bei der "bitweisen UND-Verknüpfung" zweier Operanden mit **&** werden die Bits auf jeweils gleichen Positionen verglichen und nur dann, wenn beide Operanden-Bits den Wert **L** (steht in Dualzahlen für die **1**) haben, wird auch das entsprechende Bit im Ergebnis auf den Wert **L** gesetzt, ansonsten auf den Wert **0**. Diese Operation eignet sich deshalb dafür, spezielle Bits "herauszufiltern", z. B.: Die **st_mode**-Komponente der Inode-Information hat bei Directories auf den linken vier Bit-Positionen das Aussehen **0L00...** (nur ein Bit ist angeschaltet, die drei anderen Bits sind abgeschaltet, auf den restlichen Bits sind weitere Informationen verschlüsselt, die jetzt nicht betrachtet werden).

♦ Um an bestimmte (in einzelnen Bits versteckte) Informationen einer Variablen heranzukommen, bedient man sich sogenannter **Masken**. In der Header-Datei **sys/stat.h** findet man (neben vielen anderen) z. B. die Präprozessor-Anweisung

```
#define  S_IFMT  0170000
```

mit der Oktalzahl **0170000** (angezeigt durch die führende **0**, vgl. Anhang A), die als Dualzahl folgendermaßen aussieht (ebenfalls Anhang A):

```
S_IFMT = LLLL000000000000
```

Wenn mit dieser "Maske" die "bitweise UND-Operation"

```
(inodbf.st_mode & S_IFMT)
```

ausgeführt wird, dann hat das Ergebnis auf den rechten 12 Stellen garantiert **0**-Bits. Dieses Ergebnis wird nun mit der ebenfalls in **sys/stat.h** definierten Konstanten

```
S_IFDIR = 0L00000000000000
```

verglichen, und der Vergleich

```
if ((inodbf.st_mode & S_IFMT) == S_IFDIR)
```

liefert nur dann den Wert "wahr", wenn auf den ersten vier Bit-Positionen das "Directory-Muster" **0L00...** steht, unabhängig davon, was sich auf den weiteren Positionen befindet, die ja mit dem "bitweisen logischen UND" herausgefiltert werden.

Bevor dies noch etwas vereinfacht werden kann, muß ein weiteres (nicht ganz einfaches) Konzept besprochen werden, das bisher auch noch nicht genutzt wurde:

♦ Die Präprozessor-Anweisung **#define** bietet wesentlich mehr als das einfache Ersetzen von Zeichenfolgen. Es ist möglich, mit dieser Anweisung **Makros mit Parametern** zu definieren. Die allgemeine Syntax für diese Präprozessor-Anweisung lautet:

```
#define  makroname(a,b,...)  token_sequence
```

Die Parameter, die dem Makro-Namen in Klammern folgen, tauchen auch in der **token_sequence** auf, und bei jedem Gebrauch des Makros im Programmtext (Name des Makros, gefolgt von einer Argumentliste in Klammern) wird vom Präprozessor die **token_sequence** eingetragen, wobei die Parameter durch die angegebenen Argumente ersetzt werden, Beispiel:

```
#define  min(x,y)  ((x) < (y) ? (x) : (y))
```

... würde den Präprozessor veranlassen, eine Anweisung im Programm wie

```
z = 7 * min(a-4,b+a) - 12 ;
```

umzuschreiben in

```
z = 7 * ((a-4) < (b+a) ? (a-4) : (b+a)) - 12 ;
```

Der Compiler bekommt die Makro-Anweisung nicht zu sehen (er sieht nur die vom Präprozessor erzeugte Anweisung). Natürlich könnte die gleiche Arbeit von einer Funktion erledigt werden, die Syntax eines Funktionsaufrufs ist mit der Syntax des Einsatzes eines Makros identisch. Vor- und Nachteile beider Varianten sind:

- Ein häufig verwendetes Makro bläht den Programmtext auf, weil an jeder Stelle der komplette Code eingesetzt wird (im Unterschied zum Aufruf einer Funktion). Die Geschwindigkeit bei der Programmabarbeitung ist bei Makro-Verwendung größer, weil der "Overhead" der Parameterübergabe an die Funktion entfällt.

- Das angegebene Beispiel-Makro funktioniert unabhängig vom Typ der Argumente (z. B. **int** oder **double**), bei Funktionen müssen die Typen der Parameter mit den Typen der Argumente übereinstimmen.

Weil der Compiler Makros nicht zu sehen bekommt, wundert man sich leicht über "ganz komische" Fehlerausschriften: In einer bestimmten Zeile wird etwas bemängelt, was dort gar nicht steht. Der Compiler sieht dort aber den vom Präprozessor veränderten Code und beschwert sich über diesen. Ein fehlerhaftes Makro könnte also die Ursache sein.

Vorsicht, Falle!

Beim Aufschreiben der Makro-Definition spare man nicht mit Klammern (vorsichtshalber klammere man jeden Parameter ein). Schließlich soll z. B. aus **(a)*(b)** in der Makro-Definition bei Aufruf mit **x+3** für **a** und **x-y** für **b** vom Präprozessor der Ausdruck **(x+3)*(x-y)** erzeugt werden. **Der Präprozessor kennt keine arithmetischen Regeln, er ersetzt nur Zeichenfolgen!**

In den Header-Dateien, die zu jeder C-Implementierung gehören, ist eine große Anzahl von Makros definiert (oft glaubt man, eine Standard-Funktion aufzurufen, tatsächlich ist es ein Makro). In der Regel ist es für den Programmierer nicht von Interesse, ob in der Header-Datei der Prototyp einer Funktion, deren Code in einer Library steckt, aufgeführt oder eine Makro-Definition eingetragen ist.

♦ In der Header-Datei **sys/stat.h** ist (neben zahlreichen anderen) folgendes Makro definiert:

```
#define S_ISDIR(m) (((m) & S_IFMT) == S_IFDIR)
```

Wenn man also z. B. im Programm

```
if (S_ISDIR (inodbf.st_mode))
```

codiert, macht der Präprozessor daraus genau die im Programm **dirent2.c** programmierte Anweisung zur Abfrage, ob die Inode-Information ein Directory beschreibt.

Diese Abfrage sieht nun trotz der Verschlüsselung von vielen anderen Informationen in der Komponente **st_mode** wie der Aufruf einer Funktion aus, die einen logischen Wert abliefert. Und diese einfache Konstruktion darf auch derjenige benutzen, der alle vorangegangenen Erklärungen zu bitweisen logischen Operationen, Masken und Makros nicht verstanden hat (ist das eigentlich gerecht?).

Gerade für das betriebssystem-abhängige Arbeiten mit dem Dateisystem existiert eine große Anzahl sehr nützlicher Makros in den Header-Dateien, die in der Regel in den Manuals der Programmiersprache C nicht dokumentiert sind. Auf UNIX-Systemen geben die "**man**-Pages" Auskunft.

8.4.2 DOS-Versionen ("16-Bit-Welt")

Die Strategie des Beschaffens der Informationen über Files ist unter DOS deutlich verschieden von der im Abschnitt 8.4.1 vorgestellten UNIX-Strategie, leider sogar abhängig vom verwendeten Compiler. Die DOS-Versionen werden nur für das am Ende des vorigen Abschnitts gelistete UNIX-Programm **dirent2.c** angegeben, weil eine Trennung in das Auslesen des Directory-Files und das Beschaffen von Informationen über die Files unter DOS nicht vorgesehen ist. Zunächst wird das Arbeiten mit MS-Visual-C++ 1.5 beschrieben:

Es muß kein Directory-File geöffnet werden (wie unter UNIX), mit der Funktion **_dos_findfirst** wird für eine erste zu einer Filenamen-Maske (kann Pfad einschließlich Laufwerksbezeichnung und Wildcards enthalten) passenden Eintragung die komplette Information geliefert. Anschließend liefert **_dos_findnext** für jeweils eine weitere Eintragung die gewünschten Informationen.

Programm mdirent2.c (DOS-Version für MS-Visual-C++ 1.5)

```
/*  Lesen der Informationen über Files eines Directories
```

Ein Directory-Name kann in der Aufruf-Zeile des Programms angegeben werden, ansonsten wird das "Current directory" durchsucht. Demonstriert werden

*   das Zusammenbauen eines kompletten Filenamens aus Directory-Path und Filename (dafür wird eine Funktion **mkdpath** geschrieben),
*   die Funktion **strlen**,
*   die Unterscheidung, ob ein Directory-Eintrag ein Subdirectory ist oder nicht.   */

```
#include <stdio.h>
#include <string.h>
#include <dos.h>                  /* ... für struct _find_t und die Bit-Masken, siehe unten */

char *mkdpath (char * , char*) ;                                        /* Prototyp */

main (int argc , char *argv [])
{
    struct _find_t slot ;         /* ... ist Struktur zur Aufnahme einer File-Informa-
                                     tion, siehe Kommentar am Programm-Ende          */
    int     fertig ;
    char    direct   [81]  = "." ;
    if (argc > 1) strcpy (direct , argv [1]) ;
    printf ("Files in %s:\n\n" , direct) ;
    fertig = _dos_findfirst (mkdpath (direct , "*.*") ,
                        _A_SUBDIR | _A_HIDDEN , &slot) ;

                /*    ... sucht im Directory nach dem ersten File-Eintrag, akzeptiert auch Sub-
                        directories und "Hidden files" (vgl. Kommentar am Programm-Ende)   */

    while (!fertig)
      {
        printf ("\nname   :     %10s"   , slot.name) ;

                /*    In slot.attrib sind bitweise mehrere Informationen verschlüsselt, die mit
                        (in dos.h definierten) Masken herausgefiltert werden können (siehe Kom-
                        mentar am Programm-Ende), hier genutzt für die Information, ob der
                        Eintrag ein Directory ist (Maske _A_SUBDIR):                        */

        if ((slot.attrib & _A_SUBDIR) != 0) printf (" (Directory)") ;
```

```
        printf ("\nattrib  :    %10o (oktal)\n" , slot.attrib) ;
        printf ( "wr_time  :    %10ld\n" , slot.wr_time) ;
        printf ( "wr_date  :    %10ld\n" , slot.wr_date) ;
        printf ( "size     :    %10ld\n" , slot.size) ;
        fertig = _dos_findnext (&slot) ;
    }
  return 0 ;
}

/********************************************************************************/
```

/* Die Funktion **mkdpath** dient zum Zusammenbau eines kompletten Filenamens aus Directory
    direct (String, mit oder ohne \ am Ende) und **filename** (String), Ergebnis auf **direct** und als
    Return-Wert (**direct** muß also ein ausreichend großes **char**-Array sein, **keine** Konstante): */

```
char *mkdpath (char* direct , char *filename)
    {
        if (direct [strlen (direct) - 1] != '\\') strcat (direct , "\\") ;
        strcat (direct , filename) ;
        return direct ;
    }
```

/* Diese recht nützliche Funktion wird noch mehrfach gebraucht werden und wird deshalb in die
    Library **libpriv.lib** eingefügt (und ihr Prototyp in die Header-Datei **priv.h**).   */

```
/********************************************************************************/
```

/* Die Funktion **strlen** liefert die Länge (Anzahl der Zeichen ohne '\0') des übergebenen Strings.
    Sie wird in **mkdpath** für die Abfrage benutzt, ob das letzte Zeichen in **filepath** ein '\\' ist
    (durch den vorangestellten "Backslash" wird der zweite "Backslash" erst zum "Backslash", '\\'
    ist wie '\0' ein einzelnes Zeichen). Das letzte Zeichen eines Strings (Zeichen VOR '\0') steht
    auf der Position **strlen() - 1**, weil die Indexnumerierung mit 0 beginnt.   */

/* Die verwendete Struktur zur Aufnahme der File-Informationen ist in **dos.h** definiert:

```
        struct _find_t {
                          char      reserved[21] ;
                          char      attrib  ;
                          unsigned  wr_time ;
                          unsigned  wr_date ;
                          long      size ;
                          char      name[13] ;
                       } ;
```

Dort sind auch die folgenden Konstanten definiert, mit denen die in der Komponente **attrib**
der **_find_t**-Struktur verschlüsselten Informationen herausgefiltert werden können:

```
#define _A_NORMAL    0x00        ** Normal file - No read/write restrictions **
#define _A_RDONLY    0x01        ** Read only file **
#define _A_HIDDEN    0x02        ** Hidden file **
#define _A_SYSTEM    0x04        ** System file **
#define _A_VOLID     0x08        ** Volume ID file **
#define _A_SUBDIR    0x10        ** Subdirectory **
#define _A_ARCH      0x20        ** Archive file **                            */
```

Ende des Programms mdirent2.c

Das "Herausfiltern" der bitweise verpackten Informationen aus einer Variablen mit Hilfe der
"bitweisen UND-Operation" wurde im Abschnitt 8.4.1 ausführlich beschrieben. Die im

Programm **mdirent2.c** benutzte Abfrage

```
if ((slot.attrib & _A_SUBDIR) != 0) printf (" (Directory)") ;
```

könnte mit den anderen "Masken" aus **dos.h** zur Abfrage anderer Eigenschaften auf gleiche Weise codiert werden (im Gegensatz zur UNIX-Variante sind die "Masken" in **dos.h** als Hexadezimalzahlen eingetragen, diese beginnen in C mit **0x..**, vgl. Anhang A).

Eine spezielle Betrachtung verdient im Programm **mdirent2.c** noch die Anweisung

```
fertig = _dos_findfirst (mkdpath (direct , "*.*") ,
                         _A_SUBDIR | _A_HIDDEN , &slot) ;
```

Der Funktion **_dos_findfirst** müssen 3 Argumente übergeben werden:

♦ Auf der ersten Position wird ein String erwartet, der schon eine Auswahl der Files trifft, über die (mit **_dos_findfirst** und dem nachfolgenden **_dos_findnext**) Informationen beschafft werden sollen. Hier wird ein Directory-Pfad mit zusätzlichem ***.*** übergeben, also werden alle Files des Directories berücksichtigt (bei ***.c** wären es nur die Files mit der Extension **.c** gewesen).

♦ Auf der zweiten Position des **_dos_findfirst**-Aufrufs wird ein "2-Byte-Argument" erwartet (**unsigned short**), das "bitweise verschlüsselt" die Eigenschaften der zu akzeptierenden Files enthält. Hier werden die in **dos.h** definierten Konstanten benutzt, um den Wert des Arguments mit dem "bitweisen ODER" zusammenzusetzen. Das "bitweise ODER" | vergleicht "Bit für Bit" die beiden Operanden und setzt im Ergebnis jedes Bit auf **L** ("angeschaltet"), wenn das entsprechende Bit mindestens bei einem Operanden den Wert **L** hat. Für das betrachtete Beispiel sieht das so aus:

```
_A_SUBDIR = 0x10 = 00000000000L0000
_A_HIDDEN = 0x02 = 000000000000000L0
```

... sind so in **dos.h** definiert, daraus wird:

```
_A_SUBDIR | _A_HIDDEN = 00000000000L00L0
```

... und **_dos_findfirst** darf nun diese kompakte Information wieder analysieren (und verwendet sicher auch dafür die in **dos.h** definierten Konstanten).

♦ Auf der Position 3 erwartet **dos_findfirst** den **Pointer** auf eine Struktur vom Typ **struct _find_t**, um dort die Informationen für eine Datei abliefern zu können.

Beim Arbeiten mit Turbo-C++ (das hier nicht gelistete Programm **tdirent2.c** gehört zu den Programmen des Tutorials) sind folgende Abweichungen sind zu beachten:

♦ Die Namen für die zu verwendenden Funktionen lauten **findfirst** und **findnext** (entsprechen **_dos_findfirst** und **_dos_findnext**), der Typ für die Struktur ist **struct ffblk** (entspricht **struct _find_t**), die Namen für die (ansonsten identischen) Komponenten der Struktur und die Bitmasken sind "leicht geändert" (z. B.: **ff_attrib**, **FA_HIDDEN**, **FA_DIREC** an Stelle von **attrib**, **_A_HIDDEN**, **_A_SUBDIR**).

♦ Es ist zusätzlich die Header-Datei **dir.h** einzubinden.

♦ Die Reihenfolge der (ansonsten identischen) Argumente 2 und 3 der Funktion **findfirst** ist gegenüber **_dos_findfirst** vertauscht.

8.4.3 Version für das "DOS-Fenster der 32-Bit-Welt"

Windows 95 und Windows NT arbeiten mit einem eigenen Filesystem, deshalb sind Abweichungen in den Zugriffsroutinen im Vergleich zur "DOS-Welt" unvermeidlich (wenn "lange Filenamen" unterstützt werden, genügt natürlich ein **char**-Array mit 13 Elementen für die Speicherung des Namens nicht mehr). Trotzdem wäre "ein gemeinsamer Nenner" möglich gewesen, aber MS-Visual-C^{++} 4.0 (für die "32-Bit-Welt") unterscheidet sich auf dieser Strecke von MS-Visual-C^{++} 1.5 ("16-Bit-Welt") sowohl formal als auch in der Zugriffsstrategie zu den Informationen, zunächst die formalen Abweichungen:

◆ Die Struktur zur Aufnahme der Informationen ist vom Typ **_finddata_t** (früher: **_find_t**), die Typ-Definition steht in **io.h** (früher: **dos.h**):

```
struct _finddata_t {
                        unsigned  attrib         ;
                        time_t    time_create ;
                        time_t    time_access ;
                        time_t    time_write   ;
                        _fsize_t  size           ;
                        char      name[260]    ;
                } ;
```

(die "time-Komponenten" sind "UNIX-typisch" geworden, die übrigen Komponenten entsprechen denen der Vorgänger-Version, natürlich angemessen vergrößert).

◆ Auf die Informationen in der Komponente **attrib** in **_finddata_t** (hat ihren Namen behalten, aber den Typ geändert) kann mit den gleichen Masken zugegriffen werden wie bisher (z. B.: **_A_SUBDIR**, **_A_HIDDEN** , ..., gleiche Namen, gleiche Werte, merkwürdig, **_A_VOLID** fehlt allerdings), die nach wie vor in **dos.h** existent sind. Sie stehen allerdings auch in **io.h**, so daß nur diese Header-Datei eingebunden werden muß.

Die Zugriffsstrategie folgt weiter einem "findfirst-findnext"-Prinzip, ist aber wesentlich geändert, zunächst die Passagen aus **m32diren.c**, die den Zugriff realisieren:

```
struct  _finddata_t  slot ;
long    ident  ;
int     fertig = 0 ;
...
ident = _findfirst (mkdpath (direct , "*.*") , &slot) ;
while (!fertig)
    { ...
        fertig = _findnext (ident , &slot) ;
    }
_findclose (ident) ;
```

◆ Die Namen der Funktionen haben sich (von **_dos_findfirst** und **_dos_findnext**) geändert auf **_findfirst** und **_findnext**, hinzugekommen ist **_findclose**. Die Funktion **_findfirst** erwartet ein Argument weniger als ihre Vorgängerin (genau das Argument, für das in **io.h** nun "File attribute constants for _findfirst()" angekündigt werden, ist in **_findfirst** verschwunden - tatsächlich sind es die aus **dos.h** übernommenen Bitmasken für die **attrib**-Informationen -), **_findnext** erwartet ein Argument mehr. Dies hängt mit der "neuen Strategie" zusammen:

◆ **_findfirst** liefert als Return-Wert nun einen "Identifikator", der an **_findnext** als Argument weitergereicht werden muß, während der Return-Wert von **_findnext** nach wie vor nur den Erfolg (weitere Eintragung gefunden) bzw. Mißerfolg signalisiert.

8.4.4 Pflege der privaten Library

Die Funktion **mkpath**, die im Programm **dirent2.c** verwendet wurde, bzw. die Funktion **mkdpath** aus dem Programm **mdirent2.c** (wird auch im hier nicht gelisteten Programm **tdirent2.c** verwendet) werden auch in den nachfolgenden Programmen benutzt. Sie sollten deshalb in die privaten Libraries (**libpriv.lib** unter DOS bzw. **libpriv.a** unter UNIX) eingebracht werden.

Die Funktion wird aus dem File **dirent2.c** (bzw. aus **mdirent2.c**) herausgelöst und in einer eigenen Datei **mkpath.c** (bzw. **mkdpath.c**) untergebracht. Es wird ein Object-Modul erzeugt, der in die Library (wie im Kapitel 4 beschrieben) eingefügt wird. Auch die zur Library gehörende Header-Datei **priv.h** sollte ergänzt und in alle Programme, die eine Funktion aus der Library aufrufen, eingebunden werden. Wenn die in den vorangegangenen Kapiteln zum Einbringen in die Library empfohlenen Funktionen dort untergebracht wurden, könnte beim Arbeiten unter UNIX **priv.h** etwa so aussehen:

Header-Datei priv.h

```
/* Prototypen der Funktionen der Library libpriv.a */
void    clscrn   () ;
void    beep     () ;
double  indouble (char *) ;
int     inint    (char *) ;
char    *mkpath  (char * , char*) ;
```

Ende der Header-Datei priv.h

Weil sich die zu beachtenden Unterschiede beim Zugriff auf die Informationen zum Dateisystem auf die in den Abschnitten 8.4.1 und 8.4.2 diskutierten Probleme beschränken, werden ab sofort in diesem Kapitel nur noch die UNIX-Versionen der Programme gelistet und kommentiert. Der DOS-Programmierer kann auch diese Programme durcharbeiten, ihm stehen ohnehin die einfacher zu handhabenden Funktionen (für das etwas einfachere Dateisystem) zur Verfügung, so daß die entsprechenden Passagen problemlos anzupassen sind. **Zu den Dateien des Tutorials gehören für sämtliche Programme dieses Kapitels auch jeweils zwei DOS-Versionen.**

8.5 Erster rekursiver Funktionsaufruf, Scannen eines Directory-Trees

Das nachfolgend angegebene Programm **lsubdir.c** leistet weniger als das Programm **dirent2.c** aus dem Abschnitt 8.4, allerdings wird das Lesen des Directory-Files in eine Funktion **dirlist1** verlagert.

Es werden für alle Eintragungen die Inode-Informationen angefordert, mit denen die Files herausgefiltert werden, die selbst wieder Directory-Files sind, wobei die immer vorhandenen Directory-Einträge "." ("Current directory") und ".." ("Parent directory") nicht berücksichtigt werden, so daß nur die Subdirectories übrigbleiben, deren Namen ausgegeben werden.

Beachten Sie den Kommentar in der inneren Schleife der Funktion **dirlist1**: Durch direkten Aufruf der Funktion **dirlist1** wird eine direkte Rekursion erzeugt, so daß der gesamte Directory-Tree gescannt wird.

Programm lsubdir.c (UNIX-Version)

/* **Listen aller Subdirectory-Namen eines Directories**

Ein Directory-Name kann in der Aufruf-Zeile des Programms angegeben werden, ansonsten wird das "Current directory" durchsucht. Demonstriert werden

* das Lesen aller Inode-Informationen für die Files eines Directories (wie im Programm **dirent2.c**, allerdings in eine Funktion **dirlist1** verpackt),
* das Aussortieren aller "gewöhnlichen Files" und der beiden speziellen Directory-Einträge "**.**" und "**..**" ("Current" bzw. "Parent directory"),
* die Möglichkeit, das Programm auf rekursives Scannen des gesamten Directory-Trees zu erweitern.   */

```
#include <stdio.h>
#include <string.h>
#include <dirent.h>
#include <sys/stat.h>
#include <unistd.h>
#include "priv.h"                                    /* ... für Funktion mkpath */

int dirlist1 (char *) ;                                            /* Prototyp */

main (int argc , char *argv [])
{
  char    direct   [PATH_MAX+1]  = "." ;
  if (argc > 1) strcpy (direct , argv [1]) ;
  printf ("Subdirectories von %s:\n" , direct) ;
  if (! dirlist1 (direct))
    printf ("Fehler: %s ist kein Directory\n" , direct) ;
  return 0 ;
}

/*****************************************************************************/
```

/* Die Funktion **dirlist1** prüft, ob durch **direct** ein Directory bezeichnet wird, liest aus dem Directory-File sämtliche Eintragungen und listet nur die Namen aller Subdirectories auf: */

```
int dirlist1 (char *direct)
{
  DIR              *dir_p       ;
  struct dirent    *slot_p      ;
  struct stat      inodbf       ;
  char    filepath [PATH_MAX+1] ;
  if ((dir_p = opendir (direct)) == NULL)            /* ... öffnet Directory-File */
                        return 0 ;
  while ((slot_p = readdir (dir_p)) != NULL)    /* ... liest jeweils einen Eintrag */
    {
      if (slot_p->d_ino != 0)                                /* ... Inode existiert */
        {
          strcpy (filepath , direct) ;
          mkpath (filepath , slot_p->d_name) ;        /* ... liefert Pfad-Namen */
```

```c
        if (stat (filepath , &inodbf) == 0)     /* ... liest Inode-Information */
          {
            if (S_ISDIR (inodbf.st_mode) &&             /* ... Directory,  */
                strcmp (slot_p->d_name , "." ) != 0 && /* aber nicht "." */
                strcmp (slot_p->d_name , "..") != 0)    /* oder ".."      */
              {
                printf ("%s\n" , filepath) ;
                    /* An dieser Stelle ist mit dem als filepath bekannten Directory
                       genau die Situation gegeben, mit der dirlist1 aus main (mit direct)
                       gerufen wurde. Man kann nun dirlist1 aus dirlist1 aufrufen und so
                       den gesamten Directory-Tree "scannen". Sie sollten das versuchen,
                       indem Sie folgende "herauskommentierte" Zeile "aktivieren":    */

                /* dirlist1 (filepath) ; */
              }
          }
      }
    }
  }
  closedir (dir_p) ;
  return 1          ;
}
/*******************************************************************************/
```

Ende des Programms lsubdir.c (UNIX-Version)

♦ Man analysiere die Funktion **dirlist1** sehr sorgfältig, sie ist ohne den rekursiven Aufruf eine "ganz normale Funktion". Nach dem Abarbeiten des rekursiven Aufrufs (und dem Durchlaufen des gleichen Programmcodes) wird die Arbeit der Schleife der aufrufenden Funktion fortgesetzt. Natürlich kann in der rekursiv gerufenen Funktion die gleiche Situation wieder auftreten, so daß "noch tiefer abgestiegen wird".

Die Funktion **dirlist1** kann als Muster für die rekursiv arbeitenden Funktionen der folgenden Programme dienen, dort ändert sich eigentlich nur die "nützliche Arbeit", die das jeweilige Programm verrichten soll, das Schema des rekursiven Ablaufs ist komplett durch **dirlist1** vorgegeben.

♦ Zum C-Tutorial gehören auch die Programme **mlsubdir.c, m32lsubd.c** (für MS-Visual-C^{++}) und **tlsubdir.c** (für Turbo-C^{++}), die die gleiche Funktionalität besitzen wie **lsubdir.c**.

8.6   Selektives Listen der Files eines Directory-Trees: Programm "lst.c"

Das nachfolgend gelistete Programm leistet durchaus nützliche Arbeit, indem es einen kompletten Directory-Tree nach Dateien mit bestimmten Eigenschaften absucht (hier: Dateien, die eine gewisse Größe haben). Außerdem wird das Auswerten von "Schaltern" in der Kommandozeile demonstriert, der Programmaufruf sieht aus "wie ein UNIX-Kommando".

Im Abschnitt 8.3 wurde auf ein (unter DOS nicht existierendes) Problem aufmerksam gemacht, das im UNIX-Filesystem beim rekursiven Scannen auftreten kann, wenn auf "Link-Directories" getroffen wird. Im nachfolgenden Programm wurde dieses Problem dadurch ausgeschaltet, daß solche Directories beim Scannen nicht weiter verfolgt werden.

Programm lst.c (UNIX-Version)

/* **Listen aller Files eines Directory-Trees**

/* Das Programm listet alle Files in einem Tree (oder mehreren Trees) eines Filesystems. Es kann mit einem oder mehreren Directory-Namen in der Kommandozeile aufgerufen werden (ohne Directory-Namen wird das "Current directory" verwendet).

Zwei Schalter können (sinnvollerweise alternativ) in der Kommandozeile angegeben werden:

    -Ssize   –   Es werden nur die Files mit der Mindest-Größe **size** (Byte) gelistet.

    -ssize   –   Es werden nur die Files, die maximal die Größe **size** (Byte) haben, gelistet.

Beispiele: **lst -S100000 /usr/home ../dir/subdir**

       ... listet alle Files in den Directories **/usr/home** und **../dir/subdir** und in allen Subdirectories, die mindestens eine Größe von 100000 Byte haben.

       lst / -s10

       ... listet alle "Mini-Files" (kleiner oder gleich 10 Byte) des Filesystems, die sich in beliebigen Directories befinden.

Demonstriert werden:

*   die Library-Funktion **tolower** für die Umwandlung von Groß- in Klein-Buchstaben,
*   die Library-Funktion **strtol** für die Umwandlung eines Strings in einen **long**-Wert,
*   das Auswerten einer mit - eingeleiteten Option an beliebiger Position der Kommandozeile,
*   das Auswerten mehrerer Directory-Namen in der Kommandozeile,
*   das Aussortieren von "Link-Directories"   */

```c
#include <stdio.h>
#include <stdlib.h>                              /* ... für strtol  */
#include <string.h>
#include <ctype.h>                               /* ... für tolower */
#include <dirent.h>
#include <sys/stat.h>
#include <unistd.h>
#include "priv.h"                                /* ... für Funktion mkpath */
int dirlist2 (char *) ;
```

/* Größen werden global vereinbart, um sowohl in **main** als auch in **dirlist2** verfügbar zu sein, sie verlieren auf diese Weise auch beim Verlassen einer Funktion nicht ihren Wert: */

```c
long dirs    = 0 , lndirs  = 0 , files   = 0 ,
     sumsize = 0 , minsize = 0 , maxsize = 0 ;
main (int argc , char *argv [])
{
  char    direct   [PATH_MAX+1]  = "." ;
  int     flag , direntry = 0 , i ;
  long    size ;
  char    *e_p ;
  for (i = 1 ; i < argc ; i++)
    {
      if (*(argv[i]) == '-')                     /* ... ist es ein Schalter */
        {
          flag = 0 ;
          if (strlen (argv[i]) > 2 && tolower (*(argv[i] + 1)) == 's')
            {                                    /* ... -s oder -S */
                size = (long) strtol (argv[i] + 2 , &e_p , 10) ;
                            /* vgl. Kommentar im Programm pointer2.c */
```

```c
                if (*e_p == '\0')
                  {
                    if (*(argv[i] + 1) == 's') minsize = size ;
                    else                       maxsize = size ;
                    flag = 1 ;
                  }
              }
          if (!flag) printf
                ("Ignoriere unbekannte Option %s\n" , argv[i]) ;
        }
      else
        direntry = 1 ;     /* ... Directory-Name in Kommandozeile    */
    }
  i = 1 ;
  do {
      if (!direntry || *(argv[i]) != '-')
        {
          if (direntry) strcpy (direct , argv [i]) ;
          if (dirlist2 (direct))
            dirs++ ;
          else
            printf ("Fehler: %s ist kein Directory\n" , direct) ;
        }
      i++ ;
    } while (direntry && i < argc) ;
  printf ("Anzahl der gescannten Directories: %ld\n" , dirs) ;
  printf ("Nicht gescannte Link-Directories: %ld\n" , lndirs) ;
  printf ("Anzahl der gelisteten Files:      %ld\n" , files) ;
  printf ("Summe aller gelisteten Files:     %ld Byte\n" , sumsize) ;
  return 0 ;
}
int dirlist2 (char *direct)
{
  DIR              *dir_p            ;
  struct dirent *slot_p             ;
  struct stat     inodbf            ;
  char    filepath [PATH_MAX+1] ;
  if ((dir_p = opendir (direct)) == NULL) return 0 ;
  while ((slot_p = readdir (dir_p)) != NULL)
    {
      if (slot_p->d_ino != 0)
        {
          strcpy (filepath , direct) ;
          mkpath (filepath , slot_p->d_name) ;

          if (stat (filepath , &inodbf) == 0)
            {
              if (strcmp (slot_p->d_name , "." ) == 0 ||
                  strcmp (slot_p->d_name , "..") == 0) ;
              else if (S_ISDIR (inodbf.st_mode))
                {
                        /* ... Directory, aber weder "." noch ".." */
                  if (inodbf.st_ino != slot_p->d_ino)
                    {
                      lndirs++ ;                    /* ... Link-Directory! */
                    }
                  else
                    {
                      dirs++ ;
                      dirlist2 (filepath) ;    /* Direkte Rekursion!! */
                    }
```

```
                }
            else
            {
                if ((maxsize > 0 && inodbf.st_size >= maxsize) ||
                    (minsize > 0 && inodbf.st_size <= minsize) ||
                    (minsize == 0 && maxsize == 0))
                {
                    printf ("%s (%ld Byte)\n" , filepath ,
                                               inodbf.st_size) ;
                    files++ ;
                    sumsize += inodbf.st_size ;
                }
            }
        }
      }
    }
  closedir (dir_p) ;
  return 1          ;
}
```

/* Die Funktion

int tolower (int c)

(Prototyp in **ctype.h**) liefert den ASCII-Wert des Klein-Buchstabens, wenn 'c' den ASCII-Wert eines Großbuchstabens hat, ansonsten den ASCII-Wert von 'c'.   */

/* Die Umwandlungsfunktion **strtol** (Prototyp in **stdlib.h**) wurde mit einem Beispiel bereits im Programm **pointer2.c** (Abschnitt 5.1) beschrieben.   */

/* Um der Gefahr der endlosen Schleife, die bei Links auf Directories besteht, zu entgehen, werden solche Directories nicht rekursiv durchlaufen. Für den Test, ob solch ein Directory vorliegt, wird die "Inode-Nummer im Inode-Eintrag" herangezogen, die bei "Soft links" auf das Original pointert und damit nicht mit der Inode-Nummer aus dem Directory-File identisch ist (vgl. Abschnitt 8.3).   */

Ende des Programms lst.c (UNIX-Version)

♦ Zum C-Tutorial gehören auch die Programme **mlst.c**, **m32lst.c** (für MS-Visual-C^{++} 1.5 bzw. 4.0) und **tlst.c** (für Turbo-C^{++}), die die gleiche Funktionalität besitzen wie **lst.c**.

8.7   Sortieren mit einem binären Baum: Programm "lstsort.c"

Das Programm **lstsort.c** ist geradezu ein "Festival der Rekursionen":

♦ Der Directory-Tree wird rekursiv gescannt,

♦ die wesentlichen Informationen aller "gewöhnlichen Files" (Pfadname und Größe) werden in einem binären Baum zusammengestellt, der bei jeder Einfüge-Aktion rekursiv durchlaufen wird, so daß ein sortiertes Einfügen möglich ist,

♦ die gespeicherten sortierten Informationen werden mit rekursivem Scannen des binären Baumes auf den Bildschirm geschrieben, und

♦ schließlich wird der allokierte Speicherplatz durch rekursives Scannen des binären Baumes wieder freigegeben.

Programm lstsort.c (UNIX-Version)

/* **Sortiertes Listen aller Files eines Directory-Trees**

/* Das Programm listet alle Files in einem Tree oder mehreren Trees eines Filesystems. Es kann mit einem oder mehreren Directory-Namen in der Kommandozeile aufgerufen werden (ohne Directory-Namen wird das "Current directory" verwendet). Die Files werden nach der Größe (aufsteigend) sortiert.

Zwei Schalter **-Ssize** bzw. **-ssize** können (sinnvollerweise alternativ) in der Kommandozeile angegeben werden (siehe Kommentar im Programm **lst.c** im Abschnitt 8.6).

Demonstriert werden:

* das Einrichten eines sortierten binären Baumes,
* das Allokieren von Speicherplatz für die Knoten des Baumes,
* das sortierende Einbringen eines neuen Knotens durch rekursives Scannen,
* das Ausgeben aller Informationen des Baumes mit rekursivem Scannen,
* das Freigeben des allokierten Speicherplatzes durch rekursives Scannen.   */

```
#include <stdio.h>
#include <stdlib.h>
#include <ctype.h>
#include <string.h>
#include <dirent.h>
#include <sys/stat.h>
#include <unistd.h>
#include "priv.h"

long dirs     = 0 , lndirs  = 0 , files   = 0 ,
     sumsize = 0 , minsize = 0 , maxsize = 0 , cancel = 0 ;

typedef struct file_inf              /* Diese Struktur definiert einen */
    {                                /* Knoten des binären Baumes:     */
        char    *filepath ;          /* ... kompletter Filename,       */
        long    size ;               /* ... Größe des Files,           */
        struct file_inf *left_fi  ;  /* ... "Linker Nachfolger",       */
        struct file_inf *right_fi ;  /* ... "Rechter Nachfolger",      */
    } FILESTRUC ;
```

/* Man beachte, daß für den kompletten Filenamen in der Struktur nur ein Pointer **filepath** (und damit kein Speicherplatz für die Speicherung des Strings) vorgesehen ist. Für jeden neuen Knoten des binären Baumes muß also neben dem Speicherplatz für eine Struktur vom Typ **FILESTRUC** zusätzlich noch Speicherplatz für die Aufnahme des Namens (nach Kenntnis des Bedarfs) allokiert werden.   */

```
FILESTRUC *root = NULL ;             /* ... Wurzel des binären Baumes */
```

/* Prototypen der Funktionen: */

```
int  dirlist3 (char *) ;
void newstruc (char * , long) ;
void updtree  (FILESTRUC * , FILESTRUC *) ;
void destree  (FILESTRUC *) ;
void prtree   (FILESTRUC *) ;

main (int argc , char *argv [])
{
    char    direct   [PATH_MAX+1]  = "." ;
    int     flag , direntry = 0 , i ;
    long    size ;
    char    *e_p ;
```

```c
    for (i = 1 ; i < argc ; i++)
      {
        if (*(argv[i]) == '-')
          {
            flag = 0 ;
            if (strlen (argv[i]) > 2 && tolower (*(argv[i] + 1)) == 's')
              {
                size = (long) strtol (argv[i] + 2 , &e_p , 10) ;
                if (*e_p == '\0')
                  {
                    if (*(argv[i] + 1) == 's') minsize = size ;
                    else                       maxsize = size ;
                    flag = 1 ;
                  }
              }
            if (!flag) printf
                ("Ignoriere unbekannte Option %s\n" , argv[i]) ;
          }
        else
            direntry = 1 ;
      }
  printf ("Lesen und sortieren ...\n") ;
  i = 1 ;
  do {
        if (!direntry || *(argv[i]) != '-')
          {
            if (direntry) strcpy (direct , argv [i]) ;
            if (dirlist3 (direct))
              dirs++ ;
            else
              printf ("Fehler: %s ist kein Directory\n" , direct) ;
          }
        i++ ;
    } while (direntry && i < argc) ;
  if (cancel)
      printf ("Sorry, nicht genuegend Speicher, Abbruch\n") ;
  else
    {
      prtree (root) ;
      printf ("Anzahl der gescannten Directories: %ld\n" , dirs) ;
      printf ("Nicht gescannte Link-Directories:  %ld\n" , lndirs) ;
      printf ("Anzahl der gelisteten Files:       %ld\n" , files) ;
      printf ("Summe aller gelisteten Files:      %ld Byte\n" , sumsize);
    }
  destree (root) ;
  return 0 ;
}

int dirlist3 (char *direct)
{
  DIR            *dir_p           ;
  struct dirent *slot_p           ;
  struct stat    inodbf           ;
  char    filepath [PATH_MAX+1] ;

  if ((dir_p = opendir (direct)) == NULL) return 0 ;

  while ((slot_p = readdir (dir_p)) != NULL)
    {
      if (slot_p->d_ino != 0)
        {
          strcpy (filepath , direct) ;
          mkpath (filepath , slot_p->d_name) ;
```

```c
      if (stat (filepath , &inodbf) == 0)
        {
          if (strcmp (slot_p->d_name , "." ) == 0 ||
              strcmp (slot_p->d_name , "..") == 0) ;
          else if (S_ISDIR (inodbf.st_mode))
            {
                          /* ... Directory, aber weder "." noch ".." */
              if (inodbf.st_ino != slot_p->d_ino)
                {
                  lndirs++ ;                    /* ... Link-Directory! */
                }
              else
                {
                  dirs++ ;
                  dirlist3 (filepath) ;    /* Direkte Rekursion!! */
                }
            }
          else
            {
              if ((maxsize > 0 && inodbf.st_size >= maxsize) ||
                  (minsize > 0 && inodbf.st_size <= minsize) ||
                  (minsize == 0 && maxsize == 0))
                {
                  files++ ;
                  sumsize += inodbf.st_size ;
                  newstruc (filepath , inodbf.st_size) ;
                }
            }
        }
      if (cancel) break ;
    }
  closedir (dir_p) ;
  return 1          ;
}

/**************************************************************************/
/*            Erzeugen eines neuen Knotens für den binären Baum:        */

void newstruc (char *file , long size)
{
  FILESTRUC   *newstruc ;
  newstruc = (FILESTRUC *) malloc (sizeof (FILESTRUC)) ;
                              /* ... allokiert Speicherplatz für die Struktur */
  if (newstruc != 0)
     newstruc->filepath = (char *) malloc (strlen (file) + 1) ;
                              /* ... allokiert Speicherplatz für den Filenamen */
  if (newstruc != 0 && newstruc->filepath != NULL)
    {
      strcpy (newstruc->filepath , file) ;      /* Information in die  */
      newstruc->size = size     ;               /* Struktur eintragen  */
      newstruc->left_fi  = NULL ;
      newstruc->right_fi = NULL ;

      if (root == NULL)                          /* ... ist es die erste */
        {
          root = newstruc ;
          return ;
        }
```

```
        else                                /* ... muß sie in den    */
          updtree (root , newstruc) ;       /*     binären Baum       */
        }                                   /*     eingehängt werden  */
    else
        cancel = 1 ;
}
```

```
/***************************************************************************/
/*              Einsetzen eines neuen Knotens in den binären Baum:        */
```

/* Der Baum wird sortiert angelegt, der linke Nachfolger (Pointer **left_fi**) eines jeden Knotens
zeigt auf eine kleinere Datei, der rechte Nachfolger (**right_fi**) auf eine größere Datei.   */

```
void updtree (FILESTRUC *anchor , FILESTRUC *newstruc)
{
    if (newstruc->size < anchor->size)              /* ... geht es nach links  */
      {
        if (anchor->left_fi == NULL)                /* ... Ende erreicht,      */
            anchor->left_fi = newstruc ;            /* ... einhängen!          */
        else
            updtree (anchor->left_fi , newstruc) ;  /* ... rekursiv weiter!    */
      }
    else                                            /* ... geht es nach rechts */
      {
        if (anchor->right_fi == NULL)               /* ... Ende erreicht,      */
            anchor->right_fi = newstruc ;           /* ... einhängen!          */
        else
            updtree (anchor->right_fi , newstruc) ; /* ... rekursiv weiter!    */
      }
}
```

```
/***************************************************************************/
/*              Ausgeben aller Informationen des Baumes:                  */
void prtree (FILESTRUC *anchor)
{
    if (anchor == NULL) return ;
    prtree (anchor->left_fi)    ;                /* ... rekursiv alle linken Knoten,  */
    printf ("%s (%ld Byte)\n" , anchor->filepath , anchor->size) ;
                                                 /* ... die eigene Information,       */
    prtree (anchor->right_fi)   ;                /* ... rekursiv alle rechten Knoten  */
}
```

```
/***************************************************************************/
/*              "Abbauen" des binären Baumes, Speicher freigeben:         */
void destree (FILESTRUC *anchor)
{
    if (anchor == NULL) return ;
    destree (anchor->left_fi) ;                  /* ... erst rekursiv "links" abbauen,  */
    destree (anchor->right_fi) ;                 /* ... dann rekursiv "rechts" abbauen, */
    free (anchor->filepath) ;                    /* ... schließlich "Selbstzerstörung"  */
    free (anchor) ;
}
```

Ende des Programms lst.c (UNIX-Version)

> Man beachte die Kürze der Funktionen (z. B. **updtree, prtree** und **destree**), die für das
> Scannen des gesamten binären Baumes verantwortlich sind. Es gibt keine Alternative
> zur rekursiven Programmiertechnik für solche Probleme.

♦ Das Sortieren mit einem binären Baum ist in der Regel wesentlich schneller als mit einer
  verketteten Liste. Im ungünstigsten Fall allerdings, der sich z. B. dann ergibt, wenn die
  Knoten in bereits sortierter Form vorliegen, entartet der entstehende "Baum" zur verketteten Liste (und beim "Einsortieren" der "vorsortierten Elemente" muß im Mittel der
  halbe Baum durchlaufen werden).

♦ Zum C-Tutorial gehören auch die Programme **mlstsort.c, m32lsts.c** (für MS-Visual-C++)
  und **tlstsort.c** (für Turbo-C++), die die gleiche Funktionalität besitzen wie **lstsort.c**.

| *Aufgabe 8.1:* | Es ist ein Programm **rmfit.c** zu schreiben, das mit einem Directory-Namen (ohne diese Angabe wird im "Current directory" gestartet) und einem |

Filenamen in der Aufrufzeile gestartet werden kann und sämtliche Files mit diesem Namen
im gesamten Directory-Tree löscht. Der Filename soll Wildcards enthalten dürfen (**muß in
diesem Fall in "Double-Quotes" stehen**).

Beispiele: `rmfit   Makefile`

... löscht alle Files mit dem Namen **Makefile** im "Current directory" und allen Directories des
zugehörigen Directory-Trees.

`rmfit   /usr/home/dankert   "*.o"`

... löscht alle Files mit der Extension .o im angegebenen Directory und allen Subdirectories.

Hinweis: Um das Problem mit den Wildcards nicht selbst lösen zu müssen, "bastele"
                man sich ein Betriebssystem-Kommando zum Löschen der Files zusammen,
                das man der Funktion **system** übergibt (vgl. Programm **syscall.c** im Abschnitt
                3.15).

Das mit der Aufgabe 8.1 zu erzeugende Programm ist für "Aufräumarbeiten"
ebenso nützlich wie gefährlich.

**Vorsicht,
Falle!**
Speziell in der Testphase kann es allerhand Unheil im Filesystem anrichten.
Man sollte deshalb unbedingt zunächst zwar den kompletten Algorithmus
schreiben, aber den Löschbefehl (**del** unter DOS, **rm** unter UNIX) bis zum
sicheren Funktionieren z. B. durch **dir** unter DOS bzw. **ls** unter UNIX ersetzen.

| *Aufgabe 8.2:* | Es ist ein Programm **femfile5.c** zu schreiben, das exakt wie das Programm **femfile4.c** aus dem Abschnitt 7.4 arbeitet, allerdings die Elemente nicht in |

einer sortierten verketteten Liste sondern in einem sortierten binären Baum ablegt.

Das Programm ist mit den Dateien **femmod3.dat** und **femmod4.dat** zu testen und soll mit
diesen Dateien die gleiche Ausgabe liefern wie das Programm **femfile4.c**.

8.8   Zwischenbilanz

Eine Zwischenbilanz am Ende dieses Kapitels ist aus zwei Gründen sinnvoll:

♦ Wer die Programme bis zu diesem Punkt durchgearbeitet hat, ist mit fast allen wichtigen Elementen der Programmiersprache C mindestens einmal in Berührung gekommen. Da beim "Lernen durch Beispiele" die Themen nicht sehr streng strukturiert abgehandelt werden können, wird hier noch einmal ganz kurz zusammengefaßt, was an welcher Stelle behandelt wurde, und es werden die wichtigsten Informationen zu einigen Besonderheiten der Programmiersprache zusammengestellt, die bisher nicht erwähnt wurden.

♦ Ab Kapitel 9 beginnt eine Einführung in die Windows-Programmierung. Dafür wird wirklich alles benötigt, was bisher zur Programmiersprache C behandelt wurde. Man sollte schon "einigermaßen fit" sein, wenn man sich an diesen ebenso schönen wie schwierigen Teil der Programmierung heranwagt.

Die folgende Bilanz bezieht sich auf die Kapitel 4 bis 8 (bei Beschränkung auf die Sprachelemente der ANSI-Norm), weil am Ende des Kapitels 3 schon einmal eine Zwischenbilanz gezogen wurde.

> **Eine Pointer-Variable nimmt die Adresse einer Variablen oder einer Funktion auf.**

Den Pointern wurde fast das gesamte Kapitel 5 gewidmet (dort kann man die wichtigsten Informationen gegebenenfalls noch einmal nachlesen), sie spielten aber auch im Zusammenhang mit den File-Operationen, der Speicherplatzverwaltung (Kapitel 6) und den Strukturen (Kapitel 7) eine herausragende Rolle.

♦ Pointer-Variablen zeigen auf Variablen eines speziellen Datentyps. Sie wurden bisher immer mit einer Typ-Angabe definiert (z. B.: **double *x_p ;**), die Verknüpfung mit dem Datentyp ist die Voraussetzung für die (im Abschnitt 5.2 vorgestellte) "Pointer-Arithmetik". Es gibt jedoch auch den (bisher nicht behandelten) "generischen Pointer", z. B.:

```
void  *irgendwas_p  ;
```

Der so vereinbarten Pointer-Variablen **irgendwas_p** kann ein beliebiger Pointer-Wert (auf **double**, **int**, auf eine Struktur, ...) zugewiesen werden, während anderen Pointer-Typen nur jeweils der Wert eines Pointers vom gleichen Typ zugewiesen werden darf.

Der folgende Struktur-Typ zeigt eine Komponente mit einem **void**-Pointer. In Abhängigkeit von der Komponente mit dem Typ **FLAECHENTYP** könnte der Pointer **abmessungen** z. B. auf eine **double**-Variable (Kreisdurchmesser) oder auf eine Struktur zeigen, die (mit Punktanzahl und Koordinaten-Array) ein Polygon beschreibt:

```
typedef enum  {Kreis , Rechteck , Polygon} FLAECHENTYP ;
typedef struct fl_tag { FLAECHENTYP   typ           ;
                        void          *abmessungen ;
                        struct fl_tag *next         ; } FLAECHE ;
```

♦ Obwohl Funktionen keine Variablen sind, gibt es den "Pointer auf eine Funktion", der bisher nicht gebraucht wurde. Er wird aber für die Windows-Programmierung benötigt und deshalb dort bei der ersten Verwendung (im Programm **miniwin.c** im Abschnitt 9.3) ausführlich erläutert.

Files müssen vor der Bearbeitung geöffnet werden.

Die Strategie **FILE-Pointer vereinbaren** --> **File öffnen** (Erfolg abfragen) --> **Lese- bzw. Schreibaktionen** --> **File schließen** wurde im Kapitel 6 ausführlich beschrieben. Im Programm **femfile2.c** wurden zusätzlich die Funktion **rewind** (Zurücksetzen an den Datei-Anfang) benutzt und die "Keyword"-Suche demonstriert.

♦ Es konnte nur eine Auswahl der für das Lesen und Schreiben verfügbaren Funktionen vorgestellt werden, es existieren (auch per ANSI-Norm festgeschrieben) wesentlich mehr Funktionen, z. B. auch für das Lesen binärer Informationen (die hier vorgestellten Funktionen arbeiten sämtlich "zeichenorientiert").

Der dynamische Speicher wird mit malloc, calloc, realloc und free verwaltet.

Im Abschnitt 6.4 wurden die dynamische Speicherplatz-Anforderung mit **malloc** und **calloc** und die Freigabe mit **free** beschrieben (und in den Programmen der Kapitel 7 und 8 auch mehrfach verwendet). Dabei erwies sich der **sizeof**-Operator als hilfreich, mit dem man den Speicherbedarf eines Datentyps ermitteln kann (besonders nützlich für Strukturen).

♦ Nicht verwendet wurde bisher die Funktion **realloc**, mit der man die Größe eines (vorher mit **malloc** oder **calloc** erfolgreich angeforderten) Speicherbereichs verändern kann.

Strukturen sind die flexibelsten Datentypen der Programmiersprache C.

Den Strukturen wurden die beiden Kapitel 7 und 8 gewidmet. Es sind Datentypen, die der Programmierer aus den vordefinierten Typen und Eigen-Definitionen (Strukturen) zusammenstellen kann. Im Gegensatz zu einem Array kann eine Struktur

• aus Komponenten mit verschiedenen Datentypen gebildet werden,

• komplett an eine andere Struktur des gleichen Typs zugewiesen werden,

• Return-Wert einer Funktion sein.

Als Argumente von Funktions-Aufrufen werden Strukturen (auch im Gegensatz zu Arrays) "by value" übergeben. Weil mit den genannten Möglichkeiten bei umfangreichen Strukturen sehr aufwendige Operationen entstehen können, arbeitet der Programmierer vornehmlich mit Pointern auf die Strukturen. Für den Zugriff auf eine Komponente einer Struktur, die selbst durch ihren Pointer identifiziert wird, steht der spezielle Operator -> zur Verfügung.

Im Abschnitt 7.3 wurden die "rekursiven Strukturen" (enthalten mindestens eine Komponente des Typs "Pointer auf eigenen Strukturtyp") eingeführt, mit denen äußerst komplizierte Datenstrukturen (verkettete Listen, binäre Bäume, ...) realisiert werden können.

"Unions" und "Enumerations" haben strukturähnliche Syntax.

"Unions" (Datentyp **union**) dienen dazu, Variablen unterschiedlichen Typs auf dem gleichen Speicherplatz unterzubringen. "Enumerations" (Datentyp **enum**) sind "Aufzählungstypen", mit denen die Lesbarkeit eines Programms verbessert wird. Beide Datentypen wurden im Abschnitt 7.5 vorgestellt.

Das "Überleben" von Variablen-Werten ist von der "Speicherklasse" abhängig.

Eng verknüpft mit diesem wichtigen Thema sind die Begriffe "Sichtbarkeit", "Gültigkeits-bereich", "Bindung", die deshalb gemeinsam im Abschnitt 6.5 behandelt wurden. In den bisher vorgestellten Programmen waren fast alle Variablen "lokal gültig" (beschränkt auf eine Funktion) und hatten die Speicherklasse **auto** (entspricht der Voreinstellung).

In einigen Programmen wurden jedoch auch schon "globale Variablen" benutzt (vereinbart außerhalb aller Funktionen). Bei der Windows-Programmierung spielen diese und vor allen Dingen Variablen der Speicherklasse **static** eine besonders wichtige Rolle (gegebenenfalls also bitte zurückblättern zu den Erläuterungen des Abschnitts 6.5).

C kennt sechs Operatoren für Bit-Manipulationen.

Die Operatoren für die Bit-Manipulationen innerhalb einer Variablen und ihre Anwendung wurden im Abschnitt 8.4 vorgestellt (und werden auch im Anhang A noch einmal erläutert). Von der Möglichkeit, "viel Information bitweise auf engstem Raum in einer Variablen abzulegen", wird bei der Windows-Programmierung intensiv Gebrauch gemacht. Auch hier gilt der Rat: Bei Bedarf bitte zurückblättern (oder schon einmal den Anhang A lesen)!

Das Attribut const bei der Vereinbarung erzeugt eine Konstante.

In den bis hierher vorgestellten Programmen wurden Konstanten mit der Präprozessor-Anweisung **#define** erzeugt (mit dem Nachteil, daß der Compiler den Namen der Konstanten nicht zu sehen bekam). Mit dem einer Vereinbarung vorangestellten Schlüsselwort **const** kann eine Größe mit einem Namen erzeugt werden, die ihren Wert nicht ändern kann, dement-sprechend bei der Definition initialisiert werden muß, z. B.:

```
const  double  hp_to_kw = 0.7355 ;
```

Der Präprozessor kann mehr als Zeichenketten ersetzen und Kommentar entfernen.

Bereits im Abschnitt 3.5 wurde die **#define**-Anweisung zur Definition von Konstanten benutzt:

♦ Nachzutragen ist, daß der Präprozessor das Ersetzen einer Zeichenkette durch eine andere mit einer gewissen "Intelligenz" erledigt: Nur Namen werden ersetzt, Text in String-Konstanten oder Teile eines Namens bleiben verschont. Die Präprozessor-Anweisung

```
#define  PI  3.1416
```

würde die Anweisungen des Programms

```
double  PI_HALBE ;
PI_HALBE = PI/2 ;
printf ("PI/2 = %g\n" , PI_HALBE) ;
```

umwandeln in

```
double  PI_HALBE ;
PI_HALBE = 3.1416/2 ;
printf ("PI/2 = %g\n" , PI_HALBE) ;
```

(nur die Stelle, an der **PI** als kompletter Name auftritt, wird umgewandelt).

♦ Die Möglichkeit, mit der **#define**-Anweisung Makros mit Parametern zu definieren, wurde im Abschnitt 8.4 beschrieben. Bei der Windows-Programmierung werden an vielen Stellen vordefinierte Makros genutzt, deren Definition man sich in der Header-Datei **windows.h** ansehen kann.

♦ Bisher nicht genutzt wurde die Möglichkeit, mit dem Präprozessor über bedingte Anweisungen den Programmcode zu manipulieren (wer sich die Standard-Header-Dateien wie empfohlen angesehen hat, wird bemerkt haben, daß solche Anweisungen dort in großen Mengen vorkommen). Der Präprozessor "versteht" die "bedingte Anweisung" (eingeleitet mit **#if**, abgeschlossen mit **#endif**), die "Alternative" (mit dem zusätzlichen Schlüsselwort **#else**, vgl. Beispiel dazu im Programm **cursor1.c** im Abschnitt 10.4) und die "Mehrfach-Alternative" (mit dem Schlüsselwort **#elif**, das wie ein **else if** im C-Programm wirkt).

Die intensive Benutzung der bedingten Anweisungen in den Standard-Header-Dateien hat in erster Linie das Ziel, Mehrfach-Definitionen zu vermeiden, die beim Einbinden mehrerer Header-Dateien entstehen. Da Header-Dateien selbst andere Header-Dateien einbinden können, ist diese Gefahr sehr groß.

Die Strategie zur Vermeidung des Problems ist einfach. Man definiert einen Namen (im nachfolgenden aus **math.h** von MS-Visual-C⁺⁺ entnommenen Beispiel: **_COMPLEX_DEFI-NED**) gemeinsam mit den zugehörigen Anweisungen und macht die gesamte Aktion davon abhängig, ob dieser Name definiert ist. Da dies außerordentlich häufig verwendet wird, gibt es dafür sogar zusätzliche Schlüsselworte, **#ifdef** fragt, ob ein Name definiert ist, **#ifndef** fragt, ob ein Name nicht definiert ist:

```
#ifndef _COMPLEX_DEFINED
        struct _complex {
            double x,y; /* real and imaginary parts */
        } ;
    #define _COMPLEX_DEFINED
#endif
```

... definiert den Struktur-Typ nur dann, wenn der Name **_COMPLEX_DEFINED** noch nicht definiert ist, der dann aber selbst auch definiert wird.

Mit einem ähnlichen Trick ist auch ein Problem lösbar, das am Ende des Abschnitts 6.5.3 besprochen wurde: Eine globale Variable, die in einer Header-Datei steht, muß beim Einbinden in verschiedene Programme genau einmal als Definition, ansonsten als **extern**-Deklaration erscheinen, so daß eigentlich zwei Header-Dateien erforderlich wären. Mit der Definition eines speziellen Namens (z. B.: **GLOB_DEF**) in genau einer Datei (z. B. in der Datei, die die Funktion **main** enthält), kann dann in der Header-Datei eine Alternative für den Präprozessor geschrieben werden:

```
#ifdef GLOB_DEF
        double eye_point[3] = { 2000. , -5000. , 2000 } ;
    #else
        extern double eye_point[] ;
#endif
```

... und nur in der Übersetzungseinheit (es muß genau eine sein), in der (vor der **#include**-Anweisung für die Header-Datei) der Name **GLOB_DEF** definiert ist, wird das Array definiert und initialisiert.

9 Grundlagen der Windows-Programmierung

Windows-Programmierung gilt als schwierig. Bei dieser wohl kaum zu widerlegenden Aussage sollte man unterscheiden zwischen

♦ der Schwierigkeit, ein völlig neues Konzept verstehen zu müssen, weil kaum jemand mit Erfolg gleich mit Windows-Programmierung anfangen kann, es also unter den Windows-Programmierern wohl ausschließlich "Umsteiger" gibt,

♦ dem Problem, entweder recht aufwendig immer wiederkehrende ähnliche Programmteile selbst erzeugen, verwalten, anpassen zu müssen, oder aber gleich noch ein zweites neues Konzept zu erlernen, um alle Hilfsmittel zur automatischen Programmerzeugung nutzen zu können.

Hier wird ein Einstieg in die Windows-Programmierung auf der Basis der C-Programmierung vermittelt, wie sie der Leser in den ersten 8 Kapiteln erlernt hat. Es ist nicht mehr als ein "Schnupperkurs", an dessen Ende Empfehlungen für die möglichen Strategien zur Vertiefung der Kenntnisse gegeben werden. Die Hilfsmittel zur automatischen Programmerzeugung, die zu den modernen Entwicklungssystemen gehören, werden zunächst nicht benutzt. Mit Microsofts "App studio" (MS-Visual-C^{++} 1.5, ab Version 4.0 in das "Developer studio" integriert), das im Kapitel 10 an einigen Stellen verwendet wird, soll ein kleiner Vorgeschmack auf die verfügbaren Hilfsmittel gegeben werden. Für "tiefere Einblicke" kann u. a. auf die weiterführenden Teile dieses Tutorials verwiesen werden (siehe Kapitel 11).

Der Vorteil bei dieser Reihenfolge des Erlernens ist sicher, daß das Windows-Programmiermodell deutlich wird. Der Nachteil, immer wiederkehrende Programmteile stets wieder schreiben zu müssen, kann durch geschicktes Arbeiten mit dem Editor weitgehend entschärft werden (und für den Lernenden ist es durchaus nicht nachteilig, diese Programmteile immer noch einmal zu sehen).

Windows-Programmierung ist leider immer noch eine system-spezifische Angelegenheit. Hier wird auf MS-Windows 3.1, Windows 95 und Windows NT aufgebaut. Die Hoffnung, dafür geschriebene Programme nach Neu-Compilierung z. B. auf einem X11-System unter UNIX ablaufen lassen zu können, ist illusorisch (das mag denjenigen enttäuschen, der z. B. die ANSI-C-Programme aus den Kapiteln 1 bis 7 sowohl als "QuickWin-Application" mit MS-Visual-C^{++} 1.5 erzeugt als auch unter UNIX in einem X11-Terminal-Fenster gearbeitet hat, ohne auch nur eine Programmzeile ändern zu müssen). Die nachfolgenden Beispiel-Programme wurden mit MS-Visual-C^{++} 1.5 (unter MS-Windows 3.11) und MS-Visual-C^{++} 4.0 (unter Windows 95 und Windows NT) getestet. Diese Entwicklungssysteme unterstützen alle Strategien der C- und C^{++}-Programmierung und können deshalb weiter genutzt werden, wenn man von der Windows-C-Programmierung auf objektorientiertes Arbeiten umsteigt.

9.1 Das Windows-Konzept

MS-Windows 3.1 wird (wie ein "gewöhnliches" Anwendungsprogramm) unter MS-DOS gestartet, zeigt sich dem Benutzer dann jedoch wie ein selbständiges Betriebssystem. Tatsächlich liegt die Verantwortung für das Dateisystem weiterhin bei den entsprechenden DOS-Routinen, Windows "übernimmt den Rest" (Speicher- und Programmverwaltung und die Steuerung aller Ein- und Ausgabegeräte).

Windows 95 und **Windows NT** sind eigenständige Betriebssysteme, die auch eigene Dateisysteme verwalten (wegen der Abwärts-Kompatibilität zu den vielen noch existierenden DOS-Programmen ist aber ein "Abstieg" in ein "DOS-Fenster" nach wie vor möglich).

Die auffälligste Besonderheit des Arbeitens unter Windows (im Vergleich zum Arbeiten unter DOS) ist, daß mehrere Anwendungen gleichzeitig aktiv sind, die sich alle Ressourcen teilen müssen. Genau eine Anwendung hat den **Eingabefokus**, kann also über die Maus und die Tastatur angesprochen werden.

Damit scheint für den Programmierer die Angelegenheit nicht nennenswert anders zu sein als bei der "klassischen" Programmierung: An die Stelle des Bildschirms als Ausgabegerät tritt ein Fenster, und mit der Eingabe muß gegebenenfalls gewartet werden, bis das Fenster den Eingabefokus hat. Doch dieser erste Anschein trügt, was deutlich wird, wenn man analysiert, welche Aktionen mit den Fenstern von Windows ausgeführt werden können:

♦ Das Verschieben eines Fensters (samt Inhalt) auf dem Bildschirm darf man einem Windows-System ohne weiteres zutrauen, weil es ohnehin den Inhalt des Bildschirmspeichers kontrolliert. Die Beantwortung der Frage, ob dabei auch die vorher verdeckten Darstellungen in anderen Fenstern "repariert" werden können, hängt davon ab, ob der Inhalt aller Bereiche vor dem Überzeichnen gespeichert wurde (diese denkbare Variante wird von MS-Windows nicht verfolgt, was den zukünftigen Windows-Programmierer ahnen läßt, was auf ihn zukommt).

♦ So richtig ins Grübeln müßte der mit den "klassischen Strategien" vertraute Programmierer allerdings bei folgendem Beispiel kommen: Man startet aus dem "Zubehör" von Windows das Programm "Editor" und füllt das Fenster mit einem beliebigen Text. Wenn unter dem Menüpunkt **Bearbeiten** die Option **Zeilenumbruch** gewählt wird, paßt das Programm den Text in das Fenster ein (nebenstehende Abbildung).

Wenn man nun die Größe des Fensters ändert (Abbildung auf der folgenden Seite),

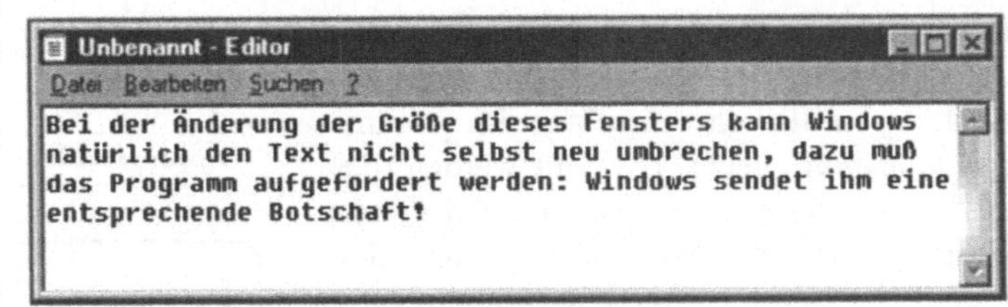

Text nach der Wahl der Option "Zeilenumbruch"

wird der Text "neu umgebrochen", was natürlich nicht von Windows erledigt werden kann, denn den Text verwaltet ja nur das Anwendungsprogramm "Editor". Dieses muß also gearbeitet haben, nachdem es "irgendwie erfahren hat", daß sich die Größe seines Fensters geändert hat.

Woher bekommt ein Anwendungsprogramm die Information, daß sich die Fenstergröße geändert hat? Schließlich kann es diese nicht ständig beim Betriebssystem erfragen.

Hier äußert sich eine ganz neue Strategie, die den Windows-Programmierer zu einer völlig neuen Denkweise zwingt: Sein Programm kann nicht nur Ereignisse (z. B. eine Eingabeaktion) beim Betriebssystem abfragen, es muß auch auf **Botschaften** reagieren können, die ihm von Windows "gesendet werden". Die Arbeitsteilung bei dem beschriebenen Beispiel sieht also so aus: Windows zeichnet den geänderten Fen-

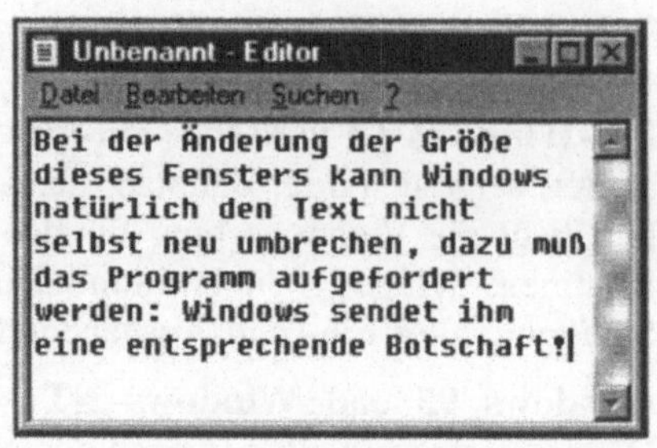

Darstellung des Textes nach der Verkleinerung des Fensters

sterrahmen (einschließlich Titelleiste, Menü, "Schaltflächen" und "Fahrstuhl" usw.) und sendet dem Programm die Botschaft, daß es sich um den Inhalt des Fensters kümmern muß.

9.2 Botschaften (Nachrichten, "Messages")

Natürlich kann ein Programm unter Windows (schon wegen der in anderen Fenstern gleichzeitig aktiven Programme) nicht die Selbständigkeit haben wie ein DOS-Programm. Alle Anwendungsprogramme laufen unter der gemeinsamen Steuerung eines Windows-Programms.

Dieses entnimmt aus einer von Maus- und Tastaturtreiber (und dem Timer) gespeisten Nachrichtenschlange ("System queue") die Botschaften und ordnet sie den einzelnen Applikationsprogrammen zu (die Begriffe "Nachrichten", "Botschaften", "Messages" werden gleichwertig verwendet). Unter MS-Windows 3.1 heißt dieses Programm **USER.EXE**, es ist der Verteiler der Botschaften.

Die eigentliche Besonderheit besteht jedoch darin, daß Botschaften nicht nur auf Warteschlangen für die einzelnen Programme ("Application queues") verteilt werden (das geschieht allerdings auch), **sondern direkt einem zu einem Programm gehörenden Fenster gesendet werden können**. Da jedes Programm mehrere Fenster öffnen kann, muß für jedes Fenster ein Empfänger der Botschaften definiert werden, eine **Fenster-Funktion**.

Die Skizze verdeutlicht, daß die **Fenster-Funktion (als sogenannte "Call back function") niemals direkt aus dem An-**

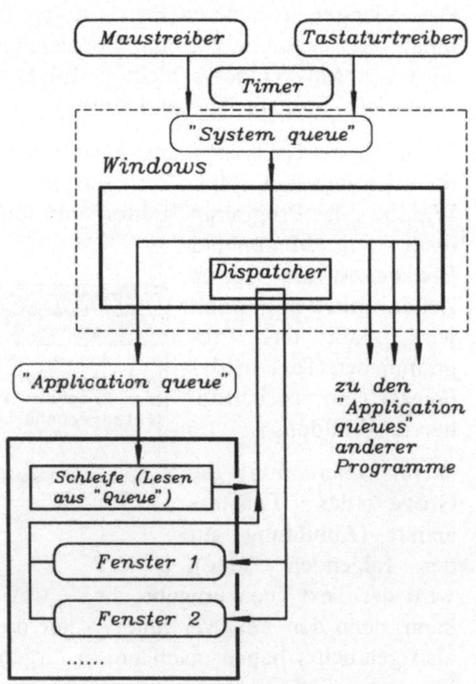

Wege der Botschaften unter Windows 3.1

wenderprogramm, sondern immer über Windows aufgerufen wird. Man sieht auch, daß dies nicht nur "als Umweg" bei der Abarbeitung einer aus der "Application queue" entnommenen Botschaft geschieht, sondern auch bei Botschaften aus dem Anwendungsprogramm der ganz normale (und einzig mögliche) "Dienstweg" ist, der eingehalten werden muß.

Diese bemerkenswerte Tatsache ist der wohl markanteste Unterschied zur "klassischen Programmierung":

> **In einem Windows-Programm gibt es mindestens eine Funktion, die nicht von einer anderen Funktion des Programms direkt aufgerufen wird. Einer solchen "Fenster-Funktion" werden von Windows "Botschaften" übergeben.**
>
> **Selbst dann, wenn eine Funktion des Anwendungsprogramms eine Botschaft an eine Fenster-Funktion senden möchte, muß sie eine Windows-Funktion aufrufen, die ihrerseits dann die Botschaft an die Fenster-Funktion schickt.**

Es gäbe noch sehr viel zu erläutern, was eigentlich vor dem ersten Beispiel-Programm geklärt werden müßte, aber es ist sicher eine gute Idee, wie im Kapitel 3 einfach ein Programm anzugeben, das die typische Struktur des Programms (hier natürlich eines Windows-Programms) verdeutlicht.

9.3 Das kleinste Windows-Programm "miniwin.c"

Compiler und Linker, die ein lauffähiges Windows-Programm erzeugen sollen, müssen mindestens aus folgenden Quellen "gefüttert" werden:

♦ Die C-Quellcode-Datei enthält das Hauptprogramm, das **WinMain** heißen muß, und die Fenster-Funktion für das Hauptfenster, die einen beliebigen Namen haben darf (natürlich könnten **WinMain** und die Fenster-Funktion auch in zwei Dateien untergebracht werden).

♦ Jede Funktion, die Windows-Funktionen aufruft oder Windows-Datentypen bzw. Windows-Konstanten enthält, muß die (riesige) Header-Datei **windows.h** einbinden, die die Prototypen aller Windows-Funktionen und die Definitionen zahlreicher Datentypen und Konstanten enthält.

♦ Beim Arbeiten unter Windows 3.1 muß für den Linker eine sogenannte "Modul-Definitions-Datei" (Extension .def) bereitgestellt werden, die neben einigen Optionen für den Link-Aufruf die Namen der Fenster-Funktionen enthält. Diese wird für das Arbeiten unter Windows 95 und Windows NT nicht mehr benötigt. Wenn Sie unter Windows 3.1 arbeiten, sollten Sie die zu den Files des C-Tutorials gehörenden .def-Dateien benutzen (eine kommentierte Datei dieses Typs wird nachfolgend auch aufgelistet).

Obwohl das folgende Programm ausführlich kommentiert ist, bleiben sicherlich noch viele Fragen offen (die Beschreibung einiger Parameter wurde ohnehin zurückgestellt). Der Einsteiger sollte sich davon nicht abschrecken lassen.

Eine abschreckende Wirkung mag auch der Umfang des Programms haben. Daran sind die Kommentare wesentlich beteiligt. Im Abschnitt 9.4 wird das Programm-Skelett unkommentiert (mit einigen unwesentlichen Änderungen) noch einmal aufgelistet. Aber auch unkommentiert ist **miniwin.c** wesentlich umfangreicher als **minimain.c** aus dem Abschnitt 3.3. Immerhin kann man mit der Windows-Version des Mini-Programms Fenster-Operationen ausführen. Die Programm-Struktur kann als Muster für alle weiteren Programme dienen.

♦ In Windows-Programmen werden viele Objekte (z. B. auch die Fenster) durch sogenannte **Handles** identifiziert. Dahinter verbergen sich schlichte vorzeichenlose ganze Zahlen.

♦ Und weil selbst bei dem Mini-Programm der Überblick nur schwer zu gewinnen ist, zunächst die "Kurzform des Minis":

- **WinMain** legt die Parameter für sein Hauptfenster in einer **WNDCLASS**-Struktur ("Window class") ab und läßt diese Klasse mit **RegisterClass** registrieren[1], ...

- kreiert ein Fenster dieser Klasse mit **CreateWindow**, ...

- das von **ShowWindow** auf den Bildschirm gebracht wird.

- Danach liest **WinMain** in einer Schleife mit **GetMessage** die in der "Application queue" abgelegten Botschaften ...

- und leitet sie via **DispatchMessage** an die eigene Fenster-Funktion **WndProc_pd**.

- Die Fenster-Funktion **WndProc_pd** empfängt Botschaften, ...

- sucht sich diejenigen aus, auf die reagiert werden soll (in diesem Fall wird nur auf die Botschaft **WM_DESTROY** - Schließen des Fensters - reagiert), ...

- und leitet alle nicht selbst bearbeiteten Botschaften an die für die Standard-Behandlung zuständige Windows-Funktion **DefWindowProc** weiter.

Programm miniwin.c

/* **Windows-Minimal-Programm**

Dieses Skelettprogramm demonstriert den prinzipiellen Aufbau eines Windows-Hauptprogramms und einer "Fenster-Funktion".

In der Windows-Programmierung haben sich einige typische Namen für die Variablen durchgesetzt, was die Lesbarkeit von Windows-Programmen wesentlich erleichtert. An diese Konventionen halten sich auch die hier vorgestellten Programme, in diesem ersten Programm allerdings mit folgender Einschränkung:

Um zu verdeutlichen, welche Bezeichnungen fest vorgegeben sind (z. B. **WinMain** für das Hauptprogramm) und welche der Programmierer frei wählen darf (z. B. **WndProc** für die Fenster-Funktion), werden die frei wählbaren durch den Zusatz **_pd** (vom Programmierer definiert) gekennzeichnet (also z. B.: **WndProc_pd**, außerdem werden diese Namen kursiv gesetzt). Dieser Zusatz wird in den nachfolgenden Programmen weggelassen.   */

---

[1]In der Version für Windows 95 und Windows NT gibt es dafür eine Struktur **WNDCLASSEX** mit zwei zusätzlichen Komponenten und die "Registrier-Funktion" **RegisterClassEx**. Die hier verwendeten **WNDCLASS** und **RegisterClass** sind aber auch noch verfügbar, deshalb werden sie als "in allen drei Systemen verwendbar" in den Programmen des C-Tutorials ausschließlich verwendet.

`#include <windows.h>`

> /* ... muß unter Windows immer eingebunden werden, ist eine sehr umfangreiche Datei, enthält neben den Prototypen der verfügbaren Windows-Funktionen auch die vielen Typ-Definitionen, die nachfolgend verwendet werden.   */

`LRESULT CALLBACK WndProc_pd (HWND , UINT , WPARAM , LPARAM) ;`

> /* ... ist der Prototyp der unten definierten Fenster-Funktion mit einer verwirrend erscheinenden Typen-Vielfalt, alle definiert in **windows.h**: **HWND** steht für "Handle of window", **UINT** für **unsigned int**, **WPARAM** und **LPARAM** sind ebenfalls "Ganzzahl-Typen", der Typ des Return-Wertes **LRESULT** steht für **long**. Unter Windows 95 und Windows NT sind schließlich alle fünf Typen zu 32-Bit-"Ganzzahl-Typen" geworden, unter Windows 3.1 waren nur **LPARAM** und **LRESULT** 32-Bit-Typen[2]. Unter **CALLBACK** verbirgt sich ein Schlüsselwort, mit dem das Ablegen der Parameter auf dem Stack bei Funktionsaufrufen abweichend von der in C üblichen Reihenfolge erzwungen wird (vgl. Anhang B), unter Windows 3.1 zusätzlich das Schlüsselwort **_far**, das mit der leidigen Segmentierung unter DOS zusammenhängt und besagt, daß die Funktion in einem anderen Code-Segment als das aufrufende Programm liegen kann (das ist glücklicherweise in der "32-Bit-Welt" obsolet). Der Anfänger sollte sich nur merken, daß alle Fenster-Funktionen prinzipiell als **LRESULT CALLBACK** deklariert werden sollten.

Das "Hauptprogramm" muß bei der Windows-Programmierung **WinMain** (in exakt dieser Schreibweise) heißen, entspricht dem **main** der klassischen C-Programmierung (hinter dem für "Windows application" stehenden **WINAPI** verbergen sich die gleichen Schlüsselworte wie hinter **CALLBACK**):   */

`int WINAPI WinMain (HINSTANCE hInstance_pd ,`

> /* ... Handle auf diese gerade gestartete "Programm-Instanz" (unter Windows kann das gleiche Programm mehrfach gestartet werden, dieser **HINSTANCE**-Wert ist vergleichbar mit einem "Prozeß-Identifikator" (PID) unter UNIX).   */

`HINSTANCE hPrevInstance_pd ,`

> /* ... Handle auf die letzte Vorgänger-Instanz (**NULL**, wenn es keine gibt), Parameter ist unter Windows 95 und Windows NT obsolet, existiert aber noch (es wird immer **NULL** geliefert).   */

`LPSTR   lpszCmdParam_pd ,`

> /* ... pointert auf einen String mit Kommandozeilen-Parametern, erfüllt die gleiche Aufgabe wie in einer "C-**main**"-Funktion **argc** und **argv** gemeinsam (**LPSTR** ist ein String-Pointer, also **char***, unter Windows 3.1 noch mit dem Zusatz **_far**).   */

`int     nCmdShow_pd)`

> /* ... ist der Fenstertyp (Vollbild, Icon), mit dem sich das Programm melden soll.   */

---

[2]Der Grund für die Typen-Vielfalt war ganz sicher die Hoffnung auf einen möglichst problemlosen Übergang von der "16-Bit-Welt" (Windows 3.1) auf die "32-Bit-Welt" (Windows 95 und Windows NT). Das hat wohl nicht ganz wie geplant funktioniert (verzeihlich, Programmierer sind auch nur Menschen), z. B. steht das "W" in **WPARAM** für den Typ **WORD**, der in "beiden Welten" ein 2-Byte-Wert ist, **WPARAM** ist trotzdem in der "neuen Welt" zum **unsigned int** und damit zu einem 4-Byte-Wert geworden. Das ist allerdings nur ein "Formfehler", die wirklich ärgerlichen Inkompatibilitäten werden später behandelt.

```
{
  MSG   msg_pd ;          /* Der Typ MSG ist eine Struktur, die eine Botschaft enthält. Diese
                             wichtige Struktur wird in windows.h folgendermaßen definiert:
        typedef struct tagMSG
          {
            HWND      hwnd      ; ... Handle des Fensters, für das die Botschaft bestimmt ist.
            UINT      message   ; ... die Botschaft selbst, codiert als Kennziffer, die in
                                      windows.h definiert wird, z. B. WM_KEYDOWN für das
                                      Drücken einer Taste.
            WPARAM    wParam    ;
            LPARAM    lParam    ; ... sind zusätzliche Informationen zu der Botschaft, geben
                                      z. B. an, welche Taste gedrückt wurde.
            DWORD     time      ; ... Zeit, zu der die Botschaft erzeugt wurde.
            POINT     pt        ; ... Cursor-Koordinaten zu diesem Zeitpunkt
          } MSG ;                                                                          */


  HWND hwnd_pd ;                       /* ... "Handle of window" für das Hauptfenster des
                                              Programms.                                   */

  WNDCLASS wndclass_pd ;               /* ... Window-Klasse (für das Hauptfenster)         */

  if (!hPrevInstance_pd)
    {                 /* ... gibt es noch keine registrierte "Fensterklasse" für dieses Programm, weil
                            es keine Vorgänger-Instanz des Programms gibt (in der "32-Bit-Welt" ist
                            hPrevInstance_pd immer NULL, die folgenden Anweisungen werden
                            also immer ausgeführt).                                        */

      wndclass_pd.style        = CS_HREDRAW | CS_VREDRAW ;
                        /* ... ist eine typische Kombination von Eigenschaften, die in Parametern
                            bitweise verschlüsselt sind und deshalb mit dem "bitweisen logischen
                            ODER" miteinander verknüpft werden können, hier: Fenster ist komplett
                            neu zu zeichnen, wenn sich horizontale oder vertikale Größe ändert.  */

      wndclass_pd.lpfnWndProc  = WndProc_pd ;
                        /* ... teilt Windows mit, wer das eigentliche "Arbeitstier" dieses Programms
                            ist, zum Typ dieser Variablen siehe Kommentar am Programmende   */

      wndclass_pd.cbClsExtra   = 0 ;
      wndclass_pd.cbWndExtra   = 0 ;
      wndclass_pd.hInstance    = hInstance_pd   ;
      wndclass_pd.hIcon        = LoadIcon (NULL , IDI_APPLICATION) ;
                        /* ... ein vordefiniertes Icon als "Verkleinerungssymbol"          */

      wndclass_pd.hCursor      = LoadCursor (NULL , IDC_ARROW)   ;
                        /* ... ein vordefinierter Cursor (der "normale" Pfeil)             */

      wndclass_pd.hbrBackground = GetStockObject (LTGRAY_BRUSH)   ;
                        /* ... ein vordefinierter Hintergrund ("Light gray") wird von GetStockObject
                            "aus dem Lager geholt".                                        */

      wndclass_pd.lpszMenuName  = NULL                  ;
      wndclass_pd.lpszClassName = "WndClassName_pd" ;
                        /* ... gibt der zu registrierenden Fensterklasse einen Namen.      */

      RegisterClass (&wndclass_pd) ;
                        /* ... registriert die gerade definierte Fensterklasse             */
    }
```

```
hwnd_pd = CreateWindow ("WndClassName_pd"     ,    /* ... Fensterklassen-Name */
                        "MiniWin_pd"          ,    /* ... für die Titelleiste   */
                        WS_OVERLAPPEDWINDOW ,      /* ... Fensterstil           */
                        CW_USEDEFAULT         ,    /* ... Position ...          */
                        CW_USEDEFAULT         ,    /* ... und ...               */
                        CW_USEDEFAULT         ,    /* ...                       */
                        CW_USEDEFAULT         ,    /* ... Fenstergröße          */
                        NULL                  ,    /* ... "Parent-Window"       */
                        NULL                  ,    /* ... Handle für Menü       */
                        hInstance_pd          ,    /* ... Programm-Instanz      */
                        NULL)                 ;    /* ... "Special parameter"   */
```

/* ... kreiert ein Fenster (ohne es bereits anzuzeigen) auf der Basis der
registrierten Fensterklasse **"WndClassName_pd"**   */

```
ShowWindow    (hwnd_pd , nCmdShow_pd) ;
```

/* ... zeigt schließlich das kreierte Fenster, identifiziert durch "**HANDLE
hwnd_pd**", der Fenstertyp **nCmdShow** (Vollbild, Symbol, ...) wird
WinMain von Windows mitgeteilt (siehe oben).   */

/* Es folgt die Hauptschleife des Programms, die solange durchlaufen wird,
bis Windows die Meldung **WM_QUIT** liefert, erkennbar durch den
GetMessage-Return-Wert **0**:   */

```
while (GetMessage (&msg_pd , NULL , 0 , 0))        /* ... holt Botschaft ab ...*/
  {
    DispatchMessage  (&msg_pd) ;
```

/* ... und leitet sie über den "Windows-Dienstweg" schließlich an die
"Fenster-Funktion" (in diesem Fall **WndProc_pd**) weiter.   */

```
  }
```

/* ... und diese Schleife läuft von "Botschaft zu Botschaft", weil **GetMessage**
einen Return-Wert gleich **0** nur für eine einzige Botschaft liefert:
WM-QUIT ("Programm beenden").   */

```
return msg_pd.wParam ;
}
```

/** Fenster-Funktion, die dem Hauptfenster des Programms zugeordnet wurde: ****/**

```
LRESULT CALLBACK WndProc_pd (HWND     hwnd_pd    , UINT     message_pd ,
                             WPARAM wParam_pd , LPARAM lParam_pd)
```

/*   ... erhält eine Botschaft, die durch die ersten vier Komponenten der oben erläuter-
ten **MSG**-Struktur beschrieben wird.   */

```
{
  switch (message_pd)
```

/* Von der Vielzahl der Botschaften, die in **windows.h** definiert sind, kann sich der Programmierer diejenigen aussuchen, auf die das Programm reagieren soll, hier soll es nur eine sein: */

```
  {
    case WM_DESTROY:
```

/* ... "Fenster schließen" (z. B. durch Mausklick auf das entsprechende Symbol) soll ...   */

```
      PostQuitMessage (0) ;
```

/* ... die Botschaft **WM_QUIT** auslösen, die in **WinMain** das Programmende einleitet.   */

```
      return 0          ;
  }
```

/* ... und jede andere Botschaft wird an ...   */

```
   return DefWindowProc (hwnd_pd , message_pd , wParam_pd , lParam_pd) ;
```
      /* ... "durchgereicht", die Windows-Funktion **DefWindowProc** dient zur "De-
      fault-Behandlung" aller Botschaften, für die der Programmierer keine Aktion
      vorgesehen hat.   */
}

/* Mit der Anweisung in **WinMain**

```
          wndclass_pd.lpfnWndProc = WndProc_pd ;
```

wird der Struktur-Komponente ein "Pointer auf eine Funktion" zugewiesen. Der Name der
Funktion repräsentiert die Adresse, ab der der Code der Funktion gespeichert ist, so daß mit
der Kenntnis dieser Adresse die Funktion aufgerufen werden kann.

Hier wird also Windows in Kenntnis gesetzt, welche Funktion als "Fenster-Funktion" für die
definierte Fensterklasse eingesetzt werden soll, die dann von Windows mit der Dereferenzierung des Pointers aufgerufen wird.   */

Ende des Programms miniwin.c

Möglicherweise sind Sie noch etwas schockiert von diesem "Minimal-Programm", deshalb
einige aufmunternde Bemerkungen:

♦ Es ist für das weitere Durcharbeiten dieses Kapitels absolut nicht erforderlich, daß Sie
  alles verstanden haben, was in **miniwin.c** codiert ist. Auch bei den Kommentaren darf ein
  Verständnis-Defizit geblieben sein, das sich bestimmt schrittweise beim Durcharbeiten der
  folgenden Programme abbaut. Sie dürfen **miniwin.c** als Skelett für eigene Programme
  nutzen, zunächst ist es nur wichtig, die Einstiegspunkte für das Einbringen des eigenen
  Programm-Codes zu finden (dazu mehr im Abschnitt 9.5).

♦ Aber es ist "reines C" (auch wenn einiges wie eine neue Programmiersprache aussieht),
  einzige Neuerung in **miniwin.c** ist der in den Kapiteln 1 bis 8 noch nicht behandelte
  Datentyp "Pointer auf eine Funktion". Am Ende dieses Abschnitts finden Sie dazu noch
  ein paar ergänzende Bemerkungen.

| *Windows 3.1, Windows 3.11* | Mit MS-Visual-C++ können folgende Strategien für das
Erzeugen des ausführbaren Programms empfohlen werden,
zunächst für das Arbeiten unter **Windows 3.1 bzw. 3.11** (mit MS-Visual C++ 1.5) :

• In einem speziellen Directory (z. B.: **C:\wndprogs\miniwin**) werden der Quellcode von
  miniwin.c und die für den Linker benötigte Definitions-Datei **miniwin.def** bereitgestellt
  (**miniwin.def** wird auf der folgenden Seite gelistet). Nach dem Start der integrierten
  Entwicklungsumgebung unter Windows werden das Menü-Angebot **Project** und die
  Option **New** gewählt.

• In dem danach geöffneten Fenster wird als **Project Name** z. B. **miniwin** eingetragen, das
  Standard-Angebot **Windows application (.EXE)** kann angenommen werden. Nach dem
  Schließen dieses Fensters ...

• ... wird automatisch ein Edit-Fenster geöffnet, das für die Zuordnung der Files zu dem
  Projekt genutzt wird. Man wechselt in das gerade angelegte Directory
  (**C:\wndprogs\miniwin**), wählt die Files **miniwin.c** und **miniwin.def** aus und fügt sie mit
  der Option **Add** in das Projekt ein. Nach dem Klicken auf die Schaltfläche **Close** ist das
  Projekt definiert.

Datei miniwin.def (nur für das Arbeiten unter Windows 3.1/3.11 erforderlich)

; Die Definitions-Datei wird für den Linker benötigt.

; Der **NAME** (hier: **MINIWIN**) und die Angaben nach dem Schlüsselwort **EXPORTS** müssen
; dem aktuellen Problem angepaßt werden, alle übrigen Zeilen können für die meisten
; Programme ungeändert übernommen werden.

```
NAME        MINIWIN        ; Das Schlüsselwort NAME legt fest, daß ein ausführbares
                           ; Programm (und keine LIBRARY) erzeugt werden soll.
```

; Die folgenden Zeilen entsprechen den Default-Vorgaben von MS-Visual-C++ 1.5 und sind
; sinnvoll für die meisten "normalen" Programme:

```
EXETYPE   WINDOWS
CODE      PRELOAD MOVEABLE DISCARDABLE
DATA      PRELOAD MOVEABLE MULTIPLE
HEAPSIZE  1024
```

; Nach dem Schlüsselwort **EXPORTS** müssen alle Funktionen aufgelistet werden, die von
; Windows direkt angesprochen werden (Ausnahme: **WinMain** braucht nicht aufgeführt zu
; werden), weil diese Funktionen mit selbst zu wählenden Namen versehen werden können und im
; eigentlichen Programm nicht aufgerufen werden, so daß der Linker gar nicht wissen kann, daß
; sie gebraucht werden.

; In diesem Fall ist es nur die "Fenster-Funktion".

```
EXPORTS
 WndProc_pd @1
```

Ende der Datei miniwin.def

• Unter dem Menüangebot **Project** wählt man
Build MINIWIN.EXE. Das entstehende
ausführbare Programm kann ebenfalls unter
dem Menüangebot **Project** mit der Option
Execute MINIWIN.EXE gestartet werden. Es
präsentiert sich mit dem nebenstehend abge-
bildeten Fenster.

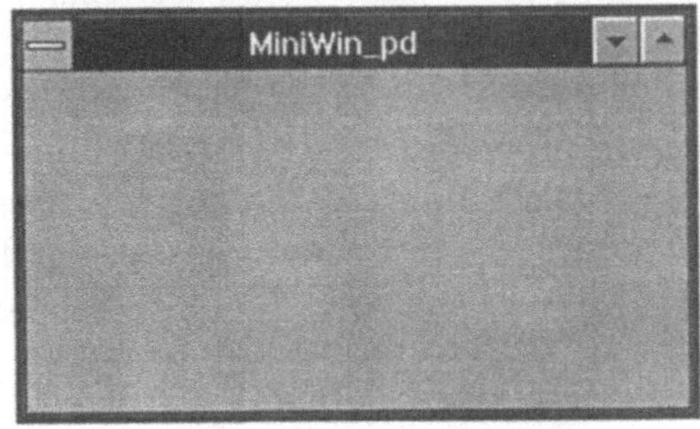

Fenster des Programms **miniwin.c**
(Windows 3.1, Windows 3.11)

Die Fenster-Funktion des Programms **miniwin.c**
reagiert auf keine Botschaft (außer "Fenster
schließen" wird keine Botschaft in **WndProc_pd**
ausgewertet). Trotzdem kann man alle Manipulationen mit dem Programm-Fenster ausführen. Es
zeigt sich, daß das "Minimal-Programm", das in
dieser Form als "Skelett" für die folgenden Programme dienen wird, von Windows mit einer
beachtlichen Funktionalität ausgestattet wurde. Mögliche Manipulationen sind:

♦ Verschieben des Fensters durch "Klicken und Ziehen" in der Kopfleiste,

♦ Fenstergröße ändern durch "Klicken und Ziehen" an Rändern und Ecken,

♦ Vergrößern auf Bildschirmgröße und Verkleinern zum "Icon" (auch ein Icon wurde dem
Programm bereits spendiert) durch Anklicken der Schaltflächen in der rechten oberen
Fensterecke (und die Möglichkeiten, diese Aktionen rückgängig zu machen),

♦ Öffnen eines Menüs durch Anklicken der Schaltfläche in der linken oberen Ecke (die Abbildung unten rechts zeigt dieses Menü in der Windows-NT-Version) zum Verschieben, Verkleinern, Vergrößern des Fensters mit den Cursortasten, zum Umschalten auf maximale Fenstergröße (Vollbild) und zum Verkleinern auf ein Icon, zum Wechseln in den Windows-Task-Manager und schließlich zum Schließen des Fensters (verbunden mit dem Beenden des Programms).

Diese gesamte Funktionalität gibt es "praktisch umsonst", der einzige im Fenster sichtbar werdende Beitrag des Programmierers zu **miniwin.c** ist die Überschrift in der Kopfleiste.

Windows 95, Windows NT   Beim Arbeiten unter **Windows 95** oder **Windows NT** (mit MS-Visual-C^{++} 4.0) kann folgende Strategie für das Erzeugen des ausführbaren Programms empfohlen werden:

- In einem speziellen Directory[3] (z. B.: **C:\wndprogs\miniwin**) wird der Quellcode von **miniwin.c** bereitgestellt, die unter Windows 3.1 erforderliche Definitions-Datei wird nicht benötigt. Nach dem Start des "Microsoft developer studios" werden das Menü-Angebot **File** und die Option **New ...** gewählt.

- In der danach geöffneten "New"-Dialog-Box wird **Project Workspace** gewählt und mit **OK** bestätigt, es öffnet sich die ...

- ... "New project workspace"-Dialog-Box, in der **Application** eingestellt wird. Man sollte außerdem **Browse ...** wählen und in der sich öffnenden "Choose directory"-Dialog-Box das Directory einstellen, **unter dem** das "Project directory" automatisch angelegt wird. Wenn (wie oben empfohlen) des Programm **miniwin.c** sich bereits im Directory **C:\wndprogs\miniwin** befindet, "browsed" man sinnvollerweise bis zu **C:\wndprogs**. Wenn unter "Directory name" **C:\wndprogs** steht, bestätigt man mit **OK**, findet sich in der "New project workspace"-Dialog-Box wieder, in der unter "Location" nun auch **C:\wndprogs** steht. Im Feld "Name" trägt man **miniwin** ein, dann wird ein Directory **miniwin** unterhalb von **C:\wndprogs** entweder angelegt oder (wenn vorhanden) benutzt. Die Aktion wird mit **Create** abgeschlossen.

- Im Menü **Insert** wird **Files into Project ...** gewählt, es öffnet sich die "Insert files into project"-Dialog-Box. Die Datei **miniwin.c** wird ausgewählt und mit **Add** zum Projekt hinzugefügt.

- Im Menü **Build** kann nun **Build miniwin.exe** gewählt werden, das ausführbare Programm wird erzeugt. Es kann mit **Execute miniwin.exe** (auch aus dem Menü **Build**) gestartet werden. Die nebenstehende Abbildung zeigt das Hauptfenster des Programms, nachdem durch Klicken auf die Schaltfläche links oben das Menü geöffnet wurde.

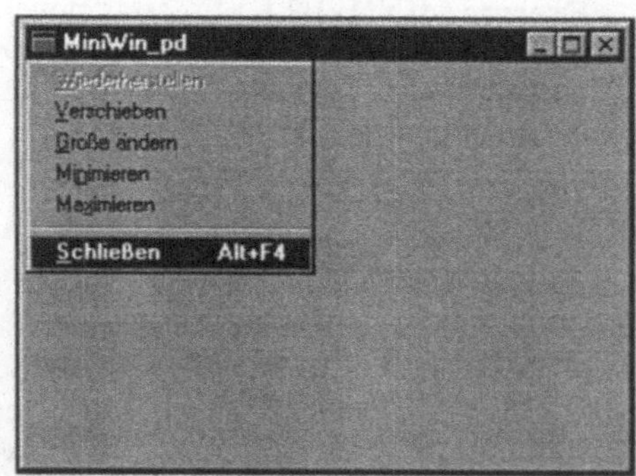

Menü zur Fenster-Manipulation
(Windows 95, Windows NT)

---

[3]Hoffentlich stört es Sie nicht, daß ich das Wort "Ordner" vermeide, aber natürlich ist mit "Directory" genau ein als "Ordner" bezeichnetes "Verzeichnis" gemeint. Nachdem Sie unter Windows 95 mit dem "Explorer" einen "Ordner" angelegt haben, finden Sie diesen in MS-Visual-C^{++} 4.0 als Directory wieder.

Neben den zahlreichen Windows-"Spezialitäten" gab es im Programm **miniwin.c** auch den zur ANSI-C-Norm gehörenden "Pointer auf eine Funktion", der noch einige Betrachtungen erfordert (sollte Ihre Aufnahmefähigkeit für "Neuigkeiten" überstrapaziert sein, dürfen Sie die nachfolgenden Bemerkungen zunächst überspringen und bei Bedarf später zurückblättern).

> Obwohl eine Funktion keine Variable ist, darf man für sie
>
> ♦ einen Pointer definieren (schließlich ist der Code ab einer bestimmten Adresse gespeichert), der einer speziellen Pointer-Variablen zugewiesen werden kann (der schlichte Funktionsname repräsentiert den Wert des Pointers auf eine Funktion),
>
> ♦ einen Aufruf mit dem "dereferenzierten Pointer" codieren.

Beispiel: Eine Funktion sei als

```
int func1 (double , char*) ;
```

deklariert. Dann ist **func1** der Wert des Pointers auf die Funktion (man beachte, daß wie bei Arrays nicht das **&**-Zeichen vorangestellt werden muß). Dieser Wert kann einer Pointer-Variablen zugewiesen werden, die **genau zur Deklaration der Funktion "passen muß"**, schließlich ist ein Funktionsaufruf mit dem dereferenzierten Pointer nur sinnvoll, wenn die richtigen Argumente übergeben werden und auch der passende Return-Wert erwartet wird.

♦ Die Vereinbarung einer Variablen, die einen "Pointer auf eine Funktion" aufnehmen kann, sieht deshalb etwas kompliziert aus. Zum gerade behandelten Beispiel würde

```
int (*func_p) (double , char*) ;   /* Variablen-Definition!!! */
```

Speicherplatz für eine Variable **func_p** bereitstellen, der einen Pointer auf eine Funktion aufnehmen kann, der ein **double**-Argument und ein **char***-Argument übergeben werden müssen und die einen Return-Wert vom Typ **int** abliefert (die Klammern um ***func_p** sind unverzichtbar, weil sonst das Dereferenzierungssymbol falsch zugeordnet wird). Für Funktionen, deren Deklarationen diese Bedingungen erfüllen, sind also Zuweisungen wie

```
func_p = func1 ;
```

zulässig. Und mit der "dereferenzierten Pointer-Variablen" wird dann genau die Funktion aufgerufen, deren Pointer der Variablen zugewiesen wurde, z. B.:

```
i = (*func_p) (3.2 , "abcdefg") ;
```

... wäre korrekt (auch hier sind die Klammern um ***func_p** unbedingt erforderlich.

♦ In **miniwin.c** muß die Komponente **lpfnWndProc** der Struktur **wndclass_pd**, der mit

```
wndclass_pd.lpfnWndProc = WndProc_pd
```

der Pointer auf die Fenster-Funktion **WndProc_pd** zugewiesen wird, also eine geeignete Pointer-Variable sein. Sie wird allerdings als

```
WNDPROC   lpfnWndProc   ;
```

vereinbart, weil vorher der Typ **WNDPROC** mit

```
typedef LRESULT (CALLBACK* WNDPROC) (HWND , UINT , WPARAM , LPARAM) ;
```

als "Pointer auf eine Fenster-Funktion" erzeugt wird. Man beachte die Ähnlichkeit der **typedef**-Anweisung mit der Definition einer Pointer-Variablen (Beispiel oben).

9.4   Windows-Skelett-Programm "winskel.c"

Das im vorigen Abschnitt vorgestellte Mini-Programm dient als Skelett für alle folgenden
Windows-Programme. Es wird (von Kommentaren befreit) noch einmal angegeben:

Programm winskel.c

```c
#include <windows.h>
LRESULT CALLBACK WndProc (HWND , UINT , WPARAM , LPARAM) ;
HINSTANCE  hActInstance ;
int WINAPI WinMain (HINSTANCE hInstance    , HINSTANCE hPrevInstance ,
                    LPSTR     lpszCmdParam , int       nCmdShow)
{
  MSG       msg      ;
  HWND      hwnd     ;
  WNDCLASS wndclass ;

  hActInstance = hInstance ;

  if (!hPrevInstance)
     {
        wndclass.style         = CS_HREDRAW | CS_VREDRAW  ;
        wndclass.lpfnWndProc   = WndProc ;
        wndclass.cbClsExtra    = 0 ;
        wndclass.cbWndExtra    = 0 ;
        wndclass.hInstance     = hInstance ;
        wndclass.hIcon         = LoadIcon (NULL , IDI_APPLICATION) ;
        wndclass.hCursor       = LoadCursor (NULL , IDC_ARROW)   ;
        wndclass.hbrBackground = GetStockObject (LTGRAY_BRUSH)   ;
        wndclass.lpszMenuName  = NULL                 ;
        wndclass.lpszClassName = "WndClassName" ;

        RegisterClass (&wndclass) ;
     }
  hwnd = CreateWindow ("WndClassName" , "Ueberschrift" ,
                  WS_OVERLAPPEDWINDOW , CW_USEDEFAULT   ,
                    CW_USEDEFAULT , CW_USEDEFAULT   , CW_USEDEFAULT ,
                    NULL  , NULL , hInstance     , NULL) ;
  ShowWindow   (hwnd , nCmdShow) ;
  UpdateWindow (hwnd)            ;
  while (GetMessage (&msg , NULL , 0 , 0))
     {
        TranslateMessage (&msg) ;
        DispatchMessage  (&msg) ;
     }
  return msg.wParam ;
}
LRESULT CALLBACK WndProc (HWND    hwnd    , UINT    message ,
                    WPARAM wParam , LPARAM lParam)
{
  switch (message)
  {
    case WM_DESTROY:
      PostQuitMessage (0) ;
      return 0         ;
  }
  return DefWindowProc (hwnd , message , wParam , lParam) ;
}
```

Ende des Programms winskel.c

Das Programm **winskel.c** kann als Skelett-Programm für Windows 3.1, 3.11, 95 und NT verwendet werden. Gegenüber dem im Abschnitt 9.3 ausführlich kommentierten Programm **miniwin.c** wurden folgende Änderungen und Ergänzungen eingefügt

♦ In **WinMain** wurde der Aufruf von **UpdateWindow** ergänzt: **ShowWindow** bringt den Rahmen des Fensters (mit den Schaltflächen) auf den Bildschirm und füllt das Fenster mit Hintergrundfarbe, **UpdateWindow** sorgt für das Zeichnen des Inhalts. Dies muß in der Fenster-Funktion **WndProc** als Reaktion auf eine spezielle Botschaft erledigt werden, mit dem **ShowWindow**-Aufruf aus **WinMain** wird diese Botschaft erstmals beim Programmstart ausgelöst, so daß sich das Hauptfenster gleich mit einem "ordentlichen Inhalt melden kann".

♦ In der "Nachrichten-Schleife" der Funktion **WinMain** wurde der Aufruf der Funktion **TranslateMessage** ergänzt. Diese übersetzt einige spezielle (von der Tastatur kommende) Botschaften, läßt die übrigen Botschaften ungeändert, wird in den meisten Programmen eigentlich nicht benötigt, schadet aber in keinem Fall und sollte vorsichtshalber eingebunden werden.

♦ Der global vereinbarten Variablen **HINSTANCE hActInstance** wird in **WinMain** der Wert des Pointers der aktuellen Programm-Instanz zugewiesen. Diese Variable wird häufig in Fenster-Funktionen benötigt, könnte (etwas umständlich) dort auch mit einer "Rückfrage bei Windows" besorgt werden, ist aber auf diese Weise am bequemsten zugänglich.

♦ Die Namen für die Variablen, die vom Benutzer frei gewählt werden dürfen, wurden an die Konventionen angepaßt, an die sich erstaunlich viele Windows-Programmierer, die Programme veröffentlicht haben, halten. Es sind eigentlich nur zwei immer wieder verwendete Strategien zur Konstruktion von Namen:

Wenn nur eine Variable eines speziellen Typs benötigt wird, verwendet man den Typnamen selbst, allerdings mit Kleinbuchstaben, in **windows.h** sind die mit **typedef** erzeugten Typnamen in der Regel durch Großbuchstaben gekennzeichnet (Beispiel: **WNDCLASS wndclass ;**).

Ansonsten wird die sogenannte "ungarische Notation" (nach dem Herkunftsland des Erfinders dieser Variante) favorisiert: Einem "sprechenden" Variablennamen, der mit einem Großbuchstaben beginnt, werden in Kleinbuchstaben Typ-Informationen vorangestellt, z. B. **lParam** für einen Parameter vom Typ **LONG** (zugegebenermaßen ist allerdings **lpszCmdParam** für einen "Parameter aus der Kommandozeile" vom Typ "Long pointer auf einen Zero-Terminated-String" etwas gewöhnungsbedürftig, aber der Typ "Long pointer" ist in der "32-Bit-Welt" ohnehin obsolet, man dürfte an die Stelle des Typs **LPSTR** für Windows 95 und Windows NT auch **PSTR** setzen).

♦ Für Windows 3.1 und 3.11 wird für den Linker noch eine Definitions-Datei benötigt, die als **winskel.def** zu den Dateien des C-Tutorials gehört. Sie wird hier nicht aufgelistet, weil sie sich von der im Abschnitt 9.3 angegebenen Datei **miniwin.c** nur in den Angaben nach den Schlüsselworten **NAME** (**WINSKEL** an Stelle von **MINIWIN**) und **EXPORTS** (**WndProc** an Stelle von **WndProc_pd**) unterscheidet.

9.5   Text- und Graphik-Ausgabe, der "Device context"

Windows hat eine graphische Benutzer-Oberfläche, und deshalb ist Text auch immer Graphik, die C-Funktion **printf** hat also ausgedient. Windows definiert eigene Funktionen für die Ausgabe von Text und Graphik, die im sogenannten **GDI** ("Graphics device interface") zusammengefaßt sind.

> Das **"Graphics device interface"** (GDI) gestattet dem Programmierer eine weitgehend geräteunabhängige Codierung der Text- und Graphikausgabe. Zwischen Anwenderprogramm und Gerätetreiber wird von Windows ein **"Device context"** gelegt. Dies ist eine (ziemlich umfangreiche) interne Windows-Datenstruktur, die alle denkbaren Zeichenattribute (Farben, "Zeichenstift"-Positionen, Füllmuster, "Clipping"-Gebiete, ...) enthält, die für die Ausgabeaktion benutzt werden.
>
> Die meisten Attribute in einem "Device context" sind sinnvoll mit Standardwerten vorbelegt, so daß der Programmierer vor einer Ausgabe
>
> ♦   einen "Device context" von Windows anfordern ...
>
> ♦   und nur die für die Aktion relevanten Attribute speziell definieren bzw. anpassen muß. Dafür stehen ihm im GDI zahlreiche Funktionen zur Verfügung.

9.5.1   Die Botschaft WM_PAINT, Programm "Hello, Winworld"

Die Botschaft **WM_PAINT** nimmt unter den zahlreichen Botschaften, die von Windows an ein Programm gegeben werden, eine gewisse Sonderstellung ein (im Gegensatz zur Priorität, die ihr zugeordnet ist, sie wird schlicht in die Warteschlange für das Programm eingereiht und nicht etwa direkt an die Fenster-Funktion gesendet). Sie wird immer dann ausgelöst, wenn der Inhalt eines Fensters (oder ein Teil davon) "ungültig" geworden ist, diese Situation entsteht z. B.

♦ durch die Freigabe eines Bereichs, der vorübergehend von einem anderen Fenster überdeckt war,

♦ durch das Verändern der Fenstergröße (beim Verkleinern braucht der verbleibende Rest nicht zwingend "ungültig" zu sein, wenn allerdings - wie in **winskel.c** - dem Fenster der Stil **wndclass.style = CS_HREDRAW | CS_VREDRAW** zugeordnet wird, kommt die Botschaft WM_PAINT bei jeder Größenänderung),

♦ natürlich beim Anlegen eines Fensters (deshalb wird in **winskel.c** die Funktion **Update-Window** aufgerufen, die nicht viel mehr tut, als eine Botschaft WM_PAINT auszulösen),

♦ durch das "Scrollen" des Fensterinhalts mit Hilfe der "Bildlaufleisten",

♦ durch das gezielte "Ungültigmachen" eines Fensterbereichs durch den Programmierer mit der (im Abschnitt 9.6 behandelten) Funktion **InvalidateRect**.

Bei der Bearbeitung der Botschaft **WM_PAINT** wird die Fenster-Funktion in der Regel den gesamten aktuellen Fensterinhalt neu zeichnen (nur Teile neu zu zeichnen ist möglich, aber schwierig). Dafür wird ein "Device context" benötigt, der in diesem Fall neben dem Bezug zum Bildschirm-Treiber auch noch einen Bezug zum speziellen Fenster haben muß.

<u>**Nur**</u> **für das Bearbeiten der Botschaft WM_PAINT** steht eine spezielle Variante zur Verfügung, einen **"Device context"** anzufordern und wieder freizugeben:

Alle Zeichenaktionen im Zusammenhang mit der Botschaft WM_PAINT werden von

$$\text{hdc = BeginPaint (hwnd , \&ps) ;}$$
$$...$$
$$...$$
$$\text{EndPaint (hwnd , \&ps) ;}$$

"eingerahmt".

♦ **BeginPaint** wird mit "Handle **hwnd**" auf das zu bearbeitende Fenster und dem Pointer auf eine Struktur **ps** vom Typ **PAINTSTRUCT** aufgerufen und liefert "Handle of device context **hdc**" ab (und kann den Fensterinhalt durch Überzeichnen mit dem definierten Fenster-Hintergrund löschen).

♦ Ein Handle vom Typ **hdc** ist für alle Zeichenroutinen der Bezug für das Ziel der Zeichenaktionen.

♦ **EndPaint** gibt den "Device context" wieder frei und gibt dem Fenster den Status "aktualisiert".

Die Komponenten der Struktur vom Typ **PAINTSTRUCT** sind für den Programmierer in der Regel von geringem Interesse, sie werden von den GDI-Funktionen benötigt. Wichtig ist, daß in der Fensterfunktion eine Struktur dieses Typs vereinbart ist (ebenso wie ein "Handle of device context" vom Typ **HDC**).

Das nachfolgende Programm ist die Windows-Variante des "Hello-World"-Klassikers und demonstriert die Bearbeitung der Botschaft **WM_PAINT**. Da in **WinMain** (neben dem Kommentar am Anfang) nur ein Parameter eines Funktionsaufrufs gegenüber **winskel.c** geändert wurde, wird **WinMain** nur auszugsweise gelistet:

Programm hllwinw.c

/* **Ausgabe von Text über den "Device context"**

/* Das Programm verwendet das Skelettprogramm **winskel.c**, das nur an zwei Stellen geändert bzw. erweitert wird:

* In **WinMain** wird die Funktion **CreateWindow** mit einer dem Programmnamen angepaßten Fenster-Überschrift aufgerufen.

* In **WndProc** wird die Botschaft **WM_PAINT** zusätzlich ausgewertet, die beim Programmstart (von **UpdateWindow**) und danach bei jeder Änderung der Fensterabmessungen erzeugt wird.

Demonstriert werden mit diesem Programm

* das Arbeiten mit einem "Device context",
* das Zusammenspiel der beiden Windows-Funktionen **BeginPaint** und **EndPaint**,
* die Funktion **GetClientRect** ("Netto"-Abmessungen des Fensters),
* die Funktion **DrawText**.   */

```
/*   ...   */
int WINAPI WinMain (      /*   ...   */
/*   ...   */
   hwnd = CreateWindow ("WndClassName" , "Programm HLLWINW" ,  /*   ...   */
/*   ...   */

LRESULT CALLBACK WndProc (HWND    hwnd   , UINT    message ,
                          WPARAM wParam , LPARAM lParam)
{
  HDC            hdc  ;        /* ... ist "Handle of device context"          */
  PAINTSTRUCT    ps   ;        /* ... ist eine Struktur mit Informationen, die Windows für das
                                     Zeichnen in einem Fenster auswertet      */
  RECT           rect ;        /* ... für die Abmessungen der Zeichenfläche    */
  switch (message)
  {
    case WM_PAINT:            /* ... wird u. a. von UpdateWindow oder beim Ändern der
                                     Fenstergröße erzeugt, Fensterinhalt wird neu gezeichnet,
                                     eine Zeichenaktion sollte immer von BeginPaint und
                                     EndPaint umschlossen sein:                */
      hdc = BeginPaint (hwnd , &ps) ;
                               /* ... liefert "Handle of device context" hdc und die PAINT-
                                     STRUCT-Informationen, löscht außerdem den Fenster-
                                     inhalt durch Überzeichnen mit dem durch die hbrBack-
                                     ground-Komponente der Fensterklasse festgelegten Muster
                                     (in winskel.c: LTGRAY_BRUSH)             */
      GetClientRect (hwnd , &rect) ;
                               /* ... liefert die "Netto"-Abmessungen des Fensters   */
      DrawText (hdc , " Hello, Winworld! " , -1 , &rect ,
                DT_SINGLELINE | DT_CENTER | DT_VCENTER) ;
                               /* ... schreibt einen durch die ASCII-Null abgeschlossenen
                                     Text (gekennzeichnet durch die -1) in ein Rechteck des
                                     durch "Device context" hdc definierten Geräts, der ein-
                                     zeilige Text wird im Rechteck horizontal und vertikal
                                     zentriert                                 */
      EndPaint (hwnd , &ps) ;
                               /* ... räumt auf und gibt "Device context" frei  */
      return 0              ;
    case WM_DESTROY:
      PostQuitMessage (0) ;
      return 0              ;
  }
  return DefWindowProc (hwnd , message , wParam , lParam) ;
}
```

/* Die Funktion **GetClientRect** liefert die "Netto"-Abmessungen des Fensters (ohne Rand, Kopfleiste usw.), das durch "Handle **hwnd**" gekennzeichnet ist, in einer Struktur vom Typ **RECT** ab. Diese wird in **windows.h** (für Windows 3.1 und 3.11) wie folgt definiert:

```
typedef struct tagRECT
        {
              int left   ;
              int top    ;
              int right  ;
              int bottom ;
        } RECT ;
```

(unter Windows 95 und Windows NT haben die vier Komponenten den Typ **long**, der dort aber - im Gegensatz zu Windows 3.1/3.11 - identisch ist mit **int**, so daß man mit der Annahme **int** in jedem Fall richtig liegt).

Die **int**-Werte.sind "Pixel" und beziehen sich auf das Standard-Koordinatensystem, das seinen **Ursprung in der linken oberen Ecke des Fensters** hat, so daß von **GetClientRect** für **left** und **top** immer die Werte **0** und für **right** und **bottom** die Breite bzw. die Höhe des Zeichenbereichs geliefert werden.

In diesem Programm wird die Rechteck-Struktur nicht direkt ausgewertet, sondern an **DrawText** weitergereicht.   */

/* Die Funktion **DrawText** ist eine von mehreren Textausgabe-Funktionen des GDI. Typisch für alle GDI-Funktionen ist der Bezug auf den "Device context" (über "Handle **hdc**"), der das "Wohin und Wie" festlegt. Der auszugebende Text (2. Argument) wird als "Zero-Terminated-String" (abgeschlossen durch ASCII-Null wie alle String-Konstanten in C) durch die **-1** auf der 3. Position ausgewiesen. Das vierte Argument legt den Rechteckbereich fest, in den geschrieben wird, schließlich sind die drei durch das "bitweise logische ODER" verknüpften Parameter

DT_SINGLELINE | DT_CENTER | DT_VCENTER

dafür zuständig, die Art der Ausgabe in den Rechteckbereich festzulegen (hier: "Eine Zeile, zentriert in beiden Richtungen", die "DT_...-Konstanten" sind ebenfalls in **windows.h** definiert).   */

Ende des Programms hllwinw.c

Die nebenstehende Abbildung zeigt die Ausgabe des Programms **hllwinw.c** (bei Benutzung von Windows 95/NT). Der Text wird bei jeder Änderung der Fenstergröße neu geschrieben (Auswertung der Botschaft **WM_PAINT**) und ist dadurch immer zentriert bezüglich der aktuellen Fenstergröße.

Da im angeforderten "Device context" kein Parameter geändert wurde, hat **DrawText** die Standardwerte verwendet, z. B. "Schwarze Schrift auf weißem Hintergrund" mit dem Standard-Font und den voreingestellten Werten für die Größe der Textzeichen.

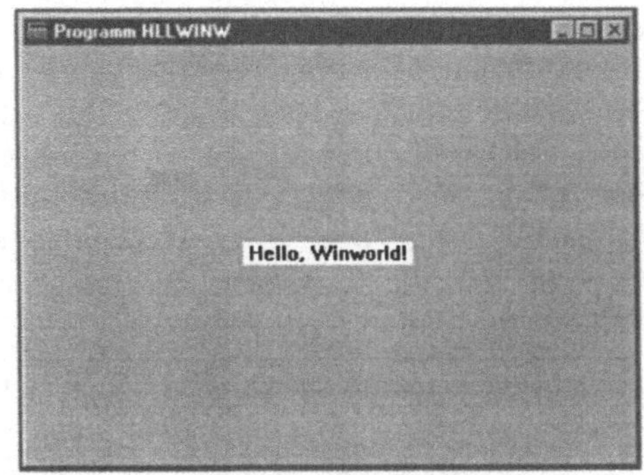

Ausgabe des Programms **hllwinw.c**

9.5.2 "Gefüllte Flächen", die GDI-Objekte "Pen" und "Brush"

Das Windows-GDI kennt 8 verschiedene Koordinatensysteme, voreingestellt ist das als
"Mapping mode" **MM_TEXT** bezeichnete System mit dem **Ursprung in der linken oberen
Ecke** der "Netto"-Zeichenfläche ("Client area") und **nach rechts bzw. unten gerichteten
Achsen**. Die Koordinateneinheit im System **MM_TEXT** ist geräte-spezifisch (für den
Bildschirm: **Pixel**), alle Koordinaten werden den Zeichenroutinen als **int**-Werte übergeben
(das gilt leider für alle 8 Koordinatensysteme, was ein erhebliches Ärgernis sein kann).

Zu den einfachsten Zeichenfunktionen gehört die mit

```
Rectangle (hdc , xleft , ytop , xright , ybottom) ;
```

aufzurufende Funktion, die ein "gefülltes Rechteck" zeichnet. Unter Verwendung der
voreingestellten Farben (weiß als "Füllmuster" und schwarz als Zeichenfarbe) wird ein weißes
Rechteck mit schwarzem Rand gezeichnet. Fügen Sie im Programm **hllwinw.c** in der
Funktion **WndProc** unmittelbar vor dem Aufruf von **DrawText** die Zeile

```
Rectangle (hdc , 20 , 20 , rect.right - 20 , rect.bottom - 20) ;
```

ein, dann wird ein Rechteck gezeichnet, dessen
Seiten jeweils im Abstand von 20 Pixeln von den
Rändern der Zeichenfläche des Hauptfensters
liegen (nebenstehende Abbildung).

Noch einmal zum Prinzip: Der Aufruf von
Rectangle legt die Eckpunkt-Koordinaten fest,
und der angegebene "Device context" **hdc** bestimmt das Ziel der Ausgabe (Fenster) **und die
Attribute für die Ausgabe** (Farben, Strichstär-
ken, ...). Eine gewünschte Änderung der Attribute, die im "Device context" gespeichert (und
sämtlich sinnvoll vorbelegt) sind, muß vor der
Zeichenaktion mit speziell dafür vorgesehenen
GDI-Funktionen erfolgen.

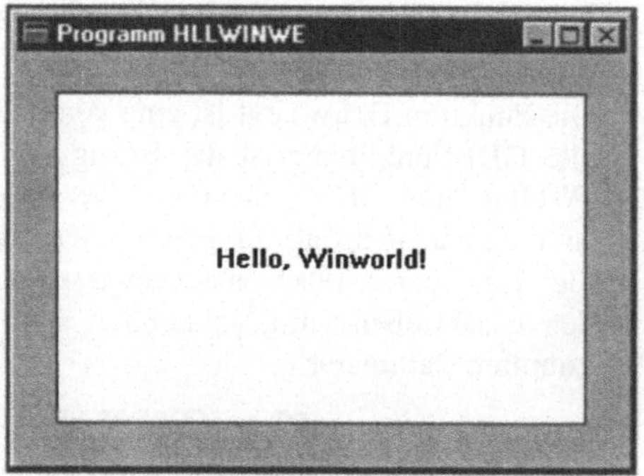

"Gefülltes Rechteck" unter dem Text

Für das Zeichnen des Rechtecks wurden zwei (vordefinierte) "GDI-Objekte" verwendet, ein
Pen (Zeichenstift) für das Zeichnen des Randes und ein **Brush** (Füllfarbe bzw. -muster) für
das Ausfüllen der Fläche (es gibt noch vier andere GDI-Objekte: Schriftfonts, Regionen,
Bitmaps und Paletten, für alle gelten die nachstehend vorgestellten Strategien ihrer
Verwendung im "Device context"). Der vordefinierte "Zeichenstift" zeichnet eine "schwarze,
ein Pixel breite durchgezogene Linie". Wenn man das ändern will (z. B: "Zeichenstift, der
eine blaue, ein Pixel breite strichpunktierte Linie zeichnet"), dann muß ein solches **GDI-
Objekt erzeugt und in den "Device context" eingesetzt werden**. Bevor die dafür
erforderliche Aktion beschrieben wird, müssen noch einige Bemerkungen über das Definieren
von Farben vorangestellt werden.

Farben werden durch einen Wert vom Typ **COLORREF** festgelegt. Dies ist ein 4-Byte-Wert,
von dem nur 3 Bytes genutzt werden, jeweils ein Byte für Rot-, Grün- und Blau-Anteil. Da
mit einem Byte der Zahlenbereich **0...255** darstellbar ist, können so theoretisch 256^3
verschiedene Farben "gemischt" werden. Windows akzeptiert sie alle, verwendet aber die
passendste auf dem Ausgabegerät darstellbare für die Ausgabe. Der Programmierer kann für

das "Mischen" (Erzeugen des **long**-Wertes) ein Makro aus **windows.h** benutzen. Mit

```
RGB (red , green , blue)
```

wird der **COLORREF**-Wert erzeugt, für **red**, **green** und **blue** sind ganze Zahlen aus dem Bereich **0...255** anzugeben, einige Beispiele:

```
RGB (  0 ,   0 ,   0)    --->    schwarz
RGB (  0 ,   0 , 255)    --->    blau
RGB (  0 , 255 ,   0)    --->    grün
RGB (  0 , 255 , 255)    --->    cyan
RGB (255 ,   0 ,   0)    --->    rot
RGB (255 ,   0 , 255)    --->    magenta
RGB (255 , 255 ,   0)    --->    gelb
RGB (255 , 255 , 255)    --->    weiß
RGB (128 ,  64 ,   0)    --->    braun
```

> GDI-Objekte (wie die hier behandelten Objekte **Pen** und **Brush**) werden mit einer GDI-Create-Funktion erzeugt und **müssen mit der GDI-Funktion DeleteObject vor dem Beenden des Programms wieder freigegeben werden.**
>
> Das Erzeugen eines GDI-Objektes ("Man borgt sich einen Zeichenstift ...") bedeutet noch nicht, daß es verwendet wird. Es muß erst in den "Device context" eingefügt werden ("... und baut ihn in den Plotter ein."). Das GDI-Objekt kann erst wieder freigegeben werden ("Man gibt den geborgten Zeichenstift zurück, ..."), nachdem es aus dem "Device context" wieder herausgelöst wurde (... nachdem man ihn wieder ausgebaut hat!").

Dieses etwas komplizierte Verfahren wird noch dadurch erschwert, daß man ein GDI-Objekt aus dem "Device context" nur dadurch herauslösen kann, daß man ein anderes einsetzt (das GDI muß schließlich immer handlungsfähig bleiben). Die sicher ungefährlichste Strategie ist **Objekt erzeugen ---> Objekt einsetzen (dabei ersetztes Objekt "merken") ---> Zeichnen ---> ersetztes (und "gemerktes") Objekt wieder einsetzen ---> Eigenprodukt freigeben,** und das alles innerhalb einer **WM_PAINT**-Bearbeitung (andere Variante später). Es soll am Beispiel des GDI-Brush-Objektes demonstriert werden.

Wieder wird das Programm **hllwinw.c** mit dem Zeichnen eines gefüllten Rechtecks modifiziert (wie am Beginn dieses Abschnitts, allerdings jetzt mit farbiger Füllung):

♦ Mit einem Handle vom Typ **HBRUSH** wird ein GDI-Brush-Objekt identifiziert, zwei Handles dieses Typs werden in der Funktion **WinProc** vereinbart:

```
HBRUSH  hbrush_old , hbrush_new ;
```

♦ Bei der Bearbeitung der Botschaft **WM_PAINT** wird **vor** dem Zeichnen des Rechtecks ein "Solid brush" erzeugt (das ist eine einfarbige Flächenfüllung, es gibt auch den "Hatch brush" für Schraffuren und den "Pattern brush" mit "Bitmap"-Füllmustern) und in den "Device context" eingesetzt (nach **BeginPaint**, weil **HDC**-Handle benötigt wird).

```
hbrush_new = CreateSolidBrush (RGB (0 , 255 , 255)) ;
```

/* ... liefert Handle auf einen Brush, Argument ist der Farbwert, hier: "cyan" */

```
hbrush_old = SelectObject (hdc , hbrush_new) ;
```

/* ... setzt GDI-Objekt **hbrush_new** in den "Device context" **hdc** ein, dabei wird als Return-Wert ein Handle auf das ersetzte Objekt abgeliefert   */

♦ Für das Zeichnen des Rechtecks wird nun dieser "Brush" benutzt, es wird "cyan" gefüllt. **Nach** dem Zeichnen wird das alte GDI-Objekt **hbrush_old** wieder eingesetzt, dadurch wird **hbrush_new** wieder frei und kann mit **DeleteObject** gelöscht werden:

```
SelectObject (hdc , hbrush_old) ;
DeleteObject (hbrush_new) ;
```

Diese Strategie ist auch für andere GDI-Objekte zu realisieren, natürlich existieren für das Erzeugen der Objekte spezielle Funktionen, ein "Pen" wird durch drei Argumente definiert, zum Beispiel erzeugt

```
CreatePen (PS_SOLID , 5 , RGB (0 , 0 , 255)) ;
```

einen "Zeichenstift", der eine durchgezogene, 5 Pixel breite blaue Linie zeichnet. Üben Sie sich in dieser Strategie: Fügen Sie in das Programm **hllwinw.c** die angegebenen Anweisungen für das Erzeugen, Einsetzen und Löschen eines "Brushs" und im gleichen Stil die Anweisungen für das "Pen"-Objekt ein, um ein "cyan"-hinterlegtes Rechteck mit breitem blauem Rand zu zeichnen (nebenstehende Abbildung). Das Ergebnis dieser Aktion gehört zum C-Tutorial als Programm **hllwincl.c**.

Fenster des Programms **hllwincl.c**

Die Funktion **CreatePen** gestattet für den Fall der 1 Pixel breiten Linie noch andere Linientypen, festzulegen durch das erste Argument, neben **PS_SOLID** sind dies z. B. **PS_DASH** (gestrichelt), **PS_DOT** ("Pünktchen"), **PS_DASHDOT** und **PS_DASHDOTDOT**.

Das beschriebene Erzeugen und Löschen eines GDI-Objektes während der Verfügbarkeit eines "Device contextes" ist nicht zwingend, weil nur für das Einsetzen des Objektes (mit **SelectObject**) ein Handle (vom Typ **HDC**) benötigt wird. Man kann die Objekte auch über eine längere Zeit "leben lassen" und immer wieder in einen "Device context" einsetzen. Diese Strategie wird im Programm **fillarea.c** demonstriert, von dem hier nur die Fenster-Funktion **WndProc** gelistet wird, weil sich **WinMain** vom Skelettprogramm (Abschnitt 9.4) nur in dem **CreateWindow**-Argument für die Fenster-Überschrift unterscheidet.

Die Fenster-Funktion reagiert auf eine Botschaft, die bisher unbeachtet blieb: Windows sendet beim Erzeugen eines Fensters (bevor es auf dem Bildschirm erscheint) die Botschaft **WM_CREATE**, die sich also für Initialisierungen anbietet. Im Programm **fillarea.c** werden alle GDI-Objekte, die für das Fenster verwendet werden sollen, erzeugt. Ihre Handles müssen dabei als **static**-Variablen definiert werden, damit die Werte über alle Aufrufe der Funktion erhalten bleiben.

Da aber die GDI-Objekte unbedingt gelöscht werden müssen, wird diese Aktion in die Auswertung der Botschaft **WM_DESTROY** gelegt: Bevor das Fenster verschwindet, werden alle Handles der GDI-Objekte an **DeleteObject** übergeben.

Innerhalb der Auswertung der Botschaft **WM_PAINT** werden mehrfach die eingesetzten GDI-Objekte wieder durch andere verdrängt. Auch dabei wird eine neue Strategie gezeigt: Es werden "Standard-Objekte" (**BLACK_BRUSH** und **WHITE_PEN**) mit **GetStockObjekt** "aus dem Lager geholt" (das "Lager der vordefinierten Objekte" ist übrigens nicht gerade üppig ausgerüstet, verfügbar sind die drei "Pens" **BLACK_PEN**, **WHITE_PEN** und **NULL_PEN** und fünf "Brushes": **BLACK_BRUSH**, **DKGRAY_BRUSH**, **LTGRAY_BRUSH**, **WHITE_BRUSH** und **NULL_BRUSH**). Da diese zum Schluß eingesetzt sind, könnten die selbst erzeugten Objekte gelöscht werden, weil sie wieder "frei" sind (eine Strategie, die es erspart, sich die verdrängten Original-Objekte zu "merken"). Da sie dann natürlich bei jeder WM_PAINT-Botschaft auch wieder erzeugt werden müßten, wird hier die bereits beschriebene Strategie (Löschen während der Bearbeitung der WM_DE-STROY-Botschaft) realisiert.

Das Programm benutzt zwei weitere Funktionen zum Zeichnen gefüllter Flächen:

♦ **Ellipse** zeichnet die Figur, die ihr Name andeutet (und als Sonderfall einen Kreis), mit den gleichen Argumenten wie **Rectangle**. Die beiden Punkte werden als "Ecken des umschließenden Rechtecks" interpretiert.

♦ **RoundRect** zeichnet ein Rechteck mit abgerundeten Ecken. Hier wird das "Prinzip des umschließenden Rechtecks" gleich doppelt verwendet: Die ersten fünf Argumente entsprechen denen von **Rectangle** bzw. **Ellipse**, die Argumente 6 und 7 definieren gemeinsam mit den Argumenten 2 und 3 ein weiteres "umschließendes Rechteck" (die Koordinaten des durch die Argumente 6 und 7 definierten Punktes zählen dabei relativ zu dem Punkt in der linken oberen Ecke, der durch die Argumente 2 und 3 definiert wird). Mit diesem kleineren "umschließenden Rechteck" wird eine Ellipse definiert, von der ein Viertel zum Abrunden der Ecke benutzt wird. Dieses Abrunden wird gleichermaßen an allen vier Ecken ausgeführt.

Fenster-Funktion des Programms fillarea.c

```
LRESULT CALLBACK WndProc (HWND      hwnd    , UINT      message ,
                          WPARAM wParam , LPARAM lParam)
{
   HDC            hdc   ;
   PAINTSTRUCT    ps    ;
   RECT           rect  ;
   static HBRUSH  hbrush1 , hbrush2 ;           /* ... für zwei "Brushes"      */
   static HPEN    hpen1   , hpen2   ;           /* ... für zwei "Pens"         */

   switch (message)
   {
     case WM_CREATE:
        /* Erzeugen aller benötigten GDI-Objekte:                             */
        hbrush1 = CreateSolidBrush (RGB (128 ,  64 ,   0)) ;
        hbrush2 = CreateSolidBrush (RGB (  0 , 255 , 255)) ;
        hpen1   = CreatePen        (PS_DASH  , 1 , RGB (  0 , 0 , 255)) ;
        hpen2   = CreatePen        (PS_SOLID , 5 , RGB (255 , 0 , 255)) ;
        return 0 ;
     case WM_PAINT:
        hdc = BeginPaint (hwnd , &ps) ;
        GetClientRect (hwnd , &rect)   ;
        SelectObject (hdc , hpen1)      ;        /* GDI-Objekte werden in den   */
        SelectObject (hdc , hbrush1)    ;        /* "Device context" eingesetzt ...*/
        rect.left    = 20 ;
        rect.right  -= 20 ;
        rect.top     = rect.bottom / 2 + 10 ;
        rect.bottom -= 20 ;
```

```c
        Rectangle (hdc , rect.left , rect.top , rect.right , rect.bottom);
        DrawText  (hdc , " Rectangle " , -1 , &rect ,
                        DT_SINGLELINE | DT_CENTER | DT_VCENTER) ;
        SelectObject (hdc , hpen2)    ;           /* ... und hier durch andere    */
        SelectObject (hdc , hbrush2) ;            /* "verdrängt", die ...         */
        rect.left    = rect.right / 2 + 10 ;
        rect.bottom  = rect.top - 20 ;
        rect.top     = 20 ;
        Ellipse (hdc , rect.left , rect.top , rect.right , rect.bottom) ;
        DrawText  (hdc , " Ellipse " , -1 , &rect ,
                        DT_SINGLELINE | DT_CENTER | DT_VCENTER) ;
        SelectObject (hdc , GetStockObject (BLACK_BRUSH)) ;
        SelectObject (hdc , GetStockObject (WHITE_PEN))    ;
                            /* ... schließlich durch "Standard-Objekte" ersetzt werden.  */
        rect.right   = rect.left - 20 ;
        rect.left    = 20 ;
        RoundRect (hdc , rect.left  , rect.top    ,
                        rect.right , rect.bottom , 30 , 30) ;
        DrawText  (hdc , " RoundRect " , -1 , &rect ,
                        DT_SINGLELINE | DT_CENTER | DT_VCENTER) ;
        EndPaint (hwnd , &ps) ;
        return 0 ;
    case WM_DESTROY:
        /* Löschen aller erzeugten GDI-Objekte:                         */
        DeleteObject (hbrush1) ;
        DeleteObject (hbrush2) ;
        DeleteObject (hpen1)   ;
        DeleteObject (hpen2)   ;
        PostQuitMessage (0) ;
        return 0              ;
    }
    return DefWindowProc (hwnd , message , wParam , lParam) ;
}
```

Ende der Fenster-Funktion des Programms fillarea.c

Die nebenstehende Abbildung zeigt das vom Programm **fillarea.c** erzeugte Fenster.

Weil alle Koordinaten, mit denen Ellipse, Rechteck und "RoundRect" gezeichnet werden, von der Größe des Fensters abhängig sind, passen sich die Figuren jeder Änderung der Größe an, die Ellipse kann zum Kreis werden, das Rechteck zum Quadrat. Die Seiten der Rechtecke und die große bzw. kleine Achse der Ellipse liegen aber immer parallel zu den Fensterrändern. Funktion zum Zeichnen beliebig liegender Ellipsen bzw. Rechtecke kennt das GDI nicht.

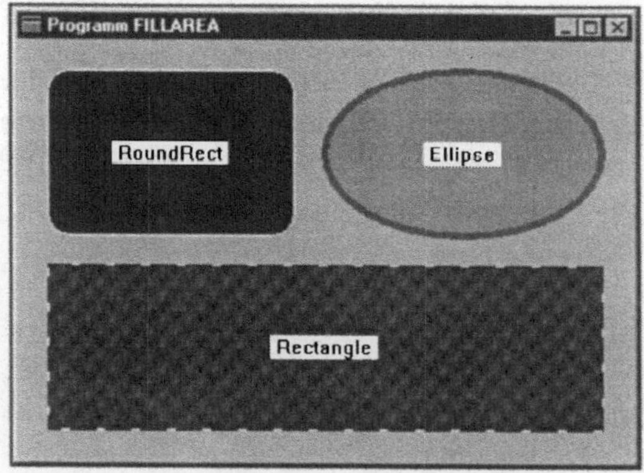

Programm **fillarea.c**

9.5.3 Zeichnen mit MoveToEx und LineTo, Programm "rosette1.c"

Mit dem Programm **rosette1.c** werden die beiden "Klassiker der Computer-Graphik" vorgestellt, die Funktionen **MoveToEx** und **LineTo** (Funktionen mit diesen oder ähnlichen Namen finden sich in allen Graphik-Systemen). **MoveToEx** bewegt den "Zeichenstift" bis zu einem anzugebenden Punkt (es wird nichts gezeichnet), **LineTo** zeichnet eine gerade Linie vom aktuellen Punkt ("Hinterlassenschaft" von einem vorangegangenen **MoveToEx**- oder **LineTo**-Aufruf) bis zu einem im **LineTo**-Aufruf anzugebenden Punkt.

Die beiden Buchstaben **Ex** im Namen der Funktion **MoveToEx** bedürfen einer Erklärung: In den 16-Bit-Windows-Versionen hieß die Funktion noch **MoveTo** und lieferte als Return-Wert die "alte Position" ab (völlig überflüssig, kaum ein Programmierer dürfte den Return-Wert jemals ausgewertet haben). Der Return-Wert war eine 32-Bit-Variable, die beide Koordinaten enthielt, was möglich war, weil Koordinaten **int**-Werte sind, die in den 16-Bit-Versionen von Windows nur 16 Bit Speicherplatz belegten. In der "32-Bit-Welt" (Windows 95 und Windows NT) sind aber **int**-Werte selbst 32 Bit lang, so daß zwei Koordinaten im Return-Wert keinen Platz mehr finden.

Die Lösung des Problems heißt **MoveToEx**. Diese Funktion liefert (überflüssigerweise) immer noch die "alte Position" ab, aber in einer Struktur vom Typ **POINT**, für die ein Pointer als Argument übergeben werden muß. **MoveToEx** erwartet also ein Argument mehr als **MoveTo**. Alle Aussagen gelten auch für die Funktion **SetViewportOrgEx**, die ebenfalls im Programm **rosette1.c** vorgestellt wird.

Diese etwas ärgerliche Angelegenheit wird durch zwei Tatsachen etwas entschärft:

♦ Auch in der Version für Windows 3.1 existieren schon die Funktionen **MoveToEx** und **SetViewportOrgEx**, so daß derjenige schon "zukunftsorientiert" programmieren kann, der dies (wie der Leser dieser Zeilen) rechtzeitig erfährt.

♦ Der Programmierer ist nicht gezwungen, die alten Koordinaten von **MoveToEx** und **SetViewportOrgEx** entgegenzunehmen. Wenn auf der Position, wo der Pointer auf die **POINT**-Struktur anzuliefern ist, der **NULL**-Pointer steht, wird von **MoveToEx** bzw. **SetViewportOrgEx** nichts abgeliefert.

Programm rosette1.c

/* Graphik-Ausgabe mit MoveToEx und LineTo

Auf einem (nicht gezeichneten) Kreis, dessen Durchmesser 9/10 der kleineren Fensterabmessung ist, werden 25 Punkte gleichmäßig verteilt und jeder Punkt mit jedem anderen durch eine Gerade verbunden (es werden 600 gerade Linien gezeichnet).

Demonstriert werden

*   die Bearbeitung der Botschaft **WM_SIZE**, wobei die beiden in **windows.h** definierten Makros **LOWORD** und **HIWORD** verwendet werden,

*   das Verschieben des Nullpunktes des Koordinatensystems mit **SetViewportOrgEx**,

*   die Funktionen **MoveToEx** und **LineTo**.

```
#include <windows.h>
#include <math.h>                        /* ... weil Winkelfunktionen verwendet werden */
```

```
/* ...   Von WinMain werden nur die beiden Zeilen angegeben, die vom Skelett-Programm
         winskel.c abweichen:                                                       */

int WINAPI WinMain (      /* ... */
        wndclass.hbrBackground = GetStockObject (WHITE_BRUSH) ;
                                      /* ... für einen weißen Hintergrund des Fensters */
        /* ... */
        hwnd = CreateWindow ("WndClassName" , "Rosette" ,              /* ... */

LRESULT CALLBACK WndProc (HWND    hwnd    , UINT    message ,
                          WPARAM wParam , LPARAM lParam)
{
  HDC          hdc ;
  PAINTSTRUCT  ps ;
  static int   cxClient , cyClient , nPoints = 25 ;
  double       Radius , dPhi ;              /* ... Radius des Kreises, Winkel-Schritte */
  int          i , j , xs , ys ;
  switch (message)
      {
      case WM_SIZE :                        /* ... siehe Kommentar am Ende          */
          cxClient = LOWORD (lParam) ;      /* ... sind die Abmessungen des         */
          cyClient = HIWORD (lParam) ;      /* Zeichen-Fensters (Pixel)             */
          return 0 ;
      case WM_PAINT :
          hdc = BeginPaint (hwnd, &ps) ;
          SetViewportOrgEx (hdc, cxClient / 2 , cyClient / 2 , NULL) ;
                              /* ... legt Ursprung des Koordinatensystems in Fenstermitte */
          Radius = ((cxClient > cyClient) ? cyClient : cxClient) *.45 ;
          dPhi   = atan (1.) * 8. / nPoints ;              /*  pi * 2 / nPoints  */
          for (i = 0 ; i < nPoints ; i++)
              {
              xs = (int) (Radius * cos (dPhi * i) + .5) ;
              ys = (int) (Radius * sin (dPhi * i) + .5) ;
              for (j = 0 ; j < nPoints ; j++)          /* Achtung! Die GDI-    */
                  {                                     /* Funktionen verwen-  */
                      if (j != i)                       /* den ausschließlich  */
                          {                             /* int-Koordinaten     */
                          MoveToEx (hdc , xs , ys , NULL) ;
                          LineTo   (hdc ,
                                    (int) (Radius * cos (dPhi * j) + .5) ,
                                    (int) (Radius * sin (dPhi * j) + .5)) ;
                                 /* ... werden am Programm-Ende beschrieben */
                          }
                  }
              }
          EndPaint (hwnd, &ps) ;
          return 0 ;
      case WM_DESTROY :
          PostQuitMessage (0) ;
          return 0 ;
      }
  return DefWindowProc (hwnd, message, wParam, lParam) ;
}
```

/* Die Botschaft **WM_SIZE** wird erzeugt, wenn sich die Größe eines Fensters ändert (natürlich auch beim Erzeugen des Fensters). Mitgeliefert wird im Parameter **lParam** die Fenstergröße, der als **long**-Parameter beide Werte (Breite und Höhe) enthält. Zum "Zerlegen" eines **long**-Parameters "in zwei Teile" werden in **windows.h** zwei Makros definiert:

LOWORD (lParam) liefert die (in den beiden niedrigwertigen Bytes gespeicherte) Breite, **HIWORD (lParam)** liefert die (in den beiden höherwertigen Bytes gespeicherte) Höhe des Zeichenbereichs (Pixel).

Da die so ermittelten (und in den Variablen **cxClient** bzw. **cyClient** abgelegten) Fenster-abmessungen erst bei einem nachfolgenden Aufruf von **WndProc** (Bearbeitung der Botschaft **WM_PAINT**) verwendet werden, müssen die Werte beim Verlassen der Funktion **WndProc** erhalten bleiben und werden deshalb **static** definiert.   */

/* Der Funktions-Aufruf

```
SetViewportOrgEx (hdc , xViewOrg , yVieworg , NULL) ;
```

verschiebt den Ursprung des Koordinatensystems aus der linken oberen Ecke um die als **int**-Werte (Pixel) anzugebenden Argumentwerte von **xViewOrg** und **yViewOrg** (nach rechts bzw. unten). Die Orientierung der Achsen (nach rechts bzw. unten) bleibt dabei erhalten. Alle nachfolgenden Ausgaben über den durch **hdc** definierten "Device context" beziehen sich auf das verschobene Koordinatensystem. Der **NULL**-Pointer (viertes Argument) bewirkt, daß die "alte Position" des Koordinatenursprungs nicht abgeliefert wird.   */

/* Die Anweisung

```
Radius = ((cxClient > cyClient) ? cyClient : cxClient) *.45 ;
```

errechnet einen Radius, der die 0.45-fache Länge der jeweils kleineren Zeichen-flächen-Abmessung hat (die Zeichnung wird so passend zu den Fensterabmessungen skaliert).

In **windows.h** sind zwei Makros **min(a,b)** und **max(a,b)** definiert, so daß die Anweisung auch einfacher als

```
Radius = min (cxClient , cyClient) *.45 ;
```

geschrieben werden könnte.

Die Positionen, die (schon wegen der Verwendung der Winkelfunktionen) sämtlich zunächst mit **double**-Variablen errechnet werden, müssen auf **int**-Werte "gecastet" werden, weil alle GDI-Funktionen **int**-Werte erwarten (eine erhebliche Schwäche).   */

/* Die beiden Funktionen

```
MoveToEx (hdc , xStart , yStart , &point) ;
LineTo   (hdc , xEnd   , yEnd) ;
```

arbeiten wie alle Funktionen mit diesen (oder ähnlichen) Namen in Graphik-Systemen: **MoveToEx** postiert den imaginären Zeichenstift an einem (mit **int**-Werten anzugebenden) Punkt, ohne eine Zeichenaktion dabei auszuführen. **LineTo** zeichnet eine gerade Linie von der aktuellen Position (durch einen vorangegangenen Aufruf von **MoveToEx** oder **LineTo** hinterlassen) zu der (mit **int**-Werten anzugebenden) End-Position. Auf die Angabe eines Pointers auf eine (in der aufrufenden Funktion zu vereinbarende) **POINT**-Struktur (Typ ist in **windows.h** definiert) als viertes Argument von **MoveToEx** kann verzichtet werden. Bei Übergabe des **NULL**-Pointers wird die Rücklieferung der "alten Position" verhindert.   */

Ende des Programms rosette1.c

Die nebenstehende Abbildung zeigt die Ausgabe des Programms.

Bei jeder Änderung der Fenstergröße werden die Fensterabmessungen aktualisiert (Botschaft **WM_SIZE**), die beim anschließenden Neuzeichnen des Fensterinhalts (**WM_PAINT** wird bei Änderung der Fenstergröße nach **WM_SIZE** ausgelöst) genutzt werden, um den Radius der Rosette anzupassen, so daß das Bild (auch bei einem Fenster, dessen Höhe größer als die Breite ist) immer in das Fenster "paßt".

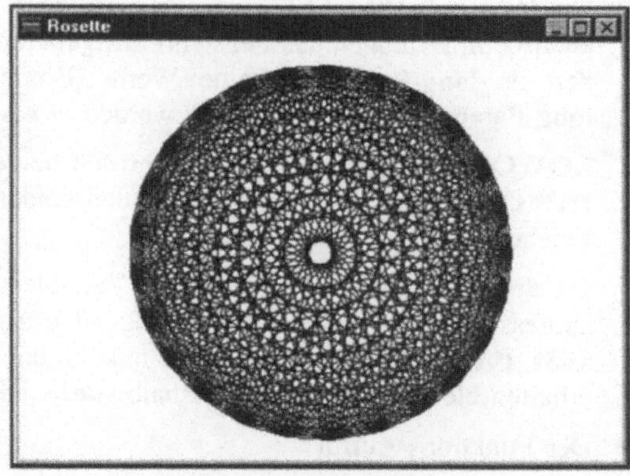

Ausgabe des Programms **rosette1.c**

9.6 Maus-Botschaften, Programm "mouse1.c"

Die Maus ist das bevorzugte Eingabegerät für Windows-Programme. In Windows sind 21 verschiedene Maus-Botschaften definiert, auf die ein Programm reagieren kann.

Das nachfolgende Beispiel-Programm demonstriert die Auswertung einiger besonders wichtiger Botschaften, die von der Maus an ein Fenster geschickt werden (eine bewegte Maus kann ein Fenster mit Botschaften geradezu "bombardieren").

Programm mouse1.c

/* **Auswerten von Maus-Botschaften**

In das Hauptfenster des Programms werden bei gedrückter linker Maustaste alle Mausbewegungen als Linien eingezeichnet. Beim Drücken der rechten Maustaste wird das Fenster gelöscht.

Demonstriert werden mit diesem Programm

*   die Auswertung der Botschaften **WM_MOUSEMOVE** und **WM_RBUTTONDOWN**,

*   die Funktion **InvalidateRect**.   */

/* Von **WinMain** werden nur die Zeilen angegeben, die sich vom Skelettprogramm **winskel.c** unterscheiden: */

```
/* ... */
int WINAPI WinMain (      /* ... */
    wndclass.hbrBackground = GetStockObject (WHITE_BRUSH)  ;
    /* ... */
        hwnd = CreateWindow ("WndClassName" , "Zeichnen mit der Maus" ,
    /* ... */
```

```c
LRESULT CALLBACK WndProc (HWND    hwnd   , UINT    message ,
                          WPARAM wParam , LPARAM lParam)
{
  HDC        hdc  ;
  PAINTSTRUCT ps  ;
  static int  xs = 0 , ys = 0 , xe = 0 , ye = 0 , draw = 0 ;
             /* ... müssen static vereinbart werden, weil die eigentliche Zeichenaktion erst
                bei einem nachfolgenden Aufruf von WndProc realisiert wird         */
  switch (message)
  {
    case WM_MOUSEMOVE:
             /* ... ist die Nachricht, daß sich die Maus bewegt hat. Mit dieser Nachricht
                werden folgende Informationen übergeben:

                wParam enthält bitweise verschlüsselt den Zustand der drei Maustasten
                und der Shift- und der Ctrl-Taste, die (siehe folgendes Beispiel) mit den
                Masken  MK_LBUTTON,   MK_MBUTTON,   MK_RBUTTON,
                MK_SHIFT und MK_CONTROL herausgefiltert werden können.

                lParam enthält die Cursor-Position (in Pixel-Koordinaten): Horizontale
                Koordinate ist das niederwertige Wort, vertikale Koordinate ist das
                höherwertige Wort.                                            */
      xs = xe ;
      ys = ye ;                        /* ... sichert alte Cursor-Position       */

      xe = LOWORD (lParam) ;           /* Makros aus windows.h,                  */
      ye = HIWORD (lParam) ;           /* vgl. Programm rosette1.c               */
             /* Die in lParam abgelieferten Koordinaten (Pixel) beziehen sich auf das in
                der linken oberen Bildschirmecke liegende Koordinatensystem (nicht auf
                das Koordinatensystem der "Client area" des Fensters!).            */
      if (wParam & MK_LBUTTON)         /* ... ist linke Maustaste gedrückt, ...   */
      {
        InvalidateRect (hwnd , NULL , FALSE) ;
             /* ... und es wird die Botschaft WM_PAINT abgesetzt, das dritte Argument
                in InvalidateRect ist das "Erase-Flag", das hier mit FALSE anzeigt, daß
                vor der Zeichenaktion das Fenster nicht gelöscht werden soll         */
        draw = 1 ;
      }
      return 0 ;
    case WM_RBUTTONDOWN:               /* ... wurde rechte Maustaste gedrückt     */
      InvalidateRect (hwnd , NULL , TRUE) ;      /* ... löscht das Fenster        */
      return 0 ;
    case WM_PAINT:
             /* Es wird mit folgender Strategie gearbeitet: Wenn der Parameter draw den
                Wert 1 hat (linke Maustaste war bei Mausbewegung gedrückt), werden die
                beiden letzten registrierten Maus-Positionen durch eine Gerade verbunden.
                Wenn draw den Wert 0 hat (rechte Maustaste gedrückt), wird nur das
                Funktionenpaar BeginPaint/EndPaint ausgeführt (Fenster löschen und als
                "aktualisiert" kennzeichnen).                                   */
      hdc = BeginPaint (hwnd , &ps) ;
```

```
          if (draw)
            {
              MoveToEx (hdc , xs , ys , NULL) ;        /* ... von alter nach ...    */
              LineTo (hdc , xe , ye) ;                 /* ... neuer Position        */
              draw = 0 ;
            }
          EndPaint (hwnd , &ps) ;
          return 0 ;
      case WM_DESTROY:
          PostQuitMessage (0) ;
          return 0          ;
      }
    return DefWindowProc (hwnd , message , wParam , lParam) ;
}
```

/* Die wichtigsten Botschaften, die für ein Fenster bestimmte Mausereignisse signalisieren, sind:

```
          WM_LBUTTONDOWN              -->    Linke Maustaste gedrückt,
          WM_RBUTTONDOWN              -->    Rechte Maustaste gedrückt,
          WM_MBUTTONDOWN              -->    Mittlere Maustaste gedrückt,
          WM_LBUTTONUP               -->    Linke Maustaste gelöst,
          WM_RBUTTONUP               -->    Rechte Maustaste gelöst,
          WM_MBUTTONUP               -->    Mittlere Maustaste gelöst,
          WM_LBUTTONDBCLCK           -->    Linke Maustaste doppelt gedrückt,
          WM_RBUTTONDBCLCK           -->    Rechte Maustaste doppelt gedrückt,
          WM_MBUTTONDBCLCK           -->    Mittlere Maustaste doppelt gedrückt,

          WM_MOUSEMOVE               -->    Maus wurde im Fensterbereich bewegt.
```

Bei der Botschaft **WM_MOUSEMOVE** können der Zustand der rechten bzw.linken Maustaste und der Zustand der Shift- bzw. Ctrl-Taste der Tastatur mit den im Programmkommentar genannten Masken aus **wParam** herausgefiltert werden, die aktuellen Koordinaten sind in **lParam** zu finden.

"Doppelklicks" kann ein Fenster nur empfangen, wenn es bei der Definition der Fensterklasse (mit **RegisterClass**) im Fensterstil angegeben wurde, z. B.:

```
        wndclass.style = CS_HREDRAW | CS_VREDRAW | CS_DBLCLKS ;             */
```

/* Die Funktion **InvalidateRect** wird mit 3 Argumenten aufgerufen, z. B.:

```
              InvalidateRect (hwnd , NULL , TRUE) ;
```

... löscht das durch Handle **hwnd** gekennzeichnete Fenster und schickt ihm die Botschaft **WM_PAINT** (Inhalt erneuern). Wenn als drittes Argument **FALSE** angegeben ist, wird (ohne Löschen des Fensterinhalts) nur **WM_PAINT** abgesetzt.

Das zweite Argument zeigt mit dem Wert **NULL** an, daß der gesamte Fensterbereich "ungültig" ist, im allgemeinen Fall kann dort eine Struktur vom Typ **RECT** eingesetzt werden (vgl. Kommentar des Programms **hllwinw.c** im Abschnitt 9.5.1), die nur einen Teil des Rechteckbereichs als "ungültig" kennzeichnet.

Die Konstanten **TRUE**, **FALSE** und **NULL** findet man in **windows.h**:

```
              typedef int BOOL ;
              #define     FALSE   0
              #define     TRUE    1
              #define     NULL    0
```

Die meisten Programme werden bei einer Botschaft **WM_PAINT** ohnehin den gesamten Fensterinhalt erneuern, weil der Programmieraufwand für das Neuzeichnen jeweils eines Bereichs recht groß sein kann. Trotzdem ist eine Rechteckangabe beim Aufruf von **Invalidate-Rect** sinnvoll, denn Windows selbst sorgt dafür, daß beim Neuzeichnen eines Fensterinhalts tatsächlich nur der "ungültige" Bereich neu gezeichnet wird, was erhebliche Zeitersparnis bedeuten kann.   */

Ende des Programms mouse1.c

Die nebenstehende Skizze zeigt den Versuch, in das Fenster mit der Maus eine Zeichnung einzubringen.

Man beachte, daß das Programm **mouse1.c** den Fensterinhalt nicht verwaltet und deshalb auch nicht erneuern kann. Wenn also von Windows eine Botschaft WM_PAINT geschickt wird, weil sich z. B. die Fenstergröße geändert hat, wird im Programm nur das Funktionenpaar **BeginPaint/EndPaint** ausgeführt, was zum Löschen des Fensters führt.

9.7 Textausgabe mit TextOut, die Funktion GetSystemMetrics

Das Programm **mouse1.c** aus dem vorigen Abschnitt wird um einige Anweisungen zum Programm **mouse2.c** erweitert, von dem nur Ausschnitte abgedruckt werden. Sie betreffen die wichtigsten Funktionen für die Ausgabe von Text unter Windows. Einige grundsätzliche Bemerkungen dazu sollen vorangestellt werden:

♦ Das voreingestellte Standard-Koordinatensystem **MM_TEXT** (Ursprung in der linken oberen Ecke der "Client area", die Einheiten sind bei Bildschirm-Ausgabe "Pixel") ist für die Ausgabe von Text besonders gut geeignet (hat daher auch seinen Namen), weil die positiven Koordinatenrichtungen (nach rechts bzw. unten) den typischen "Schreib-Richtungen" entsprechen (hebräisch, chinesisch und arabisch schreibende Menschen mögen mir verzeihen).

♦ Die bereits in mehreren Programmen verwendete Funktion **DrawText** positioniert den Text in einem Rechteck. Sie empfiehlt sich damit z. B. für das Problem, einen Text in einem Bereich zentriert auszugeben.

♦ Die sicher am häufigsten verwendete Funktion zur Ausgabe von Text ist **TextOut**, die den Text mit den Koordinaten eines Punktes positioniert. Es ist ein Punkt auf dem Rechteck, das durch Texthöhe und -länge bestimmt wird, Voreinstellung ist der Punkt in der linken oberen Ecke diese Rechtecks, dies kann mit der Funktion **SetTextAlign** geändert werden.

♦ Eine Alternative zu **TextOut** ist die Ausgabe von Text mit **TabbedTextOut**. Diese Funktion berücksichtigt Tabulatorzeichen (codiert als \t) im String (**TextOut** akzeptiert

keine Steuerzeichen, auch kein "Newline"-Zeichen \n), wobei die Standard-Tabulator-
Positionen verwendet werden können, es ist sogar möglich, ein Array der Tabulator-
Positionen zu übergeben. Speziell bei Proportionalschriften (ab Windows 3.1 ist eine
Proportionalschrift als Standard-Font eingestellt), bei denen der Ausgleich durch
Leerzeichen nicht mehr sinnvoll ist, kann **TabbedTextOut** eine wesentliche Hilfe sein,
um vertikal ausgerichtete Kolonnen auszugeben.

♦ Leider gibt es einige Unterschiede bei der Übergabe der Strings an die Textausgabe-
Funktionen (und auch bei anderen "String-Verarbeitern"). Die drei genannten Funktionen
erwarten neben dem String auch noch die Anzahl der Zeichen als zusätzliches Argument.
Während bei **DrawText** dort eine **-1** stehen darf, wenn ein "normaler" (durch die ASCII-
Null begrenzter) String übergeben wird, akzeptieren **TextOut** und **TabbedTextOut** diese
Variante nicht.

♦ Eine "formatierte Ausgabe" (wie mit **printf** in der "klassischen" C-Programmierung) wird
von den Textausgabe-Funktionen von Windows nicht unterstützt. Im Programm **mouse2.c**
wird deshalb die C-Funktion **sprintf** (Prototyp in **stdio.h**) benutzt, um eine formatierte
Ausgabe auf eine String-Variable zu übertragen, die dann an **TextOut** übergeben wird.
Die Funktion **sprintf** arbeitet exakt wie **printf** (vgl. Abschnitt 3.5), schreibt den Text
allerdings nicht auf die Standard-Ausgabe, sondern in eine als erstes Argument anzugebende String-Variable (**char**-Array, das ausreichend groß bemessen sein muß).

♦ Die Funktion **GetTextMetrics** liefert die Abmessungen der Zeichen des "Current font" in
einer Struktur vom Typ **TEXTMETRIC** ab (enthält die beachtliche Anzahl von 20
Werten). Nachfolgend werden davon die drei wohl wichtigsten verwendet: Der Wert
tmAveCharWidth ist die "mittlere Zeichenbreite" (bei Proportionalschriften kann nur ein
Mittelwert angegeben werden), **tmHeight** ist die Gesamthöhe, die von den Zeichen
beschrieben wird (von der "Unterkante des **g** bis zur Oberkante des **Ä** einschließlich der
Pünktchen"), **tmExternalLeading** ist der Abstand zwischen den Zeilen ("Unterkante der
oberen Zeile bis zur Oberkante der folgenden Zeile").

♦ Die Funktion **GetTextMetrics** wird von vielen Windows-Programmierern benutzt, um
beim Programmstart (z. B. bei der Bearbeitung der Botschaft WM_CREATE, wenn das
Hauptfenster erzeugt wird) eine Pixel-Anzahl zu erfragen, die dann als Maß für die Größe
aller möglichen zu zeichnenden Elemente benutzt wird. Die Höhe des eingestellten
"System-Fonts" ist (unabhängig von der Auflösung des verwendeten Bildschirms) ein
sinnvolles Maß, weil weder zu große noch zu kleine Schrift gut lesbar ist.

♦ Da alle Einstellungen, die mit der Schrift zusammenhängen, zu einem "Device context"
gehören, muß an **GetTextMetrics** ein Handle vom Typ **HDC** übergeben werden. Weil
außerhalb der Bearbeitung der Botschaft WM_PAINT das Funktionenpaar **Begin-
Paint/EndPaint** nicht verfügbar ist, steht für das Anfordern und die Freigabe eines
"Device contextes" (an beliebigen Stellen) das Funktionenpaar **GetDC/ReleaseDC** zur
Verfügung, das im Programm **mouse2.c** verwendet wird.

Im Programm **mouse2.c** wird die Anzahl der WM-MOUSEMOVE-Botschaften, die das
Hauptfenster empfängt, in einer **static**-Variablen mitgezählt und jeweils beim Löschen der
"Client area" ausgegeben (es wird aber weitergezählt, so daß jeweils die Anzahl der
Botschaften seit Programmstart ausgegeben wird). Auf diese Weise erhält man eine
Vorstellung von der Menge der zu bearbeitenden Botschaften.

Die gegenüber **mouse1.c** ergänzten Vereinbarungen in der Fenster-Funktion von **mouse2.c**, die Bearbeitung der Botschaft WM_CREATE, die zusätzliche Anweisung unter WM_MOUSEMOVE und die erweiterte Botschaft WM_PAINT werden nachfolgend gelistet (Funktion **MyTextOut** erhöht die Bequemlichkeit der Textausgabe etwas):

```
void MyTextOut (HDC hdc , int xStart , int yStart , char *Text)
{
    TextOut (hdc , xStart , yStart , Text , strlen (Text)) ;
}
LRESULT CALLBACK WndProc (HWND    hwnd    , UINT    message ,
                          WPARAM wParam , LPARAM lParam)
{
  HDC          hdc ;
  PAINTSTRUCT ps  ;
  static int   xs = 0 , ys = 0 , xe = 0 , ye = 0 , draw = 0 ;

  TEXTMETRIC  tm ;                           /* ... für GetSystemMetrics      */
  static int   CharWidth , LineHeight ;
  static long MouseMessages = 0 ;            /* ... zum "Mitzählen"           */
  char         WorkString[80] ;              /* ... für sprintf-Ausgabe       */
  switch (message)
  {
    case WM_CREATE:

        hdc = GetDC (hwnd) ;                  /* ... liefert "Device context"      */
        GetTextMetrics (hdc , &tm) ;         /* ... "Current font"-Abmessungen    */
        CharWidth  = tm.tmAveCharWidth ;     /* ... mittlere Breite eines Zeichens */
        LineHeight = tm.tmHeight + tm.tmExternalLeading ;
                                             /* ... Zeichenhöhe + "Zeilen-Zwischenraum" */
        ReleaseDC (hwnd , hdc) ;             /* ... gibt "Device context" frei    */

    case WM_MOUSEMOVE:
      MouseMessages++ ;                  /* ... zählt alle WM_MOUSEMOVE-Botschaften */
      /* ... */

    case WM_PAINT:
      hdc = BeginPaint (hwnd , &ps) ;
      if (draw)
        {
          MoveToEx (hdc , xs , ys , NULL) ;
          LineTo   (hdc , xe , ye) ;
          draw = 0 ;
        }
      else
        {
          MyTextOut (hdc , CharWidth * 2 , LineHeight ,
                     "Zeichnen bei gedrückter linker Maustaste") ;
          MyTextOut (hdc , CharWidth * 2 , LineHeight * 2 ,
                     "Fenster löschen mit rechter Maustaste") ;
          sprintf   (WorkString ,
                     "Anzahl der WM_MOUSEMOVE-Botschaften: %6ld" ,
                     MouseMessages) ;
          MyTextOut (hdc , CharWidth * 2 , LineHeight * 4 , WorkString);
        }
      EndPaint (hwnd , &ps) ;
      return 0 ;
```

Wenn man mit dem Programm **mouse2.c** etwas spielt, stellt man fest, daß die Anzahl der Maus-Botschaften, die das Programm empfängt, weitgehend unabhängig davon ist, ob die Maus schnell oder langsam bewegt wird. Das bedeutet wiederum, daß die Anzahl der empfangenen Botschaften kein geeignetes Maß für den von der Maus zurückgelegten Weg ist. Windows sorgt dafür, daß keine über-mäßige Anzahl von Botschaften in der Warteschlange bleibt. Während das Drük-ken einer Taste stets als so wichtig angese-hen wird, daß es bis zur Abholung in der Botschaften-Schlange verbleibt, werden "nicht rechtzeitig abgeholte" WM_MOUSE-MOVE-Botschaften beim Eintreffen von neuen Botschaften aus der Warteschlange entfernt.

Das nebenstehende Bild verdeutlicht dies: Nur wenige Botschaften konnten während der Mausbewegung ausgewertet werden, weil gar nicht mehr ankamen (die ausge-gebene Anzahl bezieht sich auf diese, daß die Zahl so groß ist, liegt daran, daß vom Programmstart an aufsummiert wird).

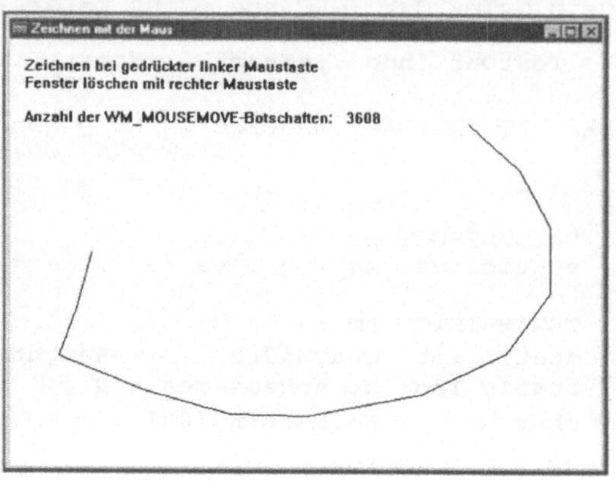

Programm **mouse2.c**: Bei sehr schneller Mausbewegung wird die Kurve zum Polygon

9.8   Fehlersuche in Windows-Programmen

Bevor dem Leser das Lösen der nachfolgend formulierten Aufgaben zugemutet wird, sind einige Bemerkungen zur Fehlersuche in Windows-Programmen angebracht:

♦ Der im Abschnitt 2.4 gegebene Ratschlag an den Programmier-Anfänger, das Angebot, Fehlersuche mit dem Debugger zu betreiben, nur sehr zurückhaltend zu nutzen, gilt für die Windows-Programmierung nicht mehr (außerdem darf der Leser an dieser Stelle natürlich nicht mehr als Programmier-Anfänger bezeichnet werden).

♦ Wenn das Entwicklungssystem, mit dem Sie arbeiten, einen leistungsfähigen Debugger (in einer Windows-Umgebung!) anbietet, sollten Sie diesen unbedingt nutzen. Bitte ver-schwenden Sie aber nicht sehr viel Einarbeitungszeit damit, wenn das erforderlich wäre, ist der Debugger nicht gut genug. Die nachfolgenden Ratschläge gelten für das Arbeiten mit dem Debugger von MS-Visual-C^{++}, der durchaus empfohlen werden kann:

♦ Bei der Übersetzung der Programme muß die "Debug-Option" eingeschaltet sein. Beim Arbeiten mit MS-Visual-C^{++} 1.5 findet man im Menü **Options** unter **Project...** die Einstellung **Build Mode** (**Debug** bzw. **Release**). Unter MS-Visual-C^{++} 4.0 kann man direkt im Hauptfenster des "Developer studios" die Auswahlmöglichkeiten **Win 32 Debug** bzw. **Win 32 Release** wählen. In beiden Fällen ist **Debug** die Voreinstellung, so daß der Programmierer nichts ändern muß (vor der letzten Übersetzung eines fertigen Programms sollte jedoch unbedingt auf **Release** umgestellt werden, die mit **Debug** erzeugten EXE.Files sind drastisch größer als die **Release**-Files).

♦ Im Quelltext des Programms postiert man die Schreibmarke auf der Zeile, vor deren Bearbeitung das Programm stoppen soll, und setzt durch Anklicken des "Breakpoint-Buttons" (die "Hand") einen Haltepunkt. Die nebenstehend zu sehenden Buttons sind in beiden Versionen (nur in unterschiedlicher Anordnung) zu finden.

"Debug-Buttons"

♦ Man startet die "Debug-Session" durch Anklicken des "Start-Buttons" (Dokument mit abwärts gerichtetem Pfeil). Das Programm arbeitet (wesentlich langsamer) und stoppt an der Stelle, an der der "Breakpoint" gesetzt wurde. Nachfolgend wird an dem mit einem typischen C-Anfänger-Fehler modifizierten Programm **rosette1.c** (Abschnitt 9.5.3) die Strategie der Fehlerbeseitigung erläutert. Das unten zu sehende Bild zeigt den Zustand mit dem in der Zeile der **for**-Schleife gestoppten Programm.

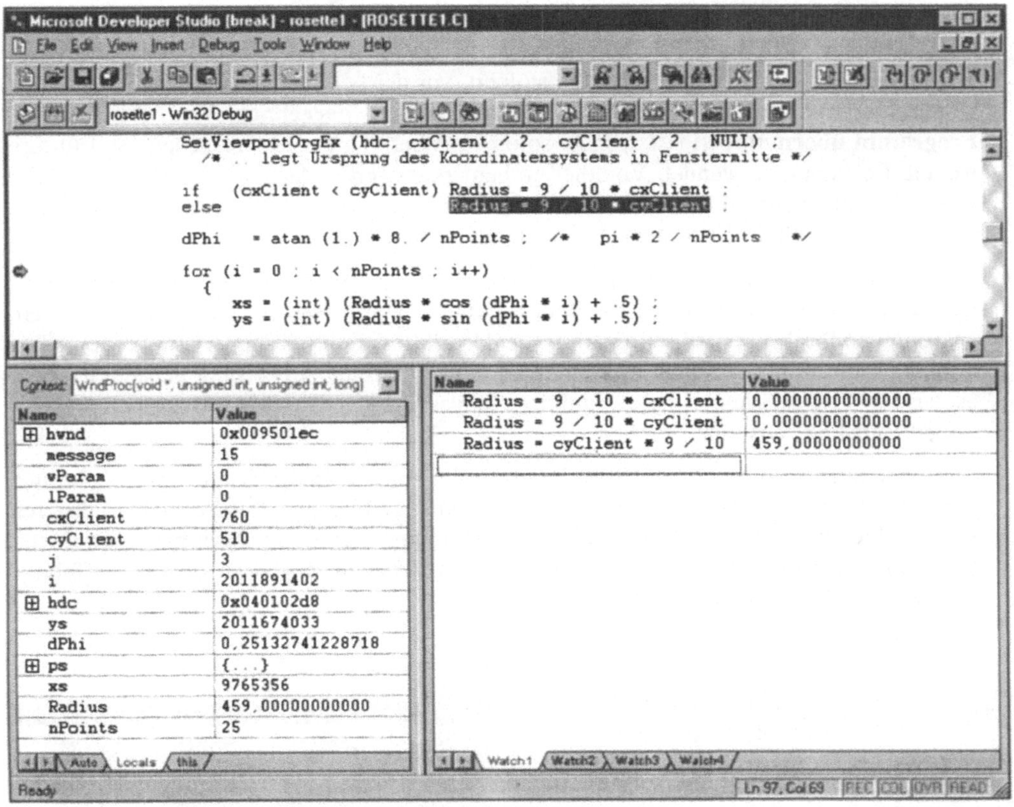

Typische Debug-Session

♦ Links unten in der "Karteikarte Locals" sind alle lokalen Variablen mit ihren Werten zu sehen (dargestellt ist die Windows-NT-Version, unter Windows 3.1 muß im Menü **Window** das Angebot **Locals** gewählt werden, um das "Locals-Window" zu öffnen). In der Darstellung nicht mehr zu sehen (weil schon wie nachfolgend beschrieben korrigiert) ist der offensichtlich falsche Wert für die Variable **Radius**, der zum Zeitpunkt des Programmstopps mit **0** angezeigt wurde.

♦ Für beide Anweisungen, mit der die Variable **Radius** berechnet worden sein könnte, wurden nacheinander "QuickWatch"-Aktionen ausgeführt: Nachdem man im Quelltext eine Anweisung markiert hat (für die Anweisung im **else**-Zweig ist die Markierung im Bild noch zu sehen), erscheint nach Anklicken des "QuickWatch-Buttons" (die "Brille") die "QuickWatch-Dialog-Box" mit der Anweisung und dem berechneten Wert und den Angeboten, den Wert zu ändern (in der Version 1.5: **Modify**, in der Version 4.0: **Recalculate**) bzw. **Add to Watch Window** (Version 1.5, in der Version 4.0 nur: **Add Watch**). Das letztgenannte Angebot wurde angenommen, der Wert erscheint in dem in der Abbildung auf der vorigen Seite zu sehenden "Watch window".

♦ Im "Watch window" kann man sich die Werte von Variablen und Ausdrücken anzeigen lassen, die mit den aktuellen Werten der Variablen im Programm berechnet werden. Die Ausdrücke können direkt in das "Watch window" geschrieben werden, was in der dritten Zeile zu sehen ist. Dies ist die korrekte Anweisung für die Berechnung des Wertes von **Radius**, mit der man nicht in die Falle stolpert, vor der bereits im Abschnitt 3.7 gewarnt wurde. **Der mit dem Ausdruck im "Watch window" berechnete Wert wird in das Programm übernommen** (ist deshalb sofort im Window "Locals" zu sehen) und für die weitere Rechnung verwendet. Von diesem bemerkenswerten Angebot, in ein ablaufendes Programm korrigierend einzugreifen, sollte man nur sehr sparsam Gebrauch machen, generell sollte gelten: Nach dem Erkennen des Fehlers wird er beseitigt!

♦ Erwähnt werden muß noch die Möglichkeit, ein Programm in "Einzelschritten" weiterlaufen zu lassen. Die drei "Debug-Buttons" mit den geschweiften Klammern und dem gekrümmten Pfeil sind dafür zuständig. Wie der gekrümmte Pfeil suggeriert, werden dabei Funktionsaufrufe entweder übersprungen (wie eine einzelne Anweisung behandelt), oder es wird (wenn möglich) in die Funktion "abgestiegen". Der dritte Button dient zum "Wiederaufstieg" aus einer Funktion.

So richtig interessant wird der Einzelschritt-Modus bei geöffneten Windows "Locals" und "Watch", denn die in diesen Fenstern zu sehenden Variablen und Ausdrücke aktualisieren ständig ihre Werte. Genau hier aber ist eine Warnung angebracht: Man hüte sich davor, längere Programm-Passagen in Einzelschritten abzuarbeiten, das ist gewiß keine effektive Strategie der Fehlersuche.

Aufgabe 9.1: Das Programm **rosette1.c** aus dem Abschnitt 9.5.3 ist zu einem Programm **rosette2.c** zu modifizieren:

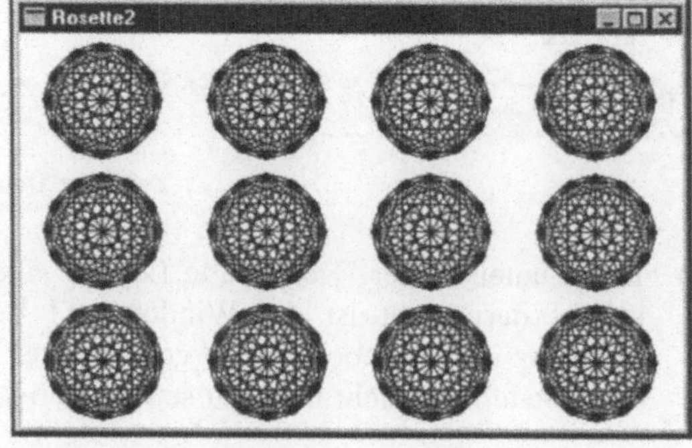

a) Auf dem (nicht zu zeichnenden) Kreis sollen nur 12 Punkte gleichmäßig verteilt liegen, die durch Geraden miteinander verbunden werden.

b) Es sollen in drei Zeilen jeweils vier Rosetten gezeichnet werden.

Aufgabe 9.2: Es ist ein Programm **quadrat1.c** zu schreiben, das in das Hauptfenster ein Quadrat zeichnet, darin ein weiteres Quadrat, dessen Eckpunkte auf den vier Seiten des ersten Quadrates liegen, jeweils **1/10** der Seitenlänge von den Eckpunkten des ersten Quadrates entfernt. Darin soll ein weiteres Quadrat nach der gleichen Vorschrift gezeichnet werden usw., insgesamt 50 Quadrate.

Die Größe der Zeichnung soll sich einer Änderung der Fenstergröße anpassen.

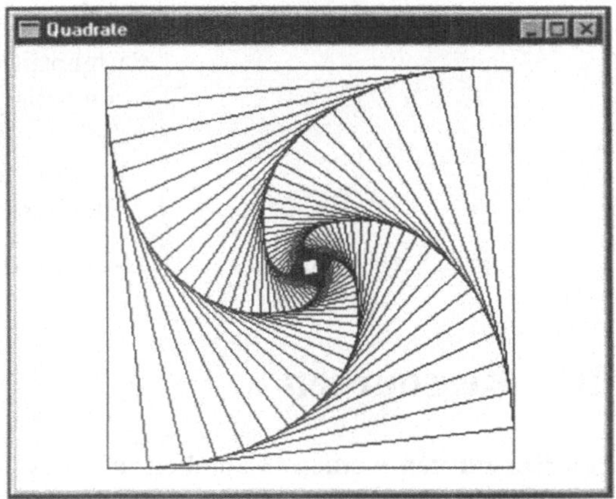

Hinweis zu den beiden folgenden Aufgaben: Teilen Sie den Bereich, den die Variable *t* (Aufgabe 9.3) bzw. φ durchläuft, in 1000 Abschnitte ein. Nach der Berechnung des ersten Punktes sollte mit **MoveToEx** die Position angesteuert werden, und nach jeder folgenden Berechnung eines Punktes ist ein kurzes Geradenstück mit **LineTo** zu zeichnen.

Aufgabe 9.3: Es ist ein Programm **paramet1.c** zu schreiben, das die in Parameterdarstellung gegebene Funktion

$$x = a \cos(11\,t)$$
$$y = a \sin(12\,t)$$

im Bereich

$$0 \le t \le 2\pi$$

darstellt (*a* ist stets so zu wählen, daß die kleinere Fensterabmessung zu 90% ausgefüllt wird).

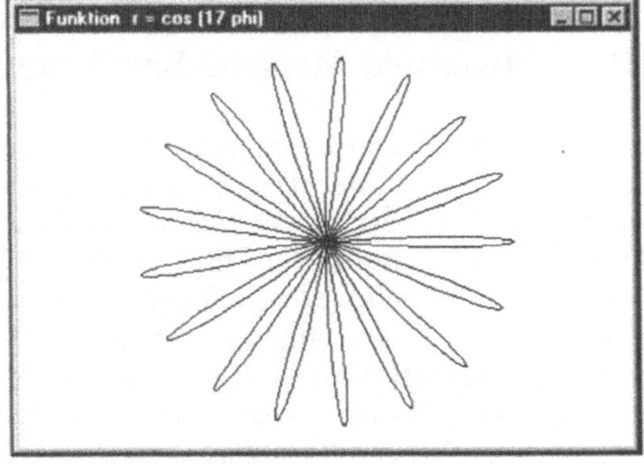

Aufgabe 9.4: Es ist ein Programm **polar1.c** zu schreiben, das die in Polarkoordinaten gegebene Funktion

$$r = a \cos(17\,\varphi)$$

im Bereich

$$0 \le \varphi \le 2\pi$$

darstellt (*a* ist stets so zu wählen, daß die kleinere Fensterabmessung zu 90% ausgefüllt wird).

Hinweis: Die kartesischen Koordinaten werden aus Polarkoordinaten nach folgenden Formeln berechnet:

$$x = r \cos\varphi = a \cos(17\,\varphi) \cos\varphi \quad ; \quad y = r \sin\varphi = a \cos(17\,\varphi) \sin\varphi \ .$$

10 Ressourcen

Als **Ressourcen** werden Graphiken und Texte bezeichnet, die das äußere Erscheinungsbild eines Windows-Programms weitgehend bestimmen können, aber in gesonderten Dateien (separat vom eigentlichen Quelltext des Programms) definiert werden. So kann die Benutzer-Schnittstelle auf recht einfache Weise verändert werden (beim Übertragen des Programms in eine andere Sprache braucht z. B. bei konsequentem Arbeiten mit Ressourcen der Programm-Code nicht geändert zu werden).

Der Programmierer kann **Zeichenketten, Menüs, Dialoge, Datensammlungen beliebiger Art, Abkürzungsbefehle, Zeichensätze, Icons, Bitmaps und Cursorformen** als Ressourcen definieren und sich im Programm auf die Eintragungen in einer Ressourcen-Datei (ASCII-Datei, üblicherweise mit der Extension **.rc**) beziehen. Die Dateien werden von einem "Resource compiler" übersetzt (zu MS-Visual-C++ gehört z. B. **rc.exe**), der im allgemeinen auch das Anbinden der übersetzten Datei an die EXE-Datei übernimmt (in der MS-Visual-C++-Version 4.0 für Windows 95 und Windows NT übernimmt der Linker diese Aufgabe).

In diesem Kapitel wird das Definieren von Menüs, Zeichenketten, Dialog-Boxen, Icons und Cursorformen demonstriert, und es wird gezeigt, wie vom Programm auf die definierten Ressourcen Bezug genommen wird. Dabei wird zunächst alles "von Hand" erledigt, um die Zusammenhänge zu verdeutlichen. In den Abschnitten 10.3.3 und 10.4.1 wird dann angedeutet, daß zu einem Windows-Entwicklungssystem im allgemeinen sehr leistungsfähige Tools für das Erzeugen von Ressourcen gehören.

10.1 Menü und Message-Box, Programm "menu1.c"

Das Programm **menu1.c** zeigt an einem besonders einfachen Beispiel (Definition eines aus nur zwei Angeboten bestehenden Menüs) das Zusammenspiel einer Ressource, die in der Datei **menu1.rc** beschrieben wird, mit dem Programm. Es ist eine nur geringfügige Erweiterung des Programms **rosette1.c** aus dem Abschnitt 9.5.3 (Ziel ist das zusätzliche Erzeugen der Menüleiste, vgl. nebenstehende Abbildung), so daß vom Programmcode nur wenige Zeilen aufgelistet werden. Die Definition des Menüs befindet sich in der nachfolgend angegebenen Ressourcen-

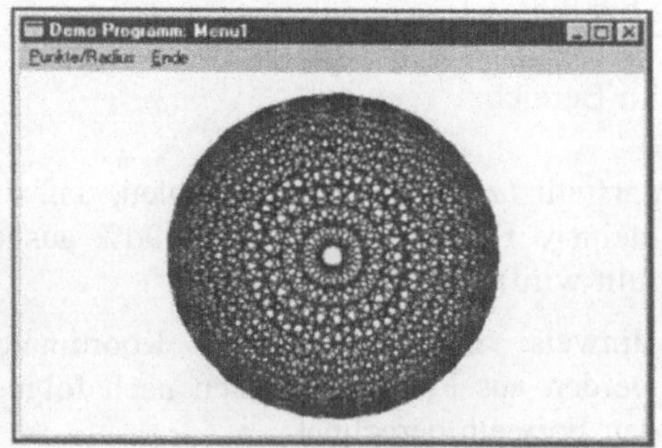

Hauptfenster mit Menü-Leiste

Datei, die nur durch den ausführlichen Kommentar einen Umfang hat, der dem kleinen Problem nicht angemessen ist:

Ressourcen-Datei menu1.rc

/* **Definition eines ganz einfachen Menüs:**

Der Name "Menu1_Menu" vor dem Schlüsselwort **MENU** ist der Bezug für das Fenster, zu dem das Menü gehören soll, und wird beim Definieren der **Window Class** mit

```
wndclass.lpszMenuName = "Menu1_Menu" ;
```

der nachfolgenden Definition zugeordnet: */

```
Menu1_Menu MENU
{
        MENUITEM "&Punkte/Radius"        , 10
        MENUITEM "&Ende"                 , 20
}
```

/* ... definiert zwei einfache Menü-Items für die Menüleiste am oberen Fensterrand. Mit dem **&** vor einem Zeichen wird dieses als zu unterstreichendes Zeichen festgelegt (für Auswahl mit der Tastatur). Die Zahl nach dem Komma legt den Wert des Parameters **wParam** fest, der mit der Botschaft WM_COMMAND übergeben wird.   */

Ende der Ressourcen-Datei menu1.rc

♦ Die Zuordnung eines Menü-Namens zu einer Window-Klasse ist nur erfolgreich, wenn in der Ressourcen-Datei ein Menü mit genau diesem Namen definiert wird. Wenn man sich bei dem Namen verschreibt, wird weder vom Linker noch vom "Resource compiler" eine "ungelöste Referenz" angemahnt. Das Menü erscheint in dem Fenster dann einfach nicht.

♦ Das Auswählen eines Menü-Angebots löst im ausführbaren Programm immer die Botschaft WM_COMMAND aus. Dabei steckt die Information, welches Menü-Angebot gewählt wurde, im Parameter **wParam**, der den in der Ressourcen-Datei festgelegten Identifikator (positive ganze Zahl) enthält.

♦ Da das erste Menüangebot im Programm **menu1.c** noch nicht einzulösen ist, wird bei der Wahl dieses Punktes eine Mitteilung ausgegeben, wobei eine Message-Box benutzt wird. Diese gehört nicht zu den Ressourcen, ihr Aussehen und ihre Reaktion sind vordefiniert und können beim Aufruf der Funktion **MessageBox** über die Funktions-Argumente beeinflußt werden. Die Message-Box stellt eine besonders einfach zu programmierende Alternative zu den im folgenden Abschnitt zu behandelnden Dialog-Boxen dar.

Ausschnitte aus dem Programm menu1.c

/* **Menü erzeugen mit Ressourcen-Datei**

Das Programm hat die gleiche Funktionalität wie das Programm **rosette1.c**, demonstriert werden zusätzlich

  * das Definieren eines Menüs über eine Ressourcen-Datei und das Auswerten der Botschaft WM_COMMAND,

  * das Anzeigen einer einfachen Message-Box.   */

```
/* ... */

wndclass.lpszMenuName = "Menu1_Menu" ;     /* ... ist der Name des Menüs, das im
                                               File menu1.rc definiert ist.      */
/* ... */



LRESULT CALLBACK WndProc (HWND    hwnd    , UINT    message ,
                          WPARAM  wParam  , LPARAM  lParam)
    /* ... */
    switch (message)
    {
      case WM_COMMAND:          /* ... wird beim Auswählen eines Menüangebots an das
                                   Fenster, dem das Menü zugeordnet ist, geschickt.    */

          switch (wParam)       /* ... enthält die Information, welcher Menüpunkt gewählt
                                   wurde.                                               */
            {
              case 10:          /* ... ist der Identifikator des Menüpunktes "Punkte/Radius",
                                   der im File menu1.rc definiert wurde.                */

                MessageBox (hwnd , "Dies ist noch nicht implementiert" ,
                            "Sorry" , MB_ICONINFORMATION | MB_OK) ;
                                /* ... wird am Programm-Ende kommentiert.              */
                return 0 ;

              case 20:          /* ... ist der Identifikator des Menüpunktes "Ende", der im
                                   File menu1.rc definiert wurde.                      */

                SendMessage (hwnd , WM_CLOSE , 0 , 0L) ;
                                /* ... wird am Programm-Ende kommentiert.              */
                return 0 ;
            }
          break ;
      /* ... */
```

/* Meldungsfenster sind eine sehr einfache Möglichkeit, eine Ausschrift auf den Bildschirm zu bringen. Mit dem Aufruf der Funktion

```
MessageBox (hwnd , "Dies ist noch nicht implementiert" ,
            "Sorry" , MB_ICONINFORMATION | MB_OK) ;
```

wird ein Fenster erzeugt, das in die Titelleiste den Text "Sorry" schreibt. Im Fenster selbst erscheint der Text "Dies ist noch nicht implementiert". Das letzte Argument wird aus Bit-Flags, die in **windows.h** definiert sind, auf die übliche Weise (mit dem "Logischen Oder") zusammengesetzt. Die wichtigsten Flags sind (mit leicht "verjüngter" Darstellung in Windows 95 gegenüber Windows 3.1, z. B. ersetzt eine "Sprechblase" bei einigen Symbolen den einfachen Kreis):

```
MB_ICONINFORMATION        ...    zeigt das "Informations-i",
MB_ICONEXCLAMATION        ...    zeigt das Ausrufezeichen,
MB_ICONQUESTION           ...    zeigt das Fragezeichen,
MB_ICONSTOP               ...    zeigt das "Stoppschild",
```

```
MB_OK                      . . .   zeigt "OK"-Button,
MB_OKCANCEL                . . .   zeigt "OK"-Button und "Abbrechen"-Button,
MB_YESNO                   . . .   zeigt "Ja"-Button und "Nein"-Button,
MB_YESNOCANCEL             . . .   zeigt "Ja"-Button, "Nein"-Button, und "Ab-
                                   brechen"-Button,
MB_RETRYCANCEL             . . .   zeigt "Wiederholen"-Button und "Ab-
                                   brechen"-Button,
MB_ABORTRETRYIGNORE        . . .   zeigt "Abbrechen"-Button, "Wiederholen"-Button
                                   und "Ignorieren"-Button
```

Aus der letzten Gruppe kann sinnvollerweise jeweils nur ein Flag gesetzt werden, maximal drei Buttons werden also gezeigt. Wenn ein Flag gesetzt ist, das mehr als einen Button erzeugt, kann alternativ eins der Flags MB_DEFBUTTON1, MB_DEFBUTTON2 oder MB_DEFBUTTON3 hinzugefügt werden, das festlegt, welcher Button als "Default"-Button (mit dem gepunkteten Rechteck um die Beschriftung) gesetzt werden soll (dieser kann mit der Return-Taste gewählt werden).

Die Message-Box eignet sich also für ganz einfache Dialoge (wenn der Benutzer z. B. nur bestätigen oder nur "Ja" oder "Nein" sagen soll) und ist ganz besonders einfach zu programmieren.

Nach der Benutzer-Reaktion wird der Eingabefokus auf das durch **hwnd** (erstes Argument) gekennzeichnete Fenster zurückgesetzt.

Der Return-Wert (**int**) korrespondiert mit den definierten Schaltflächen und ist einer der in **windows.h** definierten Werte:

```
#define IDOK        1   ** "OK"-Button gedrückt          **
#define IDCANCEL    2   ** "Abbrechen"-Button gedrückt   **
#define IDABORT     3   ** "Abbrechen"-Button gedrückt   **
#define IDRETRY     4   ** "Wiederholen"-Button gedrückt **
#define IDIGNORE    5   ** "Ignorieren"-Button gedrückt  **
#define IDYES       6   ** "Ja"-Button gedrückt          **
#define IDNO        7   ** "Nein"-Button gedrückt        **
```

Wenn die Message-Box nicht dargestellt werden kann (z. B. wegen mangelnden Speicherplatzes), wird der Return-Wert **0** abgeliefert.   */

/* Mit dem Aufruf der Funktion

```
SendMessage (hwnd , WM_CLOSE , 0 , 0L) ;
```

wird dem Fenster, das durch das erste Argument (hier: **hwnd**) gekennzeichnet ist, die Botschaft, die durch die drei nachfolgenden Argumente beschrieben wird, gesendet. Die vier Argumente entsprechen genau den vier Parametern, die die Fenster-Funktion empfängt.

Hier schickt sich also das Hauptfenster selbst (unter Einhaltung des "Dienstweges") die Botschaft, daß es geschlossen werden soll. Die beiden letzten Parameter (**wParam** und **lParam**) haben bei dieser Botschaft keine Bedeutung und werden deshalb **0** gesetzt (**0L** ist die **"long-0"**).   */

/* Beim Arbeiten mit MS-Visual-C++ sollte man die Ressourcen-Datei **menu1.rc** zusätzlich zu **menu1.c** (und **menu1.def** für Windows 3.1) in das Projekt einbeziehen. Dann wird automatisch im Make-File das Übersetzen und Einbinden der Ressourcen vorgesehen.   */

Ende des Programms menu1.c

Die Abbildung zeigt die Reaktion auf das Wählen des Menüpunktes **Punkte/Radius**. Die Message-Box ist ein "Child window" des Hauptfensters, überlagert dieses und bekommt den Eingabefokus. Der Benutzer muß reagieren, er kann die Schaltfläche mit der Maus anklicken oder die Return-Taste drücken, weil bei nur einem Button dieser automatisch der "Default-Button" ist (tatsächlich sind auch die Buttons "Child windows", deren "Parent window" die Message-Box ist, die ihrerseits den Eingabefokus an einen Button weitergibt).

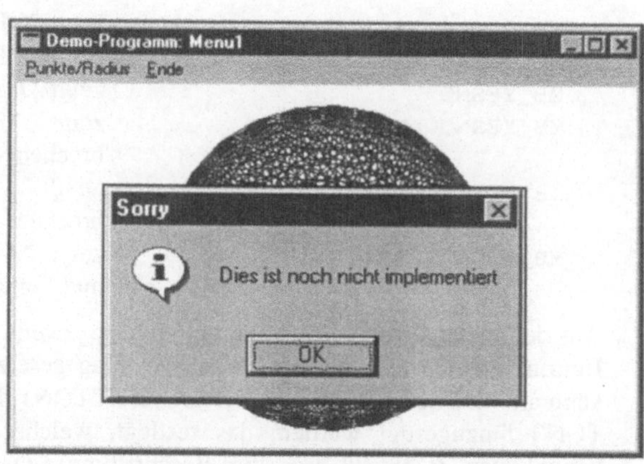

Message-Box überlagert Hauptfenster

Man beachte den Komfort, den Windows bei der Definition der Menüleiste über eine Ressourcen-Datei beisteuert: Neben der Möglichkeit, ein Menüangebot mit der Maus auszuwählen, wird auch eine komplette "Tastatur-Schnittstelle" mitgeliefert: Man kann (wie unter MS-Windows üblich) mit der Alt-Taste in das Menü wechseln, sich dort mit den Cursor-Tasten bewegen, mit der Return-Taste oder den Tasten, die durch das unterstrichene Zeichen ausgewiesen werden, ein Menü-Angebot auswählen.

10.2   Stringtable und Dialog-Box, Programm "dialog1.c"

Strings nicht "hard coded" in den Quelltext eines Programms zu schreiben, sondern in einer Ressourcen-Datei zu konzentrieren, ist auch dann eine gute Idee, wenn man glaubt, daß das Programm ohnehin nicht in andere Sprachen übertragen werden wird. Man findet eventuell mißverständliche Ausschriften, nicht ausreichende Fehlermeldungen usw. natürlich viel leichter (und kann sie bequem ändern), wenn sie an einer Stelle konzentriert sind.

Das Anlegen eines "Stringtables" in einer Ressourcen-Datei und der Zugriff auf die Strings vom Programm aus ist ganz besonders einfach und wird im Programm **dialog1.c** im Zusammenspiel mit der Datei **dialog1.rc** (gewissermaßen "nebenbei") demonstriert.

Dialog-Boxen sind für Programmierer und Anwender gleichermaßen angenehm. Bevor auch dies mit dem genannten Programm gezeigt wird, sind noch einige Erläuterungen angebracht.

10.2.1   Modale und nicht-modale Dialoge

Dialoge werden in Windows-Programmen üblicherweise in speziellen Fenstern geführt, die verschiedenartige Kontrollelemente (Knöpfe, Schaltflächen, Eingabebereiche, ...) enthalten. Art, Größe, Position und Beschriftung der Kontrollelemente werden in einer Ressourcen-Datei definiert ("Prototyp"-Definition der Dialog-Box).

Für die Botschaften, die eine Dialog-Box erzeugt, ist zunächst der **Dialog-Manager** von Windows zuständig. Nur ein kleiner Teil wird an eine stets erforderliche Funktion des Anwender-Programms weitergegeben. Diese Funktion hat sehr große Ähnlichkeit mit einer "normalen" Fenster-Funktion, wird wie diese nur direkt von Windows aufgerufen und wird im folgenden als **Dialog-Funktion** bezeichnet.

Als **modaler Dialog** wird das Arbeiten mit einer Dialog-Box bezeichnet, wenn die übrigen Fenster des Programms (also auch das Hauptfenster) erst wieder erreichbar sind, nachdem der Dialog explizit beendet wurde. Diese bevorzugte Dialogart wird auch in **dialog1.c** demonstriert. Sie sollten es einmal ausprobieren, bei aktiver Dialog-Box in das Hauptfenster zu klicken, Windows reagiert nur mit einem Piepton.

Andere Programme können dagegen auch während des modalen Dialogs aktiviert werden. Es gibt allerdings auch den "systemmodalen" Dialog, bei dem außer der Reaktion auf die Dialog-Box nichts angenommen wird, "Hiermit beenden Sie Ihre Windows-Sitzung." (Windows 3.1) ist ein Beispiel für diesen speziellen Typ einer Dialog-Box, der in Anwendungs-Programmen in der Regel gar nicht verwendet wird.

Nicht-modale Dialoge gestatten auch bei geöffneter Dialog-Box das Arbeiten in anderen Fenstern des Programms. Sie erfordern einen höherem Programmieraufwand.

10.2.2 Definition einer Dialog-Box, Ressourcen-Datei "dialog1.rc"

Es soll die nebenstehend abgebildete einfache Dialog-Box erzeugt werden, mit der das Programm **menu1.c** aus dem Abschnitt 10.1 zum Programm **dialog1.c** erweitert wird. Mit diesem Programm hat der Benutzer die Möglichkeit, die Anzahl der Punkte auf dem Kreis, mit denen die Rosette gezeichnet wird, und das Verhältnis des Kreis-Durchmessers zur kleineren Fensterabmessung zu verändern. Die Dialog-Box enthält zwei unveränderliche Texte, zwei "Edit-Fenster" für die Eingabe der Zahlen und die beiden Schaltflächen für das Beenden bzw. Abbrechen der Aktion. Die nachfolgend aufgelistete Ressourcen-Datei **dialog1.rc** zeigt die Definition der dargestellten Dialog-Box.

Die Zahlenangaben, die in Dialog-Box-Definitionen Positionen und Abmessungen beschreiben, sind spezielle **"Dialog-Box-Einheiten"**. Die Basis dieser Einheiten sind die Zeichenabmessungen des von Windows verwendeten "System-Zeichensatzes": Die horizontale Dialog-Box-Einheit ist ein Viertel der mittleren Zeichenbreite, die vertikale Dialog-Box-Einheit ist ein Achtel der Zeichenhöhe.

Ressourcen-Datei dialog1.rc

```
/* Definition eines einfachen Menüs, eines "Stringtables" und einer Dialog-Box      */


#include <windows.h>              /* ... weil Konstanten-Definitionen aus der
                                     Include-Datei windows.h verwendet werden.    */


Dialog1_Menu MENU
{
      MENUITEM "&Punkte/Radius"      ,  10
      MENUITEM "&Ende"               ,  20
}
```

/* Mit dem Schlüsselwort STRINGTABLE wird die Definition von String-Ressourcen eingeleitet.
Jedem String wird ein Identifikator (**UINT**, positive ganze Zahl) vorangestellt: */

```
STRINGTABLE
{
      1 ,        "Demo-Programm: Dialog1"
}
```

/* Definition eines Dialog-Prototyps (Zahlenangaben, die Positionen und Abmessungen beschreiben, in "Dialog-Box-Einheiten"!):   */

```
Dialog1 DIALOG  30 , 30 , 215 , 100
```

/* ... definiert eine Dialog-Box, auf die über den Namen "Dialog1" im Programm Bezug genommen wird. In

```
DialogBox (hActInstance , "Dialog1" ,
                    hwnd , Ptr2DialogProc) ;
```

(Funktionsaufruf in **WndProc**) ist es das zweite Argument.

30 , 30 definiert die Position (gemessen horizontal bzw. vertikal mit dem Ursprung in der linken oberen Ecke), 215 ist die horizontale, 100 die vertikale Abmessung.   */

```
STYLE   WS_POPUP | WS_DLGFRAME
```

/* ... ist der "Window-Stil", für den die gleichen Konstanten aus **windows.h** wie für das dritte Argument der Funktion **CreateWindow** verwendet werden dürfen. Die gewählte Kombination mit **WS_POPUP** (Fenster kann an beliebiger Stelle des Bildschirms erscheinen) und **WS_DLGFRAME** (typischer "Dialog-Box-Rand", keine Titelleiste) gilt als Standard für Dialog-Boxen.

Es folgen die Definitionen der Kontrollelemente der Dialog-Box, die nach einer weitgehend einheitlichen Syntax codiert werden:

Elementtyp "Beschriftung" , Identifikator , x , y , b , h

Für den Elementtyp sind nur die definierten Schlüsselworte erlaubt (hier: **LTEXT, EDITTEXT, ...**). "Beschriftung" entfällt für einige Typen (z. B. für **EDITTEXT**). Der Identifikator ist ein **int**-Wert, mit dem das Element im Programm identifiziert wird, **x** und **y** definieren die Position der linken oberen Ecke des Elements, **b** und **h** seine Breite bzw. Höhe.   */

```
{
    LTEXT                "Anzahl der Punkte auf dem Kreis:" ,
                         100 , 12 , 10 , 150 , 13
```

       /* ... ist ein Text, der linksbündig in den definierten Bereich geschrieben wird. */

```
    EDITTEXT             110 , 160 , 9 , 40 , 12
```

       /* ... ist ein leerer Rahmen zur Aufnahme von Text. */

```
    LTEXT                "Durchmesser/(kleine Fensterabmessung):" ,
                         200 , 12 , 40 , 150 , 13
    EDITTEXT             210 , 160 , 39 , 40 , 12
    DEFPUSHBUTTON        "OK" , IDOK , 50 , 70 , 40 , 14
    PUSHBUTTON           "Abbrechen" , IDCANCEL , 130 , 70 , 53 , 14
```

       /* ... sind rechteckige "Schaltflächen" mit der angegebenen Beschriftung. Als Identifikatoren werden die in **windows.h** vorgegebenen Konstanten verwendet (vgl. Kommentar im Programm **menu1.c** im Abschnitt 10.1).

Mit **DEFPUSHBUTTON** wird diese Schaltfläche zur "Default"-Schaltfläche erklärt (bekommt dickeren Rahmen), die beim Betätigen der Return-Taste als "angeklickt" angesehen wird. */

```
}
```

Ende der Ressourcen-Datei dialog1.rc

10.2.3   Quelltext des Programms "dialog1.c"

Im Quelltext des Programms **dialog1.c** wird das Zusammenspiel mit den Ressourcen, die im File **dialog1.rc** beschrieben sind, ausführlich kommentiert. Das Programm ist eine Erweiterung von **menu1.c** aus dem Abschnitt 10.1. Es wurde der Dialog ergänzt, und der String für die Titelleiste des Hauptfensters wird nun über die Ressourcen-Datei definiert.

Programm dialog1.c

/* **Arbeiten mit einer Dialog-Box**

Auf einem (nicht gezeichneten) Kreis werden **nPoints** Punkte gleichmäßig verteilt und jeder Punkt mit jedem anderen durch eine Gerade verbunden, es werden also **nPoints*(nPoints-1)** gerade Linien gezeichnet. Die Anzahl der Punkte **nPoints** (Voreinstellung: **25**) und das Verhältnis von Kreisdurchmesser zur kleineren Fensterabmessung **QuotDiamLowDist** (Voreinstellung: **0.9**) können über einen Dialog geändert werden. Demonstriert werden

* das Definieren einer Dialog-Box über die Ressourcen-Datei und das Einrichten einer Fenster-Funktion (Dialog-Funktion) für diese Box,
* die Aufrufe der Funktionen **MakeProcInstance** und **DialogBox**,
* das Vorbelegen und Auslesen von Edit-Fenstern der Dialog-Box mit den Funktionen **SetDlgItemText** und **GetDlgItemText**,
* das Definieren von Strings als Ressourcen und die Funktion **LoadString**. */

```
#include <windows.h>
#include <stdio.h>              /* ... für sprintf                        */
#include <stdlib.h>             /* ... für strtol und strtod              */
#include <math.h>
LRESULT CALLBACK WndProc      (HWND , UINT , WPARAM , LPARAM) ;
BOOL     CALLBACK DialogProc (HWND , UINT , WPARAM , LPARAM) ;
```

> /* ... ist der Prototyp der Dialog-Funktion, die die gleichen Parameter wie eine
> Fenster-Funktion erwartet, ihr Return-Wert ist jedoch vom Typ **BOOL (int)**. */

```
int       nPoints = 25 ;              /* Variablen werden global definiert, um in   */
double    QuotDiamLowDist = .9 ;      /* beiden Fenster-Funktionen verfügbar zu sein. */
```

/* Die globale Definition eines Arbeits-Strings ist nicht zwingend. Beim konsequenten Arbeiten
mit Strings als Ressourcen werden in der Regel in allen Funktionen Strings mit **LoadString**
geladen und können so auf einem Feld "geparkt" werden, das nur einmal definiert wird: */

```
char      WorkString [80] ;
HANDLE    hActInstance      ;
int WINAPI WinMain (HINSTANCE hInstance      , HINSTANCE hPrevInstance ,
                    LPSTR     lpszCmdParam , int         nCmdShow)
{
  MSG       msg       ;
  HWND      hwnd      ;
  WNDCLASS wndclass ;

  hActInstance = hInstance ;

  if (!hPrevInstance)
    {
      wndclass.style          = CS_HREDRAW | CS_VREDRAW  ;
      wndclass.lpfnWndProc    = WndProc ;
      wndclass.cbClsExtra     = 0 ;
      wndclass.cbWndExtra     = 0 ;
      wndclass.hInstance      = hInstance      ;
      wndclass.hIcon          = LoadIcon (NULL , IDI_APPLICATION) ;
      wndclass.hCursor        = LoadCursor (NULL , IDC_ARROW) ;
      wndclass.hbrBackground = GetStockObject (WHITE_BRUSH)   ;
      wndclass.lpszMenuName  = "Dialog1_Menu" ;
      wndclass.lpszClassName = "WndClassName" ;

      RegisterClass (&wndclass) ;
    }
LoadString (hActInstance , 1 , WorkString , sizeof (WorkString)) ;
```

> /* ... holt den String mit der Nummer 1 aus der Ressourcen-Datei und speichert ihn
> auf **WorkString** (weitere Informationen im Kommentar am Programm-Ende), der
> hier für die Titelleiste des Hauptfensters verwendet wird: */

```
hwnd = CreateWindow ("WndClassName" , WorkString          ,
           WS_OVERLAPPEDWINDOW , CW_USEDEFAULT ,
  CW_USEDEFAULT , CW_USEDEFAULT , CW_USEDEFAULT ,
                  NULL , NULL , hInstance          , NULL) ;

ShowWindow    (hwnd , nCmdShow) ;
UpdateWindow (hwnd)             ;
while (GetMessage (&msg , NULL , 0 , 0))
  {
    TranslateMessage (&msg) ;
    DispatchMessage  (&msg) ;
  }
return msg.wParam ;
}
```

```c
LRESULT CALLBACK WndProc (HWND    hwnd    , UINT    message ,
                          WPARAM wParam , LPARAM lParam)
{
  HDC              hdc ;
  PAINTSTRUCT      ps  ;
  static int       cxClient , cyClient ;
  double           Radius , dPhi ;
  int              i , j , xs , ys ;
  static FARPROC   Ptr2DialogProc ;
```

/*   ... ist ein Pointer auf eine Funktion (dieser Datentyp wurde bereits am
          Ende des Abschnitts 9.3 beschrieben). Die Variable wird **static** vereinbart,
          weil sie beim Eintreffen der Botschaft WM_CREATE einen Wert erhält,
          der beim Behandeln der Botschaft WM_COMMAND benutzt wird.   */

```c
  switch (message)
    {
    case WM_CREATE :

        Ptr2DialogProc = MakeProcInstance (DialogProc , hActInstance) ;
```

/*   ... definiert den Pointer auf die Dialog-Funktion zur Abfrage von **nPoints**
          und **QuotDiamLowDist**.   */

```c
        return 0 ;
    case WM_COMMAND:
        switch (wParam)
            {
            case 10:                   /* ... Menü-Angebot "Punkte/Radius" gewählt. */
                if (DialogBox (hActInstance , "Dialog1" , hwnd ,
                               Ptr2DialogProc))
                    InvalidateRect (hwnd , NULL , TRUE) ;

                                       /* ... wird ausführlich am Programm-Ende kommentiert. */

                return 0 ;
            case 20:                   /* ... Menü-Angebot "Ende" gewählt. */
                SendMessage (hwnd , WM_CLOSE , 0 , 0L) ;
                return 0 ;
            }
        break ;
    case WM_SIZE :
        cxClient = LOWORD (lParam) ;
        cyClient = HIWORD (lParam) ;
        return 0 ;
    case WM_PAINT :
        hdc = BeginPaint (hwnd, &ps) ;
        SetViewportOrgEx (hdc, cxClient / 2 , cyClient / 2 , NULL) ;
```

/*   Die beiden globalen Variablen **nPoints** und **QuotDiamLowDist** wurden
          mit Werten vorbelegt, können über die Dialog-Box geändert worden
          sein: */

```c
        Radius = min (cxClient , cyClient) * QuotDiamLowDist / 2 ;
        dPhi   = atan (1.) * 8. / nPoints ;
        if (Radius > 10000.) Radius = 10000. ;        /* ... ist eine drastische,
```

          aber immerhin wirksame Möglichkeit, (unter Windows 3.1) Überlauf bei
          der Konvertierung auf **int**-Koordinaten zu vermeiden.   */

```
            for (i = 0 ; i < nPoints ; i++)
              {
                xs = (int) (Radius * cos (dPhi * i) + .5) ;
                ys = (int) (Radius * sin (dPhi * i) + .5) ;

                for (j = 0 ; j < nPoints ; j++)
                  {
                    if (j != i)
                      {
                        MoveToEx (hdc , xs , ys , NULL) ;
                        LineTo   (hdc ,
                                   (int) (Radius * cos (dPhi * j) + .5)  ,
                                   (int) (Radius * sin (dPhi * j) + .5)) ;
                      }
                  }
              }
        EndPaint (hwnd, &ps) ;
        return 0 ;

    case WM_DESTROY :

        PostQuitMessage (0) ;

        return 0 ;
    }

  return DefWindowProc (hwnd, message, wParam, lParam) ;
}
```

/* Zu einer Dialog-Box gehört eine Fenster-Funktion (nachfolgend als Dialog-Funktion bezeichnet), an die Botschaften geschickt werden, die beim Bearbeiten der Box erzeugt werden. Eine Dialog-Funktion hat deshalb große Ähnlichkeit mit einer Fenster-Funktion, logisch existiert allerdings ein markanter Unterschied:

In Windows selbst gibt es für die Bearbeitung von Botschaften an eine Dialog-Box eine eigene Fenster-Funktion, die die meisten Botschaften selbst bearbeitet (darin liegt der entscheidende Vorteil für den Programmierer bei der Benutzung von Dialog-Boxen), nur wenige Botschaften werden an die Dialog-Funktion weitergereicht. Diese gibt deshalb die von ihr selbst nicht bearbeiteten Botschaften auch nicht (wie eine "normale" Fenster-Funktion) an DefWindowProc weiter, sondern signalisiert diesen Tatbestand der sie aufrufenden Windows-Funktion durch den Return-Wert FALSE (BOOL, FALSE und TRUE sind in windows.h definiert, vgl. Kommentar am Ende des Programms mouse1.c im Abschnitt 9.6).

Die vier Parameter, die eine Dialog-Funktion übernimmt, stimmen exakt mit denen einer "normalen" Fenster-Funktion überein und charakterisieren die ankommende Botschaft.   */

```
BOOL CALLBACK DialogProc (HWND    hwnd    , UINT    message ,
                          WPARAM wParam , LPARAM lParam)
{
  char    *end_p ;
  int     n ;
  double  a ;

  switch (message)
    {
      case WM_INITDIALOG:          /* ... signalisiert das Erzeugen der Dialog-Box, ist die
                                       erste Botschaft, die die Dialog-Funktion erhält und entspricht der Botschaft
                                       WM_CREATE beim Anlegen eines "normalen" Fensters, wird auch hier
```

für das Initialisieren benutzt. Die beiden EDITTEXT-Felder, über die die Eingabe erfolgen soll, werden mit den aktuellen Werten der Variablen vorbelegt: */

```
sprintf (WorkString , "%12i" , nPoints) ;
```

/*   ... entspricht exakt der **stdio**-Funktion **printf** (formatgesteuerte Ausgabe), das Ergebnis landet jedoch nicht auf dem Bildschirm, sondern in der String-Variablen, die das erste Argument darstellt (**sprintf** ist auch eine **stdio**-Funktion, also keine Windows-Funktion)   */

```
SetDlgItemText (hwnd , 110 , WorkString) ;
```

/*   ... schreibt den in **WorkString** enthaltenen Text in das durch den Identifikator **110** gekennzeichnete Feld der durch **hwnd** zu identifizierenden Dialog-Box.   */

```
sprintf (WorkString , "%12g" , QuotDiamLowDist) ;
SetDlgItemText (hwnd , 210 , WorkString) ;
return TRUE ;
case WM_COMMAND:
switch (wParam)
   {
     case IDOK:    /*      ... wurde der "OK"-Button gedrückt. Die EDIT-
```
TEXT-Felder werden ausgelesen: */

```
GetDlgItemText (hwnd , 110 , WorkString ,
                        sizeof (WorkString)) ;
```

/*   ... liest den im EDITTEXT-Feld (gekennzeichnet durch den Identifikator **110**) der durch **hwnd** zu identifizierenden Dialog-Box stehenden Text,legt ihn auf WorkString ab, das letzte Argument schützt vor dem Lesen eines zu langen Textes.   */

```
n = (int) strtol (WorkString , &end_p , 10) ;
```

/*   ... wandelt WorkString in eine **long**-Variable um. Die **stdlib**-Funktion **strtol** wird im Kommentar des Programms **pointer2.c** im Abschnitt 5.1 beschrieben.   */

```
if (*end_p == '\0' && n > 1) nPoints = n ;
GetDlgItemText (hwnd , 210 , WorkString , 15) ;
a = strtod (WorkString , &end_p) ;
```

/*   **strtod** ist wie **strtol** eine **stdlib**-Funktion und wandelt **WorkString** in einen **double**-Wert um.   */

```
if (*end_p == '\0' && a > 0.) QuotDiamLowDist = a ;
EndDialog (hwnd , 1) ;
```

/*... beendet die Arbeit der Dialog-Box **hwnd** (Fenster wird geschlossen). Das zweite Argument (**int**) wird von der Funktion **DialogBox** als Return-Wert verwendet, kann also in der Funktion, die **DialogBox** aufruft (hier: **WndProc**), ausgewertet werden.   */

```
return TRUE ;
```

```
        case IDCANCEL:        /*      ... wurde der "Abbrechen"-Button gedrückt. Der
                                       Inhalt der EDITTEXT-Felder wird ignoriert:     */

            EndDialog (hwnd , 0) ;
            return TRUE ;
        }
    }
    return FALSE ;                        /*      ... Botschaft wurde nicht bearbeitet.     */
}
```

/* Mit dem Aufruf der Funktion

```
    LoadString (hActInstance , 1 , WorkString , sizeof (WorkString)) ;
```

wird auf einen in einer Ressourcen-Datei nach dem Schlüsselwort **STRINGTABLE** definierten String zugegriffen. Das erste Argument ist die aktuelle Instanz des Programms (wird in **WinMain** auf eine globale Variable übertragen). Das zweite Argument gibt an, welcher String zu verwenden ist (alle Strings werden durch eine vorangestellte ganze Zahl identifiziert). In diesem Fall wird auf

```
        1 ,         "Demo-Programm: Dialog1"
```

zugegriffen, und der String "Demo-Programm: Dialog1" wird auf **WorkString** (drittes Argument) übertragen. Das vierte Argument schützt vor dem Übertragen eines zu langen Strings.   */

/* Mit der Funktion **DialogBox** wird die Arbeit einer Dialog-Box gestartet, in diesem Programm aus **WndProc mit**

```
    if (DialogBox (hActInstance , "Dialog1" , hwnd , Ptr2DialogProc))
                InvalidateRect (hwnd , NULL , TRUE) ;
```

Das erste Argument ist die aktuelle Instanz des Programms. Der Name "Dialog1", der als zweites Argument übergeben wird, stellt den Bezug zu der in der Datei **dialog1.rc** mit

```
            Dialog1 DIALOG ...
```

definierten Dialog-Box her, **hwnd** ist ein Handle auf das Fenster, das die Dialog-Box als "Child window" erzeugt, **Ptr2DialogProc** ist schließlich der (in **WndProc** beim Initialisieren festgelegte) Pointer auf die Dialog-Funktion (hier: **DialogProc**), mit dem Windows diese Funktion aufrufen kann.

Als Ergebnisse des Dialogs können die Variablen **nPoints** und **QuotDiamLowDist** ihren Wert geändert haben. Da die Dialog-Funktion von Windows direkt aufgerufen wird, können die Werte der Variablen nur durch ihre globale Definition an die Funktion **WndProc** vermittelt werden.

Ein **int**-Wert wird jedoch von der Dialog-Funktion über **EndDialog** an Windows vermittelt und von Windows als Return-Wert von **DialogBox** an **WndProc** gegeben. In diesem Programm wird dieser Wert dazu verwendet, die Information, ob der Dialog mit "OK" oder "Abbrechen" beendet wurde, an **WndProc** "durchzureichen". Wenn eine **1** ankommt (Ende mit "OK"), wird eine Änderung der Werte **nPoints** und **QuotDiamLowDist** vermutet: Das gesamte Fenster wird mit **InvalidateRect** "ungültig" gemacht, was die Botschaft WM_PAINT erzeugt und damit ein Neuzeichnen veranlaßt. Bei einem Return-Wert **0** (Ende mit "Abbrechen") wird keine Zeichenaktion ausgelöst (**nPoints** und **QuotDiamLowDist** haben sich nicht geändert).   */

Ende des Programms dialog1.c

Das nebenstehende Bild zeigt das Hauptfenster des Programms, dem nach der Wahl des Menüpunktes **Punkte/Radius** die Dialog-Box überlagert wurde. In den beiden Edit-Fenstern sind die Werte zu sehen, die als Initialisierungen für die Variablen vom Programm vorgesehen sind und bei der Bearbeitung der Botschaft **WM_INITDIALOG** mit der Funktion **SetDlgItemText** in dieses Fenster geschrieben wurden.

Nachdem in die Edit-Fenster z. B. die neuen Werte **16** (Anzahl der Punkte auf dem Kreis) bzw. **1.4** (Verhältnis des Kreis-Durchmessers zur kleineren Fensterabmessung) eingegeben und die Schaltfläche "OK" angeklickt wurde, verschwindet die Dialog-Box, und das Bild wird neu gezeichnet (nebenstehende Abbildung, man beachte, daß die Zeichenfläche des Fensters als "Clipping"-Rechteck fungiert, über dessen Ränder hinaus nicht gezeichnet wird). Wenn man dagegen nach dem Ändern der Werte in den Edit-Fenstern die Schaltfläche "Abbrechen" anklickt, verschwindet die Dialog-Box auch, aber das Bild wird nicht neu gezeichnet, der vorher verdeckte Teil des Bildes wird regeneriert.

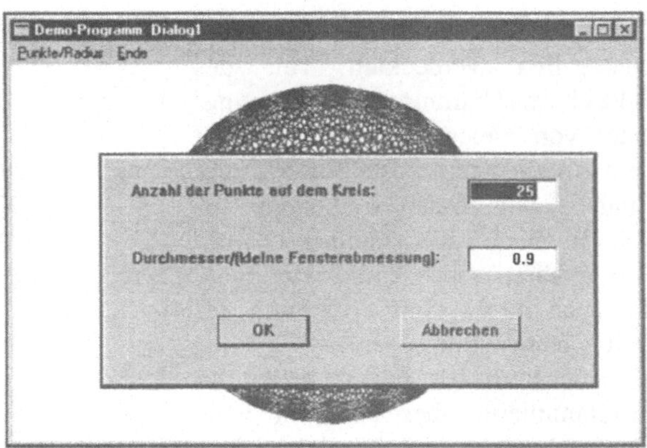

Die Dialog-Box überlagert das Hauptfenster

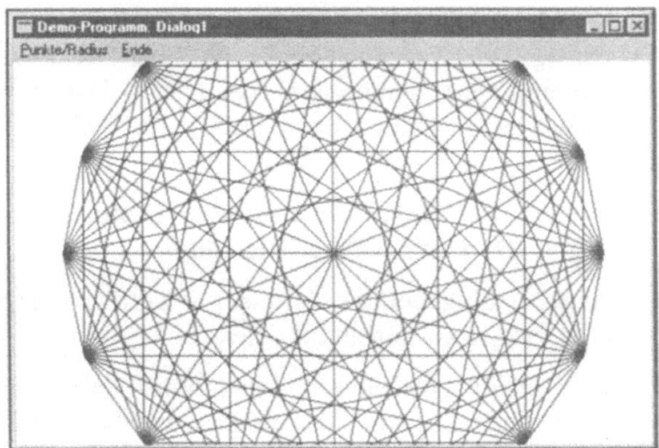

Geändertes Bild nach dem Verschwinden der Dialog-Box

Dies geschieht übrigens erstaunlich schnell, was man besonders dann registriert, wenn man eine größere Anzahl Punkte auf dem Kreis fordert: Bei 500 Punkten zum Beispiel braucht auch ein leistungsstarker PC für das Zeichnen etwa einer viertel Million gerader Linien einige Zeit. Aber auch für diesen Fall ist nach dem Verschwinden einer Dialog-Box durch "Abbruch" das Bild sofort regeneriert, was nur möglich ist, wenn Windows vor dem Erscheinen der Box den von ihr überdeckten Teil des Bildes sichert (Ausprobieren: 500 Punkte einstellen, "OK" wählen, nach einiger Zeit ist ein dicker schwarzer Punkt entstanden, noch einmal Dialog-Box anfordern und "Abbrechen" wählen, der dicke schwarze Punkt ist sofort repariert).

Ganz anders ist die Situation, wenn das Hauptfenster von dem Fenster eines anderen Programms überlagert wird (Bild auf der folgenden Seite). Wenn das überlagernde Fenster verschoben oder geschlossen wird, so daß der verdeckte Teil zumindest teilweise wieder sichtbar wird, schickt Windows der Fenster-Funktion (in diesem Fall **WndProc** von **dialog1.c**) die Botschaft WM_PAINT, und die komplette aufwendige Zeichenaktion beginnt.

Daß sich Windows um den von einer Dialog-Box verdeckten Teil des Bildschirms kümmert, ist aber nur einer von vielen Vorteilen, die mit dem Arbeiten mit dieser Variante der Eingabe von Daten verbunden ist. Alle Elemente, die zu einer Dialog-Box gehören, sind "Child windows", die auch direkt vom Programm aus (mit CreateWindow) erzeugt werden könnten. In diesem Fall muß sich der Programmierer aber um sehr viele Dinge kümmern, die ihm der Dialog-Manager von Windows beim Arbeiten mit Dialog-Boxen abnimmt. Die aufwendigste Arbeit bei der "Selbst-verwaltung" von Kontrollelementen ist das Einbeziehen der Tastatur in den Dialog. Die "Tastatur-Schnittstel-le" bekommt der Programmierer beim Erzeugen einer Dialog-Box gratis mitgeliefert:

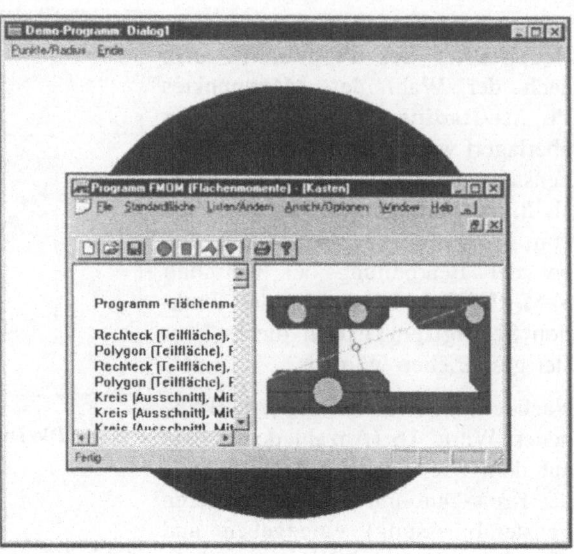

Der "dicke schwarze Punkt" (249500 gerade Linien) wird vom Fenster eines anderen Programms überlagert. Wird dieses verschoben, beginnt eine aufwendige Zeichenaktion.

♦ Mit der TAB-Taste kann man von einem Kontrollelement zum nächsten wechseln (mit Shift-TAB in umgekehrter Richtung).

♦ Wenn der Eingabefokus auf einer Schaltfläche liegt, kann diese mit der Return-Taste oder der Leertaste ausgewählt werden.

♦ Wenn der Eingabefokus auf einem Edit-Fenster liegt, wird beim Drücken der Return-Taste die Schaltfläche aktiv, die als Default-Fläche deklariert wurde (in **dialog1.rc** wurde die "OK"-Schaltfläche mit DEFPUSHBUTTON dafür festgelegt).

♦ Beim Drücken der Escape-Taste wird die Aktion abgebrochen.

10.3 Dialog-Funktion, Dialog-Box, Ressourcen-Editor

In diesem Abschnitt wird eine Windows-Version eines der ersten Programme des Tutorials (**hptokw01.c** im Abschnitt 3.5) vorgestellt. Das Programm **hpkwin01.c** wird mit einer Dialog-Box ausgestattet, die noch so einfach ist, daß man sie "von Hand" erstellen kann. In den Abschnitten 10.3.1 und 10.3.2 werden die Ressourcen-Datei **hpkwin01.rc** (ausführlich kommentiert) bzw. das Quellprogramm vorgestellt. Dabei sollten Sie vor allen Dingen auf die Strategie des Zusammenspiels von Fenster-Funktion **WndProc**, Dialog-Funktion **DialogProc** und Definition der Dialog-Box in der Ressourcen-Datei achten.

Im Abschnitt 10.3.3 wird darauf verwiesen, daß für das Erzeugen von aufwendigen Ressourcen-Dateien sehr leistungsfähige Tools verfügbar sind.

10.3.1 Ressourcen-Datei "hpkwin01.rc"

Es soll die nebenstehend abgebildete Dialog-Box erzeugt werden. Über das obere "Edit-Fenster" kann der Benutzer eine Zahl eingeben, im "Edit-Fenster" darunter erscheint (nach Drücken der Return-Taste oder Anklikken des Buttons mit dem Gleichheitszeichen) das Ergebnis. Die Richtung der Umrechnung (PS nach kW oder umgekehrt) soll mit den beiden (runden) "Radiobuttons" festgelegt werden können. Die Dimensionen (Textfelder) hinter Eingabe- und Ergebnisfenster sollen während des Programmlaufs aktualisiert werden.

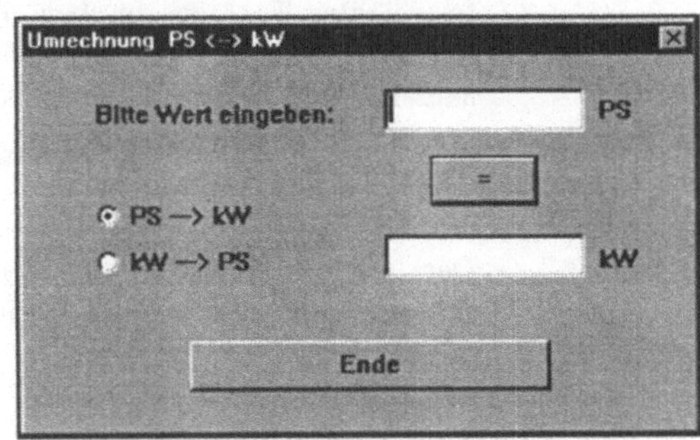

Dialog-Box für hpkwin01.c

Die nachfolgend gelistete Ressourcen-Datei **hpkwin01.rc** enthält (ausführlich kommentiert und nur deshalb so umfangreich) die Definition des Prototyps der Dialog-Box:

Ressourcen-Datei hpkwin01.rc

```
#include <windows.h>
```

/* Der nachfolgend definierte Prototyp einer Dialog-Box zeigt, daß diese mit den wesentlichen Stilarten eines "normalen" Fensters ausgestattet werden kann (hier z. B. mit Titelleiste und "System-Menü").

Alle Elemente einer Dialog-Box sind "Child windows" des Dialog-Fensters und können selbst mit Fenster-Stil-Parametern variiert werden, die (optional) an die Definition angehängt und wie üblich durch das "Logische Oder" miteinander verknüpft werden können, hier demonstriert für ein EDITTEXT-Element, dem der Stil ES_AUTOHSCROLL zugeordnet wird (im allgemeinen sind die Elemente per Voreinstellung mit jeweils sinnvollen Stil-Parametern belegt, ES_AU-TOHSCROLL ist aber eine meistens sehr sinnvolle Ergänzung, weil bei der Eingabe eines "langen Textes" automatisches Scrollen einsetzt).

Die mit LTEXT, CTEXT oder RTEXT (für die Aufnahme linksbündigen, zentrierten bzw. rechtsbündigen Textes) definierten Elemente gehören (im Gegensatz zu den mit EDITTEXT definierten Elementen) zur Fensterklasse "static". Dies bedeutet, daß der Benutzer den Text nicht ändern kann. Die Dialog-Funktion kann diesen Text jedoch ändern, was im Programm **hpkwin01.c** auch genutzt wird.   */

```
HptokwinDialog DIALOG 0 , 0 , 186 , 105
STYLE  WS_POPUP | WS_CAPTION | WS_SYSMENU
```

/*   WS_CAPTION versieht die Dialog-Box mit einer Titelleiste, so daß die Box verschoben werden kann. Dieser Stil ist alternativ zur Einstellung WS_DLGFRAME. Mit WS_SYSMENU wird die System-Menü-Schaltfläche neben der Titelleiste hinzugefügt (nur sinnvoll in Verbindung mit WS_CAPTION).   */

```
CAPTION  "Umrechnung  PS <--> kW"
```

/*   ... definiert die Überschrift für die Titelleiste.   */

{

/*   Vor das mit EDITTEXT definierte Eingabefeld wird mit LTEXT ein bereits hier festgelegter Text geschrieben. Das (ebenfalls mit LTEXT definierte) Textfeld hinter dem Eingabefeld wird nur mit einem Leerzeichen vorbelegt, weil der jeweils aktuelle Text in der Dialog-Funktion ergänzt wird: */

```
LTEXT           "Bitte Wert eingeben:" , 200 , 20 , 12 , 75 , 13
EDITTEXT        100 , 100 , 9 , 56 , 12 , ES_AUTOHSCROLL
LTEXT           " " , 220 , 160 , 11 , 20 , 8
```

/*   Der "OK"-Button soll das Berechnen auslösen (wird hier mit dem Gleichheitszeichen beschriftet), als DEFPUSHBUTTON reagiert er auch auf die Return-Taste: */

```
DEFPUSHBUTTON   "="        , IDOK      , 113 , 28 , 30 , 14
```

/*   Leeres EDITTEXT-Fenster für die Ausgabe des Ergebnisses, hinter dieses Fenster wird von der Dialog-Funktion die Dimension ("PS" bzw. "kW") in ein zunächst leeres mit LTEXT angelegtes Feld geschrieben: */

```
EDITTEXT        130 , 100 ,  50 , 56 , 12
LTEXT           " " , 230 , 160 , 53 , 20 , 8
```

/*   "Radiobuttons" sind runde Schaltknöpfe mit Beschriftung: */

```
RADIOBUTTON     "PS ---> kW" , 110 , 20 , 40 , 50 , 10
RADIOBUTTON     "kW ---> PS" , 111 , 20 , 53 , 50 , 10
```

/*   Der "Cancel"-Button soll in diesem Fall das Programm beenden: */

```
PUSHBUTTON      "Ende" , IDCANCEL ,  46 , 80 , 100 , 14
```

}

Ende der Ressourcen-Datei hpkwin01.rc

10.3.2 Programm "hpkwin01.c"

Das Programm **hpkwin01.c** stellt eine Besonderheit dar, die gar nicht so selten in der Windows-Programmierung zu finden ist: Das Hauptfenster des Programms bleibt unsichtbar, die Kommunikation wird ausschließlich über die Dialog-Box abgewickelt, und die Dialog-Funktion erledigt die gesamte nützliche Arbeit des Programms. Ausführlich kommentiert wird der Bezug der von der Dialog-Funktion bearbeiteten Botschaften zum Prototyp der Dialog-Box, der in der Ressourcen-Datei des vorigen Abschnitts definiert wurde.

Programm hpkwin01.c

/* **Umrechnung PS <--> kW**

Dieses Programm besteht eigentlich nur aus einer Dialog-Box. Das Hauptfenster bleibt unsichtbar, obwohl es kreiert wird. Die Botschaft WM_CREATE wird sofort genutzt, um die Dialog-Box zu erzeugen. Nach dem Ende des Dialogs wird noch während der Bearbeitung von WM_CREATE die Botschaft WM_CLOSE erzeugt, und alles ist vorbei.

Es wird gezeigt, daß die Dialog-Box viele Eigenschaften eines vollwertigen Fensters annehmen kann.

Demonstriert wird das Auswerten von Botschaften in der Dialog-Funktion, die von den in der Ressourcen-Datei definierten Elementen gesendet werden bzw. das Senden von Botschaften an die Elemente. Betrachtet werden

* "Pushbuttons", die in **hpkwin01.rc** über die Schlüsselworte PUSHBUTTON und DEFPUSHBUTTON definiert werden,

* "Radiobuttons", die über das Schlüsselwort RADIOBUTTON definiert werden,

* "Statischer Text", der über das Schlüsselwort LTEXT definiert wird,

* "Editierbarer Text", der über das Schlüsselwort EDITTEXT definiert wird.   */

```
#include <windows.h>
#include <stdio.h>
#include <stdlib.h>
#include <string.h>

LRESULT CALLBACK WndProc       (HWND , UINT , WPARAM , LPARAM) ;
BOOL     CALLBACK DialogProc (HWND , UINT , WPARAM , LPARAM) ;
void AktualisiereStatus       (HWND , int) ;

HINSTANCE  hActInstance ;

int WINAPI WinMain (HINSTANCE hInstance      , HINSTANCE hPrevInstance ,
                    LPSTR     lpszCmdParam , int        nCmdShow)
{
  MSG       msg       ;
  HWND      hwnd      ;
  WNDCLASS  wndclass  ;

  hActInstance = hInstance ;

  if (!hPrevInstance)
    {
      wndclass.style          = 0     ;
```

/*   ... ist ein bemerkenswerter Sonderfall, das "Fenster ohne Stil", deshalb wird von ihm nichts zu sehen sein. Weil es aber kreiert wird, kann es "Child windows" haben, in diesem Programm wird es eine Dialog-Box sein.   */

```
      wndclass.lpfnWndProc    = WndProc ;
      wndclass.cbClsExtra     = 0 ;
      wndclass.cbWndExtra     = 0 ;
      wndclass.hInstance      = hInstance   ;
      wndclass.hIcon          = LoadIcon (NULL , IDI_APPLICATION) ;
      wndclass.hCursor        = LoadCursor (NULL , IDC_ARROW) ;
      wndclass.hbrBackground  = GetStockObject (GRAY_BRUSH)  ;
      wndclass.lpszMenuName   = NULL ;
      wndclass.lpszClassName  = "WndClassName" ;

      RegisterClass (&wndclass) ;
    }

  hwnd = CreateWindow ("WndClassName" , NULL ,
              WS_OVERLAPPEDWINDOW    , CW_USEDEFAULT ,
                  CW_USEDEFAULT    , CW_USEDEFAULT , CW_USEDEFAULT ,
                    NULL , NULL , hInstance      , NULL) ;
```

/* **ShowWindow** und **UpdateWindow** sind an dieser Stelle nicht erforderlich, weil das "Fenster ohne Stil" nicht gezeigt werden muß. Es käme hier ohnehin zu spät, weil die gesamte Arbeit des Programms bereits mit der von **CreateWindow** ausgelösten Botschaft WM_CREATE erledigt wird.   */

```
    while (GetMessage (&msg , NULL , 0 , 0))
      {
        TranslateMessage (&msg) ;
        DispatchMessage  (&msg) ;
      }

    return msg.wParam ;
}
```

/* Die Fenster-Funktion des Hauptfenster hat natürlich nicht viel zu tun. Da das Hauptfenster ohnehin nicht zu sehen ist, wird fast alles mit der Botschaft WM_CREATE erledigt: Die Dialog-Box wird erzeugt, und nach der Beendigung des Dialogs wird sofort die Message WM_CLOSE generiert, und alles ist vorbei: */

```
LRESULT CALLBACK WndProc (HWND    hwnd    , UINT    message ,
                          WPARAM wParam , LPARAM lParam)
{
    switch (message)
      {
        case WM_CREATE:
          DialogBox    (hActInstance , "HptokwinDialog" , hwnd ,
                        MakeProcInstance (DialogProc , hActInstance)) ;
          SendMessage (hwnd , WM_CLOSE , 0 , 0L) ;
          return 0 ;
        case WM_DESTROY:
          PostQuitMessage (0) ;
          return 0 ;
      }
    return DefWindowProc (hwnd, message, wParam, lParam) ;
}
```

/* Mit der Dialog-Funktion wird demonstriert, wie die Kommunikation mit den Elementen einer Dialog-Box funktioniert. Diese senden Botschaften des Typs WM_COMMAND, können abgefragt werden (z. B.: **GetDlgItemText**), aber es können ihnen auch Informationen geschickt werden (z. B.: **SetDlgItemText**).

Die Elemente werden über Dialog-Box-Handles (Funktions-Parameter) und Identifikatoren (werden ihnen in der Ressourcen-Datei zugeordnet) angesprochen (tatsächlich sind alle Elemente einer Dialog-Box "Child windows" des Dialog-Box-Fensters), z. B.:

```
SetDlgItemText (hwnd , 220 , "PS") ;
```

... setzt in das mit 220 (Datei **hpkwin01.c**) zu identifizierende "Child window" von **hwnd** (Dialog-Box) den Text "PS" ein.

Die nachfolgende Dialog-Funktion **DialogProc** verarbeitet 2 Typen von Botschaften: WM_INITDIALOG kommt an, wenn die Dialog-Box geöffnet wird, und WM_COMMAND wird von den Elementen der Dialog-Box erzeugt: */

```
#define    FAKTOR    0.7355
BOOL CALLBACK DialogProc (HWND    hwnd    , UINT    message ,
                          WPARAM wParam , LPARAM lParam)
{
  char        WorkString [80] ;
  static int UmrechnVariante  = 110 ;              /* Vorbelegung: "PS --> kW" */
  double      Leistung , a ;
  char        *end_p   ;
```

```c
switch (message)
{
  case WM_INITDIALOG:                  /* Botschaft wird zum Initialisieren genutzt: */
    CheckRadioButton (hwnd , 110 , 111 , UmrechnVariante) ;

              /*      ... schaltet alle Radiobuttons von Nummer 110 ... 111 aus und den
                      in UmrechnVariante definierten Button an.                         */

    AktualisiereStatus (hwnd , UmrechnVariante) ;

              /*      ... aktualisiert die Einheiten, die hinter den Edit-Feldern stehen,
                      Funktion ist am Ende dieses Files definiert.                      */
    return TRUE ;
  case WM_COMMAND:        /* ... ist hier eine über die Dialog-Box abgesetzte Botschaft, ... */
    switch (wParam)
      {
        case 110:
        case 111:                                  /* ... ausgelöst von einem "Radiobutton". */

          CheckRadioButton      (hwnd , 110 , 111 ,
                                  (UmrechnVariante = wParam)) ;
          AktualisiereStatus (hwnd , UmrechnVariante) ;
          SendMessage         (hwnd , WM_COMMAND , IDOK , 0L) ;

              /*      ... damit keine falsche Umrechnung in den Feldern verbleibt.   */

          return TRUE ;
        case IDOK:         /* ... wurde die mit IDOK definierte Schaltfläche gedrückt.  */
          GetDlgItemText (hwnd , 100 , WorkString , 50) ;

              /*      ... liest den Text aus dem "Dialog-Item", das durch den Schlüssel
                      100 (vgl. hpkwin01.rc) identifiziert wird, legt ihn in einem Puffer
                      (3. Parameter) ab, maximal in diesem Fall 50 Zeichen.          */

          if (strlen (WorkString) > 0)
            {
              a = strtod (WorkString , &end_p) ;

              /*      ... wandelt String in double-Variable um.                       */

              if (*end_p == '\0')
                {
                  if    (UmrechnVariante == 110) Leistung = a * FAKTOR ;
                  else                           Leistung = a / FAKTOR ;

                  sprintf (WorkString , "%g" , Leistung) ;
                  SetDlgItemText (hwnd , 130 , WorkString) ;

                              /* ... schreibt Ergebnis in das "Edit-Feld 130". */
                }
              else
                  MessageBeep (0) ;              /* ... gibt einen Piepton aus. */
            }
          return TRUE ;
        case IDCANCEL:         /* ... wurde die "IDCANCEL-Schaltfläche" gedrückt. */
          EndDialog (hwnd , 0) ;
          return TRUE ;
      }
}
  return FALSE ;
}
```

```
void AktualisiereStatus (HWND hwnd , int UmrechnVariante)
{
          /* ... aktualisiert die "Dimensionen" hinter den Edit-Fenstern.              */
    if (UmrechnVariante == 110)
       {
         SetDlgItemText (hwnd , 220 , "PS")       ;
         SetDlgItemText (hwnd , 230 , "kW")       ;
       }
    else
       {
         SetDlgItemText (hwnd , 220 , "kW")       ;
         SetDlgItemText (hwnd , 230 , "PS")       ;
       }
    return ;
}
```

Ende des Programms hpkwin01.c

Nebenstehend abgebildet ist die Dialog-Box

♦ nach dem Umschalten (durch Anklik-ken des unteren "Radiobuttons") auf "kW --> PS",

♦ der Eingabe einer Zahl in das obere "Edit-Fenster"

♦ und dem Start der Berechnung durch Abschließen der Eingabe mit der Return-Taste oder das Anklicken des Buttons mit dem Gleichheitszeichen.

Mehr als die dargestellte Dialog-Box ist vom Programm nicht zu sehen. Dafür ist

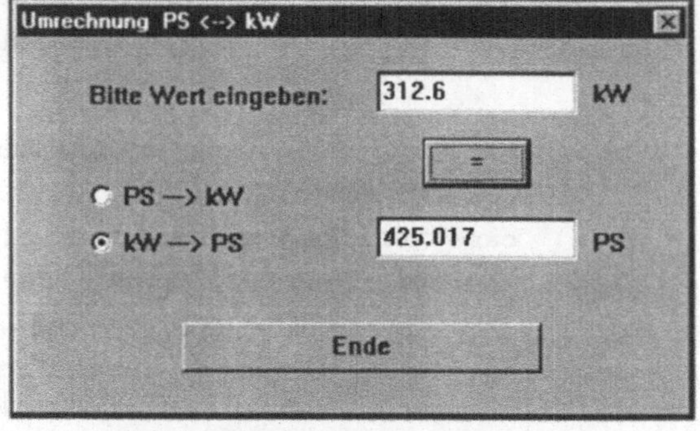

Eine Dialog-Box ist alles, was vom Programm hpkwin01.c sichtbar wird

diese mit einigen Attributen eines "normalen" Fensters ausgestattet worden: Die (mit WS_CAPTION in der Prototyp-Definition erzeugte) Kopfleiste gestattet das Verschieben der Dialog-Box auf dem Bildschirm, und die Dialog-Box kann auch über die (mit "Window-Stil-Attribut" WS_SYSMENU erzeugte) Schaltfläche in der Kopfleiste geschlossen werden.

Natürlich wird auch hier eine "Tastatur-Schnittstelle" von Windows gratis geliefert: TAB-, Alt-, Cursor-, Return- und Esc-Tasten funktionieren wie üblich. Die Esc-Taste führt hier natürlich nicht nur zum Schließen der Dialog-Box, sondern beendet auch das Programm.

Daß mit dem Attribut ES_AUTOHSCROLL, das dem Eingabe-Feld mitgegeben wurde (vgl. Datei **hpkwin01.c**), praktisch beliebig lange Texte eingegeben werden können, hat für dieses Programm sicher keine Bedeutung (in der Dialog-Funktion wurde die Anzahl der mit **GetDlgItemText** ausgelesenen Zeichen willkürlich auf 50 begrenzt). Aber es funktioniert (probieren Sie es aus, indem Sie z. B. eine 30-stellige Zahl eingeben). Und nur der Programmierer, der einmal selbst eine "scrollbare Eingabe mit Korrekturmöglichkeit" geschrieben hat, kann ermessen, welch ein Komfort ihm von Windows an dieser Stelle gratis geliefert wird.

10.3.3 Erzeugen eines Dialog-Prototyps mit einem Ressourcen-Editor

Das Erzeugen eines Prototyps einer Dialog-Box kann mühsam sein, weil u. a. alle Positionen und Abmessungen angegeben werden müssen. Außerdem sind die Identifikatoren festzulegen, mit denen die Elemente in der Dialog-Funktion angesprochen werden können (der Programmierer ist also für die eindeutige Zuordnung verantwortlich). **Ressourcen-Editoren**, die zu allen modernen Entwicklungsumgebungen für Windows-Programme gehören, nehmen dem Programmierer einen großen Teil der Arbeit ab. Hier soll zunächst nur auf die besonders wichtige Möglichkeit hingewiesen werden, Dialog-Boxen mit einem solchen Werkzeug zu definieren (auch alle übrigen Ressourcen können damit bearbeitet werden).

Zu MS-Visual-C^{++} 1.5 gehört der Ressourcen-Editor "App studio", der in der Version 4.0 komplett in das "Developer studio" integriert wurde. Die nebenstehende Abbildung zeigt die letztgenannte Version, erstellt wird gerade der Prototyp der Dialog-Box, die im Abschnitt 10.3.1 beschrieben wurde (dort "von Hand" erzeugt). Man erkennt die komfortable WYSIWYG-Eigenschaft des Editors ("What you see is what you get"): Aus der in der Abbildung rechts zu sehenden "Control palette" wählt man mit der Maus das gewünschte Element aus und plaziert es ("Drag and Drop") an einer beliebigen Stelle in der

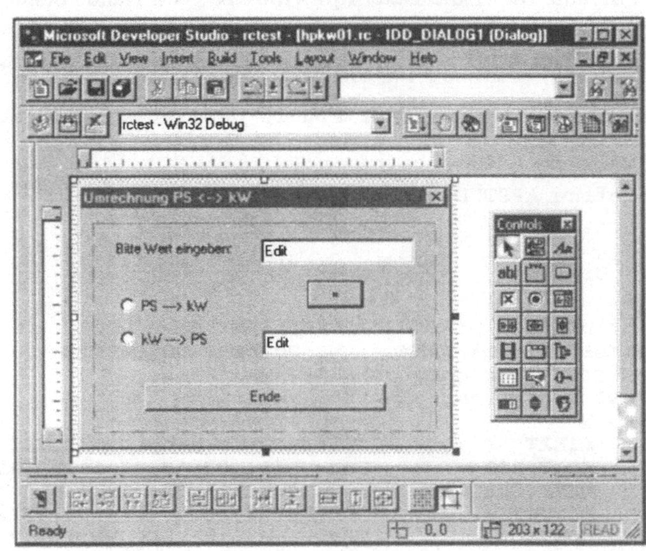

Erzeugen einer Dialog-Box mit dem Ressourcen-Editor von MS-Visual-C^{++} 4.0

Dialog-Box. Die Elemente können dort verkleinert, vergrößert und verschoben werden (auch die Größe der gesamten Dialog-Box kann natürlich geändert werden).

Für das Anpassen der zu den Elementen gehörenden Texte und Identifikatoren dient ein spezieller Dialog (über eine sogenannte "Property page"), der durch Doppelklick auf ein bereits in der Dialog-Box plaziertes Element ausgelöst wird (das nebenstehende Bild zeigt den Dialog nach Doppelklick auf den oberen "Radiobutton").

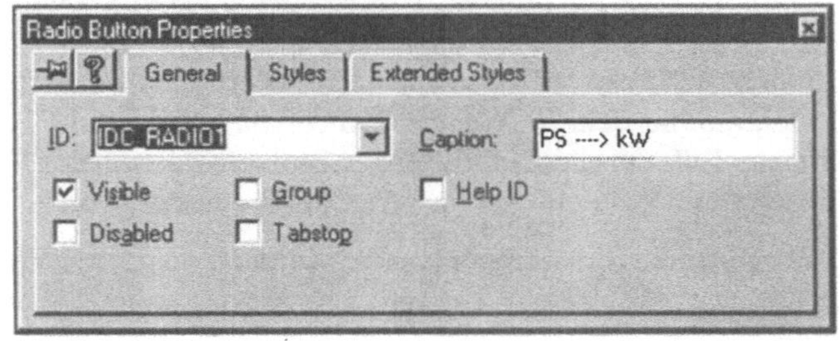

"Property page" für das Festlegen von Element-Eigenschaften

Der Text "PS --> kW" wurde bereits eingetragen. Im linken Feld ist der vom Editor vorgeschlagene Identifikator **IDC_RADIO1** zu erkennen. Diesen Identifikatoren werden vom

Ressourcen-Editor eindeutige Werte zugewiesen, die in einer Datei **resource.h** (mit **#define**-Anweisungen) den Identifikatoren zugeordnet werden. Wenn diese Datei, die in die vom Ressourcen-Editor automatisch erzeugte ***.rc**-Datei eingebunden wird, auch in das Anwenderprogramm inkludiert wird, kann der Bezug auf die Identifikatoren über diese Namen hergestellt werden.

Auf das Arbeiten mit Ressourcen-Editoren kann hier nicht weiter eingegangen werden, das Arbeiten mit diesen Editoren ist durch die Menüangebote ohnehin weitgehend selbsterklärend. Nachfolgend wird ein Ausschnitt aus der mit dem Ressourcen-Editor von MS-Visual-C++ 4.0 erzeugten Datei **hpkwedit.rc** für den Prototyp der Dialog-Box angegeben, für die im Abschnitt 10.3.1 die Datei **hpkwin01.rc** "von Hand" erstellt wurde.

Ausschnitt aus der Datei hpkwedit.rc

```
//Microsoft Developer Studio generated resource script.
//
#include "resource.h"
#define APSTUDIO_READONLY_SYMBOLS
// ...
//
// Dialog
//

IDD_DIALOG1 DIALOG DISCARDABLE  0, 0, 203, 122
STYLE DS_MODALFRAME | WS_POPUP | WS_CAPTION | WS_SYSMENU
CAPTION "Umrechnung PS <--> kW"
FONT 8, "MS Sans Serif"
BEGIN
    LTEXT           "Bitte Wert eingeben:",IDC_STATIC,19,16,66,8
    EDITTEXT        IDC_EDIT1,99,15,86,14,ES_AUTOHSCROLL
    DEFPUSHBUTTON   "=",IDOK,125,37,31,14
    EDITTEXT        IDC_EDIT2,100,62,85,14,ES_AUTOHSCROLL
    CONTROL         "PS ----> kW",IDC_RADIO1,"Button",
                    BS_AUTORADIOBUTTON,21,45,53,10
    CONTROL         "kW ----> PS",IDC_RADIO2,"Button",
                    BS_AUTORADIOBUTTON,21,62,53,10
    PUSHBUTTON      "Ende",IDCANCEL,35,90,133,14
END
// ...
```

Ende der Datei hpkwedit.rc

Automatisch generierte Dateien sind in aller Regel ziemlich unleserlich. Die oben angegebene Datei, die mit dem Ressourcen-Editor von MS-Visual-C++ 4.0 erzeugt wurde, ist zumindest in dem Teil, der die Definition des Prototyps der Dialog-Box enthält, ohne Schwierigkeiten interpretierbar, in einigen Passagen sogar mit der "von Hand" erstellten Datei identisch.

Auf folgende Besonderheiten der automatisch erzeugten Datei soll speziell aufmerksam gemacht werden:

♦ Die mit dem doppelten Schrägstrich eingeleiteten Kommentare deuten auf das eigentliche Ziel hin, für das die Ressourcen definiert werden. Es ist die objektorientierte Programmierung in C++ (Kommentare werden in C++ mit // eingeleitet und enden am Zeilenende). Erst dafür kann die automatische Generierung von Ressourcen mit der automatisierten Erstellung des Programm-Codes korrespondieren und den Programmierer z. B. von der

Verantwortung entlasten, den Identifikatoren der Dialog-Box-Elemente die richtigen Argumente beim Aufruf der Funktionen zuzuordnen (zusätzlich kann auch ein weitgehend automatisiertes Initialisieren der Elemente und das Auslesen der Informationen nach der Beendigung der Arbeit mit der Dialog-Box genutzt werden).

Bei der C-Programmierung ist "Handarbeit" angesagt. Man sollte die Datei **resource.h** in das Programm einbinden, um den Zugriff auf die Konstanten, die als Identifikatoren erzeugt wurden, zu ermöglichen. Da für viele Probleme ähnliche Dialog-Boxen "wiederverwendbar" sind, kann man auch eine "von Hand" erstellte (bzw. von einem Vorgängerproblem kopierte) Ressourcen-Datei nachträglich in den Ressourcen-Editor stecken, um wenigstens die Elemente bequem plazieren, verkleinern und vergrößern zu können.

◆ Die "Radiobuttons" werden in der automatisch erzeugten Datei nicht mit dem Schlüsselwort **RADIOBUTTON**, sondern mit **CONTROL** definiert. Dies ist eine alternative Möglichkeit zur Definition beliebiger Elemente mit beliebigen Attributen, die man immer dann nutzen kann, wenn die vordefinierten Elemente in irgendeiner Weise nicht den Wünschen des Programmierers entsprechen (z. B., wenn man ein EDIT-Fenster ohne Rahmen haben möchte). Die Syntax für dieses generelle Format lautet:

```
CONTROL "Text", ID , "Fensterklasse" , Stil , x , y , Breite , Höhe
```

mit der "Fensterklasse", für die z. B. "button", "static" (für statische Text-Fenster), "edit" (für EDITTEXT-Fenster) oder "scrollbar" gesetzt werden kann, und ganz individuell (mit dem "Logischen Oder") zusammenzustellenden Stil-Flags, die bei den vordefinierten Elementen (allerdings durchaus sinnvoll) vorgegeben sind.

10.4 Icon und Cursor

Als **Bitmaps** werden Arrays bezeichnet, mit denen einzelne Bildpunkte eines rechteckigen Bereichs beschrieben werden. Im einfachsten Fall der monochromen Bitmaps genügt ein einzelnes Bit zur Beschreibung eines Bildpunktes (z. B.: "Schwarz oder Weiß"), bei farbigen Bildern ist die erforderliche Bit-Anzahl von der Anzahl der zugelassenen Farben abhängig (bei 16 verschiedenen Farben z. B. benötigt man 4 Bits zur Beschreibung eines Bildpunktes).

Auf Ressourcen, die durch Bitmaps beschrieben werden, wird in der Ressourcen-Datei durch die Schlüsselworte **BITMAP**, **ICON** oder **CURSOR** verwiesen. In diesen Verweisen muß eine Datei angegeben werden, die die eigentliche Definition enthält. In diesem Abschnitt werden selbstdefinierte Icons und Cursorformen behandelt.

10.4.1   Erzeugen von Icons und Cursorformen

Für das Erzeugen von Bitmaps benötigt man einen "Image editor", unter MS-Visual-C++ 1.5 ist dieser ein Teil des "App studios", in der Version 4.0 ist er in das "Developer studio" integriert. Die Dateien, in denen Definitionen gespeichert werden, sollten für Icons die Extension **.ico** und für Cursorformen die Extension **.cur** haben. Sowohl Icons als auch Cursorformen werden im Regelfall mit 32*32 Bildpunkten dargestellt (die Umrechnungen zur Darstellung als "verkleinertes Icon" mit 16*16 Bildpunkten werden von Windows selbst vorgenommen). Windows stellt sie allerdings mit einer gewissen Intelligenz dar, so daß sie bei Bildschirmen unterschiedlicher Auflösung weder unangemessen groß noch zu klein erscheinen. Während für Icons 16 Farben verwendet werden können, werden Cursor immer monochrom dargestellt.

Obwohl die Bitmaps, die Icons und Cursorformen beschreiben, immer rechteckig sind, kann durch eine spezielle Technik der Eindruck eines beliebig strukturierten Bildes erzeugt werden. Es werden nämlich zwei Bitmaps gespeichert, das eigentliche Bild und eine "Maske" für den Hintergrund. Damit kann man beim Definieren z. B. entscheiden, ob der Hintergrund durchscheinen soll ("transparent") oder nicht ("opaque").

Die nebenstehende Abbildung zeigt das Erzeugen eines Icons mit dem "Image editor" von MS-Visual-C++ 4.0 (dieses Icon wird im Programm **cursor1.c** im Abschnitt 10.4.3 verwendet). In der rechts zu erkennenden "Graphics palette" werden die Farben und die gewünschten Aktionen gewählt. Die Arbeitsfläche ist groß genug, um jeden einzelnen Bildpunkt gesondert bearbeiten zu können. Links sieht man das erzeugte Bild in Originalgröße.

Cursorformen werden mit den gleichen Werkzeugen und der gleichen Technik erzeugt. Ein Cursor bekommt jedoch zusätzlich einen sogenannten "Hot spot" zugeordnet. Dieser Punkt entspricht bei der Positionierung dem Bildschirmpunkt, der bei einer Auswahl eines Punktes mit dem Cursor (z. B. durch Mausklick) mit der entsprechenden Maus-Botschaft übergeben wird.

Die nebenstehende Abbildung zeigt die Definition eines Cursors, der im Programm **cursor1.c** im Abschnitt 10.4.3 verwendet wird. Als "Hot spot" wurde die "Mitte der Nase" eingestellt.

Die Bitmaps, in denen die Icons und Cursor definiert sind, werden in separaten Dateien abgelegt (zum Tutorial gehören die Dateien **fgesicht.ico**, **tgesicht.ico**, **fgesicht.cur** und **tgesicht.cur**). In der Ressourcen-Datei des Programms wird auf die Bitmap-Dateien Bezug genommen.

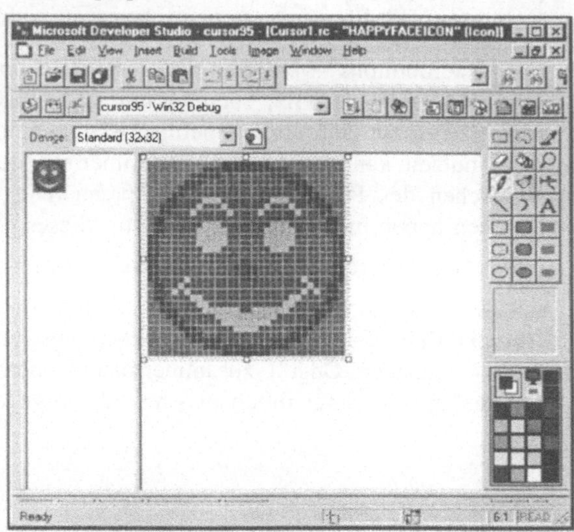

Erzeugen eines Icons mit dem "Image editor" von MS-Visual-C++ 4.0

Erzeugen eines Cursors mit dem "Image editor" von MS-Visual-C++ 4.0

10.4.2   Ressourcen-Datei mit Icon, Cursor, Stringtable und Menü

Die nachfolgend aufgelistete Ressourcen-Datei **cursor1.rc**, die zum Programm **cursor1.c** (im folgenden Abschnitt) gehört, zeigt, wie auf die Definitionen von Icons und Cursorformen Bezug genommen wird. Den Bitmap-Dateien (erzeugt wie im Abschnitt 10.4.1 beschrieben) werden mit den Schlüsselworten **ICON** bzw. **CURSOR** die Bezeichnungen **HappyFaceIcon** (das in der Datei **fgesicht.ico** definierte "Fröhliche Gesicht"), **DrearyFaceIcon**, **HappyFace-Cursor** und **DrearyFaceCursor** zugeordnet, mit denen sie im Programm **cursor1.c** identifiziert werden.

Ergänzend zu den "selbstgefertigten" Cursorn werden die von Windows bereitgestellten Cursorformen demonstriert. Weil zwei Cursorformen der "16-Bit-Welt" in der "32-Bit-Welt" durch andere ersetzt wurden, werden zwei Zeilen der Datei von der Windows-Versions-nummer (definiert in **windows.h**) abhängig gemacht. Der Präprozessor (vgl. Abschnitt 8.8) gibt an den Ressourcen-Compiler alternativ nur die beiden zur Version passenden Zeilen weiter.

Die Definition des Menüs zeigt in Erweiterung zu den einfachen Menü-Definitionen, die in den vorangegangenen Abschnitten behandelt wurden, das Erzeugen eines "Popup-Menüs". Die Syntax dafür ist selbsterklärend.

Ressourcen-Datei cursor1.rc

```
#include <windows.h>
/* Es werden zwei Icons definiert:                                              */

HappyFaceIcon        ICON        "fgesicht.ico"
DrearyFaceIcon       ICON        "tgesicht.ico"

/* Es werden zwei Cursorformen definiert:                                       */

HappyFaceCursor      CURSOR      "fgesicht.cur"
DrearyFaceCursor     CURSOR      "tgesicht.cur"

STRINGTABLE
{
    1 ,         "Demo-Programm cursor1.c"
}
```

/* In Menü-Definitionen sind die mit MENUITEM eingeleiteten Menüangebote mit Identifikato-ren zu versehen, die bei den Botschaften WM_COMMAND, die bei der Wahl eines Menüpunktes gesendet werden, zur Identifizierung dienen. Im Gegensatz dazu folgen auf die mit POPUP eingeleiteten Menüangebote in Klammern die Angebote des Popup-Menüs, das bei der Wahl dieses Menüpunktes aufgerollt wird: */

```
Cursor1Menu MENU
{
    POPUP "&Windows-Cursor"
      {
        MENUITEM "IDC_&ARROW (Std.-Pfeil)"              , 11
        MENUITEM "IDC_&CROSS (Kreuz)"                   , 12
        MENUITEM "IDC_&IBEAM (Text-I)"                  , 13
#if WINVER < 0x0400
        MENUITEM "IDC_IC&ON (Rechteck)"                 , 14
        MENUITEM "IDC_SI&ZE (Pfeilkreuz)"               , 15
#else
        MENUITEM "IDC_N&O ('Parkverbot')"               , 14
        MENUITEM "IDC_A&PPSTARTING (Pfeil u. Sanduhr)"  , 15
#endif
```

```
    MENUITEM "IDC_SIZEN&ESW (Doppelpfeil /)"          , 16
    MENUITEM "IDC_SIZE&NS (Doppelpfeil |)"            , 17
    MENUITEM "IDC_SIZENW&SE (Doppelpfeil \\)"         , 18
    MENUITEM "IDC_SIZE&WE (Doppelpfeil --)"           , 19
    MENUITEM "IDC_&UPARROW (Pfeil |)"                 , 20
    MENUITEM "IDC_WAI&T (Sanduhr)"                    , 21
    MENUITEM SEPARATOR        /* ... erzeugt horizontalen Strich im Popup-Menü */
    MENUITEM "&Programm-Ende"                         , 30
  }

MENUITEM "'&Gesichts'-Cursor"                         , 40
POPUP "&Icon"
  {
    MENUITEM "&Fröhliches Gesicht"                    , 51
    MENUITEM "&Trauriges Gesicht"                     , 52
  }
}
```

Ende der Ressourcen-Datei cursor1.rc

10.4.3 Programm "cursor1.c"

Das Programm **cursor1.c** greift auf die in der Ressourcen-Datei **cursor1.rc** (Abschnitt 10.4.2) angegebenen Ressourcen zu, speziell wird der Umgang mit Icons und verschiedenen Cursorformen demonstriert.

Das im File **fgesicht.ico** definierte Icon wird dem Hauptfenster des Programms (über die **wndclass**-Struktur mit **RegisterClass**) zugewiesen und kann über ein Menüangebot auf das im File **tgesicht.ico** definierte Icon geändert werden.

Auch im Programm **cursor1.c** sind versionsabhängige Zeilen (wie in der Datei **cursor1.rc** im Abschnitt 10.4.2) vom Präprozessor auszuwählen, weil die Funktion **SetClassWord** ("16-Bit-Welt") in der "32-Bit-Welt" durch die Funktion **SetClassLong** ersetzt wurde.

Programm cursor1.c

/* Cursorformen und Icons

Es werden (als Icons definierte) "Traurige Gesichter" (in der linken Fensterhälfte) und "Fröhliche Gesichter" (in der rechten Fensterhälfte) gezeichnet. Der Cursor paßt bei Bewegung im Fenster seinen "Gesichtsausdruck" an die Gesichter im Fenster an.

Über ein Popup-Menü können die von Windows vordefinierten Cursorformen gewählt werden.

Demonstriert werden mit diesem Programm

*   die Funktionen **LoadIcon** und **LoadCursor**,

*   das Zuordnen eines speziellen (mit einem "Image editor" erzeugten und in der Ressourcen-Datei definierten) Icons an ein Fenster, das dann für die symbolische Darstellung genutzt wird,

*   die Möglichkeit, dem Fenster (z. B. in Abhängigkeit von der Programmsituation) mit **SetClassWord** ("16-Bit-Welt") bzw. **SetClassLong** ("32-Bit-Welt") ein anderes Icon zuzuweisen,

   * das Verwenden von Icons für "ganz normale" Zeichenaktionen mit **DrawIcon,**

   * das Ändern der Cursorform mit **SetCursor,**

   * die in Windows vordefinierten Cursorformen und das Verwenden von zwei (mit einem "Image editor" erzeugten und in zwei Ressourcen-Dateien definierten) speziellen Cursorformen,

   * das Ändern der Cursorform in Abhängigkeit von der aktuellen Cursorposition.   */

```c
#include <windows.h>
char      WorkString [80] ;
HANDLE    hActInstance    ;
LRESULT CALLBACK WndProc (HWND , UINT , WPARAM , LPARAM) ;
int WINAPI WinMain (HINSTANCE hInstance    , HINSTANCE hPrevInstance ,
                    LPSTR     lpszCmdParam , int       nCmdShow)
{
  MSG       msg       ;
  HWND      hwnd      ;
  WNDCLASS wndclass ;

  hActInstance = hInstance ;

  if (!hPrevInstance)
    {
       wndclass.style        = CS_HREDRAW | CS_VREDRAW  ;
       wndclass.lpfnWndProc = WndProc ;
       wndclass.cbClsExtra  = 0 ;
       wndclass.cbWndExtra  = 0 ;
       wndclass.hInstance   = hInstance   ;
       wndclass.hIcon       = LoadIcon (hActInstance , "HappyFaceIcon") ;
```

/*   ... und dem Fenster ist das in der Ressourcen-Datei **cursor1.rc** als

```c
                   HappyFaceIcon ICON ...
```

eingetragene Icon zugeordnet, vgl. Kommentar am Programmende.   */

```c
       wndclass.hCursor     = NULL ;
```

/*   ... ordnet dem Fenster keinen Cursor zu, weil bei jeder Botschaft WM_MOUSEMOVE ohnehin **SetCursor** gerufen wird. Wenn die Cursorform in einem Fenster geändert werden soll, ist die Zuweisung eines "NULL-Handles" an **wndclass.hCursor** eine gute Idee, weil anderenfalls Windows bei jeder Mausbewegung die Cursorform auf die mit **wndclass.hCursor** zugewiesene Form zurücksetzt.   */

```c
       wndclass.hbrBackground = GetStockObject (GRAY_BRUSH)  ;
       wndclass.lpszMenuName  = "Cursor1Menu"  ;
       wndclass.lpszClassName = "WndClassName" ;

       RegisterClass (&wndclass) ;
    }
  LoadString (hActInstance , 1 , WorkString , sizeof (WorkString)) ;

  hwnd = CreateWindow ("WndClassName" , WorkString ,
            WS_OVERLAPPEDWINDOW , CW_USEDEFAULT ,
                CW_USEDEFAULT , CW_USEDEFAULT , CW_USEDEFAULT ,
                  NULL , NULL , hInstance     , NULL) ;

  ShowWindow   (hwnd , nCmdShow) ;
  UpdateWindow (hwnd)                    ;

  while (GetMessage (&msg , NULL , 0 , 0))
    {
       TranslateMessage (&msg) ;
```

```
        DispatchMessage  (&msg) ;
    }
  return msg.wParam ;
}

LRESULT CALLBACK WndProc (HWND hwnd      , UINT     message ,
                          WPARAM wParam , LPARAM lParam)
{
  static HCURSOR   hCursor ;
  static HICON     hIcond  , hIconh ;
  HDC              hdc ;
  static int       cxClient , cyClient ,
                   cxIcon   , cyIcon   , facecursor = 1 ;
  PAINTSTRUCT      ps ;
  int              ix , iy ;
  switch (message)
  {
  case WM_CREATE:
```

> /*   Es soll gezeigt werden, daß die Icons auch für "ganz normale" Zeichenaktionen
> verwendet werden können. Vorbereitend werden sie (durch Ermitteln eines
> Handles) bereitgestellt, und ihre Abmessungen werden ermittelt: */

```
    hIcond = LoadIcon (hActInstance , "DrearyFaceIcon") ;
    hIconh = LoadIcon (hActInstance , "HappyFaceIcon")  ;
    cxIcon = GetSystemMetrics (SM_CXICON) ;
    cyIcon = GetSystemMetrics (SM_CYICON) ;
```

> /*   ... und mit der Funktion **GetSystemMetrics**, mit der die verschiedensten Informa-
> tionen über graphische Elemente zu erfragen sind, wird bei Aufruf mit den
> Argumenten SM_CXICON bzw. SM_CYICON die horizontale bzw. vertikale
> Abmessung (Pixel) eines Icons ermittelt.   */

```
    return 0 ;
  case WM_SIZE:
    cxClient = LOWORD (lParam) ;
    cyClient = HIWORD (lParam) ;
    return 0 ;
  case WM_PAINT:
    hdc = BeginPaint (hwnd , &ps) ;
```

> /*   Es werden die Icons, für die bei WM_CREATE die Handles ermittelt wurden,
> gezeichnet, ...   */

```
    for (iy = cyIcon/2 ; iy < cyClient ; iy += cyIcon * 3)
      {
```

> /*   ... in der linken Fensterhälfte "traurige Gesichter", ...   */

```
        for (ix = cxIcon/2 ;
             ix < cxClient/2 - cxIcon ; ix += cxIcon * 3)
          DrawIcon (hdc , ix , iy , hIcond) ;
```

> /*   ... in der rechten Fensterhälfte "fröhliche Gesichter":   */

```
        for (ix  = cxClient - cxIcon * 3 / 2 ;
             ix >= cxClient/2 ; ix -= cxIcon * 3)
          DrawIcon (hdc , ix , iy , hIconh) ;
      }

    EndPaint (hwnd , &ps) ;
```

```c
        case WM_COMMAND:
          switch (wParam)
          {
            case 11: hCursor = LoadCursor (NULL , IDC_ARROW)    ; break ;
            case 12: hCursor = LoadCursor (NULL , IDC_CROSS)    ; break ;
            case 13: hCursor = LoadCursor (NULL , IDC_IBEAM)    ; break ;
#if WINVER < 0x0400
            case 14: hCursor = LoadCursor (NULL , IDC_ICON)     ; break ;
            case 15: hCursor = LoadCursor (NULL , IDC_SIZE)     ; break ;
#else
            case 14: hCursor = LoadCursor (NULL , IDC_NO)          ; break ;
            case 15: hCursor = LoadCursor (NULL , IDC_APPSTARTING) ; break ;
#endif
            case 16: hCursor = LoadCursor (NULL , IDC_SIZENESW) ; break ;
            case 17: hCursor = LoadCursor (NULL , IDC_SIZENS)   ; break ;
            case 18: hCursor = LoadCursor (NULL , IDC_SIZENWSE) ; break ;
            case 19: hCursor = LoadCursor (NULL , IDC_SIZEWE)   ; break ;
            case 20: hCursor = LoadCursor (NULL , IDC_UPARROW)  ; break ;
            case 21: hCursor = LoadCursor (NULL , IDC_WAIT)     ; break ;
```

/*   ... sind die von Windows vordefinierten Cursorformen   */

```c
            case 30: SendMessage (hwnd , WM_CLOSE , 0 , 0L) ;
                     return 0 ;
            case 40: facecursor = 1 ;
```

/*   ... soll einer der beiden in **cursor1.rc** definierten speziellen Cursor ("Trauriges"
        oder "Fröhliches Gesicht") verwendet werden.   */

```c
                     return 0 ;
```

/*   Das mit dem Aufruf von **RegisterClass** für ein Fenster festgelegte Icon kann
        nachträglich noch geändert werden. Die Funktionen **SetClassWord** (Windows 3.1)
        bzw. **SetClassLong** (Windows 95, Windows NT) fügen in das durch das erste
        Argument **hwnd** angesprochene Fenster, wenn das zweite Argument GCW_HI-
        CON (Windows 3.1) bzw. GCL_HICON (Windows 95, Windows NT) ist, das als
        drittes Argument übergebene Icon ein (Handle auf das Icon wird hier durch
        LoadIcon ermittelt):   */

```c
#if WINVER < 0x0400
            case 51: SetClassWord (hwnd , GCW_HICON ,
                          LoadIcon (hActInstance , "HappyFaceIcon")) ;
                     return 0 ;
            case 52: SetClassWord (hwnd , GCW_HICON ,
                          LoadIcon (hActInstance , "DrearyFaceIcon")) ;
                     return 0 ;
#else
            case 51: SetClassLong (hwnd , GCL_HICON ,
                     (long) LoadIcon (hActInstance , "HappyFaceIcon")) ;
                     return 0 ;
            case 52: SetClassLong (hwnd , GCL_HICON ,
                     (long) LoadIcon (hActInstance , "DrearyFaceIcon")) ;
                     return 0 ;
#endif
            default: return 0 ;
          }
          facecursor = 0 ;
          return 0 ;
```

```
    case WM_MOUSEMOVE:
        if (facecursor)              /* ... soll ein Cursor-"Gesicht" verwendet werden. */
        {
            /*      Wenn sich der Cursor in der linken Fensterhälfte befindet, soll es das
                    "traurige", sonst das "fröhliche" Gesicht sein:                       */
            if ((int) LOWORD (lParam) > cxClient / 2)
               hCursor = LoadCursor (hActInstance , "HappyFaceCursor")  ;
            else
               hCursor = LoadCursor (hActInstance , "DrearyFaceCursor") ;
        }
            /*      Erst durch das nachfolgende SetCursor (mit dem vorher von LoadCursor
                    ermittelten Handle als Argument) wird die Cursorform tatsächlich ge-
                    setzt:                                                                */
        SetCursor (hCursor) ;
        return 0 ;
    case WM_DESTROY:
        PostQuitMessage (0) ;
        return 0 ;
    }
    return DefWindowProc (hwnd , message , wParam , lParam) ;
}
```

/* Die beiden Funktionen **LoadIcon** und **LoadCursor** werden auf sehr ähnliche Weise verwendet.
Es wird ihnen mitgeteilt, wo die Definition eines Icons bzw. Cursors zu finden ist, und sie
liefern die Handles auf ein Icon bzw. einen Cursor ab, z. B.:

```
        hIcond = LoadIcon (hActInstance , "DrearyFaceIcon") ;
```

... sucht im durch **hActInstance** zu identifizierenden Programm nach der Definition eines mit
"DrearyFaceIcon" gekennzeichneten Icons. Es ist dort zu finden, weil es in der Ressourcen-Datei **cursor1.rc** mit

```
        DrearyFaceIcon      ICON        "tgesicht.ico"
```

eingetragen (und in der Datei **tgesicht.ico** definiert) ist. Die Datei wurde vom Ressourcen-Compiler übersetzt, an die EXE-Datei gebunden, und diese arbeitet gerade als **hActInstance**. Wenn das erste Argument (hier: **hActInstance**) mit dem Wert **NULL** belegt wird, dann
vermutet **LoadIcon** ein in Windows vordefiniertes Icon, das zweite Argument muß in diesem
Fall ein in **windows.h** definierter "Standard icon resource ID" sein, z. B.:

```
    IDI_APPLICATION   oder   IDI_HAND          oder
    IDI_QUESTION      oder   IDI_EXCLAMATION   oder   IDI_ASTERISK
```

In den Programmen der vorangegangenen Abschnitte (z. B. in **dialog1.c** im Abschnitt 10.2.3)
wurde stets mit

```
        LoadIcon (NULL , IDI_APPLICATION) ;
```

ein vordefiniertes Icon dem Hauptfenster zugeordnet.

Alle Aussagen über die Funktion **LoadIcon** gelten sinngemäß auch für die Funktion **LoadCursor**, die vordefinierten Cursorformen werden mit diesem Programm demonstriert.   */

Ende des Programms cursor1.c

Das Programm **cursor1.c** zeigt
die in Windows vordefinierten
Cursorformen, die über das
Popup-Menü ausgewählt werden
können (es dient ausschließlich
zur Demonstration, "vernünftige
Arbeit" leistet es nicht). Die
nebenstehende Abbildung zeigt
das komplette Menü, in das die
Bezeichnungen eingetragen
wurden, die im File **windows.h**
für die Cursorformen vorgesehen sind.

Die Abbildung zeigt außerdem,
daß die Icons auch vom Programm aus gezeichnet werden
können (mit der Funktion
DrawIcon).

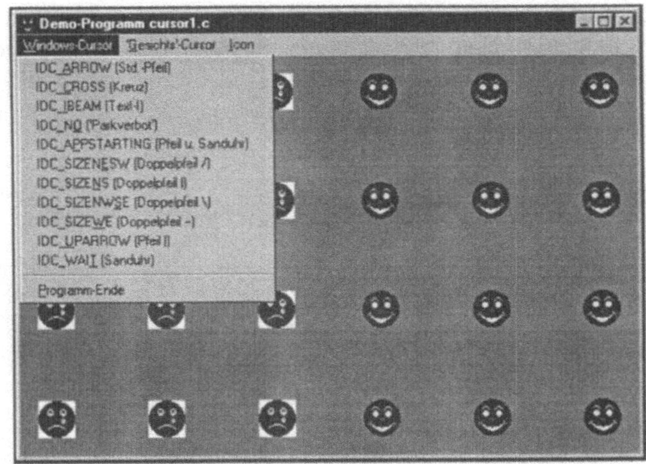

Vordefinierte Cursorformen (Windows 95, Windows NT)

Wenn das Menüangebot **'Gesichts'-Cursor** gewählt wird, erscheint einer der beiden in
cursor1.rc definierten speziellen Cursor (in diesem Modus startet das Programm). Es wird

die Möglichkeit demonstriert,
die Cursorform auch innerhalb
eines Fensters in Abhängigkeit
von der Position zu ändern: Bei
jeder Botschaft WM_MOUSE-
MOVE wird die aktuelle Cursorposition ausgewertet. Liegt
sie in der linken Fensterhälfte,
wird der "DrearyFaceCursor"
verwendet, in der rechten
Fensterhälfte erscheint der
"HappyFaceCursor".

Die nebenstehende Abbildung
zeigt auch den Unterschied
zwischen den "opaque" definierten "traurigen Gesichtern" und
den "transparent" definierten
"fröhlichen Gesichtern" und
Cursorn.

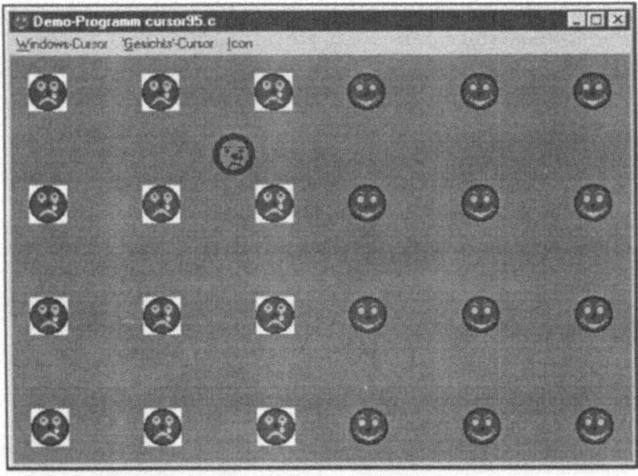

**Im Bereich der traurigen Gesichter ist auch der Cursor traurig,
in der rechten Bildschirmhälfte wird er fröhlich**

Die Änderung der Cursorform wird in Windows-Programmen für die Information des
Benutzers verwendet. Zwei typische Fälle sind unter Windows regelmäßig zu sehen:

♦ Wenn sich der Cursor an den Rand eines Fensters bewegt, wird auf die Doppel-Pfeil-
  Cursor umgeschaltet, um anzuzeigen, daß an den Rändern bzw. Ecken "gezogen werden"
  kann. Dies wird allerdings anders als im Programm **cursor1.c** realisiert: Die "Fensterrän-
  der" sind selbst Fenster, denen die entsprechende Cursorform zugeordnet ist.

♦ Während der Abarbeitung aufwendiger Algorithmen wird die "Sanduhr" eingeschaltet (und wer sich schon häufig von nicht wieder verschwinden wollender Sanduhr genervt gefühlt hat, sollte bedenken, wie hilflos der Programm-Benutzer vor dem Bildschirm sitzen würde, wenn nicht wenigstens dieser Indikator da wäre, der immerhin anzeigt, daß etwas passiert).

Aufgabe 10.1: Es ist ein Programm **paramet2.c** zu schreiben, das in Verallgemeinerung der Aufgabe 9.3 die in Parameterdarstellung gegebene Funktion

$$x = a \cos(m\,t)$$
$$y = a \sin(n\,t)$$

im Bereich

$$0 \le t \le 2\pi$$

zeichnet. Als Voreinstellung für m und n sollten die Werte der Aufgabe 9.3 vorgesehen werden.

Es ist ein Menü mit den Angeboten **Parameter** und **Ende** vorzusehen. Nach Wahl von **Parameter** soll sich eine Dialog-Box öffnen (Abbildung oben rechts), über die m und n geändert werden können (für beide Werte sollen nicht nur ganze Zahlen zugelassen werden).

Die nebenstehende Abbildung zeigt das Bild, das sich nach Eingabe von $m = \mathbf{3.9}$ und $n = \mathbf{2.8}$ ergibt.

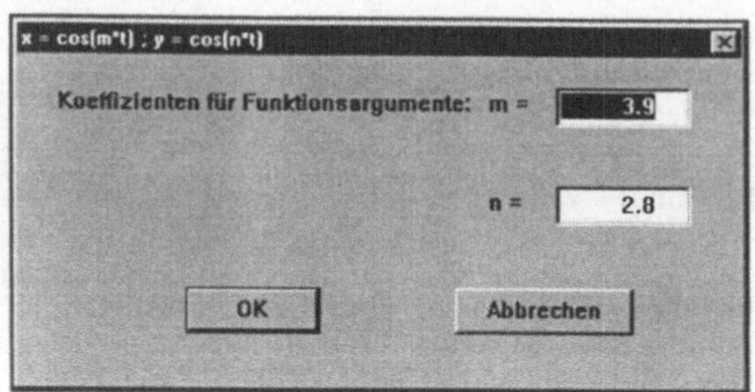

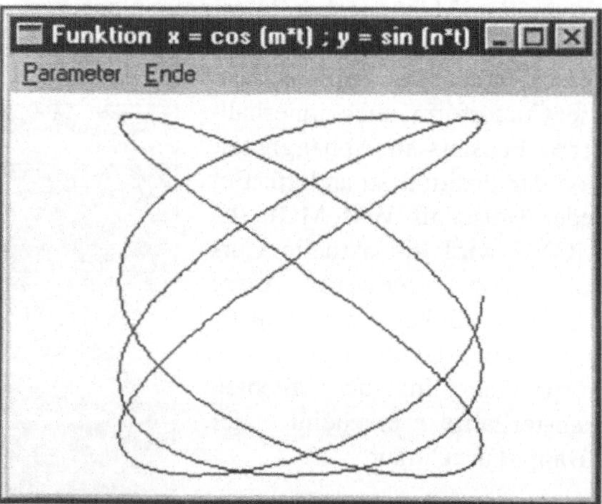

Aufgabe 10.2: Es ist ein Programm **polar2.c** zu schreiben, das in Verallgemeinerung der Aufgabe 9.4 die in Polarkoordinaten gegebene Funktion

$$r = \cos(m\,\varphi + n)$$

im Bereich

$$0 \le \varphi \le 2\pi$$

darstellt. Als Voreinstellung für *m* und *n* sind die Werte der Aufgabe 9.4 vorzusehen.

Es ist ein Menü mit den Angeboten **Parameter** und **Ende** vorzusehen. Nach Wahl von **Parameter** soll sich eine Dialog-Box öffnen, über die *m* und *n* geändert werden können (für beide Werte sollen nicht nur ganze Zahlen zugelassen werden).

Die nebenstehende Abbildung zeigt das Bild, das sich nach Eingabe von *m* = 2 und *n* = 1 ergibt.

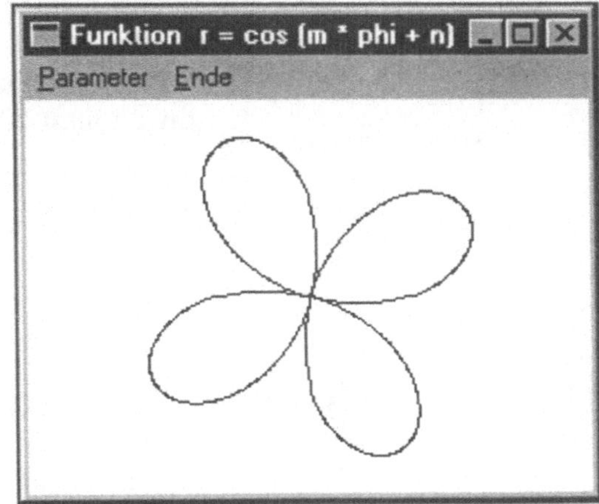

Aufgabe 10.3: Es ist ein Programm **winpars1.c** zu schreiben, das nach dem Muster des Programms **hpkwin01.c** (Abschnitt 10.3.2) im wesentlichen aus einer Dialog-Box besteht und in einem Edit-Fenster arithmetische Ausdrücke entgegennimmt, die mit dem mathematischen Parser (Kapitel 4) ausgewertet werden. Das Ergebnis ist in einem anderen Edit-Fenster anzuzeigen.

Die Einstellung "Grad" bzw. "Radian" für die Interpretation der Argumente der Winkelfunktionen soll über zwei "Radiobuttons" wählbar sein. Wenn bei der Auswertung des arithmetischen Ausdrucks ein Fehler erkannt wird, soll das Programm einfach "piep" sagen.

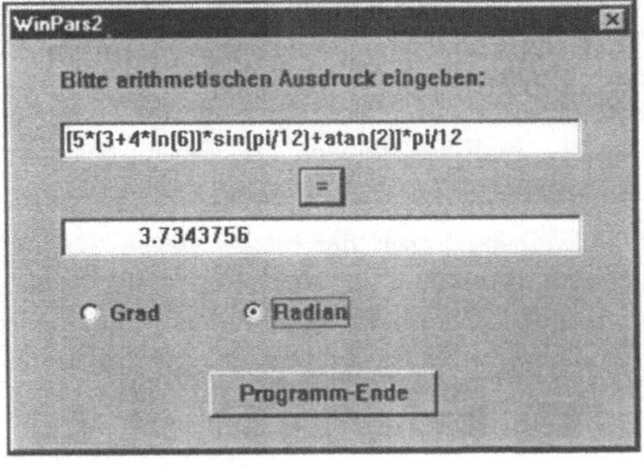

Aufgabe 10.4: Das Programm der Aufgabe 10.3 ist zu einem Programm **winpars2.c** zu verbessern:

Bei einem Fehler bei der Auswertung des arithmetischen Ausdrucks ist vom mathematischen Parser die zugehörige Fehlermeldung abzufordern. Diese ist in eine Message-Box zu schreiben, die außerdem ein in Windows vordefiniertes Icon (MB_ICON-EXCLAMATION) und eine Titelleiste enthalten soll.

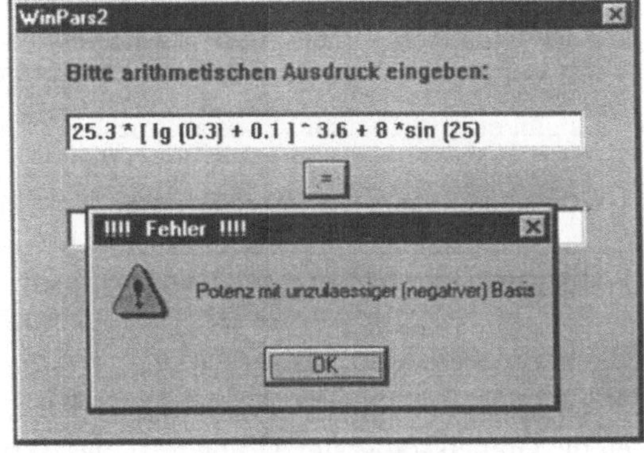

11   C vertiefen oder C++ lernen?

Die Beantwortung der Frage in der Kapitelüberschrift ist natürlich von den Aufgaben abhängig, die man in der Zukunft durch das Schreiben von Programmen erledigen will. Die nachfolgend gegebenen Empfehlungen gehen davon aus, daß der Leser den Weg (mindestens in großen Schritten) mitgegangen ist, der in diesem Buch zum Erlernen der Grundlagen der Programmiersprache C und dem Schreiben von Programmen für MS-Windows angeboten wird. Es wird auch vorausgesetzt, daß eine Vertiefung mit dem Ziel erfolgt, Programme für eine Windows-Umgebung zu schreiben. Gerade in dieser Hinsicht muß noch einmal deutlich betont werden, daß die Kapitel 9 und 10 nur eine Einstiegshilfe waren (hoffentlich aber die Absicht realisiert haben, für diesen besonders schönen Zweig der Programmierung zu werben).

Und weil der Leser, der bis zu diesem Kapitel "durchgehalten" hat, offensichtlich den Stil akzeptiert, mit dem der Autor den Stoff vermittelt, wird man es ihm nicht übelnehmen, wenn er vornehmlich auf weiterführende Hilfen verweist, die von ihm selbst bereitgestellt werden, zumal sie kostenlos über das Internet zu beziehen sind.

11.1   Empfehlungen für die Vertiefung der C-Kenntnisse

Für die Vertiefung der C-Kenntnisse sprechen z. B. folgende Argumente:

♦ Beim Erlernen der Programmiersprache mit Hilfe dieses Buches sind eigentlich alle wesentlichen Kenntnisse über die Programmiersprache erworben worden, so daß eine Vertiefung sofort in die Richtungen verfeinerter Programmier-Strategien und Erweiterung der Kenntnisse über die Windows-Programmierung gehen kann.

♦ Es gibt eigentlich nichts, was auf diesem Wege nicht realisierbar wäre, und "eingefleischte C-Programmierer" sind der festen Überzeugung, daß durch geschickten Umgang mit den Kopierfunktionen moderner Editoren der Vorteil von Tools zur automatischen Programm-erzeugung kompensiert werden kann. Natürlich gibt es auch für die C-Programmierung leistungsfähige Werkzeuge dieser Art, aber seit einigen Jahren ist der Trend unverkennbar, daß die Hersteller solcher Hilfsmittel vornehmlich die objektorientierte Programmierung unterstützen.

Als "nahtlosen Anschluß" an die Kapitel 9 und 10 dieses Buches bietet sich für denjenigen, den die Graphik-Programmierung reizt, das Skript "Graphik-Routinen für die C-Programmierung unter MS-Windows 3.1, Windows 95 und Windows NT" an, das der Autor unter der Internet-Adresse

http://www.fh-hamburg.de/rzbt/dankert/giw.html

verfügbar gemacht hat. Neben dem Skript findet man dort auch eine Library mit Funktionen, die dem Programmierer z. B. die Probleme der ebenen und räumlichen Transformation abnehmen (und im Gegensatz zu den Windows-Funktionen die Koordinaten als beliebige **double**-Werte zwei- bzw. dreidimensionaler Punkte akzeptieren) und verschiedene Projektionen aus der "dreidimensionalen Welt auf die zweidimensionale Zeichenebene" unterstützen.

In diesem Skript sind Ausschnitte aus Beispiel-Programmen abgedruckt, mit denen der Umgang mit der Library demonstriert wird. Die kompletten Quelltexte der Beispiel-Programme sind ebenfalls über die genannte Internet-Adresse zu beziehen. Sie liefern (ausführlich kommentiert) zu den nebenstehend gezeigten Abbildungen die Antwort auf die Frage: "Wie programmiert man eigentlich so etwas?"

Zu allen behandelten Problemen wird auch die Theorie vermittelt, u. a. wird der mathematische Hintergrund der Zentralprojektion, der Parallelprojektion und der zwei- bzw. dreidimensionalen Elementartransformationen (und der daraus zu bildenden allgemeinen Transformationen) ausführlich beschrieben.

Für spezielle Fragen zur "klassischen C-Programmierung" kann das Buch der "Väter der Programmiersprache" B. W. Kernighan und D. M. Ritchie [KeRi90] empfohlen werden.

Wer seine Kenntnisse der MS-Windows-C-Programmierung weiter vertiefen möchte, kommt eigentlich an den "Klassikern von Ch. Petzold" nicht vorbei. In didaktisch sehr geschickter Form (allerdings auf jeweils weit über 1000 Seiten) werden darin fast alle Aspekte der MS-Windows-Programmierung behandelt. Die Version für Windows 3.1 [Petz92] ist bereits 1992 erschienen (und möglicherweise nur noch über Bibliotheken zu haben), die Version für Windows 95 [PeYa96] erschien 1996. Auch in diesen Büchern wird die Lösung der Probleme mit Hilfe zahlreicher (im Quellcode verfügbarer) Beispiel-Programme demonstriert.

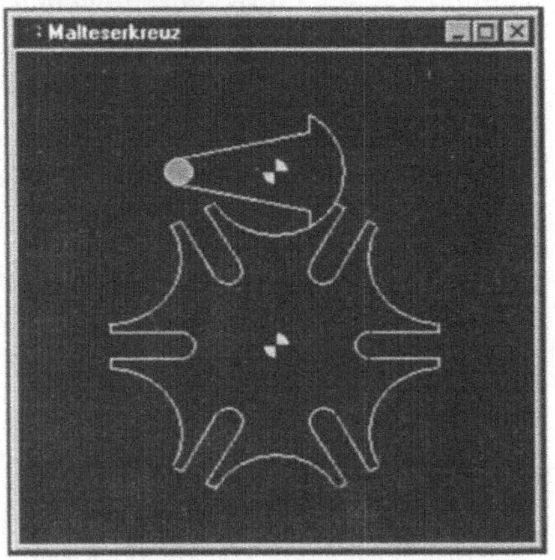

Kurbel und Kreuz rotieren synchron

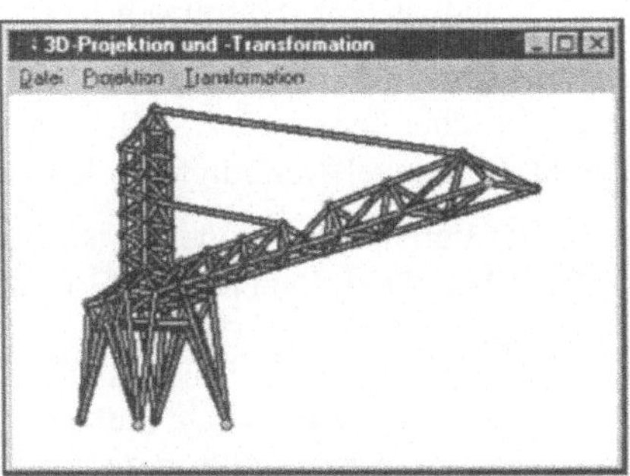

Zentralprojektion eines Stabwerks

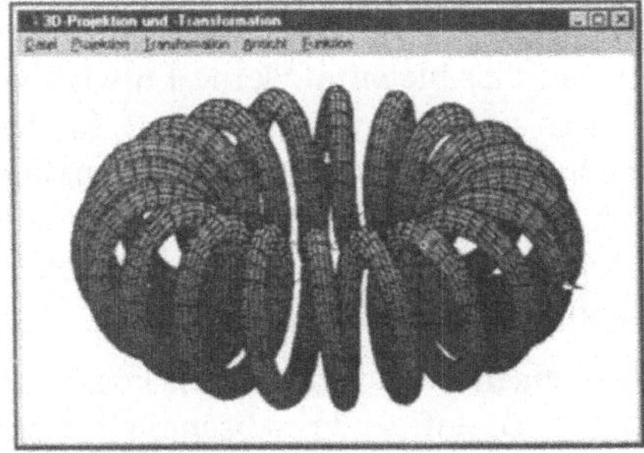

Flächen im Raum, durch mathematische Funktionen beschrieben

11.2 Empfehlungen für das Lernen von C⁺⁺

Für das Erlernen der objektorientierten Programmierung mit C⁺⁺ (persönliche Meinung des Autors: Sie sollten es tun!) sprechen z. B. folgende Argumente:

♦ Für das Bearbeiten großer Software-Projekte und für die Erarbeitung von Software im Team bietet die objektorientierte Programmierung erhebliche Vorteile. Insbesondere sind Pflege und Wartung von konsequent objektorientiert geschriebener Software wesentlich risikoärmer (hinsichtlich der Erzeugung von neuen Fehlern bei der Beseitigung von Fehlern, generell sind Änderungen und Erweiterungen einfacher).

♦ Mit der "Philosophie der objektorientierten Programmierung" lernt man eine außerordentlich interessante Vorgehensweise kennen, die sich drastisch von der Denkweise der "klassischen Programmierung" unterscheidet.

♦ Da die Programmiersprache C⁺⁺ die Sprache C komplett enthält, ist für den C-Programmierer ein "gleitender Übergang" möglich.

♦ Die modernen Werkzeuge zur Programmentwicklung werden von den Herstellern vornehmlich für die objektorientierte Programmierung bereitgestellt.

Gerade der letztgenannte Punkt kann (speziell bei der Windows-Programmierung) ausschlaggebend dafür sein, zum C⁺⁺-Programmierer "aufsteigen" zu wollen. Dies soll an dem Beispiel des Einbindens von Ressourcen in ein Windows-Programm demonstriert werden:

Im Abschnitt 10.2.3 wurde eine Dialog-Box für das Programm **hpkwin01.c** "von Hand" erzeugt (Schreiben einer ASCII-Datei). Damit mußten folgende Arbeiten (Abschnitt 10.3.2) ebenfalls "manuell" erledigt werden:

• Initialisieren der Elemente der Dialog-Box mit Anfangswerten beim Bearbeiten der Botschaft WM_INITDIALOG in der Dialog-Funktion,

• Auslesen der Werte aus den Elementen der Dialog-Box nach dem Beenden des Dialogs.

• Bei allen Aktionen muß auf die Identifikatoren für die Dialog-Box-Elemente Bezug genommen werden, die in der Ressourcen-Datei definiert wurden.

Im Abschnitt 10.3.3 wurde am Beispiel des Ressourcen-Editors von MS-Visual-C⁺⁺ gezeigt, wie die Definition des Prototyps der Dialog-Box (Erzeugen der Ressourcen-Datei) automatisiert werden kann. Die oben genannten Arbeiten im Programm mußten aber weiterhin "manuell" erledigt werden.

Genau hier bieten moderne Entwicklungs-Tools (wie z. B. der zu MS-Visual-C⁺⁺ gehörende "Class wizard") ihre Hilfe an: Im Dialog mit dem Programmierer werden die Variablen erzeugt, die den Elementen der Dialog-Box zugeordnet werden, der Code für das Initialisieren und das Auslesen wird automatisch generiert, und für alle Besonderheiten, die der Programmierer doch selbst entscheiden will oder muß, kann er automatisch zu erzeugende "Funktions-Gerüste" anfordern.

Wer einen preiswerten (weil kostenlosen) Einstieg in die C⁺⁺-Programmierung sucht, sollte sich z. B. auf der im Abschnitt 1.3 angegebenen WWW-Seite informieren. Dort findet man Verweise auf die Skripte "C⁺⁺ für C-Programmierer" und "Windows-Programmierung mit Microsoft Foundation Classes". Sie werden vom Autor dieses Buches bereitgestellt und knüpfen unmittelbar an die Kenntnisse an, die in den Kapiteln 1 bis 10 vermittelt wurden.

> **Das Rechnen ist im Dualsystem ganz besonders einfach: "1 * 1 = 1", und schon hat man das komplette kleine Einmaleins aufgesagt.**

Anhang A   Ein Blick in die Speicherzellen

Die höheren Programmiersprachen entlasten den Programmierer weitgehend von dem Zwang, die internen Vorgänge in einem Computer verstehen zu müssen. Nach den Erfahrungen des Autors legt sich aber jeder Lernende eigene Modellvorstellungen von diesen Vorgängen zurecht, die dann, wenn sie weder mit der Realität übereinstimmen noch als Modell tauglich sind, immer wieder zu vermeidbaren Fehlern führen. Deshalb wird hier ein kleiner Einblick in die Interna des Computers vermittelt, der zum Verständnis vieler Probleme beitragen kann. Das ist auch deshalb wichtig, weil man mit der Sprache C "wesentlich näher an die Hardware herankommt" als mit den meisten anderen höheren Programmiersprachen.

Auch bei den nachfolgenden Betrachtungen sind Modellvorstellungen unerläßlich: Wenn man den Inhalt der 8 Speicherzellen eines Bytes von links nach rechts aufschreibt (und von rechts nach links numeriert), hat das natürlich nichts mit der realen Anordnung der Speicherzellen im Computer zu tun.

A1   Stellenwertsysteme

Ein **Bit** (Kunstwort aus "Binary digit") ist die kleinste denkbare Informationseinheit, mit der lediglich eine Alternative zweier Möglichkeiten festgelegt werden kann (z. B.: "Ja" oder "Nein", **1** oder **0**, "Schwarz" oder "Weiß"). Aus technischen Gründen werden alle Informationen im Computer durch eine Folge von Bits dargestellt.

Zahlen werden deshalb im Dualsystem gespeichert, und es ist naheliegend, daß der Computer auch in diesem System rechnet. Er tut es tatsächlich, obwohl es natürlich auch anders ginge: Man könnte jede Ziffer des Dezimalsystem einzeln "binär verschlüsseln" (für eine Ziffer wären 4 Bits erforderlich), mit denen dann nach den Regeln des Dezimalsystems gerechnet werden könnte. Das wäre aber ausgesprochen uneffektiv, weil mit 4 Bits 16 verschiedene Informationen dargestellt werden können, so daß bei der Binär-Verschlüsselung von 10 verschiedenen Ziffern mehr als ein Drittel der Speicherkapazität ungenutzt bliebe.

Da die Dualzahlen (wegen ihrer Länge) für den Menschen kaum lesbar sind, werden sie üblicherweise (weil das besonders einfach und ohne Informationsverlust möglich ist) als Oktal- bzw. Hexadezimalzahlen angegeben, an der "normalen Benutzer-Schnittstelle" wird allerdings fast ausschließlich mit dem (aus der Sicht des Computers sicher scheußlichen, weil völlig "unnatürlichen") Dezimalsystem operiert.

Dual-, Oktal-, Dezimal- und Hexadezimalsystem sind Spezialfälle der "Stellenwertsysteme", die durch folgende Eigenschaften gekennzeichnet sind:

> In einem **Stellenwertsystem** haben die ZIFFERN unterschiedliche Werte in Abhängigkeit von ihrer Stellung (Position) innerhalb der ZAHL.
>
> Ein Stellenwertsystem wird definiert durch Festlegung der Basis B (positive ganze Zahl größer als 1) und B Symbole für die Ziffern. Eine beliebige Zahl ist dann darstellbar als
>
> $$z = \sum_{i=m}^{n} b_i B^i \quad .$$
>
> Darin ist ein b_i jeweils ein Ziffernsymbol, für die Indexgrenzen m bzw. n sind auch negative Werte (zur Darstellung gebrochener Zahlen) erlaubt.

Beispiel: Die im Dezimalsystem (mit $B = 10$ und den Ziffern **0, 1, ... , 9**) dargestellte Zahl

$$423.5 = 4 \cdot 10^2 + 2 \cdot 10^1 + 3 \cdot 10^0 + 5 \cdot 10^{-1}$$

würde im Oktalsystem (mit $B = 8$ und den Ziffern **0, 1, ... , 7**) folgendermaßen aussehen:

$$0647.4 = 6 \cdot 8^2 + 4 \cdot 8^1 + 7 \cdot 8^0 + 4 \cdot 8^{-1}$$

Folgende Vereinbarungen werden für die Darstellung der Zahlen in den unterschiedlichen Systemen getroffen:

♦ Es wird (wie bei den Konstanten in einem C-Programm) der Dezimalpunkt (an Stelle des Kommas) verwendet.

♦ Oktalzahlen beginnen (wie in C-Programmen) mit einer **0**, Hexadezimalzahlen beginnen (wie in C-Programmen) mit **0x**.

♦ Die Ziffernsymbole für die Hexadezimalzahlen sind **0, 1, ... , 9, A, B, C, D, E, F**. Als Ziffernsymbole für Dualzahlen werden **0** und **L** verwendet, so daß sie sich von den Dezimalzahlen eindeutig unterscheiden (**100** ist eine "Hundert", **L00** ist eine "Vier").

Besonders einfach ist die **Umrechnung vom Dualsystem ins Oktal- bzw. Hexadezimalsystem**, es müssen jeweils 3 bzw. 4 Dualziffern zu einer Oktal- bzw. Hexadezimalziffer zusammengefaßt werden. Bei gebrochenen Zahlen ist am Dezimalpunkt zu beginnen, und nach links und rechts sind die Dreier- bzw. Vierergruppen zu bilden, z. B.:

$$\text{L0L0 LLLL.LLLL LLL0 L} = \text{0xAF.FE8}$$

(L0L0 = 0xA, LLLL = 0xF, LLL0 = 0xE, und das letzte "einsame" L wird zur Vierergruppe ergänzt: L000 = 0x8). Die Umrechnung der gleichen Dualzahl in eine Oktalzahl erfolgt mit "Dreiergruppen":

$$\text{L0 L0L LLL.LLL LLL L0L} = 0257.775$$

Die "Umrechnung in entgegengesetzter Richtung" erfolgt analog, bei der Umrechnung vom Oktal- in das Hexadezimalsystem (und umgekehrt) ist der "Umweg über das Dualsystem" empfehlenswert.

Schwierigkeiten bereitet in der Computer-Welt eigentlich nur der Mensch mit seinem Dezimalsystem. Wenn das Dezimalsystem das Ziel der Umrechnung ist, muß jede Ziffer mit der entsprechenden Basis-Potenz multipliziert und das Ganze summiert werden, z. B.:

$$0xAF.FE8 = 10 \cdot 16^1 + 15 \cdot 16^0 + 15 \cdot 16^{-1} + 14 \cdot 16^{-2} + 8 \cdot 16^{-3} = 175.994140625$$

(für Berechnungen dieser Art - auch, wenn man sie programmiert - bietet sich das aus der Mathematik bekannte "Horner-Schema" an). Das Beispiel zeigt schon ein Problem: Die Anzahl der Ziffern nach dem Dezimalpunkt wird recht groß, in der Regel muß (bei der Ausgabe) gerundet werden.

Die Umrechnung vom Dezimalsystem in das Dualsystem (Regelfall bei der Eingabe einer Zahl über die Tastatur) kann man mit folgendem Algorithmus erledigen:

♦ Der ganzzahlige Anteil wird wiederholt (bis er verschwunden ist) durch **2** dividiert, jeder Divisions**rest** liefert eine Dualziffer (die Ziffer mit dem kleinsten Stellenwert 2^0 als erste, was leicht einzusehen ist, eine ungerade Zahl hat auf dieser Position ein **L**, eine gerade Zahl eine **0**).

♦ Der gebrochene Anteil wird wiederholt mit **2** multipliziert. Ist das Ergebnis größer oder gleich **1**, wird es um **1** vermindert, und die Position der Dualzahl bekommt ein **L**, ansonsten eine **0**. Der gebrochene Anteil der Dualzahl baut sich dabei vom Dezimalpunkt aus nach rechts auf (vgl. nebenstehendes Beispiel).

$$13 : 2 = 6 \quad Rest \quad 1$$
$$6 : 2 = 3 \quad Rest \quad 0$$
$$3 : 2 = 1 \quad Rest \quad 1$$
$$1 : 2 = 0 \quad Rest \quad 1$$

$$\boxed{13.375 = LLOL.OLL}$$

$$0.375 * 2 = 0.75 + 0$$
$$0.75 * 2 = 0.5 + 1$$
$$0.5 * 2 = 0 + 1$$

Umrechnung Dezimalzahl --> Dualzahl

Dabei kann ein Problem entstehen, was bereits im Abschnitt 3.7 diskutiert wurde. Sehr häufig entsteht ein periodischer Bruch im Dualsystem, z. B. ist

$$0.8 = 0.\text{LL00 LL00 LL00 LL00} \dots = 0.\overline{\text{LL00}}$$

im Rechner nicht exakt darstellbar.

A2   Darstellung von Integer-Werten im Rechner

Für die Ausgabe von **int**-Werten mit **printf** stehen die Formate **%d** (dezimal), **%o** (oktal), **%X** (hexadezimal, 6 Ziffernsymbole als Großbuchstaben) und **%x** (hexadezimal, 6 Ziffernsymbole als Kleinbuchstaben) zur Verfügung. Dabei ist zu beachten, daß bei oktaler und hexadezimaler Ausgabe ein Vorzeichen nicht berücksichtigt wird (Formate sind also eigentlich nur für **unsigned**-Werte sinnvoll).

Um Zahlen auch als "Bitmuster" (exakt in ihrer internen Darstellung) ausgeben zu können, wird eine Funktion **print_bits** geschrieben, die einige bisher nur am Rande erwähnte Aspekte der Sprache C demonstriert (**void**-Pointer, bitweise Verschiebung):

Funktion print_bits

/* **Funktion zur Ausgabe eines Bitmuster auf die Standardausgabe**

Es wird ein Pointer auf einen beliebigen Datentyp erwartet (**void *x_p**). Von dem Wert, auf den der Pointer zeigt, werden **size** Bytes bitweise (**0** bzw. **L**) ausgegeben (wegen des Typs **size_t** des Parameters **size** muß die Header-Datei **stddef.h** eingebunden werden). Der **void**-Pointer wird auf den Typ **char*** "gecastet", der Inhalt eines jeden Bytes wird mit einer Maske verglichen (mit dem "logischen bitweisen UND"). Die Maske wird mit **L000 0000** für jedes

Byte initialisiert und nach jedem Vergleich rückt das "L-Bit" durch "Rechts-Verschiebung mit
>> 1" um eine Position nach rechts (links werden dabei automatisch "0-Bits" ergänzt).   */

```c
#include <stdio.h>
#include <stddef.h>
void print_bits (void *x_p , size_t size)
{
    unsigned char mask ;
    int  i , j ;
    for (i = 0 ; i < size ; i++)
    {
        mask = 0x80 ;                       /* ... initialisiert mit L000 0000         */
        for (j = 0 ; j < 8 ; j++)
        {
            if   (*((char*) x_p + i) & mask) printf ("L") ;
            else                             printf ("0") ;
            mask >>= 1 ;                     /* ... Rechtsverschiebung um ein Bit,      */
        }                                    /* gleichwertig mit  mask = mask >> 1 ;    */
    }
}
```

Ende der Funktion print_bits

Das Programm **int1.c** gibt die Zahl **27** mit den Formaten **%d**, **%o** und **%X** und unter
Benutzung der Funktion **print_bits** auch als Bitmuster mit folgenden Anweisungen aus:

```c
int   i = 27  ;
printf (" 27 mit Format %%d = %d\n" , i) ;
printf (" 27 mit Format %%o = %o\n" , i) ;
printf (" 27 mit Format %%X = %X\n" , i) ;
printf (" 27 als Bitmuster = ") ;
print_bits (&i , sizeof (int)) ;
```

Die Ausgabe (hier für MS-Visual-C++ 1.5 mit 2-Byte-**int**-Werten unter DOS) zeigt in den
ersten drei Zeilen das, was man erwarten darf, das Bitmuster offenbart eine kleine Überra-
schung:

```
27 mit Format %d = 27
27 mit Format %o = 33
27 mit Format %X = 1B
27 als Bitmuster = 000LL0LL00000000
```

Die naheliegende Modellvorstellung, daß bei einer Variablen, die mehrere Bytes belegt, diese
"von links nach rechts" beschrieben werden, ist offensichtlich falsch (für die genannte
Umgebung, andere Compiler unter anderen Betriebssystemen auf anderen Computern können
das durchaus anders realisieren). Hier gilt offensichtlich: Das niedrigwertige Byte (kleinere
Adresse) enthält auch die niedrigwertigen Positionen der Zahl.

Die Funktion **print_bits** ist also für die Ausgabe des Bitmusters einer Zahl nicht besonders
gut geeignet (für die Ausgabe des Bitmusters eines Strings möchte man natürlich die
"menschliche Anordnung" von links nach rechts, wie sie **print_bits** liefert). Deshalb wird
eine Funktion **print_bits2** geschrieben, die sich von **print_bits** nur in einer Zeile unterscheidet:

```c
for (i = size - 1 ; i >= 0 ; i--)
```

... sorgt dafür, daß die Bytes in umgekehrter Reihenfolge abgearbeitet werden. Damit liefert das Programm **int2.c** mit den ansonsten ungeänderten Ausgabeanweisungen das erwartete Ergebnis:

```
27 mit Format %d = 27
27 mit Format %o = 33
27 mit Format %X = 1B
27 als Bitmuster = 00000000000LL0LL
```

In den beiden Bytes (in der "korrekten Reihenfolge" angeordnet) steht rechtsbündig die Dualdarstellung der Zahl **27**.

Daß die Byte-Adressen "von rechts nach links ansteigen" (das gilt natürlich auch für **long**-Werte, die in 4 Bytes abgelegt werden) entspricht auch der Richtung, wie man üblicherweise die Bits numeriert. Für die 2-Byte-**int**-Werte werden die Bits von rechts nach links mit den Nummern **0...15** versehen (nebenstehende Abbildung).

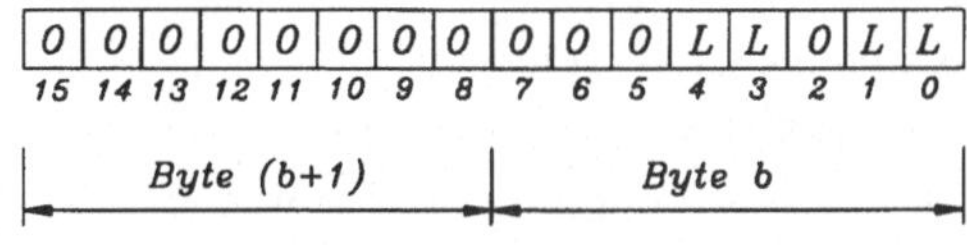

Das Bit auf der Position 15 ist das "Vorzeichen-Bit" (**0** für positive Zahlen). Es ist allerdings nicht so, daß für negative Zahlen einfach dieses Bit auf den Wert **L** gesetzt wird, die nachfolgende Ausgabe des Programm **int2.c** zeigt das für die Dezimalzahl **-27** :

```
-27 mit Format %d = -27
-27 mit Format %o = 177745
-27 mit Format %X = FFE5
-27 als Bitmuster = LLLLLLLLLLLL00L0L
```

Negative Zahlen werden als sogenanntes "Zweierkomplement" gespeichert, das ist der um 2^N vergrößerte Wert der Zahl (**N** ist die Anzahl der Bits, mit der die Zahl gespeichert wird). Hier wird also in den 2 Bytes das durch

$$2^{16} - 27 = \text{L } 0000\ 0000\ 0000\ 0000 - \text{L L0LL} = \text{LLLL LLLL LLL0 0L0L}$$

bestimmte Bitmuster abgelegt. Glücklicherweise ist dies für den C-Programmierer weitgehend uninteressant, man sollte jedoch registrieren, daß die Ausgabe im **%o**- oder **%X**-Format genau dieses Bitmuster als (positive!) Zahl interpretiert, es wird also ein völlig unbrauchbares Resultat abgeliefert.

Ein wesentlicher Grund für diese "merkwürdige Speicherung" negativer Zahlen ist die Vereinfachung der Rechenvorschriften mit den so abgelegten Zahlen.[1] Weil darin die bereits im Abschnitt 3.7 angedeuteten Schwierigkeiten für den Programmierer begründet sind, wird das Problem hier am Beispiel der Addition von Dualzahlen demonstriert.

Hinweis: Man rechnet in beliebigen Stellenwertsystemen nach den gleichen Vorschriften wie im vertrauten Dezimalsystem, muß allerdings konsequent darauf achten, "die Rolle, die die **10** im Dezimalsystem spielt," auf die Basis **B** umzuschreiben. Für das "ziffernweise Addieren (von rechts nach links)" zweier Zahlen bedeutet dies im Dualsystem z. B.: "L + 0 = L", L "hinschreiben" (weiter mit der nächsten Spalte) oder "L + L = L0, 0 hinschreiben, L als

---

[1]Es gibt noch weitere Gründe, die für die "merkwürdige Speicherung" sprechen: Jedes Bitmuster ist eine andere Zahl (sonst gäbe es z. B. +0 und -0), und auf die Ergebnisse der Vergleichsoperationen hat nur das Bitmuster einen Einfluß (das "Vorzeichen-Bit" spielt keine Sonderrolle).

Übertrag in die nächste Spalte übernehmen" oder "L + L + Übertrag L = LL, L hinschreiben, L als Übertrag in die nächste Spalte übernehmen.

Nachfolgend ist das im linken Beispiel für die Addition zweier positiver Zahlen zu sehen, das
rechte Beispiel zeigt, daß die Addition einer positiven mit einer (als "Zweierkomplement"
dargestellten!) negativen Zahl formal nach dem gleichen Algorithmus ablaufen darf, das
Ergebnis ist richtig, **wenn man den Übertrag in die (bei 2-Byte-int-Werten nicht
existente) 16. Position einfach ignoriert**:

```
  27   --->   0000 0000 000L L0LL              27   --->   0000 0000 000L L0LL
+ 19   --->   0000 0000 000L 00LL           + (-19)  --->   LLLL LLLL LLL0 LL0L
----         -------------------            -------         -------------------
  46   --->   0000 0000 00L0 LLL0               8   --->  L 0000 0000 0000 L000
```

Bei den beiden folgenden Varianten wird das Ergebnis negativ. Man überprüft leicht, daß
nach dem exakt gleichen Additionsalgorithmus wie für die Addition zweier positiver Zahlen
das richtige (im Zweierkomplement dargestellte) Ergebnis entsteht, wenn man die "Überlauf-
stelle" (Beispiel rechts) einfach ignoriert:

```
- 27   --->   LLLL LLLL LLL0 0L0L            (-27)  --->   LLLL LLLL LLL0 0L0L
+ 19   --->   0000 0000 000L 00LL           + (-19) --->   LLLL LLLL LLL0 LL0L
----         -------------------            -------         -------------------
-  8   --->   LLLL LLLL LLLL L000             -46   --->  L LLLL LLLL LL0L 00L0
```

So einfach addiert der Computer, kümmert sich dabei nicht um die Vorzeichen, und das
Ergebnis wird richtig, wenn der "Überlauf einfach nicht beachtet wird". Es ist nun durchaus
nicht so, daß der Überlauf nicht bemerkt oder registriert wird, im Gegenteil: Der Prozessor
setzt prompt ein "Überlaufflag", die Frage ist nur, ob es zu irgendwelchen Konsequenzen
führt. Das tut es nicht (warum sollte es auch, "Ignoranz führt zum richtigen Ergebnis"),
"Überlauf wird zur Normalität" (die vier Beispiele kann man sich auf dem eigenen Computer
mit dem Programm **int3.c** vorführen lassen, darin wurden die Variablen als **short** vereinbart,
die in allen gängigen Systemen zwei Bytes belegen).

**Vorsicht,
Falle!**

Unangenehm für den Programmierer ist die "Normalität des Überlaufs" erst
dadurch, daß auch bei "echter Überschreitung" des Bereichs der darstellbaren
int-Werte keine Reaktion erfolgt. Dies kann dazu führen, daß in Programmen,
die über eine lange Zeit zuverlässig arbeiteten, plötzlich bei einer (bis dahin
nicht aufgetretenen) bestimmten Kombination von Variablen-Werten ein
fehlerhaftes Ergebnis erzeugt wird, und man ist nicht sicher, ob dies nicht auch
vorher (unbemerkt) schon passiert ist.

**Da es zu keinem Laufzeitfehler kommt, liegt die Ursache möglicherweise an ganz
anderer Stelle als die Auswirkung und ist oft sehr schwer zu finden.**

Die beiden nachfolgend angegebenen Beispiele können mit dem Programm **int4.c** nachvollzogen werden, das sich gegenüber dem Programm **int3.c** nur dadurch unterscheidet, daß die
Summanden **27000** und **19000** (mit unterschiedlichen Vorzeichen-Kombinationen) addiert
werden. Man beachte, daß sich bei der Addition der beiden positiven Werte alles im
"verfügbaren 16-Bit-Bereich" abspielt, das Problem entsteht dadurch, daß ein "Übertrag in die
Vorzeichen-Position übernommen" wird. Bei der Addition der beiden negativen Zahlen

ergeben die beiden L-Bits der Vorzeichenstelle bei der Addition einen Überlauf und hinterlassen in der Vorzeichen-Position eine **0**, die nicht durch einen Übertrag aus der danebenliegenden Ziffern-Position geändert wird (was infolge der Zweierkomplement-Darstellung bei Addition zweier nicht zu großer negativer Zahlen passieren würde):

```
  27000 --> OLLO LOOL OLLL L000        (-27000) -->  LOOL OLLO L000 L000
+ 19000 --> OLOO LOLO OOLL L000      + (-19000) -->  LOLL OLOL LL00 L000
-------     -------------------      ----------      -------------------
  46000     LOLL OOLL LOLL 0000         -46000    L  0L00 LL00 0L0L 0000
```

Beide Ergebnisse sind falsch und werden im **%d**-Format (klaglos) als **−19536** bzw. **19536** ausgegeben.

A3   Darstellung von float- und double-Werten im Rechner

Eine Dezimalzahl wie **-0.51763•10⁴** ist als sogenannte "normalisierte Gleitkommazahl" dargestellt. Das Wort "normalisiert" bezieht sich darauf, daß links vom Dezimalpunkt nur eine **0** steht und die erste Ziffer rechts vom Dezimalpunkt ungleich **0** ist. Die Stellen rechts vom Dezimalpunkt werden als "Mantisse" bezeichnet. Zur kompletten Darstellung der Zahl gehören außerdem ein Vorzeichen und ein ganzzahliger Exponent (bei Dezimalzahlen für die Basis **10**), der ebenfalls ein Vorzeichen hat.

> **Gleitkommazahlen** (in C-Programmen: **float** oder **double**) werden als **normalisierte Dualzahlen** gespeichert, in der Schreibweise der Mathematik darstellbar als
>
> $$\pm\, 2^k \sum_{i=1}^{n} b_i\, 2^{-i} \qquad mit \quad b_1 \neq 0 .$$
>
> Zu speichern sind folgende Informationen:
>
> ♦ Vorzeichen der Zahl,
>
> ♦ Exponent *k* einschließlich eines Vorzeichens,
>
> ♦ Ziffernfolge der Mantisse $b_1 b_2 b_3 b_4 ...$
>
> Weil die erste Ziffer per Definition von **0** verschieden ist und deshalb im Dualsystem zwangsläufig **L** lauten muß, kann auf ihre Speicherung verzichtet werden. Diese sogeannte "Hidden bit notation" wird auch tatsächlich realisiert.

Für die Speicherung eines **float**-Wertes, für die im Regelfall 4 Bytes benötigt werden, kann das z. B. so aussehen (typischer Fall, aber durchaus auch anders möglich):

♦ 1 Bit wird reserviert für das Vorzeichen der Zahl (**0** --> positiv, **L** --> negativ).

♦ 23 Bits werden für die Speicherung der Mantisse verwendet. Damit hat die Zahl eine "Genauigkeit von 24 Dualziffern", weil die erste Stelle nach dem (gedachten, nicht etwa auch gespeicherten) Dezimalpunkt nicht gespeichert wird ("Hidden bit notation").

♦ 8 Bits werden für den Exponenten (einschließlich Vorzeichen) verwendet. Damit sind (theoretisch) 256 unterschiedliche Exponenten möglich. Tatsächlich gespeichert wird die sogenannte "Charakteristik", der um **Q** (positive ganze Zahl) vergrößerte Exponent. **Q** wird so gewählt, daß die "Charakteristik" größer oder gleich **0** ist. Für DOS-Rechner gilt z. B. **Q = 126**, so daß (theoretisch) mit der 8-Bit-Charakteristik (Bereich: **0 ... 255**) Exponenten in einem Bereich von **-126 ... +129** möglich wären, praktisch wird der Bereich unter DOS (siehe **float.h**, Aufgabe 3.3 im Abschnitt 3.6) auf den Bereich **−125 ... +128** begrenzt.

Die völlig unterschiedliche Art der Speicherung von Integer-Zahlen und Gleitkommazahlen führt in der Regel zu sehr unangenehmen (weil schwierig zu findenden) Fehlern im Programm, wenn eine Zahl falsch interpretiert wird.

Vorsicht, Falle!
Obwohl die C-Compiler (wenn möglich) eine Typ-Prüfung durchführen, gibt es Situationen, bei denen dies entweder unmöglich ist oder vom Programmierer fahrlässig unmöglich gemacht wird, z. B.:

♦ Bei fehlenden Funktions-Prototypen "verläßt sich" der Compiler darauf, daß die Typen der Argumente im Funktionsaufruf korrekt sind, und nimmt an, daß der Return-Wert vom Typ **int** ist (einige Compiler erzeugen wenigstens eine Warnung: "Assuming extern returning int"). Dieser Fall ist in die Kategorie "grob fahrlässig" einzuordnen.

♦ Eine **union** (Abschnitt 7.5.1) dient dazu, Daten unterschiedlicher Typen im gleichen Speicherbereich (natürlich nicht gleichzeitig) unterzubringen. Hier ist der Programmierer zwangsläufig dafür verantwortlich, daß in jeder Programmsituation dort der passende Datentyp zu finden (oder gegebenenfalls in diesen umzuwandeln) ist.

♦ Ein an eine Funktion übergebener **void**-Pointer muß vor seiner Verwendung auf den richtigen Typ "gecastet" werden. Dieser muß also bekannt sein (z. B. durch Übergabe eines Arguments, das die Typ-Information enthält).[2]

♦ Wenn (z. B. in **printf**-Aufrufen) der Typ eines auszugebenden Wertes nicht zu der zugehörigen Formatangabe paßt, wird von der aufgerufenen Funktion (klaglos) Unsinn ausgegeben.

Mit dem Programm **intfloat.c** wird dies demonstriert (es arbeitet mit den Typen **long** und **float**, weil diese auf fast allen Systemen jeweils in 4 Bytes abgelegt werden). Dieses Programm speichert die Zahl **27** einmal als Integer-Zahl (Typ **long**) und einmal als Gleitkommazahl (Typ **float**).

Jeder Wert wird einmal mit einem passenden Format (**%ld** für die **long**-Variable und **%g** für die **float**-Variable) und einmal im unpassenden Format ausgegeben, so daß das Bitmuster falsch interpretiert wird. Die ebenfalls ausgegebenen Bitmuster zeigen die unterschiedliche Darstellung und verdeutlichen, daß bei falscher Interpretation keine brauchbare Ausgabe erzeugt werden kann. Hier wird nur die Ausgabe des Programms **intfloat.c** angegeben, die diesen Sachverhalt demonstriert:

---

[2]Der **void**-Pointer, den die Funktion **print_bits** (Abschnitt A2) erwartet, ist gerade ein Beispiel für das Gegenteil, weil hier nur das Bitmuster interessiert. Allerdings muß dafür eine "Längen-Information" übergeben werden.

```
   27  (long)  mit Format %ld = 27
   27  (long)  mit Format %g   = 3.78351e-044
   27  (long)  als Bitmuster   = 00000000000000000000000000LL0LL
   27. (float) mit Format %g   = 27
   27. (float) mit Format %ld  = 1104674816
   27. (float) als Bitmuster   = 0L00000LLL0LL0000000000000000000
  -27. (float) als Bitmuster   = LL00000LLL0LL0000000000000000000
 -216. (float) als Bitmuster   = LL0000LL0L0LL0000000000000000000
```

Nachfolgend ist die Interpretation des Bitmusters zu sehen, mit dem die mit dem Typ **float** gespeicherte Zahl **27.** im Speicher steht:

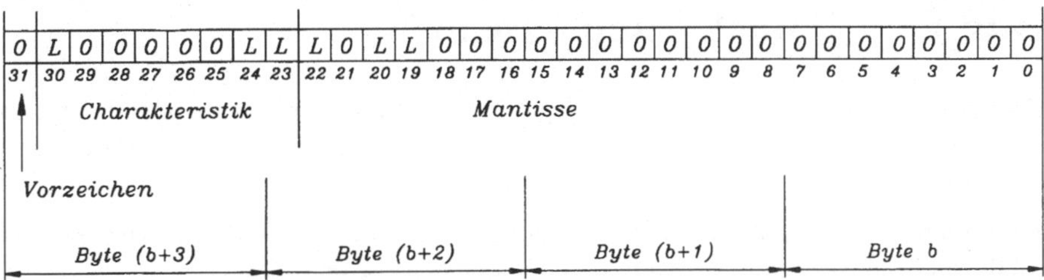

♦ Die Vorzeichenstelle (Position 31) ist mit **0** belegt. Es ist eine positive Zahl.

♦ Die Charakteristik **L000 00LL** (dezimal: **131**) wird um **126** vermindert und liefert den Exponenten **5**.

♦ Die gespeicherten Bits der Mantisse beginnen mit **L0LL**. Diesen muß noch das "Hidden bit" **L** vorangestellt werden (tatsächlich lautet die Bitfolge der Mantisse also **LL0LL...**), so daß sich schließlich die gespeicherte Zahl folgendermaßen ergibt:

$$\text{0.LL0LL} \cdot 2^5 = \text{LL0LL} = 27.$$

♦ Das mit dem Programm **intfloat.c** ausgegebene Bitmuster für die Zahl **-27.** zeigt, daß sich bei der Speicherung der negativen Zahl nur das Vorzeichen-Bit umkehrt (im Gegensatz zur Speicherung von negativen Integer-Zahlen als Zweierkomplement, vgl. Abschnitt A2).

♦ Das Bitmuster von **-216.** zeigt die gleiche Mantisse wie das Bitmuster für **-27.** Weil $-216 = -27 \cdot 2^3$ ist, vergrößert sich nur die Charakteristik um den Wert 3.

♦ Das Bitmuster der **float**-Darstellung für die im Abschnitt A1 betrachtete Dezimalzahl **0.8** zeigt die dort gefundene Periode:

```
   0.8 (float) als Bitmuster  = 0 OLLLLLL0 L00LL00LL00LL00LL00LL0L
```

(Charakteristik: 126, Exponent: 0). Mit dem "Hidden bit" ist fünfmal die Bitfolge **LL00** gespeichert, die letzte Bitfolge wird (sinnvollerweise) "aufgerundet" auf **LL0L**. Durch die Aufrundung wird die Zahl also etwas größer als die dezimale **0.8**, was allerdings nur einen Beitrag zum Fehler des Ergebnisses beim sehr häufig wiederholten Aufsummieren dieses Wertes im Programm **trap1.c** (Abschnitt 3.7) liefert.

♦ Die interne Darstellung von **double**-Werten folgt dem gleichen Prinzip: Von den 64 Bits ist eins für das Vorzeichen reserviert, die Charakteristik belegt 11 Positionen, der darin gespeicherte Wert muß um **1022** vermindert werden, um den Exponenten zu erhalten. Für die Mantisse verbleiben die restlichen 52 Bits, was (mit dem "Hidden bit") einer Genauigkeit von 53 Dualziffern entspricht.

Anhang B   "Stack" und "Heap"

Eine Modellvorstellung von der Speicher-Organisation während eines Programmlaufs ist für das Vermeiden von Fehlern außerordentlich nützlich. Es kann nur ein Modell sein, weil jeder Compiler-Hersteller natürlich seine eigene Variante realisiert.

Nach dem Laden des ausführbaren Programms in den Speicher darf man die Vorstellung haben, daß mindestens folgende Bereiche unterschieden werden können:

♦ Das **Textsegment** enthält den Programmcode.

♦ In einem **Datensegment** sind alle Konstanten sowie die globalen und die **static** vereinbarten Variablen untergebracht (Modellvorstellung: Größen, die die ihnen zugewiesenen Werte nicht verlieren, weil sie auf festen Speicheradressen angelegt werden, die während des gesamten Programmlaufs von anderen Größe nicht benutzt werden können). Einige Compiler teilen dieses Segment noch einmal auf, indem sie z. B. die Konstanten in einem schreibgeschützten Bereich unterbringen (vgl. das fehlerhafte Programm **string5.c** im Abschnitt 5.1, das mit dem GNU-C-Compiler unter UNIX mit "Segmentation fault" aussteigt, weil eine Konstante überschrieben wird).

♦ Das **dynamische Datensegment** nimmt die Variablen auf, die während des Programmlaufs auf unterschiedlichen Speicherplätzen gespeichert werden können. Es ist in der Regel in **Stack** und **Heap** unterteilt. Diese beiden Bereiche werden nachfolgend etwas näher betrachtet.

B1   Der Stack

Der Legende nach hat dieser Speicherbereich seinen Namen vom Tablett-**Stapel** in einem Hamburger-Restaurant, der immerhin eine brauchbare Modellvorstellung liefert: Die Tabletts (Daten) werden immer oben auf den Stapel gelegt, und das als letztes aufgelegte Tablett wird als erstes wieder entnommen (LIFO-Prinzip: "Last in first out"). In der Informatik werden diese Operationen als "push" (Wert auf einem Stack ablegen) und "pop" (Wert vom Stack entfernen) bezeichnet.

Man darf sich also einen Speicherbereich vorstellen, in dem Daten "gestapelt" werden[1], und über einen zentral verwalteten Stack-Pointer ("Füllstands-Anzeiger") hat jede Funktion den

---

[1]Tatsächlich machen es die meisten Compiler gerade umgekehrt (an der höchsten Stack-Adresse wird begonnen und "tief gestapelt"), aber was ist im Speicher schon "oben oder unten"?

Zugriff auf die Information,

♦ wie weit ihre Vorgänger den Stack gefüllt haben (die unmittelbare Vorgängerin, von der sie aufgerufen wurde, hat "ganz oben" die Funktionsargumente abgelegt), und

♦ wo der Bereich beginnt, den sie selbst füllen kann (mit ihren **auto** vereinbarten lokalen Variablen).

Sämtliche **auto** vereinbarten Variablen einer Funktion werden auf dem Stack abgelegt. Man darf sich das so vorstellen, daß **bei jedem Eintritt in die Funktion Speicherplatz für alle auto-Variablen auf dem Stack angelegt wird**, indem der Stack-Pointer um den entsprechenden Wert verändert wird. Dieser Speicherplatz wird erst wieder freigegeben, wenn die Funktion (z. B. über **return**) in die aufrufende Funktion zurückspringt. Wenn die Funktion selbst weitere Funktionen aufruft, bleibt der von ihr beanspruchte Speicherplatz dagegen reserviert (der Stack-Pointer wurde ja entsprechend geändert und noch nicht zurückgesetzt), die von ihr aufgerufene Funktion kann selbst natürlich auch Speicherplatz auf dem Stack belegen (nach unserer Modellvorstellung "weiter oben" auf dem Stack).

> Bei einer **Aufruf-Sequenz** von Funktionen (aus einer Funktion werden nacheinander mehrere andere Funktionen aufgerufen) wird der Stack in der Regel nicht sehr stark beansprucht. Seine maximale Belastung erfährt er von der Funktion, die den größten Speicherbedarf für **Übernahme von Parametern und lokale auto-Variablen** hat.
>
> Stark beansprucht wird der Stack bei großer "Aufruftiefe" (aufgerufene Funktion ruft selbst wieder eine Funktion auf usw.) und bei rekursivem Aufruf von Funktionen.

♦ Mit der beschriebenen Verwaltung der lokalen Variablen auf dem Stack wird klar, daß rekursive Funktionsaufrufe in C problemlos realisierbar sind, weil bei jedem Aufruf ein neuer Bereich für alle lokalen Variablen auf dem Stack angelegt wird.

♦ Bei rekursivem Aufruf von Funktionen, die viel Speicherplatz für lokale Variablen benötigen, ist also die Gefahr des "Stack overflow" umso größer, je tiefer die Rekursivität ist. Für den besonders typischen Anwendungsfall dieser Programmiertechnik, das Abarbeiten eines binären Baumes (vgl. Programm **lstsort.c** im Abschnitt 8.7), steht in der Regel ein rekursiver Aufruf am Anfang der Funktion (Abarbeiten des "linken Nachfolgers"), ein weiterer rekursiver Aufruf beendet die Arbeit der Funktion (Abarbeiten des "rechten Nachfolgers"). Die eigentliche Aufgabe der Funktion wird im "Mittelteil" erledigt (vgl. z. B. die beiden Funktionen **prtree** und **destree** im Programm **lstsort.c**). Wenn dafür lokale Variablen benötigt werden, müssen diese nicht zwingend für jede "rekursiv aufgerufene Instanz" neu angelegt werden. Eine globale Vereinbarung solcher Variablen (vorsichtshalber natürlich mit "interner Bindung", vgl. Abschnitt 6.5.2) kann für den Stack außerordentlich schonend sein.

Eine etwas intensivere Betrachtung verdient noch die Übergabe der Funktionsargumente an die aufgerufene Funktion, die auch über den Stack erfolgt. Daß sich hierbei die aufrufende und die aufgerufene Funktion "blind verstehen" müssen, ist schon mehrfach erwähnt worden (Information über Prototypen der aufgerufenen Funktionen bereitstellen!). Praktisch läuft es so:

Die aufrufende Funktion legt Kopien der Werte aller Argumente auf dem Stack ab und verändert den Stack-Pointer. Die aufgerufene Funktion erwartet ihre Parameter genau dort und holt sie bei Bedarf ab. Natürlich muß sie die Parameter nicht mit der typischen Stack-Operation "pop" jeweils "von oben nehmen", denn sie kennt den Typ (und damit die Anzahl der belegten Speicherzellen) für jeden Wert, kann also durchaus auch "das dritte Tablett von oben als erstes nehmen".

Die aufgerufene Funktion kann diesen Bereich benutzen (die Werte gegebenenfalls verändern), das hat in der aufrufenden Funktion keine Auswirkungen, weil diese den Stack-Pointer nach der Rückkehr sofort auf den alten Wert zurücksetzt. Die nebenstehende Abbildung zeigt dies in einem vereinfachten Modell.[2]

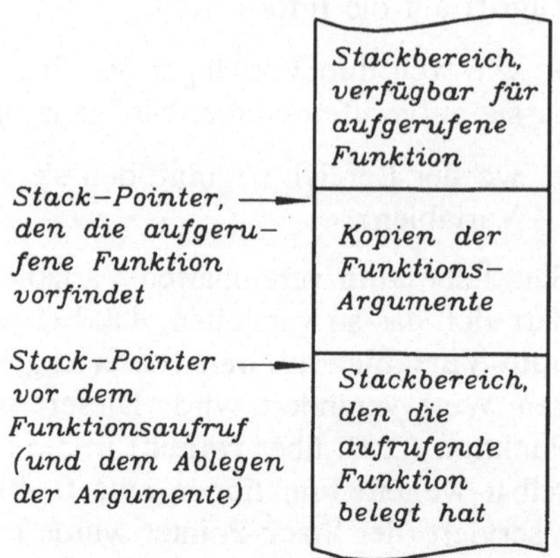

Modellvorstellung von der Argument-Übergabe auf dem Stack

Selbstverständlich ist, daß die Reihenfolge, mit der die aufrufende Funktion die Argumente auf den Stack legt, auch von der aufgerufenen Funktion beachtet werden muß. Hierbei gibt es ein Problem, wenn C-Funktionen mit Programmen gelinkt werden, die in anderen höheren Programmiersprachen geschrieben wurden:

> Im Gegensatz zu den meisten anderen höheren Programmiersprachen (Fortran, Pascal, ...) werden die Argumente beim Aufruf einer Funktion in der Programmiersprache C **von rechts nach links** auf dem Stack abgelegt.

♦ Diese Aussage ist keine Modellvorstellung. Nach dem hier betrachteten Stack-Modell bedeutet sie, daß das erste Argument beim Aufruf der Funktion "ganz oben" liegt. Dadurch ist es in C möglich, Funktionen zu schreiben, denen eine **variable Anzahl von Argumenten** übergeben werden kann, z. B.: Beim Aufruf der Funktion **printf** liegt der Pointer auf den Format-String "ganz oben". Der Format-String kann in **printf** abgearbeitet werden, und für alle in ihm gefundenen Format-Anweisungen wird ein weiterer Parameter vom Stack geholt (und damit ist klar, was passiert, wenn die Anzahl oder die Typen der Format-Anweisungen nicht mit der Anzahl und den Typen der weiteren Argumente im Funktionsaufruf übereinstimmen).

Weil der Stack-Pointer von der aufrufenden Funktion selbst nach der Abarbeitung der aufgerufenen Funktion auf den Wert vor dem Aufruf (vor Speicherung der Argumente) zurückgesetzt wird, ist danach auch bei fehlerhafter Argumentanzahl und falschen

---

[2]Mindestens zwei weitere Informationen (Rücksprungadresse und Return-Wert) müssen zwischen aufrufender und aufgerufener Funktion noch transportiert werden, aber nicht zwingend über den Stack. Für die Vermittlung des Return-Wertes an die aufgerufene Funktion werden im Regelfall Register (und nicht der Stack) verwendet, allerdings ist z. B. eine Struktur als Return-Wert natürlich in den seltensten Fällen in Registern unterzubringen, so daß (implementationsabhängig) andere Wege gewählt werden. Diese gesamte Problematik ist für den Programmierer weitgehend uninteressant und wird hier nicht betrachtet.

Argumenttypen in jedem Fall wieder ein korrekter Zustand hergestellt (und deshalb äußert sich ein fehlerhafter **printf**-Aufruf in der Regel nur durch eine falsche Ausgabe, das Programm läuft problemlos weiter).

♦ Bei der Windows-Programmierung (Kapitel 9 und 10) werden die Funktion **WinMain** und die Fenster-Funktionen (auch die Dialog-Funktionen) direkt von Windows aufgerufen. Da Windows auch mit Programmen zusammenarbeiten muß, die mit anderen Programmiersprachen erzeugt wurden, war eine Vereinheitlichung der Übergabe erforderlich. Hinter dem **CALLBACK**, das allen Funktions-Definitionen dieser Art vorangestellt wurde, verbirgt sich das spezielle Schlüsselwort **_pascal**, das den Compiler veranlaßt, die Funktionen so zu übersetzen, daß sie sich die Parameter gerade in der zur C-Definition entgegengesetzten Reihenfolge vom Stack holen, wo sie die aufrufenden Windows-Funktionen auch in dieser Reihenfolge ablegen.

B2 Der Heap

Im Gegensatz zum Stack, dessen dynamische Belegung vom Compiler automatisch organisiert wird, kann der Programmierer über die Funktionen **malloc**, **calloc**, **realloc** und **free** (vgl. Abschnitt 6.4) ganz gezielt Speicherplatz vom Heap anfordern und wieder freigeben.

Der Heap kann ein dem Programm zugeordneter Speicherbereich fester Größe sein, was zu einer Ablehnung einer Speicherplatz-Anforderung zur Laufzeit führt, wenn in diesem Bereich kein zusammenhängender Speicherbereich der gewünschten Größe mehr verfügbar ist. Etwas sinnvoller ist die gemeinsame Organisation des dynamischen Speicherbereichs (Stack und Heap) in dem Sinne, daß Stack-Anforderungen von einem Ende des Bereichs aus realisiert werden, Heap-Anforderungen von der anderen Seite. So kommt ein kleiner Stack dem Heap zugute und umgekehrt. Noch günstiger ist natürlich die mit modernen Betriebssystemen realisierbare Variante, "Heap space" zur Laufzeit gegebenenfalls überall dort zu allokieren, wo auf irgendeine Weise noch etwas zu belegen ist.

Bei der Freigabe von Speicherplatz auf dem Heap entstehen naturgemäß "Lücken", die nicht durch "Defragmentieren" automatisch geschlossen werden können, weil sich ja dabei die Pointer auf die Bereiche ändern würden, die im Programm an unterschiedlichen Stellen verwendet werden.[3] Da nur zusammenhängende Speicherbereiche vom Heap angefordert werden können, kann es passieren, daß eine Anforderung nicht erfüllbar ist, obwohl insgesamt noch ausreichend Platz verfügbar wäre. Bei Programmen, die intensiv mit Heap-Anforderungen arbeiten, muß der Programmierer gegebenenfalls ein gelegentliches "Aufräumen" vorsehen.

---

[3]Es gibt Compiler, die eine automatische "Heap compaction" organisieren. Diese liefern bei Speicherplatzanforderung einen Pointer auf einen Speicherplatz, der den Pointer auf den Heap-Bereich enthält. Der doppelt zu dereferenzierende Pointer ändert sich nicht, wenn der auf ihm abgelegte Pointer auf den Heap-Bereich bei einer "Heap compaction"-Aktion verändert wird.

Literatur

[AlBe94]   Alex/Bernör: UNIX, C und Internet, Springer-Verlag, 1994

[Davi91]   Davignon: UNIX C-Programmierung, te-wi Verlag, 1991

[DaDa95]   Dankert/Dankert: Technische Mechanik, computerunterstützt, Teubner-Verlag,
            1995

[KeRi90]   Kernighan/Ritchie: Programmieren in C, Hanser-Verlag, 1990

[Petz92]   Petzold: Programmierung unter Microsoft Windows 3.1, Microsoft Press, 1992

[PeYa96]   Petzold/Yao: Windows 95 Programmierung, Microsoft Press, 1996

Diskette zum Buch

Eigentlich sollten Sie an den Quellcode der Programme, die ausführbaren Programme für die
im Buch gestellten Aufgaben, die angegebenen Libraries usw. auf möglichst schnellem Wege
(über das Internet, siehe Adresse im Abschnitt 1.3) und möglichst preiswert gelangen (gratis,
wenn man Telefonkosten und Zugangsgebühren zum Internet vernachlässigen oder z. B. auf
eine Hochschule abwälzen kann).

Diejenigen, denen dieser Weg noch verschlossen ist, können für DM 20,-- (einschließlich
Versandkosten) die Diskette zum Buch beziehen. Schreiben Sie direkt an den Autor:

Jürgen Dankert, Jägergrund 3, D-21266 Jesteburg

Sachverzeichnis

Dittmer
Konstruktion guter Algorithmen

Sichere und korrekte Software

Das Buch stellt Verfahren vor, die es ermöglichen, sprach- und maschinenunabhängig zu programmieren. Für diese Algorithmen kann zweifelsfrei nachgewiesen werden, daß sie korrekt sind, d. h. genau das leisten, was sie leisten sollen.

Es wird auf die Übertragung in gängige Programmiersprachen und auf systematische Testmethoden eingegangen. Einen großen Raum nimmt die Besprechung prinzipieller Programmiermethoden ein wie Rekursion, Divide and Conquer, Greedy, Dynamisches Programmieren usw. Eine Vielzahl von Beispielalgorithmen werden vorgestellt.

Aus dem Inhalt

Problemorientierte Programmkonstruktion: Top-Down-Konstruktion, Bottom-Up-Verifikation – Maschinenabhängige Programmkodierung: Kodierung, Hilfsmittel und Objekt-orientierte Methodik, Testen und Programmsicherheit – Formale Basis des Programmierens – Prinzipielle Methoden der Programmierung

Von Dipl.-Math.
Ingo Dittmer
Fachhochschule
Osnabrück

1996. 300 Seiten.
16,2 x 22,9 cm.
Kart. DM 44,80
ÖS 327,– / SFr 40,–
ISBN 3-519-02990-1

(Informatik & Praxis)

Preisänderungen vorbehalten.

B. G. Teubner Stuttgart · Leipzig

Schicker
Datenbanken und SQL

Eine praxisorientierte Einführung

Ziel des Buches ist es, dem Leser fundierte Grundkenntnisse in Datenbanken und SQL zu vermitteln. Das Buch richtet sich an Anwendungsprogrammierer, die mit Hilfe von SQL auf Datenbanken zugreifen und an alle, die Datenbanken entwerfen oder erweitern wollen.

Die Schwerpunkte des Buches sind relationale Datenbanken, Entwurf von Datenbanken und die Programmiersprache SQL. Aber auch Themen wie Recovery, Concurrency, Sicherheit und Integrität werden hinreichend ausführlich angesprochen.

Hervorzuheben ist der Bezug zur Praxis. Eine Beispieldatenbank wird im Anhang im Detail vorgestellt. Sie wird im Buch immer wieder verwendet, um damit den nicht immer einfachen Stoff praktisch zu üben. Die zahlreichen Zusammenfassungen und die Übungsaufgaben mit Lösungen zu jedem Kapitel dienen der Vertiefung des Stoffs und erhöhen den Lernerfolg. Mittels einer zur Verfügung gestellten Software läßt sich die Beispieldatenbank installieren, so daß die Aufgaben und Beispiele direkt am Rechner nachvollzogen werden können.

Von Prof. Dr.
Edwin Schicker
Fachhochschule
Regensburg

1996. 332 Seiten.
16,2 x 22,9 cm.
Kart. DM 44,80
ÖS 327,– / SFr 40,–
ISBN 3-519-02991-X

(Informatik & Praxis)

Preisänderungen vorbehalten.

B.G.Teubner Stuttgart · Leipzig